商管叢書 全華圖書 BUSINESS MANAGEMENT

現代物流管理

開啓智慧物流新時代

葉清江 編著

推薦序

物流為提升產業競爭能力不可或缺的角色。我國為高度仰賴進出口貿易的經濟體，物流在活絡我國經貿發展中扮演相當重要的功能地位。近年在數位化技術快速發展帶動下，全球物流企業被賦予的角色與功能不斷擴充，加上大量科技新創企業湧入，全面重構傳統物流服務場景，朝向科技與知識密集的「物流科技服務業」發展。

物流企業已成功獲取全球資本市場高度關注與支持，使過去被視為傳統的物流產業，催生出許多的新興物流服務模式，如中國大陸菜鳥網絡、印尼 GO-JEK、印度 Ecom Express 等「物流獨角獸」企業。

2020 年因新冠病毒全球蔓延，改變消費者的消費習慣，零接觸商機爆發，電子商務蓬勃發展，使得物流業取代實體店面，成為接觸消費者的最後一環，也提高物流的地位與重要性。此外，在全球化與資通訊技術（如物聯網、大數據、人工智慧等）的發展趨勢下，市場變動越來越快速，物流產業應有效整合商流、物流、金流與資訊流，提供 B2B 與 B2C 業者低成本、高效益的物流服務，進而增進商品流通與附加價值，因此「智慧物流」將是全球物流發展的趨勢，也將是未來我國物流發展重要的方向。

本書作者完整介紹了物流管理的相關知識與實務，亦蒐集了較新的物流案例，如物流行業的獨角獸、大學生物流的創業、區塊鏈應用、疫苗之冷鏈配送、智慧物流園區等相關主題，提供學習者有趣的教材，相信讀者透過本書能夠對物流管理的專業與實務應用有所理解。

經濟部中小企業處副處長

財團法人中小企業信用保證基金代理董事長

陳秘順

2022 年 5 月

推薦序

在全球疫情下，市場對物流服務的需求更加有增無減，物流已成為現代生活的必需。哈佛商學院院長達塔爾（Skrikant Datar）說：「多年來，我們有點把物流想成理所當然了，疫情大流行讓我們重新思考」。要讓物流克服天災與人禍的衝擊，必須投注更多心力研究，因此物流已經成為當代的顯學了。隨著大數據、AI 人工智慧、IoT 物聯網、區塊鏈等等的科技出現及成熟，使得許多生活方式都有了新的模式，物流更是如此。各式各樣的新技術融合成為支撐起「智慧物流」的最強後盾。

本書融入了物流和科技最新發展成果，作者以近幾年教學成果和企業最新實務案例編撰而成。具體來說，本書介紹了物流管理的基本概念、物流模式、物流功能、當代物流等內容。同時，介紹了較新的物流主題，包含跨境電商與物流、新零售與物流、智慧物流、物流科技、冷鏈物流、物流園區等相關內容。此外，本書整理了許多相關案例，其中大部分案例都是最近兩三年發生的，以理論和實務相結合的方式展開。

作者是本人在國立交通大學經營管理研究所博士班的學生，在大專院校任教多年，除擔任行政工作外，對於教學及研究亦是不餘遺力，在業界的實務經驗也非常豐富。全書完整而系統化地提供物流管理的知識與實務應用，不僅適合做為大專院校物流相關課程的教材，也為預備從事物流相關工作者提供絕佳的指引，更是物流領域從業人員自學的參考書。

很高興清江教授出版了此書，相信讀者透過本書能夠邁向更專業的領域，也相信讀者在閱讀本書後能有深刻體會！

銘傳大學講座教授兼學術副校長

2022 年 5 月

作者序

一場 COVID-19 疫情，讓許多人體會到物流的重要性。伴隨著工業 4.0 及「互聯網 +」時代的到來，創新型的物流企業誕生和成長，顛覆物流的商業模式與運營思路。此外，在智慧物流的發展下，物流產業將進行數位轉型及升級。

物流管理是一門動態發展的課程，新的物流管理方法和技術不斷湧現，本書盡可能反映這一課程的動態變化。因此，本書主要特點如下：

一是完整性。即完整地介紹物流基本理論和知識，培養學生對物流管理原理、方法的了解和學習能力。

二是實務性。導入的新案例，透過與物流管理知識相結合，注重實務應用及方法，培養學生學以致用的能力。

三是當代性。在內容選取方面，力求緊跟時代脈搏，內容接地氣，能啓發學生對現代物流管理問題的思考。

本書共分為四篇十八章，包括物流的基本概念、物流服務與成本、物流模式、第三方物流、包裝管理、裝卸與搬運、倉儲管理、庫存管理、運輸管理、配送管理、流通加工、物流資訊、跨境電商與物流、新零售與物流、智慧物流、物流科技、冷鏈物流、物流園區等內容。授課老師可依學生程度與需求，選擇適當的章節與內容進行講解。此外，本書在每一章的開頭部分新增「物流前線」的案例，以案例的方式直觀、生動地切入本章內容的學習。與此對應，在每一章的末尾，增加了「物流 Express」的案例，便於同學們在學習本章內容之後對所學知識進行靈活的運用。同時，每一章都列出了相關的複習思考題，增進學生對於所學章節內容的理解，並進一步激發學生的學習興趣為宗旨。

在本書的編寫過程中，參考了許多有關書籍、文獻及論文，並採用了網路上大量有關物流管理與實務的文章和案例，力圖呈現給讀者最新的知識。但由於物流產業的發展和理論研究還處在一個不斷探索的過程中，再加上編寫時間倉促和作者才疏學淺，書中難免存在不妥之處，期盼先進不吝賜正，作為未來修正之參考。

最後，感謝家人的諒解及全華出版社編輯部的協助使得本書得以完成。

葉清江 謹識

2022 年 5 月

目次

第一篇：概論

物流的基本概念 CH01

物流前線 雙十一買到剁手！物流中心堆滿「包裹山」 1-2

1-1 物流的概念 1-3

1-2 物流的基本功能 1-7

1-3 物流的分類 1-9

1-4 物流的演進 1-14

1-5 物流主管職位的能力要求 1-18

1-6 物流的發展趨勢 1-21

物流 Express 疫情下物流運輸業逆轉勝 實體零售呈冰火兩極 1-26

物流服務與成本管理 CH02

物流前線 億萬富翁 順豐速運─王衛 2-2

2-1 物流效用與服務 2-3

2-2 物流服務評價與績效指標 2-9

2-3 物流成本的概念 2-15

2-4 物流成本的分類 2-17

2-5 物流成本的特性與影響因素 2-21

物流 Express 世界十大國際物流公司 2-24

第二篇：物流模式

企業物流 CH03

物流前線 搶占宅經濟 momo 物流車隊 六都當日配 3-2

3-1 企業物流概述 3-3

3-2 企業物流的形式 3-6

3-3 企業物流的組織的類型 3-9

3-4 企業物流模式 3-13

物流 Express 中國物流行業的獨角獸 3-19

第三方物流 CH04

物流前線 大學生創業 外送平台：餓了麼 4-2

4-1 第三方物流概述 4-3

4-2 第四方物流概述 4-7

4-3 輕資產物流 4-13

4-4 新興的物流行業 4-18

物流 Express 臺灣物流業發展與趨勢 4-24

第三篇：物流功能

包裝管理 CH05

物流前線 快遞騎手—全球快遞月薪突破 13 萬元 5-2

5-1 包裝概述 5-3

5-2 包裝材料 5-10

5-3 包裝技術 5-14

5-4 包裝機械與設備 5-16

5-5 集裝化與集合包裝 5-20

物流 Express 綠色物流 共享快遞盒 5-29

裝卸與搬運 CH06

物流前線 智慧櫃 物流最後一哩商機 6-2

6-1 裝卸搬運的概述 6-3

6-2 裝卸搬運的方式 6-8

6-3 裝卸搬運的設備概述 6-13

6-4 常見的裝卸搬運設備 6-18

物流 Express 亞馬遜倉庫揭秘：物流 Kiva 機器人 6-27

倉儲管理 CH07

物流前線 無接觸送貨！京東物流智能機器人助力打贏防疫攻堅戰 7-2

7-1 倉儲管理概述 7-3

7-2 倉儲的類型與設備 7-6

7-3 倉儲作業 7-12

7-4 揀貨與補貨作業 7-24

物流 Express Amazon 的無人搬運車臺灣在永聯 7-36

庫存管理 CH08

物流前線 㑣儲空間迷你倉網拍電商的夥伴 8-2

8-1 庫存概述 8-3

8-2 商品編碼與儲位編號 8-8

8-3 盤點作業 8-11

8-4 庫存控制的方法 8-16

8-5 現代庫存管理方法 8-21

物流 Express 蝦皮店到店，真的有比較方便嗎？ 8-29

運輸管理 CH09

物流前線 高端配送服務 京尊達帥哥專車專送 9-2

9-1 運輸概述 9-3

9-2 運輸方式 9-7
9-3 運輸業務 9-19
9-4 合理的運輸 9-22
物流 Express 宅經濟
臺灣「電商物流」激戰 9-27

配送管理 CH10

物流前線 即時物流第一股　達達衆包物流 10-2
10-1 配送概述 10-3
10-2 配送的作業流程與模式 10-10
10-3 配送中心概述 10-14
10-4 配送路線選擇與優化 10-22
10-5 降低配送成本的策略 10-25
物流 Express 裕利醫藥：臺灣 COVID-19
疫苗配送 10-28

流通加工 CH11

物流前線 醫藥物流龍頭 嘉里醫藥物流 11-2
11-1 流通加工概述 11-3
11-2 流通加工的形式與類型 11-6
11-3 流通加工設備與包裝材料 11-12
11-4 流通加工的規劃與管理 11-17
物流 Express Yahoo AI 自動化物流中心
打造智慧倉儲 11-24

物流資訊 CH12

物流前線 共享經濟商機無限！
新創公司 GoGoVan 12-2
12-1 物流資訊概念 12-3
12-2 物流資訊技術 12-5
12-3 物流資訊系統 12-18
12-4 雲端運算與雲物流 12-23
物流 Express 亞洲一號「硬科技」推動物
流行業變革 12-29

第四篇：當代物流

跨境電商與物流 CH13

物流前線 國際物流的獨角獸企業—
Flexport 13-2
13-1 跨境電商概述 13-3
13-2 跨境電商物流概述 13-9
13-3 跨境電商物流作業 13-14
13-4 海外倉 13-19
物流 Express 全球買賣—菜鳥網絡正全面
實現 72 小時全球送貨 13-29

新零售與物流 CH14

物流前線 前置倉　新零售的關鍵因素？ 14-2

14-1 新零售概述 14-3

14-2 最後一哩物流 14-11

14-3 眾包物流 14-17

14-4 即時物流 14-19

物流 Express 新零售典範　盒馬鮮生 14-28

智慧物流 CH15

物流前線 區塊鏈催生「物流業」新時代誕生 15-2

15-1 智慧物流概念 15-3

15-2 物聯網與物流 15-13

15-3 大數據與物流 15-18

15-4 區塊鏈與物流 15-23

物流 Express 菜鳥智能物流科技迎雙十一全球狂歡節 15-28

物流科技 CH16

物流前線 物流媒合平台 **Lalamove** 晉升香港獨角獸行列 16-2

16-1 物流科技概述 16-3

16-2 自動化立體倉庫 16-9

16-3 物流機器人 16-12

16-4 自動分揀系統 16-20

物流 Express 醫藥物流結合區塊鏈平台醫療品質再升級 16-25

冷鏈物流 CH17

物流前線 麥當勞御用物流—夏暉物流 17-2

17-1 冷鏈物流概述 17-3

17-2 冷鏈物流的設備 17-8

17-3 冷鏈物流的管理 17-11

17-4 冷鏈物流的相關法規 17-26

物流 Express 冷凍食品、生鮮到疫苗都需要的最後一哩路 17-29

物流園區 CH18

物流前線 百年郵局　建置郵政物流園區 18-2

18-1 物流園區概述 18-3

18-2 物流園區的功能與分類 18-9

18-3 物流園區的設施與選址 18-15

18-4 物流園區建設與營運模式 18-20

物流 Express 全臺第一座智慧物流園區物流共和國 18-26

參考資料

第一篇：概論

01 物流的基本概念

知識要點

1-1 物流的概念
1-2 物流的基本功能
1-3 物流的分類
1-4 物流的演進
1-5 物流主管職位的能力要求
1-6 物流的發展趨勢

物流前線

雙十一買到剁手！物流中心堆滿「包裹山」

物流 Express

疫情下物流運輸業逆轉勝　實體零售呈冰火兩極

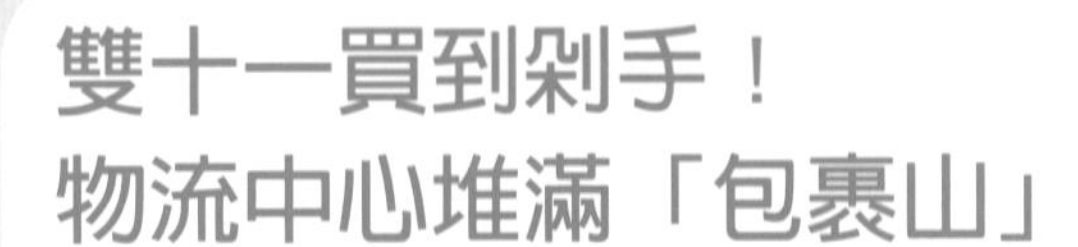

雙十一買到剁手！物流中心堆滿「包裹山」

圖片來源：淘寶官網

雙十一購物節開打，消費者瘋搶購，電商物流中心被貨品擠的水洩不通，這一頭忙理貨，另一頭忙出貨，疫情底下搭配優惠折扣，這一波熱銷商品，口罩、濕紙巾全都上榜，業績比往年成長 2 ～ 3 倍，為了消化貨量，人力也足足多增加一倍，網購平台採購經理林宇軒說：「前幾個月就開始大量徵才出貨人員，我們提前訓練就是為了這個大節日。」

同樣在郵務中心，一車又一車，堆滿大大小小的包裹，不夠放的只好排到地上，積到都快沒空間能走，電商平台訂單爆增，連帶讓幫忙送貨的郵務中心也忙翻了，快捷郵件比平常成長 1,000 多件，整體投遞量更超過 10,000 件，高雄新興郵局科長陳建章說：「網購都是用快捷郵件在處理的，現在成長到一萬多投遞量，這個都是快捷郵件在成長。」迎戰雙十一訂單巔峰，從電商平台到郵務中心，都湧現包裹山，足見買氣有多夯。

參考資料：華視新聞，2021/11/11。

問題討論

1. 雙十一購物節關鍵成功因素有哪些？
2. 物流在雙十一購物節，扮演的角色為何？

隨著顧客需求型態的改變，零售商往往要求供應商提供高頻率且少量、多樣化的送貨方式，使物流活動更爲複雜。另外，在二次大戰後的經濟衰退下，物流也成了企業降低成本的一個重要來源，使得企業的營運功能和物流的關係更爲密切。亦可想見，未來物流將成爲企業取得競爭優勢的重要武器之一。

1-1 物流的概念

一、物流的定義

物流（Logistics）乃指「物」的流通。今日物流之「物」必須從廣義的角度加以定義，方能以之爲基礎，建構對企業物流管理發展有意義的系統。「物」應包括傳統認知的一般性物品，如農、畜、漁、原物料、半成品、零配件、製成品、郵件、包裹或廢棄物；以及傳統上較不熟悉的特殊性物品，如電力、電子檔案、信用卡、支票、紙幣等；與一般性供應用品及專業服務，如辦公室用品、流通容器、包裝料材、物流服務、廢棄物清理服務等。「物」的流通，多半藉由商品貿易、服務行銷、物流服務等方式，透過許多的人員、地點、活動與資訊的搭配及協調才能完成。

「物流」所代表的意義，若以傳統狹義的觀念，簡單說就是商業流程中的倉儲及運輸。而現代的物流觀念於二十世紀中期才逐漸形成，國父孫中山先生「建國方略」中所主張的「貨暢其流」，不僅可視爲我國物流觀念的濫觴，也充分點出了物流的要義。

自 1960 年代迄今，物流已經發展了多年，但是由於對物流的認知不同，產生許多不同的商業用語，如實體配送（Physical Distribution）、實體配送管理（Physical Distribution Management）、配送管理（Distribution Management）、物料管理（Material Management）以及供應鏈管理（Supply Chain Management）等，這些名稱雖然不盡相同，本質上的意義卻十分相近。目前國內對「Logistics」一詞尚未統一，有「物流」、「運籌」、「儲運」以及「後勤」等不同的中文譯名，但是這些名詞在使用上已有較明確的區別，一般若運用在「Global Logistics」時，多將其譯爲「全球運籌」，而運用在其他狀況，一般稱之爲「物流」。

根據中華民國物流協會（1996）的定義，物流是一種物的實體流通活動行爲，在流通過程中，透過管理程序有效結合運輸、倉儲、裝卸、包裝、流通加工、資訊等相關物流機能性活動，以創造價值，滿足顧客及社會需求。

行政院主計處「中華民國行業標準分類」的定義，從事商品之配送、儲存、揀取、分類、分裝及流通加工處理等儲配運輸服務，且以收取配送服務收入為主要收入來源之行業，皆屬儲備運輸物流業之範圍，其中包括有倉儲物流、流通加工物流、配送物流等，如圖 1-1。而經濟部商業司的定義，物流是指從生產地到消費或使用地點，有關物品的移動或處置之管理。（張淑慧，民 97）

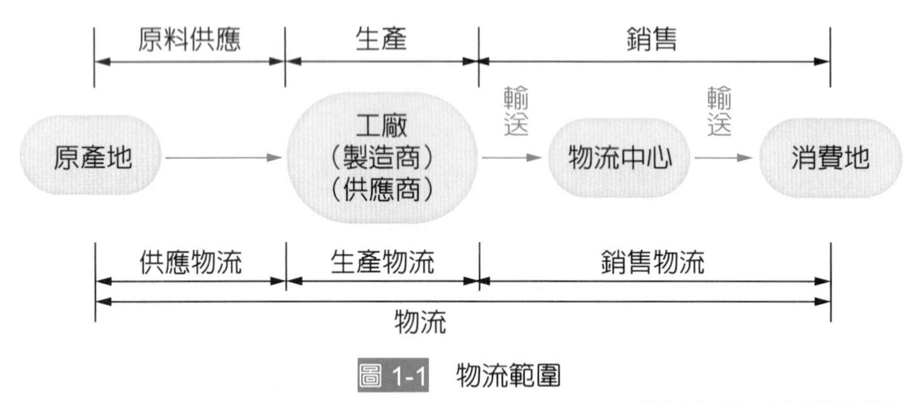

圖 1-1 物流範圍

資料來源：經濟部商業司（1994）

二、物流的範疇

對於「物流」的範疇，如按「物品」的型態區分，可以分為廣義物流與狹義物流。狹義的物流是指銷售物流，商品從製造者（廠）到消費者之間的流通稱為銷售物流。而廣義的物流則是指企業物流（Business Logistics），包括從原料採購的原料物流，工廠內部生產的生產物流、商品行銷販賣的銷售物流及廢棄物處理的廢棄物物流等全部屬之（商業司，民 85），茲分別說明如下：

1. 原料物流

工廠採購原料時，從原料工廠透過運送將原料運送到生產工廠之間的物品流動稱為原料物流，亦稱實體供應。

2. 生產物流

工廠從採購的原料進廠之後開始，到半成品或成品之間，物品在工廠生產線上加工製造及裝配等流動的過程稱之為生產物流。

3. 銷售物流

工廠製造完成的商品，從成品倉庫透過經銷商或營業所，販賣到零售店或是個人之間的貨物流通，亦稱實體配送。

4. 廢棄物物流

指產品因可回收或環保因素，企業必須回收的物流過程，例如消費者將使用過的商品或是包裝物，丟到垃圾場或是垃圾車上，然後再運送到垃圾處理場之間的流程，亦可稱之「逆物流」（Reverse Logistics）。

以上前兩者是爲了製造產品，向上游供應商提出原物料的需求，此稱之爲進貨物流（Inbound Logistics），其側重在及時而且有效率的提供生產所必要的投入；後兩者是產品製造、產品儲存到將產品運送至顧客手中，此稱之爲出貨物流（Outbound Logistics），銷售物流尤其側重生產後的物品流通，目的是將製成品從生產地點運送到消費地點的運輸與倉儲。

三、物流與供應鏈

（一）供應鏈的概念

雖然說供應鏈很早就有之，但是隨著企業間分工日益多樣化及外包協作成爲企業運營的普遍方式，現代供應鏈相較之下更爲複雜龐大（圖 1-2）。

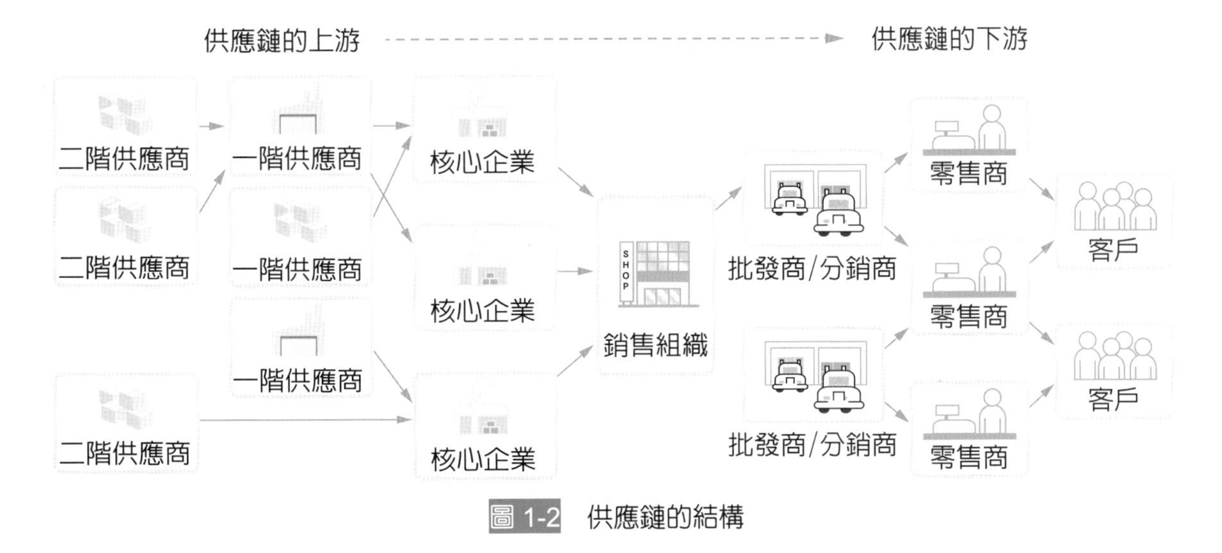

圖 1-2 供應鏈的結構

早期的物流業務以運輸、保管、包裝、裝卸爲核心，隨著社會經濟的發展，其對象範圍也在不斷擴大。特別從產品、資訊、現金這三個流程來看，我們可知道，包含關於這三個流程的諸多事務、管理、計畫的業務在內，供應鏈業務正在擴展延伸至各種相關業務。在商業交易發生的作業效率提高的同時，企業還必須把握某種產品的生產時機、生產量、流通管道以及流通量。另外，還需注意如何收集、靈活運用資訊才能改善作業效率等具體問題，唯有如此，才能實現供應鏈的最終目標：讓客戶高興而來，滿意而歸。

如圖 1-3 所示，供應鏈上的各相關者之間存在著物流、商流、資訊流、資金流這四個流程。

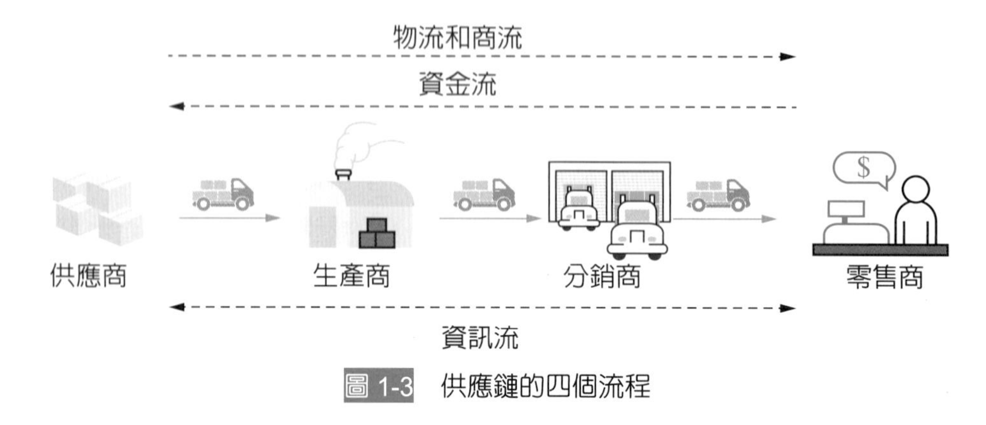

圖 1-3 供應鏈的四個流程

首先，在商品（產品）生產出來直至被消費者購買的過程中，從供應商到製造商、批發商、零售商、消費者的供應鏈流向由上至下。我們將這種流程稱爲「物流」。

其次，伴隨著商品的流動，供應鏈上的各相關者之間進行著進貨和銷售等多種多様的商業交易，交易的同時也交換著商品種類與數量、價格等交易資訊。例如，零售商使用這些資訊進行訂貨和到貨的商品檢驗。除商品交易資訊外，還交換哪些是暢銷商品等有關商品需求動態的資訊，我們將這些活動稱爲「資訊流」。

最後，商業交易必然伴隨著資金的收付，供應鏈也要考慮這種被稱爲「資金流」的資金流動。

（二）供應鏈管理的內容

企業營運的鏈條一般由資源接收、生產製造和產品交付三部分組成，企業對這些環節的計畫和管理貫徹始終。大多數供應鏈由許多企業營運環節結合而成，構成一個網絡。所以，供應鏈管理的內容被理解爲：供應鏈計畫中的五項基本活動及其相應的近期與遠期計畫，見表 1-1。

表 1-1　供應鏈管理的內容

活動	近期計畫	遠期計畫
採購	應該向供應商購買什麼規格和品質的原材料？購買多少？何時到貨？	誰應該成為策略供應商？應該與一個供應商建立特殊的關係還是與多個供應商合作？
製造	為了更好地利用企業資源，應該如何安排生產？	為了在全球範圍內提供客戶快速反應客戶要求，應該在哪裡建廠？它們應該生產所有產品還是只生產特定產品？
運輸	如何安排車輛才能取得最佳的運輸路線？	應該如何建立全球的運輸網絡？是否該將此項業務外包？
存儲	如何制定訂單履行計畫？	如何設計行銷網絡？如何存儲物品？
銷售	按照什麼順序履行對客戶的承諾？	一個計畫的銷售預測如何？如果進行特別的促銷活動，生產和分銷網絡能夠應付銷售高峰嗎？

從表 1-1 中可以看出，供應鏈的內容涵蓋範圍極廣，對資訊的要求高。目前資訊系統提供的計畫和決策支持功能有很大的局限性，負責管理性的事務處理，如訂單處理、成本核算等；並對已經發生的事情進行統計和分析。它們也可以處理客戶訂單，但對於訂單的獲利性以及如何更好地向客戶交付產品和服務，能提供的資訊支持非常有限。

1-2　物流的基本功能

物流的基本功能是指物流活動應該具有的基本能力，以及通過對物流活動最佳的有效組合，形成物流的總體功能，以達到物流的最終經濟目的。一般認為，物流功能應該由包裝、裝卸搬運、運輸、儲存保管、流通加工、配送以及與上述職能相關的情報資訊等構成。也就是說，物流的目的通過實現上述職能以完成。

（一）包裝

包裝具有保護物品、便利儲存運輸的基本功能。包裝存在於物流過程的各環節，包括產品的出廠包裝，生產過程中在製品、半成品的換裝，物流過程中的包裝、分裝、再包裝等。一般來說，包裝分為工業包裝和商業包裝，包裝是流通領域物流的起點。

（二）裝卸搬運

裝卸搬運是指在一定的區域內，以改變物品存放狀態和位置爲主要內容的活動。對裝卸搬運的研究，主要是對裝卸搬運方式和機械的選擇，以及通過對物品靈活性和可運性的研究，提高裝卸搬運效率。

（三）運輸

運輸職能主要是實現物質資料的空間移動。運輸是一個極爲重要的環節，在物流活動中處於中心地位，是物流的支柱之一。對運輸問題進行的研究主要有：運輸方式及工具的選擇、運輸線路的確定，以及爲了實現運輸安全、迅速、準時等目的所施行的各種技術措施和合理化問題等。

（四）儲存保管

一般來說，儲存保管通過倉庫的功能以實現。物質資料的儲存，是社會再生產過程中客觀存在的現象，也是保障社會再生產連續不斷運行的基本條件之一。有物質資料的儲存，就必然產生如何儲存物質資料的使用價值和不使價值受損的問題，爲此就需要對儲存物品進行以保養、維護爲主要內容的一系列技術活動和保管作業；以及爲了進行有效的保管，對保管設施的配置、構造、用途及合理使用、保管方法和保養技術的選擇等做適當處理。

（五）流通加工

在流通過程或生產過程中，爲了向用戶提供更有效的商品，或者爲了彌補加工不足、合理利用資源等，更有效地銜接產需，往往需要在物流過程中進行一些輔助的加工活動，稱之爲流通加工。對流通加工的研究內容非常豐富，諸如流通過程中的裝袋、單元小包裝、配貨、挑選、混裝等，生產外延流通加工中的剪斷、打孔、拉拔、組裝、改裝、配套等，以及因經濟管理的需要所進行的規模、品種、方式的選擇和提高加工效率的研究等，這些都是物流的職能。

（六）配送

配送是物流的一種特殊的、綜合的活動形式，它幾乎包括了物流的所有職能，是物流的縮影，或在某一範圍內全部物流活動的體現。一般來說，配送集包裝、裝卸搬運、保管及運輸於一體，並通過這些活動達成將物品送達的目的。配送問題的研究包括配送方式的合理選擇、不同物品配送模式的研究，以及圍繞配送中心建設相關的配送中心地址的確定、設施的構造、內部布置和配送作業及管理等問題。

（七）情報資訊

物流整體功能的發揮，通過物流各種功能之間相互聯繫、相互依賴和相互作用以實現。也就是說，各種功能的作用不是孤立存在的，因此需要及時交換情報資訊。情報資訊的基本功能包括情報資訊的收集、加工、傳遞、儲存、檢索、使用，也包括其方式的研究，以及管理資訊系統的開發與應用研究等，目的在於保證情報資訊的可靠性和及時性，以促進物流整體功能的發揮。

1-3 物流的分類

由於物流的範圍、範疇不同，物流系統的性質不同，物流服務對象不同，從而形成了不同的物流類型，如表 1-2 所示。

表 1-2 物流的分類

分類標準	種類
物流涉及的領域	宏觀物流、微觀物流
物流系統性質	社會物流、行業物流、企業物流
物流活動覆蓋範圍	地區物流、國內物流、國際物流
物流服務對象	一般物流、特殊物流
從事物流活動的主體	第一方物流、第二方物流、第三方物流、第四方物流
物流的作用	供應物流、生產物流、銷售物流、逆物流

一、按照物流涉及的領域分類

（一）宏觀物流

宏觀物流是指社會再生產總體的物流活動，從社會再生產總體角度認識和研究物流活動，這種物流活動的參與者是構成社會的總體。社會物流、國民經濟物流、國際物流都屬於宏觀物流。

（二）微觀物流

消費者、生產企業從事的實際的、具體的物流活動或在整個物流活動中的一個局部、一個環節的具體物流活動，以及在一個小地域空間發生的具體的物流活動或針對某一產品進行的物流活動等都是微觀物流。微觀物流研究的主要特點是具體性和局部性，下述物流活動皆是微觀物流，如企業物流、生產物流、供應物流、銷售物流、回收物流、廢棄物物流以及生活物流等。

二、按照物流系統性質分類

（一）社會物流

社會物流是指在社會範圍內主要由物流企業進行的，服務於全社會的物流活動，是企業外部物流活動的總稱。社會物流屬於宏觀物流，一般伴隨商流發生。社會物流研究社會領域內再生產過程、國民經濟中的物流活動、物流如何爲社會服務，以及物流如何在社會環境中健康發展等。

（二）行業物流

行業物流是指在一個行業內部發生的物流活動。一般情況下，同一個行業的各個企業往往在經營上是競爭對手，但爲了共同的利益，在物流領域中卻又常常互相協作，共同促進行業物流系統的合理化。行業物流系統化的結果是使參與的企業都得到相應的利益。各個行業協會或學會應該把行業物流列作重要的研究課題之一。

（三）企業物流

企業物流（Enterprise Logistics）是指生產和流通企業在經營活動中所發生的物流活動。企業物流是具體的、微觀的物流活動的典型領域，它由企業供應物流、企業生產物流、企業銷售物流、企業回收物流及企業廢棄物物流等幾部分組成。

三、按照物流活動覆蓋範圍分類

（一）地區物流

所謂地區物流，是指在特定地區內進行的物流活動。作爲社會物流的一種形式，地區物流管理的重點是針對該地區的特點規劃高水準的地區物流系統規劃。地區物流系統對於提高地區企業物流活動的效率以及保障當地居民的生活、福利、環境，具有不可或缺的作用。研究地區物流應根據各地區特點，從本地區利益出發，組織物流活動。

（二）國內物流

國內物流的範圍一般在某個國家或相當於國家的實體範圍內，生產和消費等所有物流據點都在同一國家境內。物流作爲國民經濟的一個重要方面，也應該納入國家的總體規劃內容中，全國物流系統的發展必須從全局著眼，清除部門分割、地區分割所造成的物流障礙。

在物流系統的建設投資方面也要從全局考慮，使大型物流項目盡早建成。國家整體物流系統化的推進，必須仰賴政府的行政作用，建設物流基礎設施，制定各種交通政策法規，實施與物流活動有關的各種設施、裝置、機械的標準化、物流新技術的開發、引進和物流技術專門人才的培養等。

（三）國際物流

國際物流是指跨越不同國家（地區）之間的物流活動。國際物流是國際間貿易的一個不可或缺的部分，各國之間的相互貿易最終通過國際物流來實現。當前世界的發展主流使國家與國家之間的交流越來越頻繁，任何國家若拒絕投身於國際經濟大協作的交流之中，該國的經濟技術就得不到良好的發展。

工業生產也正在走向社會化和國際化，出現了許多跨國公司，一個企業的經濟活動範疇可以遍布世界各大洲。國際之間的原材料與產品的流通越來越迅速，因此，國際物流是現代物流系統中重要的物流領域。

四、按照物流服務對象分類

（一）一般物流

一般物流是指帶有普遍性、通用性和共同性的物流活動，或者說沒有特殊要求的物流活動。一般物流著眼於物流的一般規律、建立普遍適用的物流標準化系統、物流的共同功能要素、與其他系統的結合、銜接，以及物流資訊系統及管理體制的統一性等。

（二）特殊物流

特殊物流是指專門領域、特殊行業的物流活動，在遵循一般物流規律的基礎上，還有自身的特殊限制因素、應用領域、管理方式、勞動對象及機械裝備特點等。如危險品、軍需品、易燃、易爆、易腐蝕、易變質以及大件物品物流，其對運輸工具、保管條件、物流設施設備都有特殊的要求，以實現安全、準時的物流服務。

五、按從事物流活動的主體分類

（一）第一方物流

第一方物流是指供應方（生產廠家或原材料供應商）提供運輸、倉儲等單一或某種物流服務的物流業務。如廠家負責送貨到超市門市。

（二）第二方物流

第二方物流是指需求方（生產企業或流通企業）爲滿足本企業在物流方面的需求，由自己完成或運作的物流業務。例如，永輝超市負責將蔬菜從生產基地集中運到自己的門市進行銷售。

（三）第三方物流

第三方物流是指由物流供應商以外的物流企業提供的物流服務，即由第三方專業物流企業以簽訂合約的方式提供其委託人所有或部分物流服務，又稱合約制物流。中國大多數知名物流公司均是第三方物流公司，如中國遠洋運輸總公司、中海物流、中外遠、寶供物流等。

（四）第四方物流

第四方物流專門爲第一方、第二方和第三方提供物流規劃、諮詢、物流資訊系統及供應鏈管理等活動。第四方並不實際承擔具體的物流作業活動，它是一個供應鏈的集成商，是供需雙方及第三方的領導力量；它不是物流的利益方，而是通過資訊技術、整合能力以及其他資源提供一套完整的供應鏈解決方案，並以此獲取一定的利潤。第四方物流公司主要有中國的埃森哲諮詢、法布勞格諮詢、億博物流諮詢、上海歐麟諮詢、杭州通創諮詢、青島海爾諮詢、大連智豐諮詢等。

六、按照物流的作用分類

按照物流在社會經濟活動中的作用，可以將物流分爲供應物流、生產物流、銷售物流、逆物流，如圖 1-4 所示。

（一）供應物流

供應物流（Supply Logistics）是指提供原材料、零部件或其他物料的物流活動。生產企業、流通企業或消費者購入原材料、零部件或商品時，物品在提供者與需求者之間的實體流動稱爲供應物流，也就是物料生產者、持有者甚至使用者之間的物流。

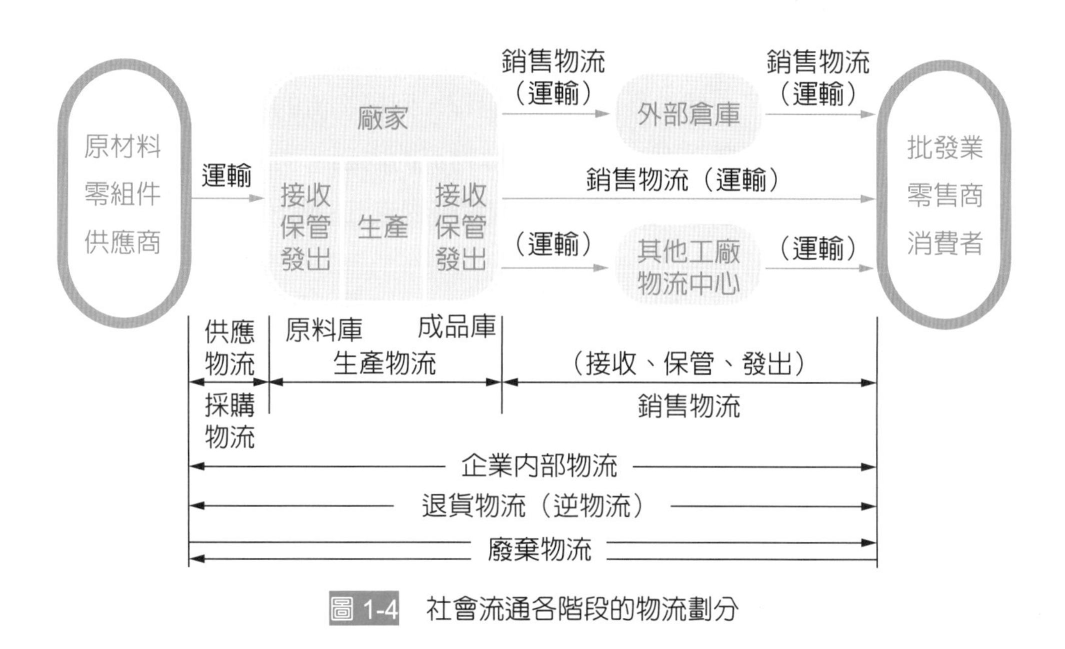

圖 1-4　社會流通各階段的物流劃分

（二）生產物流

生產物流（Production Logistics）是指企業生產過程中，涉及原材料、在製品、半成品、完成品等的物流活動。生產物流包括從生產企業的原材料購進入庫，到生產企業成品庫的成品發送出去的物流活動的全過程。

（三）銷售物流

銷售物流（Distribution Logistics）是指企業在出售商品過程中所發生的物流活動。生產企業或流通企業售出產品或商品的物流過程即爲銷售物流，也就是物資的生產者或持有者與用戶或消費者之間的物流。

（四）逆物流

逆物流（Reverse Logistics）是指不合格物品的返修、退貨以及周轉使用的包裝容器從需方返回到供方所形成的物品實際流動，包含了回收物流（退貨物流）和廢棄物流。

回收物流主要針對生產及流通活動中可以回收並加以利用的物資，如作爲包裝容器的紙箱、建築行業的腳手架、對舊報紙和書籍進行回收、分類再製成生產的原材料紙漿，及利用金屬廢棄物的再生性，再回收後重新熔煉的原材料等。

廢棄物流主要處理不具有回收價值的物品。爲了減少資金消耗、提高效率、更好保障生產和生活的正常秩序，對廢棄物綜合利用的研究很有必要。

1-4 物流的演進

物流概念的發展經過了一個漫長而曲折的過程。回顧物流的發展歷程、理解歷史上經典的物流概念，有利於我們全面、深入地理解物流的內涵。物流的發展大概歷經了物流概念、實體分配、物流與運籌、供應鏈物流和實時物流五個階段。

（一）物流概念

物流（Physical Distribution）一詞最早出現於美國，1915 年美國學者阿奇．蕭（Arch Shaw）在《市場流通中的若干問題》（Some Problem in Market Distribution）一書中就提到物流一詞，並指出「物流與創造需求是不同的問題」，「物品經過時間和空間的轉移，會產生附加價值」，可以說是物流概念的起源。

1924 年，另一位美國學者克拉克（Clerk）在《行銷原理》一書中也使用了物流的概念。當時，西方一些國家已開始出現生產過剩、需求嚴重不足的經濟危機，這些國家的企業因此提出了促進銷售的方法及物流的問題。嚴格地說，當時的物流概念不同於現在的物流概念，只是行銷學上的一個名詞，即現在所說的分銷或配送（Distribution），而且僅指爲促進商品的銷售而進行的運輸、存儲、裝卸等具體的功能性活動。

由於當時資訊技術的落後，各方溝通困難，物流各個作業環節資訊難以傳遞和共享，因此，物流作業只有一系列的、獨立的功能性活動，難以統籌考慮及進行有計畫的實施。許多學者認爲那時沒有眞正的物流概念，只有運輸、存儲、裝卸、搬運等具體的、獨立的功能性作業或活動，隸屬並服務於企業行銷活動。

（二）實體分配

20 世紀六七十年代，發達國家的生產能力已經大大提高，不僅同一基本產品增加了不同品牌，而且產品多樣化的趨勢得到了進一步的加強，企業之間的競爭加劇。這大大增加了單個企業的庫存量，導致其庫存成本、訂單處理成本和運輸成本的增加，人們開始重視產品行銷和配送，也就是在這個時期，彼得．杜拉克的「黑色大陸說」從理論上證明了物流對企業經營的巨大潛力。

此外，這一階段，由於資訊技術有了劃時代的進步和發展，電話、電報的普及應用，使人們可以傳遞物流作業各功能環節的資訊，進而通盤考慮、運籌管理，也因此使現代物流理念萌芽，人們可以「對原材料、在製品、製成品由生產地到消費地高效運動過程實施一系列功能性活動進行計畫和控制」，於是形成了「實體分配（Physical Distribution）」的物流概念，如圖 1-5 所示。

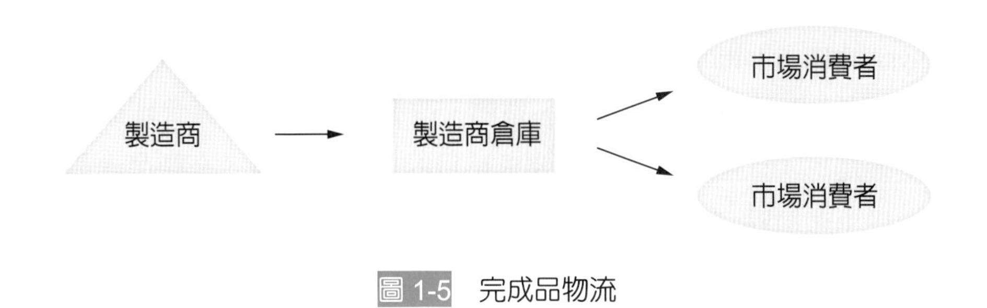

圖 1-5　完成品物流

實際上，這個階段的物流概念仍然是上一階段配送概念的加強和延伸，注重產品從企業到消費者過程中的物流活動環節，對物流的理論研究也僅限於銷售階段的分銷和配送。1962 年，美國成立了國家實體分配管理協會（National Couneil of Physical Distribution Management, NCPDM），它逐漸成為全世界公認的物流從業人員和物流管理方面的領先性專業組織。

（三）物流與運籌

在第二次世界大戰中，圍繞戰爭供應，美國軍隊建立了後勤（Logistics）理論，使用後勤管理（Logistics Management）方法對軍火等戰爭物資的運輸、補給、存儲、分配等進行全國統一管理。其「後勤」概念就是指將戰時軍需物資的生產、採購、存儲、運輸、配給等活動作為一個整體進行統一布置、統籌安排，以求戰爭物資管理總成本更低、補給速度更快、服務更好。

20 世紀 70 年代，發達國家的生產能力更加快速地提高，企業意識到不僅銷售會影響盈利，原材料的採購和供應、物料管理亦有極大的影響。「後勤管理」一詞逐漸被企業所接受，後被廣泛應用，這時又有商業後勤、流通後勤的提法。此時的後勤包含了生產過程和流通過程的物流，是一個範圍更廣泛的物流概念，我們稱為現代物流，如圖 1-6 所示。

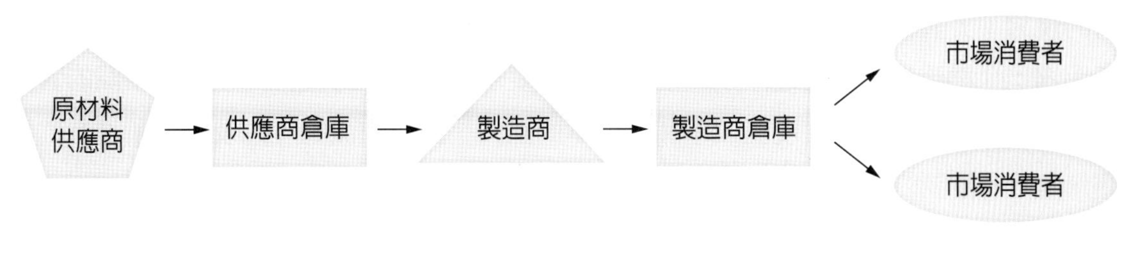

圖 1-6　物流與運籌

20 世紀 80 年代，資訊技術快速發展，使得原材料、在製品、製成品從供應地到消費地各功能作業活動中產生的相關資訊可以更方便和快速地傳遞。美國物流管理協會基於物流理念的這種變化，於 1986 年更名爲 The Couneil of Logistics Management ，簡稱 CLM。將 Physical Distribution 改爲 Logistics，其理由是 Physical Distribution 的概念較狹窄，Logistics 的概念則較爲寬泛、連貫、整體。改名後的美國物流管理協會（CLM）對物流所下的定義是：「以適合於顧客的要求爲目的，對原材料、在製品、製成品及與其關聯的資訊，從生產地點到消費地點之間的流動與保管，爲追求高效率、低成本而進行計畫、執行、控制。」它與以往物流概念有所差異，標誌著現代物流概念的出現。

1992 年日本也將物的物流（Physical Distribution）改成 Logistics 的日語音譯。物流管理的概念開始強調企業內部的一體化，統籌考慮採購供應、生產和銷售等，物流領域出現了許多新的理論，典型的例子如日本豐田公司提出的零庫存（Just in Time）、全面品質管理（Total Quality Management）等。美國也在 1980 年代後期對運輸進行了解除管制（De-Regulation），使承運人服務的領域擴大、定價自由，爲承運人與貨主之間建立長期的合作關係、降低整體物流成本提供了可能。

（四）供應鏈物流

20 世紀 90 年代，由於經濟全球化的影響，全球範圍內的企業競爭加劇，上下游企業認識到其相互依賴關係的重要性，開始由以前的獨立和隔絕走向聯盟和合作。同時，電子商務與資訊技術的飛速發展，從技術上促成了企業統籌考慮供應、生產、分銷、零售，使企業可以在更廣泛的背景下考慮物流作業。企業開始將物流管理的著眼點放到物流的整個過程中，從而將物流納入供應鏈範疇，作爲「供應鏈的一部分」，出現了基於「供應鏈」條件下的物流概念，並初步將物流納入了供應鏈上所有企業間互相協作的管理範疇。爲順應這一理念，1998 年美國物流管理協會再次對物流概念做了修訂，引入了供應鏈的概念。

此外隨著互聯網技術的發展，企業可以以客戶需求爲導向，通過企業資訊系統的快速反應及生產線的柔性製造，滿足客戶的個性化需求，進入服務競爭階段，產生服務經濟的現象。美國物流管理協會於 2001 年對物流的概念又一次做了修改和完善，強調了客戶服務：「物流是供應鏈運作中，以滿足客戶要求爲目的，對貨物、服務和相關的資訊在產出地和銷售地之間實現高效率和低成本的正向、反向的流動，以及儲存所進行的計畫、執行和控制的過程。」其過程如圖 1-7 所示。

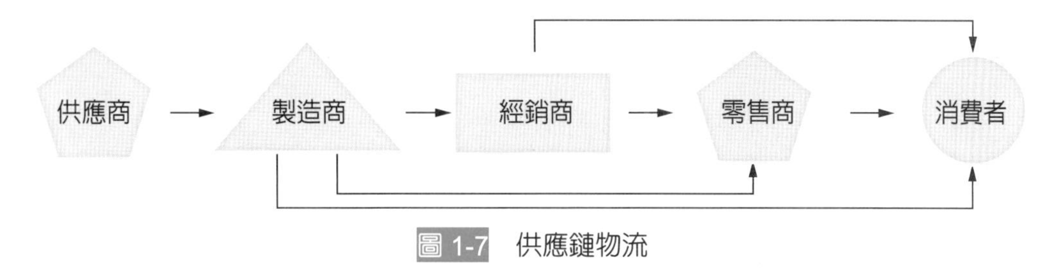

圖 1-7 供應鏈物流

這一階段是物流管理外部一體化的階段。物流管理的外部一體化涉及不同利益主體，因此並不是一件容易的事，但從節約整體成本和提高服務水準的觀點看，其具有巨大的潛力。

（五）實時物流

進入 21 世紀，隨著新經濟的快速發展，物流的實踐和理論也隨之發展，學者們提出了許多新的理論和觀點，實時物流（Right Time Logistics, RTL），又稱爲即時物流，就是其中之一。有些學者認爲，互聯網技術的成熟，使人們有能力從單純關注交易這一節點轉向關注商務的全過程，這不僅涉及企業內部各部門，而涉及整個供應鏈各方企業之間的協作。

同時，近年來現代物流設備和資訊技術的成熟，使企業可以通過機械化、自動化、資訊化等手段，進一步提高市場反應速度，有利於系統實時追蹤目標的實現。利用資訊手段、協同化的技術，可以把物流各作業環節的實時執行與整個企業運作管理系統相結合，利用 GPS、GIS 條碼、POS 數據、RF 無線射頻等自動識別的物流資訊實時採集技術，和移動計算技術對物流資訊的實時處理，對物流進行實時追蹤、協同運作，追求物流系統的實時管理與執行，從而產生了實時物流的概念。

一般而言，實時物流與供應鏈物流的區別在於，實時物流不僅關注物流系統的成本和效率，更關注整體商務系統的反應速度與價值；不僅簡單地追求生產、採購、行銷系統中物流管理與執行的協同與一體化運作，更強調與企業商務系統的融合，形成以供應鏈爲核心的商務大系統，其中物流反應與執行速度，使商流、資訊流、物流、資金流四流合一，眞正實現企業追求「實時」的理想目標。

應該說，實時物流的概念實質上就是供應鏈一體化物流的延伸，是一個高度集成化和一體化的物流系統。雖然目前這種提法還沒有像現代物流、供應鏈物流的概念受到人們普遍接受和認可，但還是說明了 21 世紀以來物流發展的一些新的特點，因此本書也把它當作物流發展的一個新階段。

物流的演進如圖 1-8 所示。

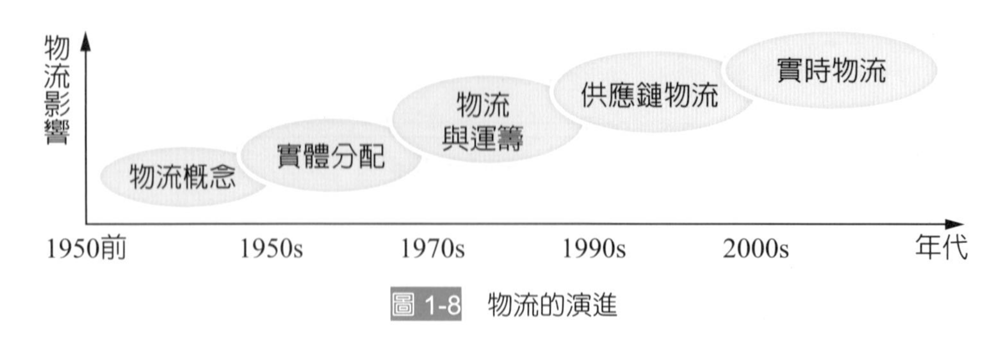

圖 1-8　物流的演進

1-5　物流主管職位的能力要求

物流主管的職位職責是，對公司的原材料、半成品和成品等物料在公司內外流動（包括包裝、裝卸、搬運、運輸、存儲、流通、加工，直到終端客戶等物流活動）的全過程進行計畫、組織、協調與控制。

對物流主管的職位的能力要求具體如下：

一、能力要求

一個合格的物流主管除了要具備專業知識和技術之外，還必須具備較強的直接管理能力、解決問題能力、項目管理能力和一定的領導決策能力。

1. 直接管理能力

直接管理能力，是指物流主管對公司物流日常運作以及達成生產率、設備利用率及預算等目標的能力。

2. 解決問題能力

解決問題能力，是指物流主管診斷公司物流作業中出現問題的能力，以及尋找對策、降低成本、提高客戶服務水準和提高投資收益率的能力。

3. 項目管理能力

項目管理能力，是指物流主管設計並領導物流項目小組，獨立完成物流項目任務的能力。

4. 一定的領導決策能力

作爲一個部門管理人員，物流主管還需要一定的領導決策能力：

(1) 具有前瞻性，即敢於創新，特別是要具有改善物流條件、組織下屬爲物流合理化而奮鬥的魄力，以改變物流管理的滯後局面。

(2) 具備開拓未知領域的勇氣，以開拓物流新領域。

(3) 具有向各種制約因素挑戰的精神，以排除各種干擾因素的影響。

(4) 具有系統思考（總體思考）的能力，以綜合權衡物流系統構成要素，即基礎系統之間存在效益背反關係，構築最好的物流系統。

(5) 必須具備從戰略高度考慮問題的素養，以適應已經或將要變化的物流環境。

(6) 具備構築資訊系統的能力，因為沒有資訊，就沒有物流。

(7) 具有尊重人的意識，因為物流主管主要是和物打交道，很容易見物不見人。要善於團結同事、和下屬一道工作，身先士卒，作出表率。

二、知識要求

作為物流主管，需要具備多種知識，並且這些知識的結構應當較全面、合理，即應該具備現代物流、市場行銷、管理學、會計學以及資訊技術等。

（一）現代物流

物流是指為了消除物質資源實體從生產者到消費者之間的場所間隔和時間間隔的物理性活動，具體包括運輸、保管、包裝、裝卸、搬運、流通加工及資訊處理等。物流管理活動主要包括進貨（Inbound）和出貨（Outbound）運輸管理、車隊管理、倉儲、物料處理、訂單完成、物流網絡設計、存貨管理、供應及需求計畫和第三方服務供應商管理。

（二）市場行銷

物流行銷是物流管理不可或缺的一個重要環節。物流服務必須圍繞市場需求，計畫最可能的供應，在最有效和最經濟的成本前提下，為客戶提供滿意的產品和服務。客戶需求是推動物流市場發展的根本動力。沒有市場需求，物流公司就失去了賴以生存的基礎。

（三）管理學

與其他管理人員相比，管理學對於公司的物流主管具有重要的意義。因為物流主管在公司內外所需要處理的組織關係最多，他不僅要銜接、保障公司內部各部門的物料供應，而且要對公司外部的客戶進行協調，確保及時配送。所以，他不僅要面對其他部門管理人員所要面臨的大量的上下級關係、平級關係，而且要處理好複雜的內部、外部關係。管理學知識的運用，可以大大提高管理的效率，從而降低公司物流過程中的成本。

（四）會計學

物流主管要具備一定的財務會計學知識。財務會計學知識是對資金微觀運作的把握。掌握財務會計學知識，可以有效地進行物流成本核算與控制，減少財務漏洞，從而有利於降低物流成本，提高資金的效益。

（五）資訊技術

資訊技術支持著物流各項業務活動。通過資訊技術傳遞，聯繫運輸、儲存、包裝、裝卸搬運、配送、流通加工等業務活動，並協調一致，以提高物流整體效率。

物流資訊技術管理的主要內容包括：

1. 物流資訊技術的搜集、整理、加工、儲存。
2. 數據庫的建立。
3. 物流資訊技術的傳輸。
4. 物流資訊技術系統的構建與優化。
5. 物流資訊技術的共享。

三、心理素質要求

良好的心理素質，對於管理人員是相當必要的。這種良好的心理素質，集中體現在管理人員的性格特徵上。一般而言，物流主管應具備以下幾方面的心理素質：

1. 性格開朗，樂觀向上。
2. 勇於面對挫折，身處困境不氣餒。
3. 善於言談交流，正確處理人際關係。
4. 做事善始善終。
5. 遇到問題能顧全大局，權衡輕重。
6. 資訊技術知識。

四、物流人才的教育與訓練

關於物流人才培訓，國內的物流管理、運輸管理、工業工程、工業管理等相關科系皆提供諸如運輸學、管理學、運輸規劃、物流供應鏈管理、運輸業服務管理、物流運籌管理、倉儲管理等課程。在專業證照方面，若完成臺灣國際物流暨供應鏈會引進並主辦的「FIATA 國際運送物流菁英營實務班證照職訓專班（72 小時）」，可獲得結業證書，若透過考試，可獲得「運送物流國際實務管理人才培訓證書」。課程強調「全球供應鏈」

爲基礎，著重於運送物流（Freight Logistics），尤其是國際承攬業結合不同運輸工作的複合式運送服務，課程包括國際貿易管理、通關程序實務、航空貨物運送實務、海運貨物運送實務、複合運送實務、國際物流及保險、危險品運作實務、物流安全與資訊應用實務等單元。

中華民國物流協會引進英國皇家物流與運輸學會（The Chartered Institute of Logistics and Transport，CILT）開辦的「物流技術整合工程師班」，係以 CILT 國際會員資格爲努力目標，該學會基於物流專業人員所應具備的能力模型設計一系列的物流證書，認證內容依全球運籌人才之不同需求分爲 4 種等級；課程內容包括物流營運技術、物流資訊系統、內部物流管理、物流的趨勢與發展、海空運作業、保稅與關務作業、電子商務、物流成本、全球運籌、供應鏈管理及國際物流、物流 EIQ 分析與應用等。修習一定時數的課程，並且撰寫結業論文、透過口試後，可獲「英國皇家物流與運輸學會」資格承認並申請 CILT 國際會員資格。

美國 SOLE 國際物流協會臺灣分會，引進美國 SOLE-CPL 國際物流專業人士培訓課程，SOLE 認證分爲 5 級，課程包含物流、貿易、行銷、企業管理、倉儲管理、財務管理、生產管理、顧客管理、知識管理等，旨在培訓全方位之專業物流管理長才，使其具有協助營運、執行、控管、使企業物流系統作業流暢之技能。

臺灣全球運籌發展協會則推出全球運籌與國際物流管理教育課程（Global Logistics Management Educational Program），課程內容包括全球運籌與供應鏈標竿案例研討、國際物流導論、全球供應鏈管理、全球貨運規劃、全球供應鏈管理面對的物流運籌課題、全球運籌與國際物流之發展趨勢、國際物流中間商與聯盟、公共物流運籌、存貨管理等，通過知識檢測考試者將被頒發全球運籌與國際物流管理專業合格證照（GLM Professional Certificate）。

1-6 物流的發展趨勢

隨著物流業的發展，在供應鏈管理模式上增添新的內容，物流出現了新的發展趨勢。

一、逆物流

逆物流（Reverse Logistics）就是物品及相關資訊自消費者端向供應端的反向流動過程，它主要包括回收物流和廢棄物物流兩部分，目的是爲了回收價值或適當處置物品。逆向物流與順向物流無逢對接，構成一個完整的供應鏈物流系統。

逆物流有廣益和狹義之分。狹義的逆物流，是指對那些由於不良環境問題或產品過時的原因而失去原有價值的產品、零部件或物料進行回收，將其中有再利用價值的部分加以分揀、加工、分解，使其成爲有用的資源重新進入生產和消費領域。廣義的逆物流，除了包含狹義的逆物流的定義之外，還包括廢棄物物流的內容，其最終目標是減少資源使用，並通過減少資源使用達到減少廢棄物的目標。

逆物流的主要驅動因素是：政府立法、日益縮短的產品生命週期、新的分銷管道、供應鏈中的力量轉移。逆向物流主要由以下幾方面組成：退貨、產品召回、報廢產品回收及生產過程中的報廢零件、邊角餘料回收、產品載體和包裝材料回收。逆物流具有逆反性、價值遞減性、資訊傳遞失眞性遞增的特點。

二、綠色物流

綠色物流（Green Logistics）是近年來才被提出的新課題，也是當今世界經濟可持續發展的一個重要組成部分，目前還沒有一個成熟的定義。通常認爲，所謂綠色物流，就是以降低對環境的污染、減少資源消耗爲目標，利用先進物流技術規劃和實施運輸、倉儲、裝卸搬運、流通加工、配送、包裝等物流活動。它要求在物流過程中抑制物流對環境造成危害的同時，實現對物流環境的淨化，使物流資源得到最充分的利用。

綠色物流是一個多層次的概念，它既涵蓋企業的綠色物流活動，又包括社會對綠色物流活動的管理、規範和控制。從綠色物流活動的範圍來看，它既涵蓋各單項的綠色物流作業（如綠色運輸、綠色包裝、綠色流通加工等），還包括爲實現資源再利用而進行的廢棄物循環物流。

三、精實物流

精實物流（Lean Logistics）是起源於日本豐田汽車公司的一種物流管理思想，是運用精實思想對企業物流活動進行管理。

精實物流的基本原則是：

1. 從顧客的角度而不是企業或職能部門的角度來研究什麼可以產生價值。
2. 按整個價值流確定供應、生產和配送產品中所有必須的步驟和活動。
3. 創造無中斷、無繞道、無等待、無回流的增值活動流。
4. 及時創造僅由顧客拉動的價值。
5. 不斷消除浪費，追求完善。

精實物流的目標可概括爲：企業在提供滿意的顧客服務水準的同時，把浪費降到最低程度。企業物流活動中的浪費現象很多，常見的有不滿意的顧客服務、無需求造成的積壓和多餘的庫存、實際不需要的流通加工程序、不必要的物料移動、因供應鏈上游不能按時交貨或提供服務而等候、提供顧客不需要的服務等。努力消除這些浪費現象是精實物流最重要的內容。

四、供應鏈物流

隨著傳統企業管理找上供應鏈管理，企業的物流活動也拓展到了整個供應鏈環節。也就是說，企業對物流活動的優化已經不再局限於企業自身，而是從供應鏈的視角來考慮整條鏈上物流活動的優化，這個物流也被稱爲供應鏈物流（Supply Chain Logistics）。

所謂供應鏈物流，就是以物流活動爲核心，協調供應領域的採購、生產製造和銷售領域的客戶服務和訂貨處理業務，包括涉及採購、外包、轉化等過程的全部計畫和管理活動，以及全部物流管理活動。更重要的是，它也包括了與伙伴之間的協調和協作，涉及供應商、製造商、銷售商和第三方物流企業等。

五、物流金融

物流金融（Logistics Finance）是物流與金融相結合的複合業務概念，只在面向物流業的營運過程中應用和開發各種金融產品，有效組織和調劑物流領域中貨幣資金運動，包括發生在物流過程中的各種存款、貨款、投資、信托、租賃、抵押、貼現、保險、有價值證券發行與交易，以及金融機構辦理的各類涉及物流業的中間業務等。物流金融是爲物流產業提供資金融通、結算、保險的服務的金融業務。

在物流金融中涉及三個主體：物流企業、客戶和金融機構，物流企業與金融機構聯合起來爲資金需求方企業提供融資，開展物流金融對這三方都有非常迫切的現實需要。物流和金融的緊密融合有利於支持社會商品的流通，而且物流金融也正式成爲銀行一項重要的金融業務。

物流金融不僅能提升第三方物流企業的業務能力及效益，還可爲企業融資及提升資本運用的效率。對於金融業務來說物流金融的功能是幫助金融機構擴大貸款規模降低信貸風險，在業務拓展服務上能協助金融機構處置部分不良資產、有效管理 CRM 客戶，提升抵押物評估、企業理財等顧問服務項目。從企業行爲研究出發，可以看到物流金融發展起源於「以物融資」業務活動。現在第三方物流企業除了要提供現代物流服務外，還要與金融機構合作一起提供部分金融服務。

六、冷鏈物流

近年來，隨著農業結構調整和居民消費水準的提高，生鮮農產品的產量和流通量逐年增加，全社會對生鮮農產品的安全和品質提出了更高的要求。因此，加快發展冷鏈物流，對於促進農民持續增收和保障消費安全具有重要的意義。

冷鏈物流（Cold Logistics），是指以冷凍工藝爲基礎，以製冷技術和蓄冷技術爲手段，使冷鏈物品在生產、流通、銷售到消費者的供應鏈各環節中，始終處於規定的溫度環境下，以保證冷鏈物品品質，減少冷鏈貨品損耗的物流活動。

冷鏈物流的實施要求注重供應鏈管理思想的指導，綜合考慮生產、運輸、倉配、銷售、經濟與技術性等各要素，協調相互之間的關係，使冷鏈物品在整個供應鏈過程中保值增值，是物流體系中不可或缺的組成部分。與一般的物流系統相比，冷鏈物流的實施對設施設備和運行環境有著特殊的要求，如時間、品質、溫度、濕度和衛生等方面。

七、智慧物流

物流是連接生產者、銷售者、消費者之間的網絡體系，在現代經濟中扮演越來越重要的角色。借助互聯網、物聯網、大數據、雲計算、人工智能等技術，物流企業正發生著翻天覆地的變化，突出表現就是智慧物流的建設。智慧物流將通過對物流資源要素的重新組合、高效連接，消除資訊不對稱性，完善物流體系，實現物流業服務水準的躍升，加速物流產業的現代化進程，推動物流產業革命。

智慧物流的重點在物流過程的智慧化，關鍵是將現代資訊技術、網絡通訊技術、自動感知與分析決策技術以及物聯網、傳感網、互聯網整合起來廣泛應用於物流過程，能夠對物流過程中涉及的人員、機器設備、基礎設施、資訊、作業實施實時的管理和控制，實現物流過程的數字化、資訊化、自動化、網絡化、集成化、可視化、可控化、智能化、柔性化、敏捷化，最終達到提高物流效率和實現物流與人、自然間的和諧關係。

八、衆包物流

「互聯網＋物流」的眾包物流，在配送過程中採用的是社會化眾包方式，其快遞能力通過調動社會閒散資源而得到極大的提高。眾包物流的配送員是普通人員，通過對其進行嚴格的審查和規範化培訓，採用中央調度模式，距離最近的配送員領到任務，在1個小時內完成取件。從盈利模式上看，眾包物流整合了散件寄件的需求，打包後給各大快遞公司，相當於是一個手裡拿著大單的的客戶。

而除了個人用戶，眾包物流的用戶還包括近千家中小企業，借此可整合公司內部的散件。眾包物流減少甚至取代快遞公司的線下網點，直接發到各物流公司總站，從而提高整個物流效率。

九、雲物流

雲物流（Cloud Logistics）計算服務平台是面向各類物流企業、物流樞紐中心及各類綜合型企業的物流部門完整解決方案，它依靠大規模的雲計算處理能力、標準的作業流程、靈活的業務覆蓋、精確的環節控制、智能的決策支持及深入的資訊共享來完成物流行業的各環節所需要的資訊化要求。

在雲平台上，所有的物流公司、代理服務商、設備製造商、行業協會、管理機構、行業媒體、法律結構等都集中雲整合成資源池，各個資源相互展示和互動，按需交流，達成意向，從而降低成本，提高效率。

物流 Express

疫情下物流運輸業逆轉勝 實體零售呈冰火兩極

2021 年 5 月，臺灣疫情驟然升溫，以零售、電商、物流等產業別為核心的流通型企業，在疫情進逼下的應對能力，不僅象徵著臺灣核心服務業強韌且富有彈性的經營實力，也成為臺灣社會度過疫情管制的關鍵供應鏈，支撐著民生物資、居家飲食、醫療配送等重要社會命脈。

盤點臺灣零售、電商、物流等流通型企業 2021 年 5 月份營收數據，並進行 3 年期（2019 ～ 2021）同期比較，藉由營收年變化率觀測疫情衝擊下各類型企業受到的具體影響。哪些類型企業相較 2020 年已做足因應對策並抓住發展契機，而哪些類型企業則再次遭受嚴峻打擊？

3C 家電零售爆發成長，百貨賣場全面衰退

連鎖實體零售業為臺灣規模最大的內需服務產業，但在疫情社交管制下形成冰火兩極營收變化。

例如 3C 家電零售業受惠於居家上班與遠距上課帶來的設備採購需求，加上在宅娛樂市場成長推升，2020 及 2021 年 5 月營收均迎來大幅成長。其中順發 2021 年 5 月營收年成長幅度高達 71.0%，燦坤及全國電子也分別成長 40.9% 及 14.0%。

做為民生物資主要供給通路，三商家購（美廉社）營收亦年增 30.9%，然而另一方面，百貨賣場營收卻全面陷入衰退，例如以軌道商場經營為特色的京站 2021 年 5 月營收年減 40.9%，中友百貨及遠百亦分別下跌 37.7% 及 13.8%。

物流運輸業逆轉勝！ 2021 年陸海空運全線噴發

臺灣整體物流運輸業 2021 年 5 月在各方面有利因素推升下迎來驚人營收成長，尤其國際海運受惠於全球運價高漲，歐美城市逐步解封、客戶庫存回補急單，業務量復甦成長推動。萬海、長榮、陽明、裕民今年 5 月營收成長均超過 100%，大型承攬業者台驊投控營收亦年增 82.0%；而新竹物流、宅配通及嘉里大榮也在電商物流需求大幅成長帶動下，2021 年 5 月營收分別年增 31.0%、18.5% 及 18.5%。此外，科技園區專業供應鏈物流業者科學城物流（嘉里大榮持股 60%），則因受惠於半導體及電子製造業物流需求持續高漲，5 月營收年增 22.6%。

參考資料：未來流通研究所，物流運輸業逆轉勝、實體零售呈冰火兩極！一張圖看流通型企業疫情下的營收變化，數位時代，2021/06/16。

問題討論

1. 疫情下，物流運輸業逆轉勝之關鍵因素有哪些？
2. 物流運輸業在疫情下扮演的角色為何？

綜合零售通路

排名	企業	細產業別	2020/05 YoY(%)	2021/05 YoY(%)
1	順發	3C零售	↑ 12.9	↑ 71.0
2	燦坤	3C零售	↑ 4.7	↑ 40.9
3	三商家購(美廉社)	超市	↑ 13.6	↑ 30.9
4	全國電子	3C零售	↑ 15.4	↑ 14.0
5	集雅社	3C零售	↑ 17.0	↑ 7.6
6	統一超商	超商	↓ 3.8	↑ 5.8
7	振宇五金	居家修繕	↑ 15.0	↑ 4.0
8	寶雅	生活百貨	↑ 5.5	↓ 0.6
9	全家超商	超商	↑ 14.1	↓ 2.2
10	誠品生活	百貨	↓ 15.7	↓ 7.8
11	遠百	百貨	↓ 2.8	↓ 13.8
12	特力	居家修繕	↑ 12.5	↓ 14.3
13	統領	百貨	↑ 13.2	↓ 14.3
14	中友百貨	百貨	↓ 6.6	↓ 37.7
15	京站	百貨	↓ 2.3	↓ 40.9

電商關聯企業

排名	企業	細產業別	2020/05 YoY(%)	2021/05 YoY(%)
1	尚凡國際	網路服務	↓ 11.1	↑ 68.7
2	綠界科技	支付	↑ 6.7	↑ 52.0
3	富邦媒(momo)	電商平台	↑ 37.3	↑ 46.7
4	歐買尬	支付	↑ 10.3	↑ 43.9
5	東森	電商平台	↑ 36.4	↑ 34.8
6	91APP	網路服務	↑ 30.7	↑ 33.6
7	網路家庭(PChomo)	電商平台	↑ 17.2	↑ 13.1
8	米斯特(Life8)	品牌電商	↑ 11.6	↑ 9.2
9	數字科技	網路服務	↑ 4.4	↑ 8.3
10	知識科技	網路服務	↑ 42.0	↑ 6.6
11	創業家兄弟(生活市集)	電商平台	↓ 14.1	↑ 5.7
12	岳豐科技	品牌電商	↓ 6.8	↑ 5.2
13	軒郁國際	品牌電商	↑ 26.3	↑ 3.0
14	夠麻吉(GOMAJI)	電商平台	↑ 3.0	↓ 47.9
15	新零售(東京著衣)	品牌電商	↓ 66.5	↓ 51.5

餐飲服務企業

排名	企業	細產業別	2020/05 YoY(%)	2021/05 YoY(%)
1	咖碼(cama)	咖啡店	NA	↑ 38.8
2	新天地	宴會廳	↓ 74.9	↑ 29.7
3	八方雲集	速食店	↑ 2.9	↑ 23.6
4	六角國際(日出茶太)	手搖飲	↓ 35.3	↑ 14.2
5	美食達人(85度C)	咖啡店	↓ 25.3	↑ 11.2
6	揚秦國際(麥味登)	早餐店	↑ 9.1	↑ 3.8
7	王品集團	餐廳	↓ 3.9	↓ 5.4
8	安心食品(摩斯漢堡)	速食店	↓ 8.7	↓ 6.3
9	御頂國際	宴會廳	↓ 51.4	↓ 6.4
10	路易莎咖啡	咖啡店	NA	↓ 13.6
11	乾杯	餐廳	↓ 7.6	↓ 18.2
12	漢來美食	餐廳	↓ 27.1	↓ 23.8
13	瓦城泰統	餐廳	↓ 6.5	↓ 24.5
14	亞洲藏壽司	速食店	↑ 13.1	↓ 38.1
15	豆府(涓豆腐)	餐廳	↑ 45.1	↓ 50.6

物流運輸企業

排名	企業	細產業別	2020/05 YoY(%)	2021/05 YoY(%)
1	萬海	海運	↓ 13.6	↑ 188.6
2	長榮	海運	↓ 13.0	↑ 145.3
3	陽明	海運	↓ 22.5	↑ 136.6
4	裕民	海運	↓ 34.5	↑ 117.6
5	台驊投控	承攬	↑ 55.6	↑ 82.0
6	新竹物流	陸運	↓ 5.5	↑ 31.0
7	科學城	陸運	↑ 6.1	↑ 22.6
8	宅配通	陸運	↑ 9.3	↑ 18.5
9	嘉里大榮	陸運	↓ 5.2	↑ 18.5
10	遠雄港	倉儲港務	↑ 12.7	↑ 17.4
11	長榮航	空運	↓ 51.4	↑ 15.7
12	裕國	倉儲港務	↓ 35.5	↑ 13.2
13	中菲行	承攬	↑ 86.9	↑ 4.5
14	華航	空運	↓ 26.5	↓ 9.4
15	新興	海運	↑ 41.1	↓ 20.3

圖 1-9　疫情下臺灣流通企業營收變化

1. 物流的定義為何？
2. 物流的範疇分為幾類？
3. 簡述物流的基本功能。
4. 物流的分類有哪些？其內容為何？
5. 從物流概念演進的角度考察，物流的發展有哪些階段？
6. 物流主管應具備的能力為何？
7. 新的物流發展趨勢為何？

第一篇：概論

02 物流服務與成本管理

知識要點

2-1 物流效用與服務

2-2 物流服務評價與績效指標

2-3 物流成本的概念

2-4 物流成本的分類

2-5 物流成本的特性與影響因素

物流前線

億萬富翁　順豐速運—王衛

物流 Express

世界十大國際物流公司

物流前線

億萬富翁　順豐速運—王衛

圖片來源：順豐速運官網

順豐速運創辦人王衛相當神秘低調，早期是香港水貨客，憑藉 10 萬人民幣（約合新臺幣 44 萬）白手起家，一手打造出大陸最大物流王國。2020 年 4 月 6 日，王衛以 1,380 億元人民幣財富名列《胡潤全球百強企業家》第 49 位。2020 年 4 月 7 日，王衛以 152 億美元財富位列《2020 福布斯全球億萬富豪榜》第 65 位。

王衛是配送員出身，在順豐成立的第 4 年，當時年僅 26 歲的王衛已經壟斷了大部分的通港快遞。在王衛的領導下，順豐由當年一間只有 6 人的小公司，變成今天擁有近 34 萬名員工的大公司。如今順豐在港、澳、臺、韓、日和美等地已設立了網點，開通收派服務，除了持有 1.6 萬台運輸車輛外，更擁有 12,260 個營業網點遍布內地、海外各地。難怪連阿里巴巴創辦人馬雲也表示，他最佩服的人就是順豐老闆王衛。

參考資料：

1. 44 萬到 5300 億！水貨客建造物流王國 他是馬雲最佩服的人，東森財經新聞，2018/11/11。
2. 從配送員到物流王國老大，ETtoday 財經 | ETtoday 新聞雲，2018/11/10。
3. 10 萬起家變身億萬富翁，MoneyHero，2015/12/13。

問題討論

1. 從事物流的工作，可以成為億萬富翁，說說您的看法。如何達到？
2. 順豐王衛的競爭優勢為何？臺灣是否有類似的業者？

2-1 物流效用與服務

一、物流的效用

物流創造價值的基本途徑是創造效用（Utility）。從經濟學上說，效用是指消費一種商品或服務給消費者帶來滿足，而生產者生產產品或提供服務滿足了消費者的需要，為消費者創造了效用，從而增加了企業價值，取得了利潤。

物流的效用創造增加了產品和服務的價值，也增加了企業的價值，包含了形式效用（Form Utility）、擁有效用（Possession Utility）、地點效用（Place Utility）和時間效用（Time Utility）。

（一）形式效用

形式效用是指通過投入轉化為產出，即通過生產、組裝原材料來製造新的產品或服務而產生的消費者效用。例如，裕隆汽車將原材料、零部件組裝成汽車整車，就產生了形式效用，因為整車的形式和作用完全不同於零部件，給消費者帶來了新的滿足，消費者願意為此而支付費用。

（二）擁有效用

擁有效用也稱占用效用，是指人們實際擁有特定產品或服務而產生的效用。例如，銀行為消費者提供住房貸款，讓消費者在先付一小部分錢（首付款）的情況下就能入住新房，在這個過程中銀行就為客戶創造了擁有效用。

（三）地點效用

地點效用是指在消費者需要的地點得到產品而產生的效用，實際上是把產品從其生產地運送到消費地，因為絕大多數情況下產品的生產地和消費地都不在一起。例如，在春節期間把清境農場的高麗菜運送到臺北，增加了高麗菜的價值，產生了很大的地點效用；又如，把鋼材送到了生產汽車的工廠也能產生地點效用。

（四）時間效用

時間效用是指在消費者需要的時間得到產品而產生的效用。例如，人們一年四季都離不開小麥、水稻等糧食作物，但一般來說，它們成熟的時間是一定的，這就需要人們在收割之後存儲一部分以供一年之需。又如，家用空調的銷售一般集中在每年的 5～6 月，但企業的生產卻從未中斷，因此生產好的空調就有一定的庫存時間。

由此可以看到，商品的地點效用和時間效用完全是由物流創造的，因爲只有在顧客希望進行消費的時間和地點擁有產品和服務時，產品和服務才有價值。而這主要是通過運輸、庫存和資訊傳遞等來實現，其中運輸創造了地點效用，倉儲創造了時間效用，有時運輸也能創造地點效用。比如，戴爾電腦公司爲了快速地把電腦送達顧客，而使用聯邦快遞和 UPS 來代替庫存，增加了時間效用。

表面看來，形式效用和擁有效用與物流並沒有關係，其中形式效用是由生產部門創造的，擁有效用是由行銷、技術和財務部門創造的。但是實際上，形式效用和擁有效用都必須以高效和準確的物流爲前提才可能得以實現。而且在某些情況下，物流也能提供形式效用。例如，大包裝的日用產品送到超市之後要首先拆成小包裝才能放到貨架上，這個過程即產生了形式效用。又如，網路書店，如亞馬遜、博客來等，他們都沒有實際的店面零售空間、盡量使用低成本的倉庫、集中管理、減少庫存，但同時又保持了書籍的數量、影音產品的品種等，同時使用便捷的快遞服務送貨上門，使消費者覺得比到書店買書更方便、更實惠、更節省時間，實際上它們正是通過物流才給消費者創造了擁有效用。

二、物流服務的內容

根據物流服務的定義，物流服務包含爲滿足用戶需求所實施的一系列物流活動過程及其產生的結果。物流的本質是服務，它本身並不創造商品的實質效用，而是產生空間效用和時間效用。傳統的物流服務是指按照用戶的要求，爲克服貨物在空間和時間上的區隔而進行的勞動；而現代物流服務是以傳統物流服務爲基礎，盡量向兩端延伸並賦予其新的內涵，在物流全過程中以最小的綜合成本來滿足顧客的需求。

（一）傳統物流服務

傳統物流服務的內容是滿足客戶需求，透過物流的相關功能活動，滿足客戶消除貨物在空間和時間上的間隔要求。具體來說，爲滿足客戶的需求，傳統的物流服務的基本內容主要呈現在運輸、儲存以及爲實現和方便運輸、儲存所提供的裝卸搬運、包裝、流通加工等服務內容。

1. 運輸服務

在社會分工和商品生產條件下，企業生產的產品作爲商品銷售給其他企業或消費者使用，但商品生產者與其消費者在空間距離上常是相互分離的。運輸就在於完成商品在空間上的實體轉移，克服商品生產者（或供給者）與消費者（或需求者）之間的空間距離，創造商品的空間效用。

運輸是物流功能的核心環節，不論是企業的輸入物流或輸出物流，都依靠運輸來實現商品的空間轉移。可以這樣說，沒有運輸，就沒有物流，也就沒有物流服務。爲了適應物流服務的需要，企業應具有一個四通八達、暢通無阻的運輸線路網系統作爲支持。

2. 儲存服務

產品的生產完成時間與其消費時間之間總有一段間隔，特別是季節性生產和季節性消費的產品。此外，爲了保證再生產過程的順利進行，企業也需要在供、產、銷各個環節中保持一定的儲備。儲存就是將商品的使用價值保存起來，克服商品生產與消費在時間上的差異，創造商品的時間效用。儲存是物流服務的一項重要內容。企業爲儲存商品，需要建立相應的倉庫設施。在產品銷售集中地區所設置的，作爲商品集聚和分散基地和進行短期保管的流通倉庫就是配送中心。

3. 裝卸搬運服務

裝卸搬運是伴隨運輸和保管而附帶產生的物流服務活動，如裝車（船）、卸車（船）、入庫堆碼、揀貨出庫以及連接以上各項活動的短距離搬運。在企業生產過程中，材料、零部件、完成品等在各倉庫、車間、工序之間的傳遞轉移也包括在物料搬運的範疇。爲了提高裝卸搬運作業的效率，減輕體力勞動強度，企業應配備一定的裝卸搬運設備。

4. 包裝服務

包裝商品是爲了銷售便利和運輸保管，並保護商品在流透過程中不受毀損，保持完好。包裝服務是指爲便利運輸和保管，將商品分裝爲一定的包裝單位，以及爲保護商品免受損毀而進行包裝，這都是物流服務的內容。

5. 流通加工服務

流通加工服務是指在流通過程中爲滿足用戶需要對商品進行的必要加工、切割、套裁、配套等。

運輸與儲存是傳統物流服務的主要內容，其中運輸是物流服務體系中所有動態內容的核心，而儲存則是唯一的靜態內容。物流服務的裝卸搬運、包裝、流通加工與物流資訊則是物流的輔助內容。它們的有機結合構成了一個完整的物流服務系統。

（二）現代物流服務

現代物流服務離不開傳統的物流服務活動，但現代物流服務在傳統物流服務的基礎上，透過向兩端延伸被賦予了新的內涵，是各種新的服務理念的呈現。具體來說，現代物流服務主要呈現在一體化物流服務、增值物流服務、虛擬物流服務、差異化物流服務、綠色物流服務服務和物流創新服務等方面。

1. 整體化物流服務

整體化物流服務（Integrated Logistics Service）亦稱集成式物流服務或綜合物流服務，它的定義是「根據客戶需求所提供的多功能、全過程的物流服務」，是一種集成各種物流功能，爲最大限度地方便客戶、服務客戶而推出的服務模式。整體化物流服務不是對物流功能的簡單組合，它呈現的是「一站式服務」，是以顧客爲中心的物流服務理念。客戶只需在一個物流服務點辦理一次手續，其物流業務就可得到辦理。

爲實現這一目標，物流企業全球行銷網路中的每一個服務窗口全部接受業務，並完成客戶原先需在幾個企業或幾個部門、幾個窗口才能完成的操作手續。這些都對現代物流企業的服務能力、服務體系提出了很高的要求。

2. 增值物流服務

增值物流服務（Value-Added Logistics Service）是隨著第三方物流的興起而逐漸引起人們注意的一個詞。增值物流服務的定義爲「是在完成物流基本功能的基礎上，根據客戶需求提供的各種延伸業務活動」。也就是說，增值物流服務是根據客戶需要，爲客戶提供的超出常規服務範圍的服務，或者採用超出常規的服務方法提供的服務創新。超出常規滿足客戶需要是增值物流服務的本質特徵。

它主要包括以下幾種：

(1) 增加便利性的服務：

盡可能地簡化手續、簡化作業，方便客戶，讓客戶滿意。推行一條龍、門到門服務，提供完備的操作或作業提示，免培訓、免維護、省力設計或安裝、代辦業務、一張面孔接待客戶、24 小時營業、自動訂貨、傳遞資訊和轉帳（利用電子訂貨系統（EOS）、電子數據交接（EDI）、電子轉帳（EET））、物流全過程追蹤等。

(2) 加快反應速度的服務：

快速響應是讓客戶滿意的重要服務內容。與傳統的單純追求快速傳輸的方式不同，現代物流透過優化物流服務網路系統、配送中心或重新設計流通通路，來減少物流環節，簡化物流過程，提高物流系統的快速響應能力。

(3) 降低成本的服務：

幫助客戶發掘第三利潤泉源，降低物流成本，如透過採用比較適用但投資比較少的物流技術和設施、設備等。

(4) 其他延伸服務：

物流企業的服務範圍在為客戶提供物流服務的同時，向上可以延伸到市場調查與預測、採購及訂單處理；向下可延伸到配送與客戶服務等；橫向可延伸到物流諮詢與教育培訓以及為客戶提供物流系統的規劃設計服務、代客結算收費等。

3. 虛擬物流服務

虛擬物流（Virtual Logistics）的定義是「以電腦網路技術進行物流作業與管理，實現企業間物流資源共享和優化配置的物流方式」。虛擬物流的實現形式從一般意義上講就是建構虛擬物流組織，透過這種方式將物流企業、承運人、倉庫運營商、產品供應商以及配送商等透過計算機網路技術集成到一起，提供「一站式」的物流服務，從而有效改善單個企業在物流市場競爭中的弱勢地位。

虛擬物流的技術基礎是資訊技術，以資訊技術為手段為客戶提供虛擬物流服務。虛擬物流的組織基礎是虛擬物流企業，透過電子商務、資訊網路化將分散在各地的分屬不同所有者的倉庫、車隊、碼頭、路線透過網路系統地連接起來，使之成為「虛擬倉庫」、「虛擬配送中心」，進行統一管理和配套使用。

虛擬物流及其物流服務內容是一個前沿課題，其服務目標就是透過虛擬物流組織為客戶提供一體化的物流服務。

4. 差異化物流服務

現代物流的差異化服務包括以下兩方面：

(1) 物流企業根據各類客戶的不同求提供個性化的需求服務。它又可以分兩種情況：一種是同行業中不同企業的情況有差別，因而其各自所需的物流服務內容與水準要求就有區別。另一種是不同行業的企業，其物流服務的需求差別更大，從而產生我們現在所細分出的家電物流、醫藥物流、食品物流、汽車物流、農產品物流等不同的物流服務形式，必須依據各行業的實際情況分別對待。

(2) 物流企業爲客戶提供某些專營或特種物流服務，如對化工品、石油、液化氣及其他危險物品、鮮活易腐品、貴重物品等，開展專營或特種的物流服務。與一般的物流服務相比，此類服務對物流企業提出了一些比較特殊的要求，一般需要企業具備相應的經營資質和實力，否則就難以承擔此類服務。差異化服務是現代物流企業對市場柔性反應的集中呈現，也是現代物流企業綜合素質和競爭能力的呈現，一般情況下，它將爲物流企業帶來比普通物流服務更高的利潤回報。現代物流企業如果能根據市場需求和自身實際開發出更多適銷對路的差異化物流服務產品，便可確保獲得更多的收入與利潤，並在激烈的市場競爭中處於有利地位。

5. 綠色物流服務

綠色物流是融入環境可持續發展理念的物流活動，是指在物流過程中抑制物流對環境造成危害的同時，實現對物流環境的淨化，使物流資源得到最充分利用，創造更多的價值，具體包括：整合資源、綠色運輸、綠色倉儲、綠色包裝、逆向物流等。綠色物流的目標之一是以最小耗能和最少的資源投入，創造最大化利潤；目標之二是在物流系統優化的同時將物流體系對環境的污染進行控制。

現代物流中的綠色服務就是要求企業在給客戶提供物流服務時要遵循「綠色化」原則，採用綠色化的作業方式，盡力減少物流過程對環境造成的危害，同時把「效率化」放在首位，盡量降低物流作業成本，力爭以最小的耗能和最少的資源投入爲客戶提供滿意的服務，爲企業和客戶創造出最大化的利潤。

6. 物流創新服務

現代物流服務提供者運用新的物流生產組織方式方法或採用新的技術，開闢新的物流服務市場或爲物流服務需求者提供新的物流服務內容。創新是現代企業生存與發展的永恆主題，現代物流企業必須樹立這一理念，具備創新服務能力，從而提高企業的競爭能力，使企業獲得生存與發展的動力。

創新服務理念也是現代物流最重要的新理念服務。物流公司提供的維修服務、電子追蹤和其他具有附加值的服務日益增加。物流服務商正在變爲客戶服務中心、加工和維修中心、資訊處理中心和金融中心，根據顧客需要而增加新的服務是一個不斷發展的主題。

2-2 物流服務評價與績效指標

一、物流服務評價的三要素

評價物流企業服務最基本的三個方面是：可得性、作業績效和可靠性。物流企業要形成一個基本的服務平台，在可得性、作業績效和可靠性方面提供基礎服務，明確規範所承擔的義務水準。

（一）可得性

可得性是顧客需求對企業所具有的供應能力，透過各種方式來實現，最普通的做法是按預期的顧客訂貨進行存貨儲備。於是，倉庫的數目、地點和庫存策略等便成了基本的設計任務之一。高水準的存貨可得性是經過大量精心策劃實現的，其關鍵是對首選客戶或核心客戶實現高水準的存貨可得性，同時將庫存和儲備設施維持在最低限度。可得性可用下述三個績效指標進行衡量。

1. 缺貨頻率

缺貨頻率就是缺貨發生的機率。當需求超過可得性時就會發生缺貨。將全部產品所發生的缺貨次數匯總起來，就可以反映一個企業實現其基本服務承諾的狀況。

2. 供應比率

供應比率衡量缺貨的程度或影響大小。一種產品的缺貨並不意味著客戶需求得不到滿足，在判斷缺貨是否影響服務績效之前，先要弄清楚顧客的眞實需求。例如，一個顧客訂貨 100 個單位，庫存只有 95 個單位，那麼訂貨供應比率爲 95%。如果這 100 個單位的訂貨都是至關重要的，那麼 95% 的供應比率將導致缺貨，使顧客產生嚴重不滿。如果 100 個單位的商品轉移速度相對比較緩慢，那麼 95% 的供應比率可以使顧客滿意，顧客會接受另外 5% 延期供貨或重新訂貨。

3. 訂貨完成率

訂貨完成率是衡量供應商擁有顧客所預訂的全部存貨時間的指標。這是一種最嚴格的衡量，因爲它把存貨的充分可得性看作是一種可接受的完成標準。假定其他各方面的完成是零缺陷，則訂貨完成率就爲顧客享受完美訂貨的服務提供了潛在時間。

（二）作業績效

作業績效可以透過速度、一致性、靈活性、故障與恢復等方面進行具體衡量。

1. 速度

完成訂發貨週期速度是指從一開始訂貨到貨物裝運實際抵達時止這段時間。即使在當今高水準的通信和運輸技術條件下，訂發貨週期也可以短至幾個小時，長達幾個星期。一般供應商的配送是建立在顧客各種期望的基礎上來完成週期性作業。如果顧客有要求，供應商可以透過通宵作業的高度可靠的運輸在幾小時之內完成顧客所要求的顧客服務。但是並不是所有顧客都需要或希望最大限度地加速，因爲這種加速會導致增加物流成本及提高價格。

2. 一致性

一致性指供應商在眾多的訂貨中按時配送的能力。雖然服務速度至關重要，大多數物流企業更強調一致性，即必須隨時按照對顧客的配送承諾加以履行的作業能力。一致性問題是顧客服務最基本的問題。

3. 靈活性

靈活性指處理異常的顧客服務需求的能力，供應商的物流能力直接關係到在始料不及的環境下如何妥善處理問題。在許多情況下，物流優勢的精華就存在於靈活能力之中。一般來說，供應商整體物流能力，取決於適當滿足關鍵客戶的需求時所擁有的「隨機應變」能力。

4. 故障與恢復

無論供應商作業多麼完美，故障總會發生，而在發生故障的作業條件下繼續實現服務需求往往是十分困難的。爲此，供應商要有能力預測服務過程中可能發生的故障或服務中斷，並有適當的應急計畫完成恢復任務。

（三）可靠性

服務品質與服務的可靠性密切相關。供應商有無提供精確資訊的能力是衡量其顧客服務能力最重要的一個方面。顧客最討厭意外事件，如果他們能夠事先得到資訊的話，就能夠對缺貨或延遲配送等意外情況做出調整。對於第三方物流企業來說，最重要的是如何盡可能少發生故障，順利完成作業目標。而順利完成作業目標的重要措施是從故障中吸取教訓，改善作業系統，以防再次發生故障。

二、物流績效評價的原則與程序

企業物流績效評價是對物流業績和效率的一種事前控制與指導，以及事後評估與度量，從而判斷任務是否完成、完成的水準、取得的效益和付出的代價。進行物流績效評價，應遵循以下幾個重要的原則。

1. 引進評價制度時，首先必須明確規範企業的經營方針及計畫目標。
2. 應針對物流部門的作業特點來設置合理有效的評價指標。
3. 在實施評價制度之前，要向相關人員說明制度的內容及目的，徵詢其意見，以建立上下層之間的信賴關係。
4. 應以評價結果來檢驗實績，迅速採取相應對策。

由於企業的經營是一個不斷發展的動態過程，因此企業物流績效評價也應該是週期循環的工作。績效評價流程如圖2-1所示。

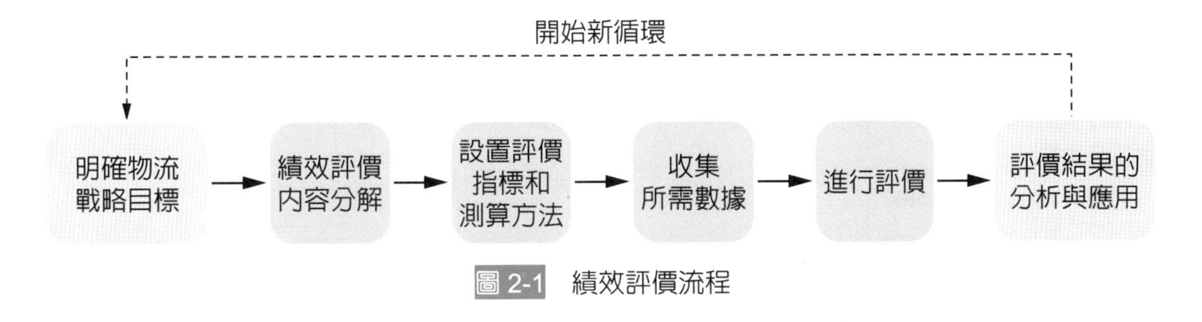

圖 2-1 績效評價流程

三、物流績效指標體系的構成

確定評價指標體系是企業績效評價中的一項非常重要的工作。企業物流績效評價體系與企業的行爲控制系統、人事控制系統共同構成企業控制系統。

物流績效指標（The Logistics Performance Index, LPI）是由世界銀行（World Bank）與芬蘭的圖爾庫經濟學院（Turku School of Economics, TSE）合作，經調查全球物流經理人對於各國物流績效表現的主觀意見與客觀績效數據後，所建立的一個衡量全球各經濟體物流績效表現的綜合指標，包含由國際物流績效指標（International LPI）及國內物流績效指標（Domestic LPI）兩大部分，其各項指標提供不同的觀點及獨特的全球參考依據，使政府及民間企業更容易瞭解物流績效的關鍵構面，其績效指標分述如下：

1. 國際物流績效指標

基於跨國的專業物流公司是物流績效指標調查維持品質及可信度的核心，故世界銀行對全球 160 個國家，超過上千家的專業物流業者（全球貨物承攬業者及快遞航空公司）對於其營業或貿易所在地區或者國家之物流相關活動友善程度進行調查，主要以「海關（Customs）」、「基礎建設（Infrastructure）」、「國際運輸（International Shipments）」、「物流能力（Logistics Quality and Competence）」、「貨運追蹤（Tracking and Tracing）」、「及時性（Timeliness）」等六個構面評分，採五尺度量表爲評分方式，1 分代表非常不理想，5 分代表非常理想，總體評估各國家的物流績效表現，如表 2-1。

表 2-1 國際物流績效指標（International LPI）

構面	項目
海關 Customs	海關清關過程的效率，包括速度、簡單性及可預見的手續和人員及過程的效率性
基礎建設 Infrastructure	貿易及運輸相關的基礎建設品質（如：港口、鐵路、公路和通訊科技）
國際運輸 International Shipments	是否有能力安排具有價格競爭力的運輸
物流能力 Logistics quality and competence	物流公司所能提供服務與品質（如：貨運行、報關行）
貨運追蹤 Tracking and Tracing	併櫃及追蹤併櫃貨物的能力
及時性 Timeliness	貨物是否能在預定的時間內到達目的地

資料來源：World Bank，LPI 2018

2. 國內物流績效指標

世界銀行之國內物流績效指標分成兩大部分，物流環境與制度（Environment and Institutions）和物流績效（Performance），此指標主要透過當地物流業者的員工（如新竹貨運在國內有設點營運）及跨國物流業者的員工（如 UPS，因其在當地設點，所以對當地之物流現況有一定了解），調查當地的物流環境、核心物流流程、物流機構、物流執行及物流時間成本這些更加詳細的資訊，提供質化與量化的評估。

國內物流績效指標包含「物流服務收費水準（Level of Fees and Charges）」、「基礎建設品質（Quality of Infrastructure）」、「物流能力與服務品質（Quality and Competence of Service）」、「物流流程效率性（Efficiency of Process）」、「重大延誤來源（Sources of Major Delays）」及「自 2015 年來物流環境的變化（Changes in The Logistics Environment）」等六大構面，如表 2-2 所示。

表 2-2　國內物流績效指標（Domestic LPI）

構面	項目
物流服務收費水準 Level of fees and charges	港口費用、機場收費、公路費、鐵路運輸費用、倉儲手續費和代辦費
基礎建設品質 Quality of infrastructure	港口、機場、公路、鐵路、倉儲和電信設備
物流能力與服務品質 Quality and competence of service	公路、鐵路、空運、海運、倉儲、貨運、海關、檢驗機構品質／標準、健康／衛生和植物檢疫機構、報關行、貿易和運輸協會、收貨人／發貨人
物流流程效率性 Efficiency of process	進口清關與交付、出口清關與交付、海關清關透明度、其他邊境機構的透明度、在法規變化上提供充足和即時的資訊、對遵守法規的貿易商加速通關
重大延誤來源 Sources of major delays	倉儲、出貨前檢查、海上轉運、犯罪行為，如：偷取貨物、非正式付款
自 2015 年來物流環境的變化 Changes in the logistics environment	海關清關流程、其他官方清關流程、貿易與運輸相關基礎建設、電信與通基礎建設、民營物流服務、物流相關規範、非正式付款

資料來源：World Bank，LPI 2018

由上述可知，如果想知道一國的物流能力，可藉由詢問國際的物流公司，該業者對於各國物流能力及現況皆有一定的瞭解，另一方面則是透過國內當地物流工作者的訪談，可得知當地的物流狀況，透過國際物流公司及國內物流業者的角度，對一國之物流能力及現況可有通盤了解，亦可作為各國政府制定決策時的參考資料。

3. 物流績效指標評比與排名

在 2018 年世界銀行之物流績效指標（The Logistics Performance Index, LPI）中（如表 2-3），德國以 4.201 的分數拔得頭籌排名第一，該國在整體物流績效蟬聯三屆的榜首（2014、2016、2018 年）；而臺灣在 2016 年為第 25 名，2018 年則退步了 2 名為第 27 名。

表 2-3　物流績效指標排名變化

經濟體	2018		2016		排名變化
	排名	分數	排名	分數	
德國	1	4.201	1	4.226	– 0
瑞典	2	4.053	3	4.205	↑ 1
比利時	3	4.039	6	4.110	↑ 3
奧地利	4	4.026	7	4.100	↑ 3
日本	5	4.026	12	3.970	↑ 7
荷蘭	6	4.019	4	4.190	↓ –2
新加坡	7	3.996	5	4.140	↓ –2
丹麥	8	3.992	17	3.820	↑ 9
英國	9	3.987	8	4.070	↓ –1
芬蘭	10	3.969	15	3.920	↑ 5
香港	12	3.920	9	4.069	↓ –3
韓國	25	3.612	24	3.717	↓ –1
中國	26	3.610	27	3.660	↑ 1
臺灣	27	3.600	25	3.698	↓ –2

資料來源：World Bank，LPI2018

4. 臺灣在物流績效指標的表現

表 2-4 爲我國 2010 年至 2018 年在世界銀行所公布的國際物流績效指標排名及分數。

表 2-4　2010 年至 2018 年臺灣國際物流績效排名

項目	2018		2016		2014		2012		2010	
	排名	分數	排名	分數	排名	分數	排名	分數	排名	分數
整體排名	27	3.6	25	3.7	19	3.72	19	3.816	20	3.706
海關	22	3.47	34	3.23	21	3.55	22	3.42	22	3.42
基礎設施	23	3.72	26	3.57	24	3.64	21	3.77	21	3.77
國際運輸	24	3.48	28	3.57	5	3.71	16	3.58	16	3.58
物流能力	30	3.57	13	3.95	25	3.6	20	3.68	20	3.68
貨運追蹤	25	3.67	31	3.59	17	3.79	21	3.72	21	3.72
及時性	35	3.72	12	4.25	25	4.02	14	4.10	14	4.10

資料來源：World Bank，LPI2018

2-3 物流成本的概念

一、物流成本的定義

物流成本（Logistics Cost）是指在企業物流活動中，物品在空間位移過程和時間上所消耗的各種資源的活化勞動和物化勞動的貨幣表現總和。根據不同的觀點，物流成本可以包括宏觀物流成本、中微觀物流成本和微觀物流成本，宏觀物流成本是指全社會物流成本，中微觀物流成本是指一個行業的物流成本，而微觀物流成本是指企業物流成本。從企業所從事的物流活動範圍來看，企業的物流成本有廣義和狹義之分。

狹義的物流成本僅指由於物品移動而產生的運輸、包裝、裝卸等費用。廣義的物流成本是指生產、流通、消費全過程的物品實體與價值變化而發生的全部費用。它包括了從生產企業內部原材料來取得、供應開始，經過生產製造中的半成品、完成品的倉儲、搬運、裝卸、包裝、運輸，以及在消費領域發生的驗收、分類、倉儲、保管、配送、廢品回收所發生的所有成本。

二、物流成本的含義

從不同的角度來對物流成本進行觀察和分析，對物流成本的認識也不同，物流成本的含義也不同。根據人們進行物流成本管理和控制的角度不同，可把物流成本分爲社會物流成本、企業（製造型企業和流通型企業）物流成本和物流企業的物流成本三個方面。不同角度的物流成本有著不同的含義。

（一）社會物流成本

社會物流成本是宏觀意義上的物流成本。站在社會物流的角度，進行優化時必須考慮物流成本的多少。人們往往用物流成本占國內生產總值（GDP）的比重來衡量一個國家物流管理水準的高低，這種物流成本就是指社會物流成本。

社會物流成本是核算一個國家在一定時期內發生的物流總成本，是不同性質企業微觀物流成本的總和。國家和地方政府可以通過制定物流相關政策、進行區域物流規劃、建設物流園區等措施來推動物流及相關產業的發展，從而降低社會物流成本。

（二）企業物流成本

企業主要是指製造型企業和流通型企業。製造型企業物流是物流業發展的原動力，而流通型企業是連接製造業和最終客戶的紐帶，製造型企業和流通型企業是物流服務的需求主體。

1. 製造型企業

製造型企業的生產目的是爲了將生產出來的物品通過銷售環節轉換成貨幣如台積電、鴻海，爲了銷售生產經營的需要，製造企業所組織的實物應包括原材料、零配件、半成品和完成品等，其物流過程具體包括從生產企業內部原材料和零配件的採購，經過生產製造過程中，最後到消費者手中的全過程。這些過程發生的所有成本就是製造型企業物流成本。

從現代物流活動的構成及其對企業經營的作用來看，應對物流進行全過程管理，對物流全過程的所有成本進行核定、分析、計畫、控制與優化，以達到以合理的物流成本保證經營有效運行。

2. 流通型企業

流通型企業的經營活動是對組織現有的商品進行銷售來獲得利潤，如 7-11、大潤發，其業務活動相對於製造型企業來說較爲簡單，以進、存、銷活動爲主，不涉及複雜的生產物料組織，實體物品也較爲單一，多爲完成品。

流通型企業物流成本的基本構成有：企業員工薪資及福利費；支付給有關部門的服務費，如水電費等；經營過程中合理消耗的費用，如運輸費、物品的合理損耗、固定資產折舊等；支付的貸款利息；經營過程中的各種管理成本，如差旅費、辦公管理費等。

（三）物流企業物流成本

製造型企業和流通型企業是物流服務的需求主體，同時也是物流運營管理的主體，許多企業的物流業務是企業內部的相關部門或二級公司完成。但大部分企業的物流業務並不一定全部由自己來完成，或多或少總有外包的部分，這就出現了對專業性物流服務企業的需求。由專業的物流企業來參與物流的運營管理，可以提高物流效率，降低企業物流成本。

根據物流服務企業提供的服務類型，可以把物流企業分爲兩類。

1. 提供功能性物流服務業務的物流企業，這類企業在整個物流服務過程中發揮著很大的作用，一般只提供某一項或者某幾項主要的物流服務功能，如倉儲服務企業、運輸服務企業等。
2. 提供一體化物流服務的第三方物流企業，第三方物流企業一般是指綜合性的物流服務公司，能爲客戶提供多種物流業務服務。盡管目前第三方物流和一體化物流的趨勢十分明顯，但功能性物流服務企業的存在還是必要的，它可以發揮專業化的優勢，與第三方物流企業一起，共同完成客戶的物流服務需求，達到降低成本，提高物流效率的目的。

物流企業在運營過程中發生的各項費用，都可以看成是物流成本。物流企業的物流成本包括了物流企業的所有各項成本和費用。實際上，從另一個角度看，當企業把物流業務外包給物流企業時，物流企業發生的各項支出構成了它的物流成本，而物流企業向經營企業的收費就構成了經營企業的物流成本。

流通型企業的物流可以看成是生產型企業物流的延伸，而物流企業主要爲流通型企業和製造型企業提供服務。所以物流企業的物流成本可以看成是流通型企業和製造型企業物流成本的組成部分，而社會宏觀物流成本則是流通型企業和製造型企業物流成本的綜合。

在進行物流成本分析的時候，應首先明確分析的角度，理解不同角度下物流成本的含義，在此基礎上再進行深入的分析。

2-4 物流成本的分類

物流成本的基礎工作是物流成本的核算，最終達到對物流成本進行管理與控制的目的，所以物流成本分類應該滿足物流成本核算和管理與控制的要求。目前有許多物流成本的分類方法，按不同的標準和要求有不同的分類。下面介紹主要的幾種。

（一）按物流活動的成本項目劃分

按物流活動的成本項目分類，分爲物流功能成本和存貨相關成本。具體內容見表2-5。

其中物流功能成本是指完成商品、物料的流通而發生的費用；存貨相關成本是指物流活動過程中產生的與持有存貨有關的成本支出。

表 2-5 物流成本的內容

成本項目		內容說明
物流功能成本	運輸成本	主要是指企業在一定時間內，爲完成採購和銷售貨物在運輸過程中發生的全部成本費用，包括從事貨物運輸業務工作人員的薪資、福利待遇以及各項交通運輸設備等一切費用
	倉儲成本	主要是指企業在一定時間內，爲完成貨物倉儲業務而發生的全部成本費用，包括倉儲作業人員的薪資福利、倉庫及倉儲作業的機器設備等一切費用
	包裝成本	主要是指企業在一定時間內，爲完成貨物包裝業務而發生的全部成本費用，包括包裝業務人員薪資福利、包裝材料的成本、包裝設計的輔助費用及包裝機器設備等一切費用
	裝卸搬運成本	主要是指企業在一定時間內，爲完成裝卸搬運業務而產生的全部成本費用，包括裝卸搬運業務人員薪資福利及裝卸搬運機器設備產生的一切費用
	流通加工成本	主要是指企業在一定時間內，爲完成貨物流通加工業務而產生的全部成本費用，包括流通加工業務人員薪資福利、原材料消耗，以及加工機器設備等費用
	物流資訊成本	主要是指企業在一定時間內，爲完成處理物流資訊而產生的全部成本費用，主要是與採購訂貨、倉儲保管、與供應商或物流客戶服務有關的費用，具體包括物流管理人員、機器設備發生的費用
	物流管理成本	主要是指在一定時間內，爲企業的物流管理部門及物流活動所發生的管理費用，具體包括管理人員薪資福利及其他管理活動發生的費用
存貨相關成本	資金占用成本	主要是指在一定時間內，企業的存貨成本占用了負債資金所發生的利息支出，或者占用內部資金的機會成本
	物品損耗成本	主要是指在一定時間內，企業的存貨在物流活動過程中所產生的一切損失
	保險和稅收成本	主要是指在一定時間內，企業爲在途、在庫或銷售過程中的存貨支付的一些財產保險費用，以及採購和銷售存貨過程中應交納的稅金支出

這種分類方法的作用：

1. 了解在物流總成本中，物流功能成本和存貨相關成本各自所占的比重，明確規範物流成本改善的方向。
2. 了解物流功能成本的結構、各功能所承擔的物流費用，做完縱向和橫向的比較分析後，明確規範降低物流成本的功能環節。
3. 了解存貨相關成本中，流動資金占用成本及存貨其他成本所占的比重，促進企業加快存貨資金周轉速度，減少存貨風險損失，探索物流功能活動之外物流成本降低的管道。

（二）按物流活動範圍劃分

通常按物流活動的範圍可將物流成本分為供應物流成本、企業內物流成本、銷售物流成本、回收物流成本和廢棄物物流成本。具體參見表 2-6。

表 2-6　物流成本的範圍

成本範圍	內容說明
供應物流成本	在企業的採購過程中發生的物流成本，具體是指將企業生產產品所需原材料從供應商運回企業，並進入倉庫的過程中，物流活動所發生的物流成本費用
企業內物流成本	在企業內部所發生的物流成本，具體是指從原材料進入倉庫，一直到生產出產品並銷售出庫的整個過程中，物流活動所發生的物流費用
銷售物流成本	在企業的銷售過程中發生的物流成本，具體是指企業生產的完成品，從銷售出庫經過流通加工直至交付給中間商或消費者過程中，物流活動所發生的物流成本費用
回收物流成本	企業銷售產品後，由於退換貨、返修或者回收使用包裝材料等原因，物資從客戶到企業的整個過程中，物流活動所發生的物流成本費用
廢棄物流成本	企業在整個生產活動過程中，由於某些原因造成物品損耗，為將這部分物品儲存、運輸到處理場所進行處理的物流活動過程中所發生的物流費用

這種分類方法可以知道每個物流範圍階段所產生的成本支出，了解哪個或哪些物流範圍階段是成本產生的集聚點，並通過趨勢分析與其他企業橫向比較，掌握成本改善的階段方向。同時，進一步明白企業內供、產、銷鏈條上不同部門的職責和要求，為企業確定、控制和降低成本的責任部門提供依據。

（三）按物流成本與成本對象的關係劃分

按物流成本與成本對象的關係，物流成本分為直接物流成本和間接物流成本。

1. 直接物流成本

是直接計入物流範圍、物流功能或物流支付形態等成本對象的成本。例如：物流活動過程中的直接人工費、直接材料費、直接搬運費、運輸油費、倉儲空間占用費、配送費、流通加工費、包裝費等。

2. 間接物流成本

是指不與成本對象直接相關，不能直接計入而需要分配計入物流成本對象的成本，如某部門管理人員薪資及福利費、設備折舊費、保險費、相關稅金等。間接物流成本需要採用合理的分配方法計入相關成本對象。

這種分類方法的作用，可以經濟合理地將物流費用歸屬於不同的物流成本核算對象。

（四）按物流成本是否具有可控性劃分

按是否具有可控性，物流成本分為可控物流成本與不可控物流成本。

1. 可控物流成本

是指在特定時期內，特定責任中心能夠直接控制其產生的物流成本。

2. 不可控物流成本

是指考核對象不能控制對成本的產生不能予以控制，因而也不予以負責的物流成本。

可控物流成本與不可控物流成本都是相對的，而不是絕對的。對於一個部門來說是可控的，而對另一個部門來說是不可控的。例如：物流管理部門所發生的管理費，物流管理部門可以控制，但物流資訊部門則不能控制；而從事運輸業務的司機不能控制購買車輛的成本，但他的上級則可以控制。由於可控成本對各責任中心來說是可控制的，因而必須對其負責。

這種分類方法的作用，是建立物流責任中心、編制責任報告並進行業績考核的基礎。

2-5 物流成本的特性與影響因素

一、物流成本的特性

1. 以客戶服務需求爲基準

因爲物流成本不是面向企業經營結果，而是面向客戶服務過程，所以物流成本的大小就具備以客戶服務需求爲基準的相對性特點。這是物流成本與企業其他成本在性質上的最大區別。

2. 難以歸納性

雖然物流成本管理存在巨大的潛力，但物流成本管理的現實要求和現行會計制度之間存在著技術性衝突，物流成本在現行會計制度的框架內很難確認和分離。企業現有的會計核算制度是按照勞動力和產品來分攤企業成本的，所以在企業「損益表」中並無物流成本的直接紀錄。如物料搬運成本常常包含在貨物的購入成本或產品銷售成本之中、廠內運輸成本常記入生產成本、訂單處理成本可能包含在銷售費用之中、部分存貨持有成本又可能記入財務費用之中。這些方面造成企業物料成本的難以歸納性。

3. 分散性

由於物流管理運作具有跨邊界（由普通的協同運作要求所決定）和開放性（由客戶服務要求所決定）的特點，使得由一系列相互關聯的物流活動產生的物流總成本既分布在企業內部的不同職能部門中，又分布在企業外部的不同合作夥伴那裡。從企業產品的價值實現過程來看，物流成本既與企業的生產和行銷管理有關，又與客戶的物流服務要求直接相關。

4. 效益取捨

物流成本之間存在效益取捨（Trade Off）規律，即物流成本中各功能間存在著此消彼長的關係，一種功能成本的削減會使另一種功能的成本增多。如物流成本與對顧客的服務水準間就存在著效益取捨，即提高物流服務，物流成本就會上升。又如庫存成本的降低就意味著運輸成本的相對增加。從中可以看到，物流成本間各種費用相互關聯，要想降低物流成本就必須考慮整體的最佳成本。

5. 難以比較性

對物流成本的計算和控制，各企業通常是分散進行的，即各企業根據自己不同的理解和認識來掌握物流成本。這樣就帶來了一個管理上的問題，即企業間無法就物流成本進行比較分析，也無法得出產業平均物流成本。例如，不同的企業外部委託物流的程度是不一致的，由於缺乏相互比較的基礎，因而無法眞正衡量各企業相對的物流績效。

6. 物流成本削減具有乘數效應

物流成本類似於物理學中的槓桿原理，物流成本的下降透過一定的支點，可以使銷售額獲得成倍的增長。例如，如果銷售額爲 100 萬元，物流成本爲 10 萬元，那麼物流成本削減 1 萬元，不僅直接產生了 1 萬元的利益，而且因爲物流成本佔銷售額的 10%，所以間接增加了 10 萬元的利益，這就是物流成本削減的乘數效應。

綜合以上物流成本的特點可以看出，對企業來講，要實施現代化的物流管理，首要的是全面、正確地掌握企業內外發生的所有整體物流成本。

二、影響物流成本的因素

企業所處的市場環境充滿了競爭，企業之間的競爭除了產品的價格、性能、品質外，從某種意義上來講，優質的客戶服務是決定競爭成敗的關鍵，客戶的服務水準又直接決定物流成本的高低，因此物流成本在很大程度上因日趨激烈的競爭而不斷發生變化，具體有以下幾個影響因素。

（一）競爭性因素

1. 訂貨週期

企業物流系統的高效必然可以縮短企業的訂貨週期，降低客戶的庫存，從而降低客戶的庫存成本，提高企業的客戶服務水準及競爭力。

2. 庫存水準

存貨的成本提高，可以減少缺貨成本，即缺貨成本與存貨成本成反比。庫存水準過低，會導致缺貨成本增加；但庫存水準過高，雖然能降低缺貨成本，存貨成本卻會顯著增加。因此，合理的庫存應保持在使總成本最小的水準上。

3. 運輸

不同的運輸工具，運輸能力大小不等，成本高低不同。運輸工具的選擇，一方面取決於所運貨物的體積、重量及價值大小，另一方面又取決於企業對某種物品的需求程度及工藝要求。選擇運輸工具要同時兼顧生產與銷售的需要，又要力求物流成本最低。企業採用更快捷的運輸方式，雖然會增加運輸成本，卻可以縮短運輸時間，降低庫存成本，提高企業的快速反應能力。

（二）產品因素

產品的特性不同也會影響物流成本，主要有：

1. 產品價值

一般來講，產品的價值越大，對其所需使用的運輸工具要求越高，倉儲和庫存成本也隨著產品價值的增加而提高。高價值意味著存貨的高成本，以及包裝成本的增加。

2. 產品密度

產品密度越大，相同運輸單位所裝的貨物越多，運輸成本就越低。同理，倉庫中一定空間領域存放的貨物越多，庫存成本就會降低。

3. 易損性

物品的易損性對物流成本的影響是顯而易見的，易損性的產品對物流各環節如運輸、包裝、倉儲等都提出了更高的要求。高品質的產品可杜絕因次品、廢品等回收、退貨而發生的各種物流成本。

4. 特殊搬運

有些物品對搬運提出了特殊的要求。如對長大物品的搬運，需要特殊的裝載工具；有些物品在搬運過程中需要加熱或製冷等，這些都會增加物流成本。

（三）環境因素

環境因素包括空間因素、地理位置及交通狀況等。空間因素主要指物流系統中企業生產中心或倉庫相對於目標市場或供貨點的位置關係等。若企業距離目標市場太遠，交通狀況較差，則必然會增加運輸及包裝等成本，若在目標市場建立或租用倉庫，也會增加庫存成本，因此環境因素對物流成本的影響是很大的。

（四）其他因素

除上述因素外，影響製造企業物流成本的因素還包括企業管理成本開支大小、資金利用率、貨物的保管制度、物流管理合理化程度、企業的物流決策、企業外部市場環境的變化等因素。

物流 Express

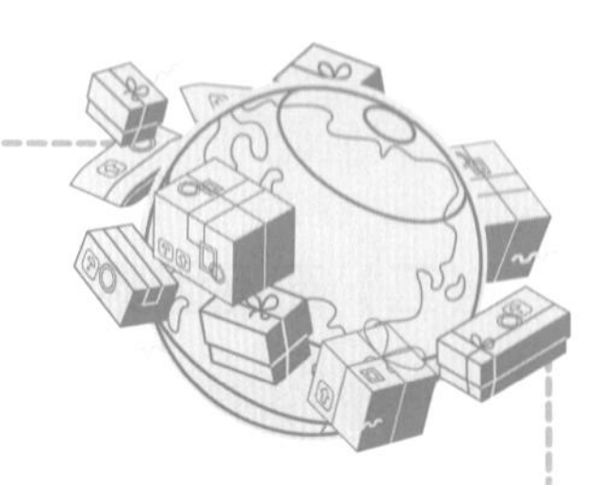

世界十大國際物流公司

隨著經濟全球化的不斷發展，全球的經濟結構和產業結構都發生了重大改變。全球貿易的不斷發展、對外投資的增加和跨國公司的不斷增長，物流行業也發揮著越來越重要的角色。

全球十大物流公司當中，美國物流企業依然占據主導地位，中美國占有 5 家，其中包括兩家最大的公司 UPS 和 FedEX，可見美國物流企業在世界上的地位舉足輕重。在某種意義上來說，物流市場發達程度與經濟發達程度成正比。

這全球十大物流公司分別為：UPS 快遞（美國聯合包裹運送服務公司）、FedEX（聯邦快遞公司）、Deutsche Post World Net（德國郵政世界網）、A.P. Moller-Maersk Group（馬士基集團）、Nippon Express（日本運通公司）、Ryder System（萊德系統）、TNT Post Group（TNT 快遞公司）、Expeditors International（康捷國際公司）、Panalpina（泛亞班拿）、Exel（英運物流）。

（一）UPS 速運

UPS 快遞中文名為美國聯合包裹運送服務，全球最大的快遞公司，也是全球領先的專業運輸和物流服務提供商。 2016 年，UPS 的營業額達到 610 億美元。每個工作日，公司都會向 180 萬客戶發送包裹，共有 600 萬名收件人。該公司的主要業務在美國和 200 多個國家和地區。

（二）FedEx 聯邦快遞

FedEx 快遞中文名為美國聯邦快遞公司，它也是美國最大的快遞公司之一，在全球有多個分公司，與 USP 相似，它主要的服務地區同樣是美國，美國佔據了整體業務的 80% 左右，它最大的特點就是快遞的方式多採用空運的方式，至今已經擁有了 671 架飛機，物流運送高效便捷。

（三）DHL 洋基通運

DHL 成立於 1969 年，隸屬於全球最大的郵遞和物流集團－德國郵政 DHL（Deutsche Post DHL），是全球第一家提供國際快遞服務的供應商，更是全球國際快遞業的領導品牌。DHL 的業務遍佈全球，於全世界 220 多個國家和地區，提供可靠的緊急文件和貨品戶對戶快遞服務。

1973 年 DHL 在台成立分支機構－DHL Express Taiwan 洋基通運股份有限公司，為第一家進入臺灣市場的國際快遞業者，並以多年的優質服務品質，成為市場佔有率最高的國際快遞公司。目前全臺共有 15 個服務據點，超過 1,000 名專業員工，為顧客提供完善的客製化解決方案。DHL 於中國大陸因與中國外運股份有限公司（中外運）的合作夥伴關係稱為中外運敦豪；在香港，公司註冊名稱為敦豪國際，但日常仍然使用 DHL。

（四）Maersk 馬士基物流

馬士基物流所屬公司為 A.P. Moller-Maersk Group，中文名是馬士基集團，於 1904 年成立於丹麥，目前在全球 130 多個國家擁有辦事處。

馬士基海運是世界上最大的船舶公司，擁有 250 艘船，包括貨櫃船、散貨、供應和專用船、油輪等。該集團還擁有大量的裝卸碼頭和物流服務。Moeller 的子公司還在挪威、委內瑞拉和其他國家進行石油和天然氣鑽探。此外，該集團還從事船舶和聯運貨櫃的製造，藥品生產，並經營國內航空公司馬士基航空公司並提供資訊服務。此外，該公司還擁有丹麥第二大連鎖超市。

馬士基集團旗下的馬士基航運是全球最大的貨櫃承運輸公司，服務網絡遍及全球。2014 年馬士基集團位列世界 500 強第 172 名。

2018 年 7 月，《財富》世界 500 強排行榜發布，馬士基公司在《2018 年財富世界 500 強》中排行第 305 位。

（五）Nippon Express 日本通運

Nippon Express 中文名為日本通運公司，屬於世界五百強，公司主要運輸的方式包括了汽運、空運。另外倉儲服務也是公司的一重大業務，汽車運輸和倉儲服務佔據了公司業務的 70% 左右。

（六）Ryder System 萊德物流

Ryder System 中文名為萊德物流，物流作為公司的核心業務，主要針對的是美國市場，約有 80% 的業務都是來自美國。

萊德物流公司在全球範圍内提供一系列技術領先的物流、供應鏈和運輸管理服務。該公司提供一系列產品，包括全方位服務租賃、商業租賃、汽車維修和集成服務。還提供全面的供應鏈解決方案。、從輸入原材料供應到產品分銷，領先的物流管理服務和電子商務解決方案致力於為整個供應鏈中的客戶提供支持。

（七）TNT Post Group 荷蘭郵政

TNT Post Group 簡稱為 TNT，總部位於荷蘭的國際知名的物流企業，在全球超過 200 個國家提供了郵政、快遞和服務服務。物流業務主要集中於汽車的運輸，同時也提供了快遞發貨服務，目前在全球擁有上百個倉庫，而業務市場則主要為歐洲市場。

（八）Expeditors International 康捷

Expeditors International 中文名為康捷國際物流公司，隨著公司的不斷發展，現在公司所提供的服務主要有空運、海運、貨代、保險和分銷、供應鏈軟體服務等等，不過公司的核心業務依舊是運輸服務業。

（九）Panalpina 泛亞班拿

Panalpina 中文為瑞士泛亞班拿集團，也是全球最大的物流集團之一，公司在全球多個國家設有 300 多個分支，主要業務有空運和海運、物流、其他綜合服務四大業務。雖然業務主要以歐洲、非洲和美洲為主，但是在近幾年在亞太地區也有所提升。

（十）Exel 英運物流

Exel 中文名為英國英運物流集團，他是全球性的供應鏈管理服務公司，公司的業務主要集中於在物流配送和運輸管理方面。

參考資料：

1. 外貿事兒，全球十大國際物流公司都有誰，資訊，2019/02/12。
2. 一鍋米飯，世界大物流公司排名，財經，2017/10/25。

問題討論

1. 世界十大物流公司，試分別說明其差異處？
2. 臺灣的物業公司還要努力的方向在哪裡？

1. 物流效用爲何？
2. 物流服務的內容爲何？傳統物流服務與現代物流服務有哪些？
3. 物流服務評價的三要素有哪些？
4. 國際物流績效指標有哪些？ 又國內物流績效指標爲何？
5. 何謂物流成本？社會物流成本、企業物流成本和物流企業的物流成本三個方面的物流成本，有哪些不同的含義？
6. 物流成本的特性爲何？又影響物流成本的因素有哪些？

第二篇：物流模式

03 企業物流

知識要點

3-1 企業物流概述
3-2 企業物流的形式
3-3 企業物流的組織的類型
3-4 企業物流模式

物流前線

搶占宅經濟 momo 物流車隊 六都當日配

物流 Express

中國物流行業的獨角獸

物流 Express

搶占宅經濟 momo 物流車隊 六都當日配

momo 成立子公司富昇物流，投入六都當日配送。
圖片來源：momo 富邦媒

疫情是危機亦是轉機，考驗的正是業者的臨時應變能力，尤其，當消費趨勢迎向「宅居時代」，機會點就來了。

電商業者 momo 富邦媒不僅擴大自營物流車隊規模，更進一步宣布成立 100% 持股子公司「富昇物流」，並將由 momo 富邦媒總經理谷元宏出任董事長。momo 富邦媒表示，這一次成立專職貨運公司，是想透過專業化、科技化的營運管理，並緊密結合富邦媒的物流短鏈布局。

富昇物流將協同富邦媒既有的 14 家物流公司策略合作，持續強化「物流中心」、「衛星倉」、「顧客」三者之間的運能串連，讓物流短鏈布局更全面。為了讓物流服務品質持續升級，富昇物流積極建立專業化的物流服務能力。

首先，momo 會透過數據分析，由距離客戶比較近的區域倉出貨，以提升配送效率。其次，富昇物流車隊也有搭載「電子地圖」應用，為物流士自動規劃最有效率的配送路線。同時，富昇物流也採用「二程接駁」模式，透過車與車之間交接貨品配送，來深入各城市中的大街小巷，進行直配服務，以降低物流車的往返耗時，亦提升配送效能。

momo 富邦媒也強調，目前 momo 富邦媒也有與多間物流車隊合作，成立貨運子公司是為了應付未來逐漸擴大的運能需求，並非是要以自家運能來取代外部合作。因此，也將協同既有的 14 家運輸公司策略合作，強化「物流中心」、「衛星倉」、「客戶」間之運能串連，讓 momo 物流短鏈最後一哩路的佈局，從點、線、面達到更廣泛的拓展。

參考資料：
1. 廖君雅，火拚「宅經濟」，電商三字訣搶攻最後一哩路，遠見雜誌，2020/05/07。
2. 陳冠榮，momo 擴大自營物流車隊規模，成立富昇物流公司、投入六都當日配送，科技新報（TechNews），2020/05/21。
3. 程倚華，momo 貨運子公司「富昇物流」正式成立，3 策略加持短鏈物流佈局再升級，msn 財經，2020/05/21。

問題討論

1. 電商為何要進入物流這個市場？
2. momo 在六都有當日配的服務，試問其他城市是否也可以有這樣的服務？為什麼？

3-1 企業物流概述

一、企業中的物流

傳統上，一般企業都是圍繞生產和銷售職能而組織，將採購、運輸、庫存、財務等部門視爲支持性或輔助性部門。這些傳統的做法表面看起來合理，因爲生產時創造價值，銷售時實現價值，但最大的問題是忽略了從採購到生產之間，以及從產品生產到需求者之間的過程，特別是目前消費者越來越挑剔，產品是否能夠按照他們的要求送達似乎成爲選擇商家最重要的標準。此時，物流活動就起到了十分關鍵的作用，不再僅僅具支持性和輔助性的作用。

因此，從物流活動整體的系統性上來講，應把企業物流管理作爲企業管理的一個獨立領域，由一個獨立的職能管理部門管理，更容易達到理想、協調一致的目標。這樣生產部門就可以把精力放在產品或服務上，最大限度地創造產品的形式效用；行銷部門則主要負責市場調查、產品組合、行銷策劃、促銷以及銷售人員管理等，從而創造產品的擁有效用。

同時也要看到，企業物流活動是一種跨邊界的活動，其職能和組織內部與其他所有的職能都存在某種程度的聯繫和交叉，如圖 3-1 所示。物流管理是一個綜合的職能，它對所有的物流活動與包括行銷、銷售、生產、財務和資訊技術在內的其他職能進行協調和優化。

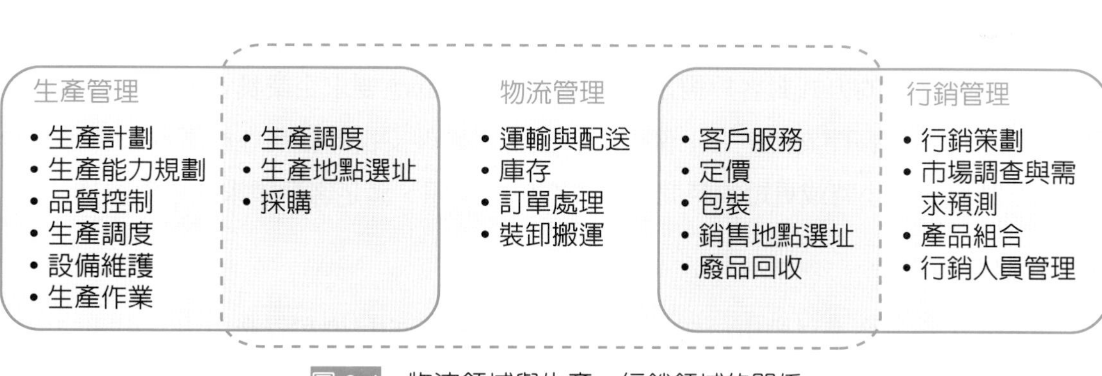

圖 3-1 物流領域與生產、行銷領域的關係

二、企業物流的定義

在一個企業的範圍內，由於生產經營活動的需要而發生的物流稱爲企業物流。因此企業物流的定義是：企業內部物品的實體流動。

企業物流的基本結構爲投入 → 轉換 → 產出

對於生產類型的企業，其基本結構爲原材料、燃料、人力、資本等的投入，經過製造或加工使之轉換爲產品或服務；對於服務型企業，其基本結構爲設備、人力、管理和運營，轉換爲對用戶的服務。

物流活動便是伴隨著企業的投入→轉換→產出而發生的。相對於投入的是企業外供應或企業外投入物流，相對於轉換的是企業內生產物流或企業內轉換物流，相對於產出的是企業外銷售物流或企業外服務物流。由此可見，在企業經營活動中，物流是滲透到各項經營活動之中的活動。

三、企業物流的目標

企業物流的總體目標是快速、連續，盡可能消除物料滯留現象，這樣才能做到縮短生產週期、減少物流儲備、加快資金周轉、提高經濟效益。企業物流的具體目標如下。

（一）快速回應

這是企業物流目標中最基本的要求。快速回應關係到一個企業能否及時滿足客戶的服務需求。比如，一個遠在新竹的客戶，其公司服務器出現問題當機，而作爲提供服務器備件支援的廠商位於臺北，若客戶需要在 6 小時內恢復服務器的正常運行，那麼快速回應就至關重要。

快速回應的能力使企業將物流作業傳統上強調的根據預測和存貨情況做出計畫，轉向了以小批量運輸的方式對客戶需求做出反應。快速回應要求企業具有流暢的資訊溝通管道和廣泛的合作夥伴支持。在上例中若該服務器備件支援的廠商在桃園或新竹都有合作夥伴，那麼在 6 小時或更短的時間內解決客戶的問題、滿足客戶需求就更爲容易。

（二）最低庫存

這是企業物流作業目標中最核心的要求。最低庫存的目標和資產占用及相關的周轉速度有關。最低庫存越少，資產占用就越少；周轉速度越快，資產占用也越少。因此，物流系統中存貨的財務價值占用企業資產也就越低。在一定的時間內，存貨周轉率與存貨使用率相關，存貨周轉率高、可得性高，意味著投放到存貨上的資產得到了有效利用。

企業物流作業的目標就是要以最低庫存的控制上，類似「零庫存」之類的概念，已經從 DELL 這樣的國際大公司向眾多公司轉移並得到實際應用。當存貨在製造和採購中達到規模經濟時，它能提高投資報酬率。

企業物流作業的目標之一就是要將存貨控制在最低可能的水準。爲實現最低存貨的目標，物流系統設計必須對整個企業的資金占用和周轉速度進行控制，而不是對每個單獨的企業領域進行控制。

（三）集中運輸

集中運輸是企業物流作業中實施運輸成本控制的重要手段之一。運輸成本與運輸產品的種類、運輸規模和運輸距離直接相關。許多具有一流服務特徵的物流系統採用的都是高速度、小批量運輸，這種運輸通常成本較高，爲降低成本，可以將運輸整合。

一般而言，運輸量越大、距離越長，單位運輸成本就越低，因此，將小批量運輸集中起來以形成大規模的經濟運輸不失爲一種降低成本的途徑。不過，集中運輸往往降低了企業物流的回應時間，因此，企業物流作業必須在集中運輸與回應時間方面綜合權衡。

（四）最小變異

在企業物流領域，變異是指破壞系統作業表現的任何未預期到的事件，它可以產生於物流作業的任何地方。例如：空運作業因爲天氣原因受到影響、鐵路運輸作業因爲地震等災害受到影響。減少變異的傳統解決辦法是建立安全存貨，或是使用高成本的運輸方式，不過，上述兩種方式都將增加物流成本。爲了有效地控制物流成本，目前多採用資訊技術以實現主動的物流控制，這樣變異在某種程度上就可以被減到最少。

（五）品質

物流作業本身就是在不斷地尋求客戶服務品質的改善與提高。目前，全面品質管理（TQM）已引起各類企業的高度關注，當然，物流領域也不例外。從某種角度來說，TQM 還是物流得以發展的主要推動力之一。

一旦貨物品質出現問題，物流的運作環節就要全部重新再來。例如：運輸出現差錯或運輸途中導致貨物損壞，企業不得不對客戶的訂貨重新操作，這樣一來不僅會導致成本的大幅增加，而且還會影響客戶對企業服務品質的認知，因此企業物流作業對品質的控制不能有半點馬虎。

（六）生命週期支持

絕大多數企業在出售產品時都會標明其使用期限，若超過這個期限，廠商必須對通路中的貨物或正在流向顧客的貨物進行回收。之所以將產品回收是出於嚴格的品質標準、產品有效期、產品可能出現的危險後果等方面的考慮。當貨物潛藏有危害人身健康的因素時，這時，不論成本大小與否，反向物流必然發生。

傳統的物流作業要求要同時達到上述物流作業的標準比較困難，而市場的激烈競爭又對物流作業的全新目標幾乎都要求同時滿足，因此就要求企業必須對物流作業的各個環節進行高效整合。

3-2 企業物流的形式

企業物流按照生產經營性質的不同，可以劃分爲生產企業物流和流通企業物流。

一、生產企業物流

生產企業物流是以購進生產所需要的原材料、零組件、燃料、設備等爲始點，經過勞動加工形成新的產品，到最後供應給社會需要部門爲止的全過程，是企業在生產工藝中的物流活動。企業物流活動是伴隨在生產過程中，構成生產工藝過程的一部分。

按照生產過程的縱向順序及伴隨生產產生的產品，企業物流要經過企業供應物流、企業生產物流、企業銷售物流、企業回收物流、企業廢棄物物流等，具體如圖 3-2 所示。

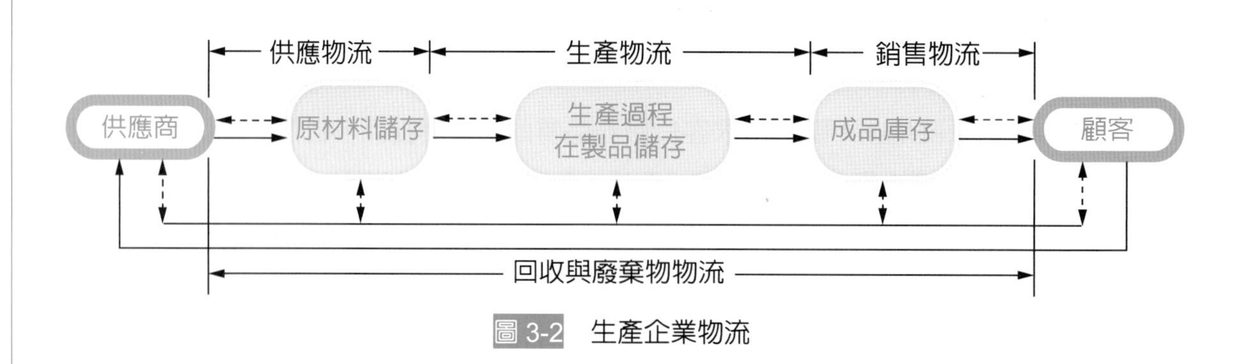

圖 3-2 生產企業物流

（一）供應物流

供應物流（Supply Logistics）是指包括原材料等一切生產物資的採購、進貨運輸、倉儲、庫存管理、用料管理和供應管理，也稱爲原材料採購物流。它是生產物流系統中相對獨立性較強的子系統，與生產系統、財務系統等生產企業各部門以及企業外部的資源市場、運輸部門有密切的聯繫，對企業生產的正常、高效率發揮著保障作用。企業供應物流不僅要保證供應的目標，而且要在低成本、少消耗、高可靠性的限制條件下來組織供應物流活動，因此難度很大。

（二）生產物流

生產物流（Production Logistics）是指在企業生產製程中的物流活動。一般是指原材料、燃料、外購件投入生產後，經過下料、發料，運送到各加工點和儲存點，以在製品的形態，從一個生產單位（倉庫）流入另一個生產單位，按照規定的製程進行加工、儲存，借助一定的運輸裝置，在某個點內流轉，又從某個點內流出，最終體現物料實物形態的流轉過程。

（三）銷售物流

銷售物流（Distribution Logistics）是指生產企業出售商品時，物品在供方與需方之間的實體流動。銷售物流是企業物流系統的最後一個環節，是企業物流與社會物流的又一個銜接點，它與企業銷售系統相配合，共同完成產品的銷售任務。銷售活動的作用是企業通過一系列行銷手段，出售產品，滿足消費者的需求，實現產品的價值和使用價值。

（四）回收物流

回收物流（Returned Logistics）是指不合格物品的返修、退貨以及周轉使用的包裝容器從需方返回到供方所形成的物品實體流動。即企業在生產、供應、銷售的活動中總會產生各種邊角餘料和廢料，這些東西的回收需要伴隨物流活動，如果回收物品處理不當，往往會影響整個生產環境，甚至影響產品的品質，占用很大空間，造成浪費。

（五）廢棄物物流

廢棄物物流（Waste Material Logistics）是將經濟活動中失去原有使用價值的物品，根據實際需要進行收集、分類、加工、包裝、搬運、儲存等，並分送到專門處理場所時所形成的物品實體流動。

二、流通企業物流

流通企業物流是指商品流通企業（如量販店及便利商店等）和專門從事實物流通企業的物流。流通企業物流按不同形式分爲以下幾種。

（一）按企業經營的縱向結構劃分

流通企業的物流按企業經營的縱向結構劃分，可以分爲採購物流、流通企業內部物流和銷售物流三種形式。

1. 採購物流

採購物流是指流通企業組織貨源，將原物料從生產廠家集中到流通部門的物流。這部分物流活動與生產企業的部分銷售物流合爲一體。

2. 流通企業內部物流

流通企業內部物流，包括流通企業內部的儲存、保管、裝卸、運送、加工等各項物流活動。

3. 銷售物流

銷售物流是流通企業將物資轉移到消費者手中的物流活動。這部分物流與生產企業的部分採購物流合爲一體。

（二）按企業經營類型劃分

流通企業的物流按企業經營類型劃分，又可以分爲批發企業物流、零售企業物流、倉儲企業物流、配送中心物流、「第三方物流」企業物流等形式。

1. 批發企業物流

批發企業物流是指以批發據點爲核心，由批發經營活動所引發的物流活動。

2. 零售企業物流

零售企業物流是指以零售商店據點爲核心，以實現零售爲目的的物流活動。在零售企業銷售物流中，大件商品採用送貨和售貨服務的形式，小件商品則是用戶自己完成。連鎖型零售企業物流的特點是集中進行供貨的物流，由本企業共同的配送中心完成；直銷型零售企業的物流重點是銷售物流。

3. 倉儲企業物流

倉儲企業物流是以接運、入庫、保管保養、發運或運輸爲主要內容的物流活動。倉儲企業是專門從事商品儲存保管和中轉運輸業務的企業。倉儲企業爲社會提供儲運服務，降低生產企業的產品成本，節約流通費用，加快商品周轉，促進商品儲存，使企業營利。

4. 配送中心物流

配送中心物流是集儲存、流通加工、分貨、揀貨、運輸等於一體的綜合性物流過程。配送中心是在市場經濟條件下，以加速商品流通和創造規模效益爲核心，以商品代理和配送爲主要功能，集商流、物流、資訊流於一體的現代綜合流通部門。

5.「第三方物流」企業物流

「第三方物流」通常也稱爲契約物流或物流聯盟，「第三方物流」企業是在生產到銷售的整個物流過程中進行服務的「第三方」。它通過簽訂合作協定或結成合作聯盟，在特定的時間區間內按照特定的價格，向客戶提供個性化的物流代理服務。具體的物流內容包括商品運輸、儲存、配送以及附加的增值服務等。它以現代資訊技術爲基礎，實現資訊和實物快速、準確地協調傳遞，提高倉庫管理、裝卸運輸、採購訂貨以及配送發運的自動化水準。

3-3 企業物流的組織的類型

企業物流的組織職能是以一定的組織結構形式體現的。組織結構是物流組織各個部分及其與整個企業經營組織之間關係的一種模式。根據不同的目標，可以對企業物流的組織進行不同的劃分。通常而言，有以下五種分類方法。

一、功能別組織

功能別組織（Functional Organization）是一種最普遍的組織部門化形式，特別常見於小型組織。功能別組織是依據組織所執行的功能（如行銷、財務、人力資源、生產與作業）來編組。這裡的功能通常是指組織的功能，不過，如果從物流管理功能（如倉儲、運輸、配送、包裝）來編組，也可視爲一種功能別組織。相同的功能往往指向相似或相同的活動，所有的功能部門主管可能皆隸屬於某一高階主管（如物流經理）之下，由其協調各組織功能領域的活動，如圖 3-3 所示。

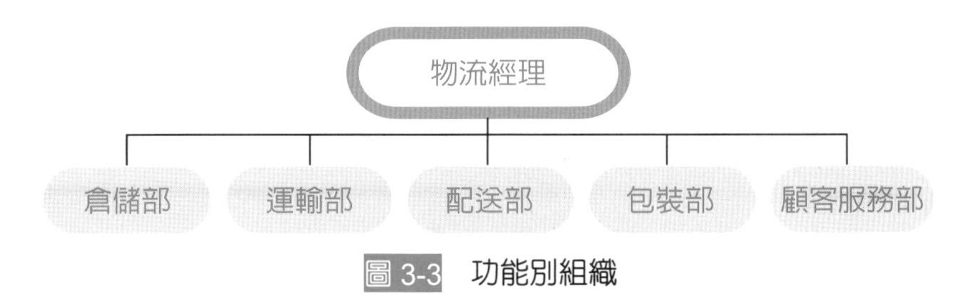

圖 3-3 功能別組織

功能別組織的主要優點在於：

1. 行政管理的簡單性和較能發揮功能的專業性。
2. 由於功能的專業性比較相近，因此在部門內的協調上也較容易。

但另一方面，隨著公司產品和銷售量的逐漸增加，功能內的複雜度也隨之增加，而這種組織形式的效率則將反之降低。

功能別組織的主要缺點包括：

1. 容易造成功能的偏見與短視，不易發展出全面性大格局的管理人才。
2. 容易走上官僚體制，決策速度也較慢。
3. 由於沒有人對任何產品或市場負全責，所以往往使得特定的產品或市場缺乏足夠的照顧與規劃，因此那些管理者不感興趣的產品或市場，便很容易被忽視。
4. 各個功能部門之間往往會互相競爭，以取得相對於其他功能部門更多的預算與更高的地位，因此部門的協調越加困難。最後，成敗責任的歸屬和績效評估也相對困難。

二、產品別組織

一家提供多種產品與品牌的公司，通常會傾向以產品或品牌來作爲部門化的基礎。如果，組織所提供的產品種類間的差異性很大或產品項目相當繁多，超過功能性組織所能掌握的能力範圍時，產品別組織就是很適當的方式。產品別組織下的部門經理往往負責某一特定的產品，或產品族群的生產與行銷以及其他相關事宜，如圖 3-4 所示。

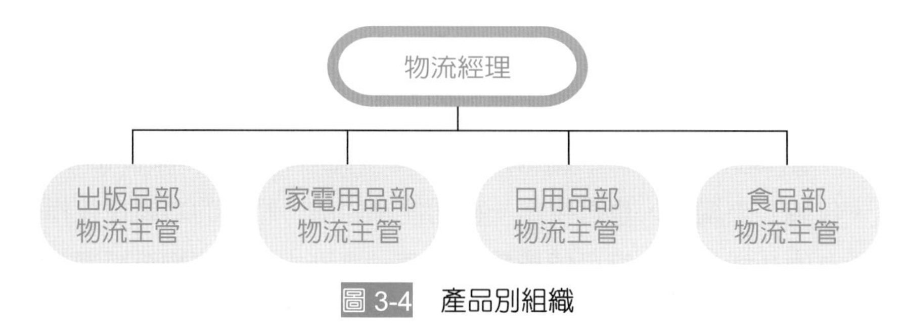

圖 3-4　產品別組織

當產品別組織的規模達到某一程度時，產品部門就可以擴張成爲事業部（Division）。一個事業部就好像一個小型公司，往往下轄著各種功能部門的主管，而每個產品事業都可以自給自足，也都能掌握影響該產品績效的所有資源。

產品別組織的優點：

1. 產品別管理者可以快速地反映產品在市場上所面臨的問題。

2. 績效與責任歸屬通常較公平、較客觀、也較容易。
3. 產品別管理者因爲下轄各種不同功能部門，所以該職位可以作爲訓練未來一般管理者的絕佳機會。
4. 產品別管理者可以有效地整合與協調組織內與該產品相關的資源與活動。

產品別組織的缺點：

1. 產品別管理者要同時負責很多產品相關的功能領域，因此常常在功能性上不夠專業；再者，適當的產品別管理者也不容易尋找。
2. 產品別組織往往造成功能的重複與浪費，致使效率降低，例如：同一位顧客因爲購買許多隸屬於不同產品部門的產品，所以經常使得許多不同產品別的銷售人員前往拜訪。
3. 產品別組織往往造成不同產品間的整合難度加大。

三、顧客別組織

目標顧客可以分成幾個不同的使用群體，且不同的群體具有不同的購買偏好與決策，顧客別組織會是較爲理想的組織方式，如圖 3-5 所示。顧客別管理者可以配合其業務的需要，要求組織的其他部門提供功能性服務，而負責重要顧客的管理者，甚至可能在其麾下擁有數位直屬的功能性專家。

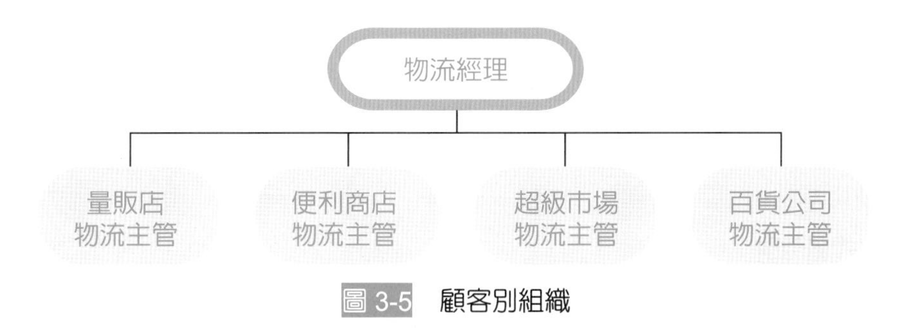

圖 3-5　顧客別組織

顧客別組織管理者與產品別組織管理者擔負相似的職責，只是產品別組織管理者以產品爲主軸，而顧客別組織管理者以顧客爲主軸，必須分析其所負責的特定顧客，提供給顧客相關產品。顧客別組織的基本假設是，每個部門的顧客有其共同的問題和需求，部門化後的專業人員應做能符合各類顧客的要求。

顧客別組織也擁有許多和產品別組織類似的優點與缺點。整體來說，其最大的優點乃在於其整合組織活動來配合不同顧客群體的需要，而最大缺點也是在不同顧客部門間的整合較困難。

四、地區別組織

另外一種組織型態是基於地理區域，亦即地區別。如果產品在不同區域上會有不同的銷售特性，則地區別組織較爲適當，通常一家物流企業服務全國市場的公司，會考慮以地理區域來作爲編組。例如：組織可能將臺灣地區分爲北、中及南部等幾個區域，每一區域分別設有專責主管，再於每一區域下細分爲幾個小區域，如圖 3-6 所示。

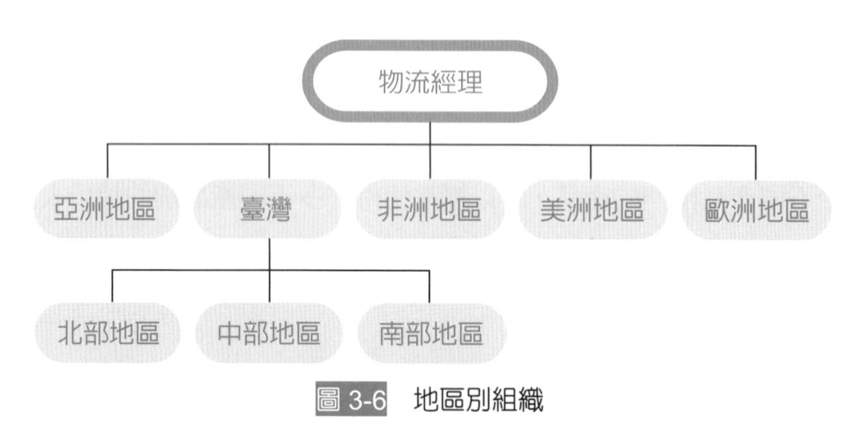

圖 3-6　地區別組織

如果組織的顧客是分散在一個很大的區域內，這種形式的組織將是很有價值的，因此，地區別組織對於大型的全球性公司特別適用。全球性公司通常將全球市場分爲幾個重要的區域市場，每個市場依據其市場特性有效地設計其組織活動。

地區別組織也和產品別組織和顧客別組織具有相類似的優缺點。地區別管理者可以快速地反應各地理區域的獨特需求，但是也有造成功能的重複與浪費，致使效率降低的類似缺點。

五、矩陣式組織

當組織同時採用混合上述兩種以上的組織方式來進行編組時，則可能會採用矩陣式組織（Matrix Organization），因爲當組織相當複雜，或是組織的產品同時具有很多特性時，單一型態的部門化方式可能並不適當，因此可採用兩種、甚至兩種以上的方式來進行組織的部門化。例如，同時採用地區別和功能別進行部門化的矩陣式組織，便是一種混合型態的組織方式，如圖 3-7 所示。

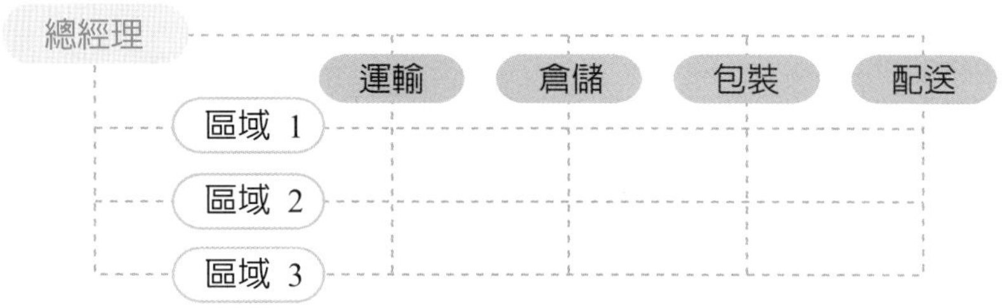

圖 3-7　矩陣式組織

矩陣式組織的優點：

1. 矩陣式組織可以使大型組織依然具有小型組織的優點，管理者可以同時將其注意力集中在產品、顧客、地理區域或功能專業上。
2. 管理者可以避免因爲諸如產品別組織、顧客別組織和地區別組織的功能重複所造成的浪費。

矩陣式組織的缺點：

1. 容易激化組織內的權力爭奪與衝突。由於組織內的職權相對上較爲模糊，因此功能經理和專業經理間的衝突往往會加大。
2. 矩陣式組織需要更多的主管人員，導致薪資成本較高。
3. 矩陣式組織需要更多的協調需求，因此更耗費時間與精力。

3-4　企業物流模式

一、企業物流的運作模式

企業物流作業模式是指一個企業應該採用何種方式來運作其所需要的物流活動。

企業選擇什麼樣的物流經營模式，主要取決於兩個因素，其一是物流對企業成功的影響程度，其二是企業對物流的管理能力。據此，設計出三種決策方案：物流自營、物流外包、物流聯盟。企業物流作業模式的選擇過程如圖 3-8 所示。

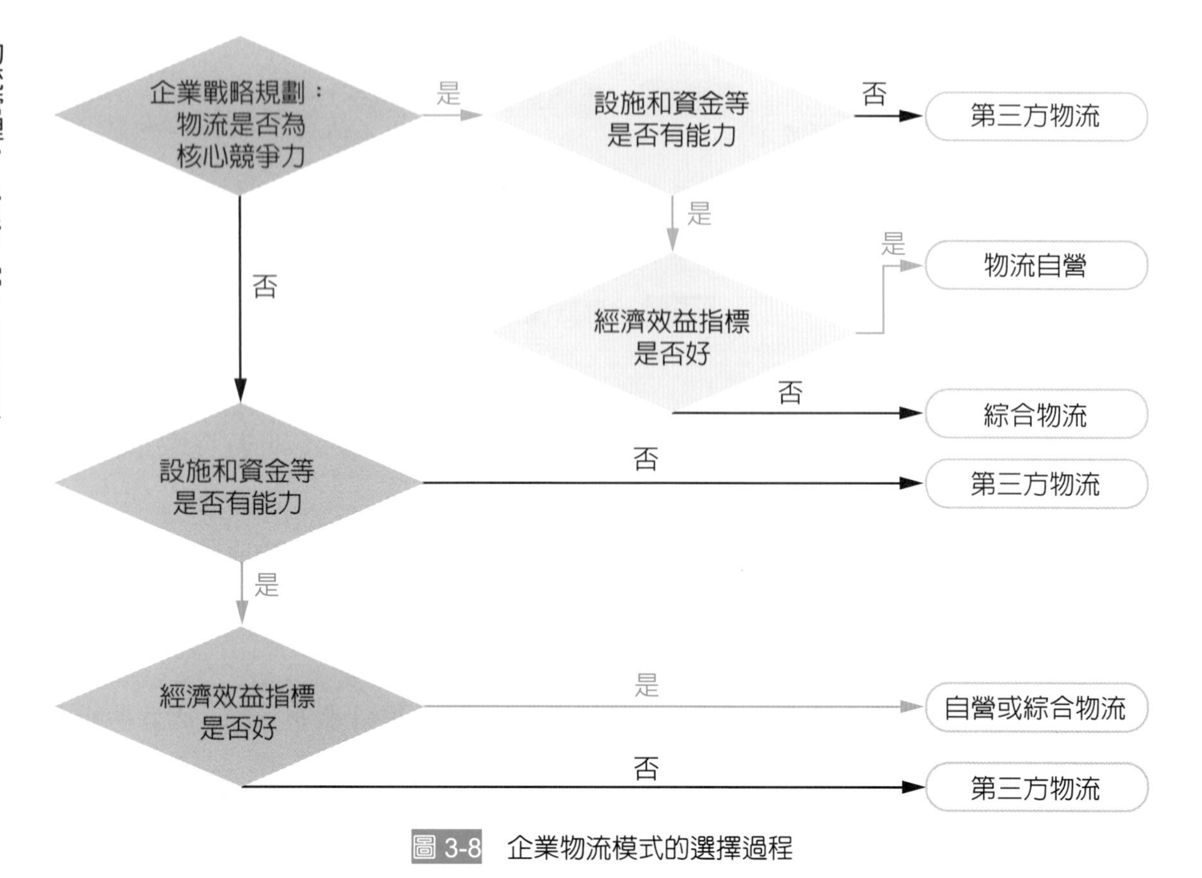

圖 3-8 企業物流模式的選擇過程

（一）物流自營

物流自營是指生產企業借助於自身的物質條件自行組織的物流活動。在物流自營方式中，企業也會向運輸公司購買運輸服務或向倉儲企業購買倉儲服務，但這些服務都只限於一次或一系列分散的物流功能，而且是臨時性、純市場交易的服務，物流公司並不按照企業獨特的業務程序提供獨特的服務，即物流服務與企業價值鏈是鬆散的聯繫。

一般來說，如果物流對企業成功的影響很大，且企業對物流的管理能力很強，企業採用物流自營模式較適宜。常見的物流自營經營方式有：

1. 將分散在不同組織部門的物流活動整合爲一個部門加以運作管理，實現跨業務單位的內部物流管理一體化。
2. 開發內部的水準物流組織或跨職能物流組織，該組織按照業務過程或工作流程進行，而不按照任務或職能劃分，以實現跨任務協作、以顧客爲中心。

3. 建立物流服務部，內部的物流服務部門以市場爲導向，並向內部的服務對象索取費用，且內部顧客不再享有免費或低價服務，物流部門可爲外部顧客提供服務，內部顧客也可以任選外部供應商提供服務。
4. 成立物流子公司，代理業務專司物流業務管理，對物流業務統一指揮並實行獨立核算、自負盈虧，多餘的物流能力可參與社會經營，避免物流能力閒置和浪費。

（二）物流外包

物流外包是以簽訂合約的方式，在一定期限內，將部分或全部物流活動委託給專業物流企業來完成。由於任何企業所擁有的資源都是有限的，不可能在所有的業務領域都獲得競爭優勢，在快速多變的市場競爭中，單個企業依靠自己的資源進行自我調整的速度很難趕上市場變化的速度，企業必須將有限的資源集中在核心業務上，強化自身的核心能力，將自身不具備核心能力的業務，以外包或策略聯盟、合作的形式交由外部組織承擔。

一般來說，如果物流對企業成功的影響程度不大，且企業對物流的管理能力較弱，企業採用物流外包模式較適宜。常見的物流外包經營方式有：

1. 外包全部物流

當企業物流服務的複雜性低且資產的專用性低時，企業可採用多個外包夥伴，以提高外部企業的競爭性，並從中獲得更好、更穩定的低價服務；當企業物流服務的複雜性高但資產的專用性低時，更有利於企業廣泛地將各種物流服務外包給潛在專業化的第三方物流企業。

2. 外包部分物流

當企業物流服務的複雜性低但資產的專用性高時，企業自己投資專用性資產，不從事物流自營，而將專用性資產租賃給外部企業，並由其運作物流；當企業物流服務的複雜性高且資產的專用性高時，運用激勵機制實施部分物流外包。

（三）物流聯盟

物流聯盟是企業雙方在物流領域的戰略性合作中進行有組織的市場交易，形成優勢互補、要素雙向或多向流動、互相信任、共擔風險、共享收益、長期互利、全方位的物流合作夥伴關係。物流聯盟是介於物流自營和物流外包之間的一種物流組建模式，聯盟雙方在相互合作的同時，仍保持各自的相對獨立性。

物流聯盟的建立有助於物流夥伴之間在交易過程中減少相關交易費用，如資訊搜尋成本、討價還價成本、監督執行成本、機會主義成本、交易風險成本。

一般來說，如果物流對企業成功的影響程度很大，而企業對物流的管理能力很弱，或是物流對企業成功的影響程度不大，而企業對物流的管理能力很強，則企業採用物流聯盟模式較適宜。常見的物流聯盟經營方式有：

1. 水準一體化物流聯盟

通過同一行業中多個企業在物流方面的合作而獲得規模經濟效益和物流效率。如不同的企業可以用同樣的裝運方式進行不同類型產品的共同運輸，當物流範圍相近，而某個時間內物流量較少時，幾個企業同時分別進行物流操作，顯然不經濟。於是一個企業在裝運本企業產品的同時，也裝運其他企業的產品。

2. 垂直一體化物流聯盟

要求企業將提供產品或運輸服務等的供貨商和用戶納入管理範圍，企業在原材料到用戶的每個過程中實現對物流的管理，並利用自身條件來建立和發展與供貨商和用戶的合作關係，形成聯合力量，贏得競爭優勢。

3. 混合一體化物流聯盟

是水準一體化物流聯盟和垂直一體化物流聯盟的有機組合。

二、企業物流外包

企業物流作業模式分為三種型式：市場採購、物流自營與物流外包。外包又分為內部外包和外部外包。

（一）企業實施物流業務外包的原因

1. 集中精力發展核心業務

在企業資源有限的情況下，為取得競爭中的優勢地位，企業只掌握核心功能，即把企業知識和技術依賴性強的高增值部分掌握在自己手裡，而把其他低增值部門虛擬化。通過借助外部力量進行組合，目的就是在競爭中最大效率地利用企業資源。如耐吉、可口可樂等企業就是這樣經營的，它們沒有自己的工廠，而是將一些勞動密集型部門虛擬化，並轉移到許多勞動成本低的國家進行生產，企業只保留核心的品牌。

2. 分擔風險

企業可以通過外向資源配置分散由政府、經濟、市場、財務等因素產生的風險。因爲企業本身的資源是有限的，通過資源外向配置，與外部合作夥伴分擔風險，企業可以變得更有柔性，更能適應外部變化的環境。

3. 加速企業重組

企業重組需要花費很長的時間，而且獲得效益也需要很長的時間，通過企業外包可以加速企業重組的過程。

4. 輔助業務運行效率不高、難以管理或失控

當企業出現一些運行效率不高、難以管理或失控的輔助業務時，需要進行業務外包，值得注意的是，這種方法並不能徹底解決企業的問題，相反這些業務職能可能在企業外部更加難以控制。在這種時候，企業必須花時間找出問題的關鍵所在。

5. 使用企業不擁有的資源

如果企業沒有有效完成業務所需的資源，而且不能營利時，企業也會將業務外包，這是企業業務臨時外包的原因之一，但是企業必須同時進行成本 / 利潤分析，確認在長期情況下這種外包是否有利，由此決定是否應該採取外包策略。

6. 實現規模效益

外部資源配置服務提供者都擁有能比本企業更有效、更便宜地完成業務的技術和知識，因而他們可以實現規模效益，並且願意通過這種方式獲利。企業可以通過外向資源配置避免在設備、技術、研究開發上的大額投資。

（二）物流外包的優點

市場競爭日趨激烈化和社會分工日益細化的背景下，將物流外包給專業的物流企業，可以有效降低物流成本，提高企業的核心競爭力。

1. 解決資源有限的問題，增強企業核心競爭力

任何一個企業的資源都是有限的，包括資金、技術、人力資本、生產設備、配套設備等要素，這也決定了企業不可能在所有領域都擁有競爭優勢。因此，企業需要思考將有限的資源集中在核心業務上，把非核心的業務外包出去。例如，將全部物流或部分物流外包給專業的物流企業，借助物流企業的專業化運營優勢，增強企業的核心競爭力。

2. 減少固定資產投資，加速資金周轉

與自營物流相比，選擇將物流外包給專業的物流企業，可以集成小批量送貨的要求來獲得規模經濟效益，專業物流企業在物流運營上更有經驗、更專業化，從而降低企業的運營成本，改進服務，獲取企業所需要的人力資本。

3. 借助專業化服務，降低企業運營成本

企業自營物流，需要投入大量的資金用於購買物流設備，如商庫、營運車輛等固定資產，對於缺乏資金的中小企業來說，這是個沉重的負擔。如果選擇將物流外包出去，可以減少倉庫和車隊等固定資產的投資，加速企業的資金周轉。

（三）物流外包的缺點

物流外包有諸多優點，但許多企業還是選擇自營物流，這是因爲物流外包也存在一些問題，主要表現在以下幾個方面：

1. 企業可能失去控制權

許多企業願有一個「小而全」的物流部門，也不情願將物流外包出去，特別對於中小企業來說，害怕失去對物流功能的控制。例如，供應鏈流程的一些部分需要與客戶直接打交道，許多企業擔心如果失去內部物流能力，會在客戶關係維護等方面過度依賴專業物流企業。這種擔心在從未外包物流的企業中更爲普遍。

2. 潛在道德風險

物流活動無限延伸就會涉及企業的商業秘密，如果選擇物流外包，企業可能擔心和顧慮合作夥伴的道德風險問題。例如，通過掌握客戶的物流運營數據，可以了解企業的生產經營、新產品開發、市場等情況；一方面，企業擔心這些商業祕密可能會被透露給競爭對手；另一方面，企業擔心合作夥伴不努力，監控成本很高等。

3. 物流服務提供商可能跟不上企業自身的發展

有些企業一開始選擇將部分物流外包，後來發現物流服務提供商已經跟不上企業自身經營和發展的要求，故而選擇自營物流。海爾物流創建之初，張瑞敏也曾有意將物流外包，但發現國內沒有物流企業能夠滿足海爾物流的需求。以國際採購爲例，由於外貿和外匯制度，中間環節必然產生關稅，而中國國內的供應商中，能夠獨立完成國際採購的商流和物流，並且可以在網路上交易的企業更是鳳毛麟角。

物流 Express

中國物流行業的獨角獸

獨角獸（Unicorn）原為希臘神話中一種傳說生物，外型如白馬，因頭上長有獨角，加上雪白的身體，是稀有的物種，更被視為純潔的化身。

獨角獸公司一詞源自風投領域專家 Aileen Lee 小姐於 2013 年所發布的《歡迎來到獨角獸俱樂部：從 10 億級公司身上學習創業》。是指一個企業成立不到 10 年，但估值達標 10 億美元以上，且還未在股票市場上市的科技公司。自此之後，獨角獸公司一詞便風靡創業圈，讓許多以科技起家的創業者夢想能將自家公司躋身進入獨角獸俱樂部。

獨角獸企業的主要特徵包括成長極為快速，且為創投資金投資的公司。這類企業在尚未獲利前，會先將公司發展到一定規模，並在佔有一定市佔率後，轉向專注在公司的獲利上。

此外，若新創公司市值達 100 億美元，又被稱為十角獸公司（Decacorn）、1,000 億美元以上則被稱為百角獸（Centicorn）。

近日，恆大研究院發布 2020 年中國獨角獸報告，中國地區共有 166 家企業上榜，總估值達 7921.3 億美元。報告顯示，螞蟻金服以 1,500 億美元估值高居首位、字節跳動估值 750 億美元排名第二、滴滴出行估值 516 億美元排名第三。在物流快遞圈中，有 11 家企業名列榜單，菜鳥網絡、京東物流、跨越速運位居前三。

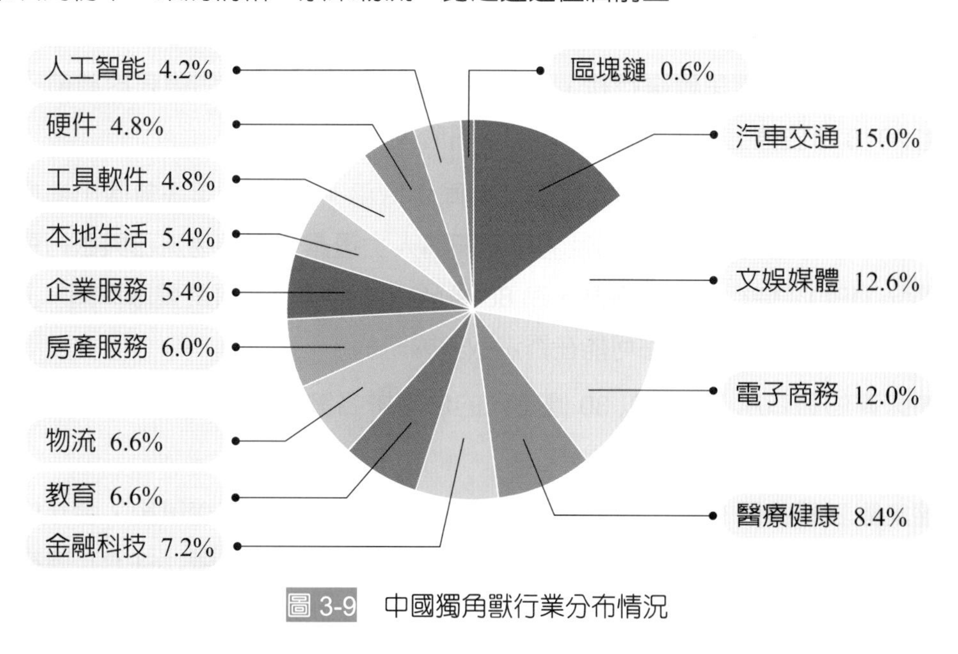

圖 3-9 中國獨角獸行業分布情況

榜單顯示，從行業分布來看，汽車交通、文娛媒體、電子商務領域獨角獸數量分列第一、第二和第三名，企業數量分別為 25 家、21 家、20 家。物流行業的企業數量占 6.2%，比 2019 年有所提升。

表 3-1　中國物流業獨角獸估值排名

公司名稱	城市	估值（億美元）2019/12/31 截止	估值（億美元）2018/12/31 截止
菜鳥網絡	杭州	298 ↑	200
京東物流	北京	134	134
跨越速運	深圳	30 ↑	29
滿幫	南京	20	20
達達	上海	15 ↑	10
安能物流	上海	13	13
貨拉拉	廣州	13	-
壹米滴答	上海	11	-
安鮮達物流	上海	10	11.5
雲鳥配送	北京	10	10
跨海物流	深圳	10	10

物流快遞圈中的獨角獸排行榜，菜鳥網絡以 298 億美元的估值居於首位，遙遙領先。相比 2018 年估值上漲了 98 億美元，漲幅最大。

京東物流位居第二，估值 134 億美元，同比持平。2019 年年底曾傳出消息，京東物流有可能正在考慮 IPO。據路透社消息，知情人士透露，京東物流已與銀行就潛在首次公開募股（IPO）進行了初步接觸，為 80 億至 100 億美元籌資計畫做準備，上市時間或為 2020 年下半年，上市地點可能在香港或美國紐約。

跨越速運估值有所上漲，以 30 億美元的估值排名第三。目前尚未對外披露任何上市計畫資訊。

達達集團表現搶眼，去年首次以 10 億美元估值登上獨角獸榜單後，今年估值又上漲了 5 億美元。5 月 13 日消息顯示，達達集團向美國證券交易所（SEC）遞交了招股書，計畫以 DADA 為代碼在美國納斯達克交易所上市，此次 IPO 募集資金額度為 1 億美元。業内人士估計，達達的 IPO 規模最終可能達到 5 億美元。IPO 前，達達集團創始人兼 CEO 蒯佳祺持有 8.3% 的股份，京東集團則持有 47.4% 的股份。

壹米滴答以 10 億美元估值首次登上該獨角獸榜單。去年 7 月份，壹米滴答創始人兼 CEO 楊興運任命為優速快遞 CEO，兩家企業正式進行戰略整合。今年 2 月份，壹米滴答集團宣布已獲得近 10 億元 D+ 輪融資。此外，滿幫、安能物流、貨拉拉、安鮮達物流、雲鳥配送、跨海物流也出現在榜單中。

圖片來源：壹米滴答官網

獨角獸企業代表著新經濟的活力、行業的大趨勢、國家的競爭力。2019 年全球經濟復甦動能減弱、融資環境趨緊，投資人為獨角獸企業慷慨融資的時代已經結束。隨著全球疫情爆發、經濟下行壓力加大，全球資本、人才、貿易、產業鏈均受到不同程度影響。這些物流快遞企業能逆流而上實現突圍嗎？一起拭目以待。

參考資料：羅戈物流沙龍，菜鳥網絡、京東物流、跨越、安能上榜！最新獨角獸榜單發布，財經，2020/05/15。
原文網址：https://kknews.cc/finance/25mogj9.html。

問題討論

1. 物流業可以成為獨角獸企業，你有何看法？
2. 還有哪些物流事業，有機會成為獨角獸企業？為何？

1. 請說明物流與生產、行銷的關係。
2. 請說明企業物流的定義。又企業物流的目標爲何？
3. 請說明企業物流活動可以分爲哪幾項？
4. 企業物流的組織有些分類方式？
5. 企業物流的運作模式爲何？
6. 企業實施物流業務外包的原因有哪些？物流外包的優缺點爲何？

第二篇：物流模式

04 第三方物流

知識要點

4-1 第三方物流概述

4-2 第四方物流概述

4-3 輕資產物流

4-4 新興的物流行業

物流前線

大學生創業　外送平台：餓了麼

物流 Express

臺灣物流業發展與趨勢

物流前線

大學生創業　外送平台：餓了麼

中國大陸著名的外送點餐平台「餓了麼」，成立只有 9 年，最近以 95 億美元現金賣給阿里巴巴。其起源來自一個年輕的上海學生，當年他在宿舍熬夜讀書，突然肚子餓想要吃東西，但是半夜很不方便，於是有了成立一個外送平台的想法，成為今天的行業龍頭和趨勢領導者。

從 2008 到 2018，餓了麼走過了 10 個年頭，張旭豪的這番創業也持續了 10 個年頭。2018 年 4 月，阿里巴巴以 95 億美元的價格全資收購餓了麼。

創業十年，最終將自己一手建立的公司賣給了巨頭阿里。儘管張旭豪已經結束了在餓了麼的這段旅程，但毫無疑問，張旭豪的此番創業仍然是成功的，餓了麼的創始團隊仍然是中國為數不多一次成功並且將規模做到如此之大的大學生創業團隊之一。或許也正是這樣的純大學生創始團隊讓餓了麼從一開始在管理上就有所欠缺，但是張旭豪的餓了麼創始團隊證明了年輕人在創業這件事上大有可為。

張旭豪曾在一次演講中說過：「創業本身就是一種生活方式，和你的生活是緊密相關在一起的。你選擇了創業，你的生活方式、態度都會不一樣，越早明白你適不適合創業，你就能越早找到人生的方向。無論你未來是做教授、科學家、公務員、創業也好，每一條道路是不同的方向，適合每一個不同的人。一旦找到自己內心衝動的地方，覺得做哪件事情不是那麼累，那就立刻去做，每天都有激情、熱情地去做自己喜歡的事，人生才有意義。」在未來我們或許還會在其他賽道再一次看見張旭豪的身影。

張旭豪的創業經歷真的非常勵志，值得我們學習和借鑑。

參考資料：睦學堂，中國大學生創業，一次成功的極少，張旭豪的餓了麼是其中一個資訊，2019/05/06。
原文網址：https://kknews.cc/news/a33y66v.html

問題討論

1. 物流的創業故事，對你有何啓發？
2. 臺灣是否存在著物流創業的機會？

4-1 第三方物流概述

一、基本概念

第三方物流（Third Party Logistics, 3PL）由美國物流管理協會提出，在第一方物流和第二方物流的基礎上產生。第一方物流（First Party Logistics, 1PL）指的是貨物提供者（賣方）自己承擔向貨物需求者（買方）提供送貨服務，以實現物資的空間轉移。第二方物流（Seconds Party Logistics, 2PL）指的是貨物的需求者（買方）自己解決貨物的物流問題，以實現貨物的空間轉移。不管是第一方物流還是第二方物流，都是屬於自營物流，即企業通過建設自身的物流網絡來運營。

第三方物流是指由供方與需方以外的物流企業提供物流服務的業務模式。第三方是只提供物流交易雙方的部分或全部物流功能的外部服務提供者。在某種意義上可以說，它是物流專業化的一種形式，如圖 4-1。

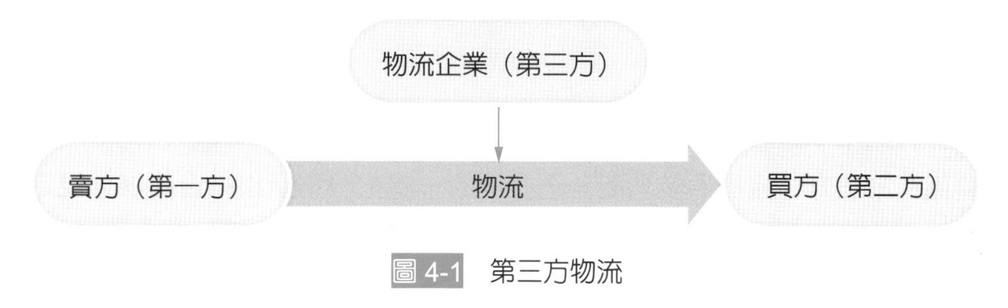

圖 4-1　第三方物流

第三方物流在業內還有一些其他術語，如契約物流（Contract Logistics）、委外物流（Logistics Outsourcing）等。第三方物流既不屬於第一方，也不屬於第二方，而是通過與第一方或第二方的合作來提供其專業化的物流服務。它不擁有商品，不參與商品的買賣，而是爲客戶提供以合約爲約束、以結盟爲基礎、系統化、個性化、資訊化的物流代理服務。

一般而言，廣義的第三方物流服務包括：物流系統的設計、貨物集散、貨運代理人、海關代理、物流資訊管理、運輸、倉儲與配送、運費支付與運費談判等。狹義的第三方物流是指社會化物流企業所提供的現代化和系統的物流服務活動。

第三方物流隨著物流業發展而發展。第三方物流是物流專業化的重要形式。物流業發展到一定階段必然會出現第三方物流，而且第三方物流的比例與物流產業的水準之間有著非常規律的相關關係。實證分析證明，獨立的第三方物流完成量要占社會物流總量的 50%，物流產業才能形成。所以，第三方物流的發展程度反映和體現著一個國家物流業發展的整體水準。

隨著社會經濟的不斷發展，第四方物流將會得到廣泛的運用。除了第一方、第二方、第三方、第四方物流，目前還有第五方物流、第六方物流甚至第七方物流之說，但提法不多，還沒形成完整而系統的理論知識。

二、第三方物流的特徵

第三方物流所提供的是專業的物流服務，在物流設計、物流操作過程、物流技術工具、物流設備以及物流管理等方面都體現專門化和專業化水準，它可以幫助工商業降低成本、提高服務品質、規避風險，進而提升企業的競爭力；另一方面，它能從全社會的角度優化、配置物流資源，提高全社會物流資源的利用率，爲國民經濟的可持續發展做出重要貢獻。與自營物流相比，除具有社會化、專業化的特點之外，第三方物流的其他特徵也越來越明顯。具體表現在以下幾個方面。

（一）關係契約化

第三方物流是以合約爲導向的物流服務，通過契約形式來規範物流企業和貨主企業之間的關係。第三方物流提供多功能、全方位的一體化服務是根據合約條款規定的要求而不是臨時需要，以契約來管理所有提供的物流服務活動及其過程，並保證合約雙方的權、責、利以及它們之間的相互關係。第三方物流不是偶然的、一次性的物流活動，而是通過契約的形式使物流供需雙方結成穩定、長期的合作關係和利益共同體，從而減少不確定性所帶來的風險，降低交易成本。

（二）資訊網絡化

資訊技術是第三方物流發展的基礎。物流服務過程中，資訊技術的使用能實現資訊實時共享，促進物流管理的科學化、網絡化，提高物流效率和物流效益；資訊技術的迅猛發展是第三方物流出現的必要條件，資訊技術能實現數據在物流網絡中快速、準確傳遞，提高倉庫管理、裝卸運輸、採購、訂貨、配送、發運、訂單處理的自動化水準，使訂貨、包裝、保管、運輸、流通加工實現一體化；借助資訊平台，企業可以更方便地與物流企業進行交流、溝通與協作，並使企業之間的協調合作能在短時間內迅速完成。

（三）服務個性化

第三方物流能爲工商企業提供特殊的、個性化的專屬服務。一方面不同的物流消費者存在不同的物流服務要求，根據不同企業在企業形象、業務流程、產品特徵、客戶需求、競爭需求等方面的不同要求，提供針對性強的個性化物流服務和增值服務。另一方面，第三方物流企業不斷強化所提供物流服務的個性化，以增強其在物流市場的競爭能力。

從服務的內容上看，個性化的物流服務是指物流企業從客戶的具體需求出發，選擇和整合倉儲、運輸、包裝、配送、資訊處理、流通加工等物流基本活動和增值活動；從技術層面上看，物流服務的個性化體現在根據物品在價值、密度、形狀、易腐性、危險性等方面的特點，合理選擇運輸工具、運輸路線、堆放方式、包裝方法等物流作業服務。個性化物流服務的本質是物流企業在合理的利潤水準條件下，最大化客戶滿意度和忠誠度。

（四）管理系統化

第三方物流應具有系統的物流管理功能，這是第三方物流產生和發展的基本要求。第三方物流是由全部功能要素組成的一個完整的物流系統，它可以有效地整合運輸、儲存等資源要素，利用物流網絡要素，提供運輸、儲存、包裝、裝卸搬運、流通加工、配送、物流資訊處理、增值服務等部分或全部的物流功能。第三方物流企業則能夠有機整合各個物流要素，提供系統化、系列化的物流服務。

三、第三方物流企業分類

（一）按物流服務功能分類

根據物流服務功能爲主要特徵，物流企業可劃分爲運輸型物流企業、倉儲型物流企業和綜合服務型物流企業。

1. 運輸型物流企業

是指以從事運輸業務爲主，具備一定規模的實體企業。企業可爲客戶提供運輸服務和其他增值服務，自有一定數量的運輸工具和設備，具備資訊服務功能，應用資訊系統可對運輸貨物進行狀態查詢、監控。

2. 倉儲型物流企業

是指從事倉儲業務爲主，具備一定規模的實體企業。企業可爲客戶提供分撥、配送、流通加工等服務，以及其他增值服務。企業自有一定數量的倉儲設施和設備，自有或租用必要的貨物運輸工具，具備資訊服務功能，應用資訊系統可對倉儲貨物進行狀態查詢、監控。

3. 綜合服務型物流企業

綜合服務型物流企業是指從事多種物流服務業務，可以爲客戶提供運輸、貨運代理、倉儲、配送、資訊服務等多種物流服務，具備一定規模的實體企業。企業可以爲客戶制定系統化物流解決方案，提供綜合物流服務及其他增值服務。自有或租用必要的貨物運輸工具、倉儲設施及相關設備，具有一定市場覆蓋面的貨物集散、分撥、配送網絡及資訊服務功能，應用資訊系統可對物流服務全過程進行狀態查詢、監控。

（二）按照提供物流服務的種類分類

1. 以資產爲基礎的第三方物流企業

以資產爲基礎的第三方物流企業自己擁有資產，如運輸車隊、倉庫和各種物流設備。通過自己的資產提供專業的物流服務，如 UPS 公司。

2. 以管理爲基礎的第三方物流企業

以管理爲基礎的物流服務提供者通過系統資料庫和諮詢服務爲企業提供物流管理或一定的人力資源。這種物流提供者不具備運輸和倉儲設備，只是提供以管理爲基礎的物流服務。

3. 提供綜合物流服務的第三方物流企業

提供綜合物流服務的第三方物流企業自己擁有資產，並能提供相應的物流管理服務，同時，它可以利用其他物流服務提供者的資產，提供一些相關的服務。

4. 提供臨時物流服務的第三方物流企業

對於業務量波動較大的企業，或有輔助服務需求時，雇用臨時服務是最有效的選擇。臨時性服務的優勢在於滿足企業的短期需要或對有特殊技能人員的臨時需要，而又無需雇用長期固定員工。臨時物流服務能夠縮減過量的經常性開支，降低固定成本，同時提高勞動投入的柔性，提高生產率。

四、我國第三方物流企業分類

隨著物流行業的發展，各類不同的物流服務企業紛紛進入物流市場，鑑於此，根據行政院主計總處「行業統計分類」第 11 次修訂（110 年 1 月），物流業指從事以運輸工具提供客貨運輸及其運輸輔助、倉儲、郵政及遞送服務之行業。並可歸納於 H 大類的運輸及倉儲業，當中可依物流業特性分爲四大部分，包括運輸業（客運除外）、倉儲業（含加工）、運輸輔助業（包含報關、承攬）和郵政及遞送服務業。如表 4-1 所示。

表 4-1 物流業定義與行業範疇

物流業小類別	定義	涵蓋範疇（細類）
陸上運輸業	從事鐵路、捷運、汽車等客貨運輸之行業；管道運輸亦歸入本類	鐵路運輸業、捷運運輸業、汽車貨運業、其他陸上運輸業
水上運輸業	從事海洋、內河及湖泊等船舶客貨運輸之行業；觀光客船之經營亦歸入本類	海洋水運業、內河及湖泊水運業
航空運輸業	從事航空運輸服務之行業，如民用航空客貨運輸、附駕駛商務專機租賃等運輸服務	
運輸輔助業	從事報關、船務代理、貨運承攬、運輸輔助之行業；停車場之經營亦歸入本類	報關業、船務代理業、貨運承攬業、陸上運輸輔助業、水上運輸輔助業、航空運輸輔助業、其他運輸輔助業
倉儲業	從事提供倉儲設備及低溫裝置，經營普通倉儲及冷凍冷藏倉儲之行業；以倉儲服務為主並結合簡單處理如揀取、分類、分裝、包裝等亦歸入本類	普通倉儲業、冷凍冷藏倉儲業
郵政及遞送服務業	從事文件或物品等收取及遞送服務之行業	郵政業、遞送服務業

資料來源：《行業統計分類第 11 次修訂（110 年 1 月）》，行政院主計總處，2021

4-2 第四方物流概述

一、第四方物流基本概念

第四方物流（Fourth Party Logistics）是有領導力量的物流供應商，它提供可以整合整個供應鏈的影響力，以及綜合的供應鏈解決方案，為其顧客帶來更大的價值，第四方物流在解決企業物流問題的基礎上，整合社會資源，實現物流資訊充分共享、社會物流資源充分發揮。隨著經濟的不斷發展，需要提高我國物流企業的國際競爭力，應對跨國物流公司的競爭，短期內不可能透過落後的物流企業來實現，只有透過第四方物流才可能實現。

（一）第四方物流的定義

第四方物流是 1998 年美國埃森哲諮詢公司率先提出的。它將第四方物流定義爲：「所謂第四方物流是一個供應鏈的整合者以及協調者，調整與管理組織本身與其他互補性服務所有的資源、能力和技術來提供綜合的供應鏈解決方案。」

此外，Gattorna（1998 年）等先後出版了一系列著作說明第四方物流是集中本組織和其他組織的資源、功能和技術，設計、構建和運作綜合供應鏈方案，並且具備文化敏感性、政治和交流技能和商業敏銳性，不僅能發現價值，能創造激發參與各方和對參與各方具有激勵作用、可接受的協議的集成商。同時認爲「第四方物流的概念解決了傳統的第三方物流的不足，並且提供了獲取實質性增長收益的機會，而且第四方物流概念可以拓展到現有的第三方物流中，將其轉變爲第四方物流。」

第四方物流是一個供應鏈的集成商，一般情況下政府爲促進地區物流產業發展，領頭搭建第四方物流平台提供共享及發布資訊服務，是供需雙方及第三方物流的領導力量。它不僅是物流的利益方，而且可以透過擁有的資訊技術、整合能力以及其他資源提供一套完整的供應鏈解決方案，以此獲取一定的利潤。它是幫助企業實現降低成本和有效整合資源，並且依靠優秀的第三方物流供應商、技術供應商、管理諮詢以及其他增值服務商，爲客戶提供獨特、廣泛的供應鏈解決方案。

（二）第四方物流與第三方物流的比較

第四方物流是在第三方物流不能滿足客戶的高品質服務需求的情況下誕生的，它是物流作業管理模式的新發展，與第三方物流存在著很大的不同。從表 4-2 中可以看出第三方物流由於受專業化的限制只能侷限於某些物流功能的運作，不能滿足現代供應鏈企業的多樣化、個性化、全球化的高需求。

而第四方物流由於集成了具有互補性的資源、技術與知識，能夠從供應鏈的角度爲企業做出戰略診斷，設計出綜合化的物流方案，因此其發展優勢是很明顯的，發展前景是很巨大的。當然，第四方物流只是在整體的規劃方面具有優勢，在具體的物流作業方面仍需要大量專業化的第三方物流企業。

表 4-2 第三方物流與第四方物流的比較分析

兩方 項目	第三方物流	第四方物流
服務目的	降低單個企業的外部物流作業成本	降低整個供應鏈的物流作業成本，提高物流服務的能力
服務範圍	主要是單個企業的採購物流或者銷售物流的全部或部分物流功能	提供基於供應鏈的物流規劃方案，負責實施與監控
服務內容	單個企業的採購或銷售物流系統的設計、運作，比如物流資訊系統，運輸管理、倉儲管理及其他增值物流服務	企業的戰略分析，業務流程重組，物流戰略規劃，銜接上下游企業的綜合化物流方案，包含物流資訊、系統模塊的企業資訊、系統
與客戶的合作關係	合約關係、契約關係，一般在一年以上，長者達五年	長期的戰略合作關係，一般有長期的合作協議，這也是第四方物流成功的關鍵之一
運作特點	單一功能的專業化高，多功能集成化低	多功能的集成化，物流單一功能運作專業化低
服務對象	大、中、小型企業	大、中型企業
服務支撐	第三方物流作業技能，主要是運輸、倉儲、配送、加工、資訊、傳遞等增值服務技能	涉及管理諮詢技能、企業資訊及系統搭建技能、物流業務運作技能、企業變革管理能力

（三）第四方物流的運作方式

以物流服務交接者與提供者的組織形式爲關鍵點，可以形成以下三種第四方物流的運作模式：虛擬型、聯盟型、實體型（表 4-3）。

表 4-3　虛擬型、聯盟型與實體型運作方式比較

類型	虛擬型	聯盟型	實體型
組織形式	管理諮詢公司、IT 企業、第三方物流企業等形成的虛擬組織	互補性資產企業形成的戰略性聯盟組織	第四方物流企業
協作情況	協作的難度大，容易產生分歧	協作的難度較大	協作的難度小，產生的分歧小
溝通情況	服務企業間的溝通難度大，與客戶的溝通容易	服務企業間的溝通較好，但與客戶的溝通難度大些	交接者與服務企業溝通好，與客戶溝通容易
成本	服務企業之間的交易成本高，但與客戶的交易成本低，運作的控制成本高	服務企業之間交易成本低，與客戶之間的交易成本較高，控制成本較低	各個環節的交易成本低，運作控制成本低，但多一個中間環節，整體成本不一定低
控制情況	運作控制的難度大	運作控制難度較大	運作的控制難度小

1. 虛擬型運作方式

所謂的虛擬型運作方式，就是與客戶進行交接的是單個的物流服務企業，它可以是管理諮詢公司、資訊技術企業，也可以是其他企業，誰能夠拿到訂單（服務合約）誰就是交接者，就要擔負起協調與組織的責任。這種模式中，交接者並不具備提供第四方物流的實力，它們只是憑藉和客戶的長期合作關係或者其他原因贏得了客戶的第四方物流服務的訂單。拿到訂單後交接者就得盡一切力量完成訂單，尋找合作伙伴，形成一個緊緊圍繞訂單的臨時性聯盟組織，一旦訂單完成，該組織解散，隨機性很強，這就是虛擬經營。

在這種模式中，交接起到一定的組織協調作用，畢竟最終是它對客戶的服務要求負責。但針對客戶的第四方物流服務方案是由虛擬組織來制定的，因爲其中的單個服務企業都不具備這個實力。虛擬型運作方式的優點在於交接者和客戶的關係密切，這便於服務企業與客戶之間的溝通，同時減少了單獨的第四方物流服務者這一環節，使得服務成本得到了一些控制。

但在虛擬型運作模式中，幾個服務企業是臨時組織起來的，它們之間的協調度很大，交易成本高，而且對整個第四方物流服務的控制難度大，運作失敗的風險也很大，因爲第四方物流服務是一個高強度協作的過程。儘管虛擬型運作方式是第四方物流發展前期主要的形式，但這個時期單個的物流服務企業的能力有限，不能單獨爲客戶提

供第四方物流服務。

2. 聯盟型運作方式

所謂的聯盟型運作方式，就是第四方物流服務的交接者是一個戰略聯盟組織，也是第四方物流服務的提供者，它是以聯盟組織的形式來獲得訂單。這個聯盟組織不是根據某個訂單而臨時組成的，它是根據幾個具有互補性資產的企業，爲了在競爭中贏得長期的競爭優勢並迅速贏得客戶，減少資產的重複建設而形成的一種利益共享的長期戰略聯盟。在實際操作中，針對某個具體的客戶，聯盟組織可能採取透過成立一個工作團隊來設計和監控執行第四方物流服務方案的形式。這樣的工作團隊比起虛擬組織來說更容易協調，來自不同服務企業的成員之間也能很好地溝通。

雖然虛擬型的交接者與客戶有更深的關係，但畢竟能力有限，不如具有第四方物流方案設計能力的工作團隊，因此和客戶在實際運作的協調與溝通方面，工作團隊更勝一籌。對於一些長期利益共享的策略聯盟來說，在第四方物流的執行與控制方面也顯得更容易一些，而且如虛擬型運作模式一樣缺少一個第四方物流服務者的中間環節，運作服務成本也得到了一些控制，這些都是聯盟型運作模式的優勢所在。策略聯盟型運作方式可以說是在虛擬型運作方式基礎上的一個發展，對於客戶來說更容易接受一些，運作成功的可能性也高些。

3. 實體型運作方式

所謂的實體型運作方式，就是存在著一個第四方物流服務企業和客戶進行第四方物流服務的交接，能夠獨自爲客戶提供系統化的物流規劃方案，並負責實施。實體型運作方式的優勢如下：首先，第四方物流企業能夠更好地設計出物流作業方式，不存在前兩個模式所存在的交易成本；其次，在第四方物流服務的運作過程中，能進行很好的控制，使成本大大削減；再者，能夠和客戶進行很好的溝通。

實體型運作模式中對第四方物流企業的要求很高，它必須具備調配和管理組織自身及具有互補性服務提供商的資源、能力、與技術來提供全面的供應鏈解決方案的能力。實體型運作模式又是在策略聯盟型運作模式基礎上的新發展，各種服務企業可以透過共同出資，或者兼併重組的方式形成眞正意義的第四方物流服務提供商。

二、第五方物流

第五方物流（Fifth Party Logistics, 5PL），即物流資訊服務商，作爲公共物流資訊平台，可以有效的整合儲運資源與貨源資訊、貨運擔保、貨物追蹤以及融資等附加服務，還可以有效的改善廣大中小物流企業的生存環境，提高社會物流資源的利用效率。它涵蓋供應鏈中各方，並強調資訊所有權。從第一方物流到第五方物流的發展演進過程中，物流服務商擁有的物流實物資產不斷減少，對資訊的掌控能力不斷加強。

第五方物流提供的服務包括：更大的地理區域內、更多的行業，更多的企業供應鏈物流資訊的搜集、設計、整理、分析、開發、集成和推廣等。它的主要業務是提供資訊處理設施設備，技術手段和管理方法等。物流資訊可能只是其提供資訊的一部分，它並不從事任何具體的物流活動，嚴格的講它屬於電子商務或資訊中介企業。

因此，4PL 爲能提供「第三方物流」解決方案的物流企業，能提供「供應鏈電子協調服務」（包括方案設計、軟體編程、供應鏈客戶關係管理等全套服務）的物流企業稱爲 5PL。美國摩根斯坦利公司將物流企業分爲以下層次（圖 4-2）：

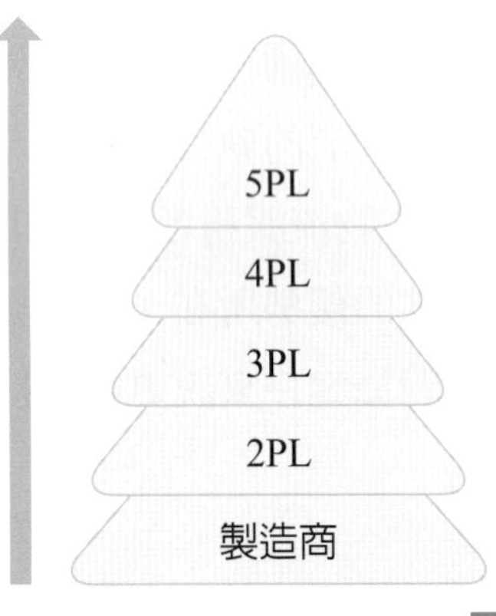

圖 4-2　物流委外服務水準的分級

第五方物流的代表企業是中國的錦程網、56135.com、陸運中國等物流資訊平台。客戶在平台上發布貨源、運力和倉儲資訊，雙方達成交易意向後可通過平台進行電子支付。除此之外，平台還提供信用審核、貨物追蹤、小額融資等增值服務。

近幾年出現了一大批專業物流網站，功能模塊覆蓋了物流知識、行業新聞、政策法規、企業展示、物流設備、人才招聘等。但其中能夠實現 5PL 功能，提供第三方物流運力與貨源資訊的網站所占的比例還很小。大部分物流網站主要定位於知識普及、行業動態、產品資訊發布和企業介紹等功能上，以廣告費爲主要收入來源。

4-3 輕資產物流

一、基本概念

（一）輕資產企業的概念

「輕資產」與「重資產」這些往往需要占用大量的資金的企業不同，所謂的輕資產（Asset-Light）是指相對於占用大量資金的重資產而言的，包括企業的經驗、規範化的流程管理、企業品牌、客戶關係、人力資源以及企業文化等。與設備、廠房、原材料等相比，上述資產所佔用資金較少，適應性強、使用靈活、資產的投資報酬率高，所以稱爲輕資產。

智力資本以知識及其管理爲核心，構成了企業的輕資產。輕資產營運（Asset-Light Operations）是一種以價値爲驅動的資本戰略，是網路時代與知識經濟時代企業戰略的新結構。輕資產營運必須根據知識管理的內容和要求，以人力資源管理爲紐帶，通過建立良好的管理系統平台，促進企業的生存和發展。「輕資產營運」是國際著名管理顧問公司麥肯錫特別推崇的戰略，以輕資產模式擴張，與以自有資本經營相比，可以獲得更強的營利能力，更快的速度與更持續的增長力。

（二）輕資產企業的特點

1. **人才的依賴性**：輕資產企業大多依賴於互聯網的普及，故輕資產企業中往往都是高學歷、高素質、懂技術的人才。
2. **市場定位明確**：輕資產企業在市場上的定位較明確，有明確的目標受眾。
3. **創新性強**：輕資產企業借助自身小而高效的特點，能靈活地對市場做出反應，且可以從不斷變化的環境中，創造出新的產品或開發出新的市場。
4. **爆發性強、潛力大**：輕資產企業可能借助某一技術創造或某一次重大成果的實現而一躍向上，占據市場。
5. **輕資產企業**：在提供服務和商品的過程中往往有 MR 遞增、MC 遞減的特點。隨著市場占有率的提高，收益會快速增長。
6. **獨特的資源配置**：現金類資產所占較多，充足的現金流爲企業的多元化擴張提供支撐。
7. **無形資產占比大**：輕資產企業中固定資產和存貨相較重資產企業的所占比重低，無形資產較多。

（三）輕資產商業模式

麥肯錫諮詢公司提出輕資產的商業模式：以很少的投入資金通過互聯網等先進媒體首先迅速壯大起來。並且通過扔掉龐大的、笨重的上游製造業下游物流業專注於中間銷售、產品品質和品牌建設等即爲典型的輕資產商業模式。輕資產營運的模式可以降低公司資本投入，特別是生產領域內大量固定資產投入，以此提高資本回報率。

輕資產商業模式突出內容是輕資產。具有門檻低、公司運轉方便等。資產營運是一種以價值爲驅動的基本戰略，是網絡時代與知識經濟時代企業戰略的新結構。輕資產營運必須根據知識管理的內容和要求，以人力資源管理爲紐帶，通過建立良好的管理系統平台促進企業的生產和發展。在某些方面可以「輕」，但是稍有不慎就會滿盤皆輸。其獨特的商業模式決定其特點。主要有：

1. 投入小產出大

   作爲輕資產模式的典型，凡客誠品 2007 年以最初的 475 萬成立，不到 4 年創造出市值 32 億美元的成績，不得不引起驚嘆。當然，這得益於良好的市場細分，同時市場空間足夠大。

2. 產品必須具有高附加值

   在輕資產公司一般需要在迅速占領市場的同時獲得市場認可。而傳統品牌都是在通過數年沉澱在公眾心目中留下印象。所以，輕資產模式下的公司在產品方面必須要有自己的特色，並且有高附加值，才能得到社會的認同。

3. 品牌價值要高

   品牌價值是一個企業的靈魂。塑造一個好的品牌需要多年的時間，而輕資產模式下的品牌在很短的時間內就可以讓一個企業廣爲人知，但品牌知名度打開了並不代表該產品具有很高的品牌價值。

（四）輕資產物流

「互聯網 +」時代迅速席捲各個行業，物流也不例外地進入了新的模式。有別於以重資產爲主的傳統物流，輕資產物流應運而生。顧名思義，輕資產物流是指緊抓自身的核心價值，利用有限的物流資源最大化地服務客戶。

傳統物流的模式需要經過車輛購置、物流基地建設、市場開發等一系列的過程，不僅需要投入大量資金，還有時間成本的計算，顯得緩慢而笨重。

而輕資產模式並沒有投資倉儲設施、運力資源等資產，其著眼於高附加值的輕資產部分，利用資訊技術手段整合物流資源、爲顧客提供網際網路平台服務。由此甚至衍生出了第四方物流——通過調集、管理和組織物流資源、能力和技術，提供綜合的供應鏈解決方案。

「輕資產」思維的物流業，如全球最大物流地產企業普洛斯（Prologis），以不足20億美元的資本金投入，產生200億美元的基金資產；再如北美最大的3PL公司羅賓遜（C.H. Robinson）全球物流有限公司，擁有全美最大的卡車運輸網絡，年營業收入超百億，自身卻不擁有一輛卡車。另外，物流騎士在輕資產物流模式中，提供快速回應的網絡平台服務客戶，致力於利用發達的資訊技術手段整合物流資源和物流需求。

二、輕資產物流的優點

（一）降低生產成本，提高資產回報率

這是輕資產營運最顯著的優點，企業將一些重資產環節如運輸、倉儲等投入較大的環節轉移給更具有競爭優勢的專業化公司來做，不但節省了大量基礎設施和固定成本的投入，還節約了大量人工費和管理費用，大幅降低了企業的生產成本。同樣的投資額通過輕資產戰略就可以獲得更高的回報，提高資產的投資回報率。

（二）降低行業進入門檻，為企業提供快速擴張和跨越式發展的可能

傳統的營運模式，企業要經歷從車輛購置、固定資產建設、市場開發等漫長的過程，同時還要投入大量的資金。面對資金緊張的困難，輕資產營運通過將這些附加值較低的部分移交出去，利用合作伙伴和關聯企業的經驗和資金，大大縮短了企業進入市場的過程，同時也減少了原始資本的投入額，爲企業快速擴張和跨越式發展提供了基礎。

（三）專注於核心業務，有利於提高企業的核心競爭力

企業的發展狀況的好壞在很大程度上取決於其核心業務，輕資產營運的物流企業通過整合企業內外各種資源將一些很難形成明顯競爭力的環節外包，企業的資金和精力集中於核心業務，注重品牌提升、市場擴展等，從而極大地提升本企業的核心競爭力，使企業在激烈的市場競爭中長久地立於不敗之地。例如物流企業將投入較大的運輸和倉儲業務外包，將主要精力放在提供系統物流規劃與設計、一體化的個性服務等，而形成企業鮮明的核心競爭力，在市場競爭中處於有利的領跑地位。

（四）提高企業品牌的知名度

輕資產營運的物流企業由於把主要精力放在了資訊化管理、技術創新、個性化服務等方面，而不是專注於傳統的運輸和倉儲業務上，使得企業在品牌的概念、形象設計和推廣方面可以投入更大的精力，塑造良好的品牌形象，大大提高品牌的附加價值。

（五）降低企業經營風險，增強市場應變能力

輕資產營運的物流企業將非核心的常規業務外包，減少固定資產的投入，增加了企業經營的彈性。通過與關聯企業的合作既能達到與合作企業共享成果，又能在瞬息萬變的市場競爭中達到與伙伴共擔風險，增強企業的應變能力，使企業更有柔性，更能適應外部環境的變化。

（六）合理利用社會資源，提高社會的資源利用率

輕資產物流企業將常規業務外包，不但有利於發揮自己的核心業務，提高本企業的投資回報率，同時通過外包協議也可以充分發揮關聯企業的專業化優勢，從而提高社會資源的利用率，減少社會資源的閒置和重複購置，促進社會資源的合理配置。

三、輕資產物流的發展

（一）打造企業的核心競爭力

企業的核心競爭力是能使公司爲顧客帶來特別利益的一類獨特技能和技術，它具有價值性、獨特性、延展性、動態性和整體性的特點。輕資產物流企業具備市場的應變能力、企業組織結構、資訊傳遞、企業文化和激勵機制等諸多要素的整合，及企業服務的行銷能力等。各個企業根據本企業的特點和實際狀況培育自己獨特的核心競爭力。

（二）加強企業品牌建設

企業的品牌是企業最重要的無形資產，是企業的外化形象，是企業內在各種屬性以及社會行爲的性格代表。資訊化時代的到來，極大地提高了人類社會的生產力，使得人們的需求由最初的看中價格和耐用性轉變爲看中產品的信譽和服務，進而滿足人們差異化和多樣化的需求服務，人們的消費更注重產品的品牌品位。因此，要使企業更具有競爭力，必須注重企業的品牌建設，尤其是目前輕資產物流企業規模小，企業生滅速度變化比較快，更應該加強品牌建設，樹立百年老店。

（三）加強企業文化建設

企業文化是推動企業前進的原動力，是企業的核心競爭力。企業文化的建設有助於增強企業員工的凝聚力，它是企業發展理念的精髓，對企業和員工的發展具有導向作用。同時，培育合適的企業文化有助於加強企業內部管理和培育企業品種。文化是企業騰飛的翅膀，決定了企業騰飛的高度和持久性，尤其在輕資產物流企業實施輕資產戰略過程中，企業文化的建設顯得更爲重要，要把提供優質服務的理念和開拓創新精神根植於企業文化建設中。

（四）提供整體化的增值服務

輕資產物流企業大都是由以前的運輸或倉儲企業等單一職能的企業轉變而來，再加上受傳統思想的影響，認爲物流主要就是運輸和倉儲，從而忽略輕資產物流企業的其它功能，導致了在其發展中只重視基礎的有形服務，忽略了附加價值較高的無形服務，結果大部分企業只能提供簡單的物流服務。爲了適應外部經濟發展的要求，輕資產物流企業在實施輕資產戰略的發展過程中，必須注重發展物流系統規劃設計、包裝等高附加值的增值服務，爲客戶提供從物流設計到具體實施的整體化服務，即能滿足客戶的多樣化高品質服務要求，又能提高企業利潤。

（五）加強企業管理和執行力

輕資產型的物流企業由於更注重企業的品牌、信譽和提供服務品質的保證，因而必須加強企業管理，運用先進的管理理念和管理技術，建立成熟的管理制度、完善的運行機制、有效的監督反饋機制。在企業的經營過程中必須加強執行力，因爲它是企業經營的根基，是各種企業制度得以執行的保證，是先進的管理理念轉化爲現實的生產力的基礎，是企業高效運作的根本保證，同時加強企業的執行力也有助於監督關聯企業的執行狀況，提高其服務水準。

（六）提高員工素質，培育學習型組織

輕資產型的物流企業提供的是高附加值的物流設計等服務，因而對企業員工的要求較高，不僅要有扎實的專業技能、管理技能和良好的溝通協調能力，同時還要有不斷的學習創新能力，以適應不斷變化的市場環境。企業也應該有不斷適應市場變化和學習的能力，企業的學習能力主要體現在將知識迅速轉化爲企業的生產力，並在市場上形成競爭力。因此，企業要位員工的學習提供條件，培育學習的氛圍，加強員工培訓，把企業培育成學習型組織。

4-4 新興的物流行業

現代物流與傳統物流是不能截然分開的，而是在其發展過程中根據需求及技術支持手段的變化，從各個方面不斷賦予更多更新的內容。因此，現代物流的發展呈現出服務項目多樣化、服務範圍擴大化、服務響應快速化、物流作業標準化、管理過程集成化等一系列主要特徵。經濟貿易一體化趨勢的強化和現代資訊技術的快速發展，使現代物流業形成了更為旺盛的發展需求，提供了更為有利的發展條件。傳統物流與現代物流區別對比表，如表 4-4 所示。

互聯網所帶來的技術手段和思維方式，正在深刻影響著社會經濟發展與產業格局重塑。在物流領域，更是與產業深度融合，催生出以共享經濟、平台經濟為代表的商業模式，優化原有交易模式、業務流程，實現了降本增效。

隨著新興企業的積極入局，「物聯網 + 物流」模式得以快速興起。新興的物流行業更強調行業和物聯網相結合，帶來新的服務內容。

表 4-4　傳統物流與現代物流區別對比表

傳統物流	現代物流
簡單位移	增值服務
被動服務	主動服務
人工控制	資訊管理
無統一標準	標準化服務
點到點或線到線	全球服務網
單一環節管理	整體系統化

資料來源：中經未來產業研究中心

一、即時配送

隨著 O2O（On-line to Off-line）的日益深入化發展，產生了大量的要求更快、更個性化的配送需求，而作為支撐 O2O 行業發展的載體，快遞行業逐漸衍生出即時配送物流。及時配送屬於物流範疇，是小範圍、綜合性的物流運動。餐飲外送核心載體就是即時配送。中國的美團外賣、餓了麼、百度、新達達等平台都推出即時配送模式，借助互聯網平台，搭建城市配送運力池，開展共同配送、集中配送、智慧配送，有望解決「最後一哩路」的痛點。

中國互聯網即時配送市場目前處於市場啓動發展階段，各大即時配送廠商仍在努力打造流量入口以及強化自身運力調度，尋求差異化競爭。現階段國內即時配送品類占比仍以外送餐飲正餐爲主，但超商、鮮花蛋糕以及生鮮等品類的配送量正在快速增長。

二、跨境電商

與中國境內電商較低的配送成本不同，跨境電商供需體現出需求旺盛、供給零散化的特點，其物流因爲鏈條長、環節多，其所占貨值比例也較高。

跨境電商行業發展的最大外部變量是利益相關國的監管政策。目前政策面進口端存在博弈，總體仍將支持跨境電商發展；消費升級與境內外產業比較優勢是跨境電商發展的持久動力。網購規模增長，新生代消費者消費全球化、互聯網化的習慣亦促進了跨境電商行業的增長。另外，跨境電商涉及海關，因此保稅區或自貿區物流持續發酵，而保稅模式的實質是倉庫前置，是更有潛力利用電商大數據優勢的物流解決方案。

三、智慧物流

物流行業資訊化程度低，物流公司之間還是孤島，各有各的一套標準，未來難以更好連接。另外，行業缺乏統一的標準，包括資訊建設標準、棧板標準、卡車標準和相應的物理資源配套的標準；且快遞市場發展迅猛對倉儲、分揀、配送效率和準確性均提出了高要求。在經濟新常態和產業升級背景下，智慧物流技術與裝備的優勢逐漸顯現。智慧物流是工業 4.0 重要組成部分，隨著工業 4.0 鄰近，智慧物流已是大勢所趨。

智慧物流是指物流過程的智慧化，它以資訊交互爲主線，使用條形碼、射頻識別、傳感器、全球定位系統等先進的物聯網技術，集成自動化、資訊化、人工智慧技術，通過資訊集成、物流全過程優化以及資源優化，使物品運輸、倉儲、配送、包裝、裝卸等環節自動化運轉並實現高效率管理。

四、資源撮合匹配平台

隨著互聯網資訊技術在物流領域的滲透和應用逐漸成熟，大量的創新型平台公司進入市場，推動了整個行業的商業模式創新。以滿幫爲代表的資訊撮合平台不斷湧現，通過整合社會化運力資源形成運力池，連接連接貨主及貨代企業形成訂單池，輔以大數據和 AI 技術進行精準匹配連接，實現物流資源的配置優化，顯著提供了存量資產的使用效率。可以說，平台經濟這一互聯網時代的典型商業模式正在推動著物流行業從分離走向連接、從無序走向集約。

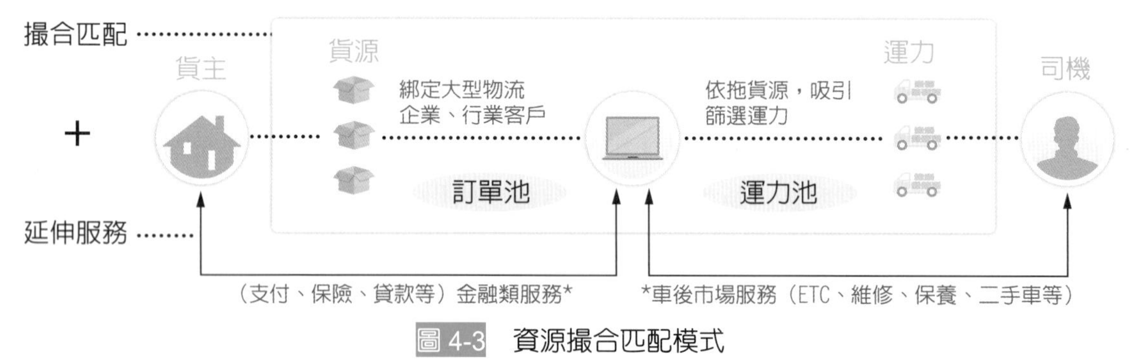

圖 4-3　資源撮合匹配模式

資料來源：德勤研究

五、雲倉

（一）基本概念

「雲倉」或「雲倉儲」（Cloud Storage）是一種全新的倉庫體系模式。其實質就是實體分倉，即基於「雲」的思路，整合整個社會資源，在全國各區域中心建立分倉，由公司總部建立一體化的資訊系統，將全國各分揀中心聯網，分倉爲雲，以資訊系統爲服務器，形成公共倉儲平台，如圖 4-4 所示。

商家可以就近安排倉儲，物流公司可以就近配送，實現快速網絡的快速反應。無論是消費者、快遞公司，還是其他參與的當事人，都可以透明、方便地訪問服務器，實現網絡貨物的就近配送，極大地減少配送時間，提升用戶體驗，甚至改變整個社會物流的生態，這也給其他企業帶來了新的機遇和挑戰。

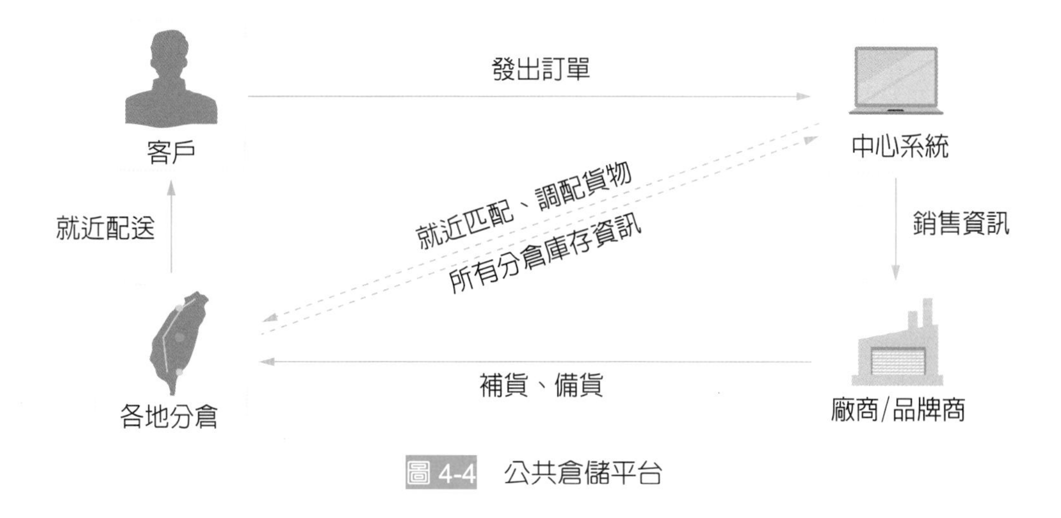

圖 4-4 公共倉儲平台

（二）雲倉的特點和作用

雲倉的特點有：

1. 分散集中化（倉庫分散、數據集中）。
2. 智能化（自動分揀、預警預測、路徑優化、資訊反饋）。
3. 可視化（庫存可視、狀態可視、資訊追蹤）。

雲倉的作用有：

1. 可以根據客戶的數據以及客戶對服務和成本的要求，建議客戶把庫存分布在不同的倉庫，這些倉庫離客戶最近，送貨速度快。
2. 倉儲規模大、自動化程度高，有較強的運營能力，在成本得到控制的前提下，響應訂單的速度快。
3. 雲倉體系可以根據分布庫存，以貨主爲單位對全通路庫存分布自動進行調撥，對庫存進行集中和優化，並以此拉動供應鏈上游企業的補貨。

（三）雲倉的類型

根據雲倉的參與方企業類型的不同，大致可分爲以下三大類。

1. 電商平台類

平台型雲倉多屬電商平台自建，主要服務於平台自身商品倉儲，通過全國區域分布式布倉、協同化倉儲，以及利用平台大數據分析，實現整體化效率的提升，以此改善消費者的客戶體驗。如中國的京東、蘇寧、天貓、唯品會等平台通過大數據分析，進行全面布倉，縮短配送時間，提升客戶消費體驗。

2. 快遞快運企業類

快遞快運公司憑藉自身網絡健全，配送能力強大的優勢進行雲倉布局，實現倉－幹－配網絡的高效結合。全國雲倉布局通過大數據驅動，轉嫁到原有運力網絡爲客戶提供高效、整體供應鏈的策略。如中國的順豐、百世中通等紛紛建立自己的雲倉體系，嫁接原有運力優勢，給客戶提供高效整體化服務。

3. 第三方倉儲類

在網際網路化的推動下，物聯網 + 倉儲的形式催生一批傳統第三方倉儲企業踏上了雲倉探索之路。第三方倉儲企業憑藉原有倉儲業務的優勢，嫁接網際網路技術，利用大數據爲客戶提供更優的倉儲供應鏈方案，但倉儲只是供應鏈中的一部分，需要結合更強的落地配送體系才能滿足客戶多樣化需求。如中國的中聯網倉等企業全力做好基礎倉儲業務的同時，利用網際網路大數據發展雲倉，且完善落地配功能，滿足客戶需求。

（四）雲倉與傳統倉的區別

雲倉在倉儲品類、倉與倉的連接、管理方式與要求等方面與傳統倉的區別如表 4-5 所示。

表 4-5　雲倉與傳統倉的區別

區別	雲倉	傳統倉
物品種類	多品類	相對單一
配送方式	集中在同一倉儲的不同庫位上	不同倉庫取件再集中到一起
倉與倉的連接	倉與倉之間的庫存資訊打通	倉與倉是獨立的
管理方式與要求	物品的庫內安全、庫存數量 倉內作業的時效及精細化的管理	管控集中於庫內貨物的安全和庫存的數量

1. 品類及配送範圍

傳統倉儲因受倉庫面積等客觀因素的限制，存儲貨物種類有限。雲倉則由於一體化的資訊管理系統將全國各區的分倉集中近型管理，理論上倉庫可以無限擴大，因此其所存儲管理的貨物種類較傳統倉儲多，且由於資訊化的資源整合和設施設備配套，能實現訂單的智能化揀貨和配送，大大提升倉儲管理及配送的規模和效率。

2. 倉與倉的連接方式

傳統的倉與倉之間是獨立運行的，庫存資訊沒有連接。雲倉中，倉與倉之間相關聯繫，庫存資訊打通，對庫存的管理集成化。

3. 管理模式

傳統倉儲管理主要涉及出入庫及庫內管理，雲倉在滿足傳統倉儲管理的同時，對倉儲作業的時效性和準確性有較高要求。雲倉通過其扁平化的供應鏈管理，實現近距離高速交接的作業模式。如京東自營商品，系統從距離客戶最近的倉庫進行發貨，並且每一步都通過系統進行實時監控，同時將物流資訊反饋給客戶，這樣不僅速度快、準確率高，同時極大提升了消費者的購物體驗。

4. 設施設備

傳統倉儲的發貨特點多為大批量小批次，且作業機械簡單，對設施設備的資訊化要求不高。而雲倉儲，特別是電商倉儲，對多批次小批量的處理要求較高，因此為了保證倉儲作業的整體效率，除了實現倉儲的資訊化管理之外，還需要通過倉儲設施設備的智能化設備來輔助倉儲資訊化管理，如掃碼設備、自動分揀機、AGV 機器人、巷道堆垛起重機等自動化設備。

臺灣物流業發展與趨勢

物流倉儲與運輸

臺灣便利店店鋪的成長與電商貨物的成長，帶動了便利店系物流的營收成長，如全台物流（隸屬全家便利店）及來來物流（隸屬 OK 便利店）；而 7-ELEVEn 系統的物流，則只有物流費，沒經手商流費，旗下的統昶行銷、捷盟行銷、捷盛運輸與大智通則是拜電商之賜，貨量大幅增加。

新竹物流的運輸配送不分零擔快遞或宅配，一起統合運作；它的物流倉儲業務也同樣知名，有許多國際大型客戶，也協助客戶做代買代收的金融業務，合併了中連貨運的零擔貨運業務。

統一速達（宅急便）雖然營收成長率為負數，這是因為一例一休的實施，人力吃緊，管理更為困難，因此母公司統一集團下了命令，不再追求營收成長率，改為追求獲利率，因此獲利率從 2017 年的 3.37%，成長為 4.33%。（表 4-6 倉儲運輸業總成績）

表 4-6　倉儲運輸業總成績

公司名稱	營業收入（億元）	營收成長率（%）	稅後純益（億元）	獲利率
全台物流	371.68	11.50	1.56	0.42
中菲行國際物流	184.44	5.20	2.63	1.43
新竹物流	171.34	6.81	13.93	8.13
統一速達	113.24	-2.71	4.90	4.33
嘉里大榮物流	103.84	7.31	12.17	11.72
來來物流	84.63	10.14	N.A.	-
長榮國際儲運	77.42	2.49	8.64	11.16
台塑汽車貨運	60.11	33.67	0.31	0.52
捷盛運輸	38.82	10.27	0.71	1.85
臺灣宅配通	33.61	9.84	0.68	2.02
統昶行銷	33.29	3.77	3.41	10.24
捷盟行銷	30.16	2.55	2.17	7.19
大智通文化行銷	30.03	21.73	2.72	9.06
中國貨櫃運輸	28.51	7.06	0.58	2.03
捷迅	27.23	2.29	0.74	2.72
裕國冷凍冷藏	27.12	3.12	2.26	8.33

公司名稱	營業收入（億元）	營收成長率（%）	稅後純益（億元）	獲利率
臺灣航空貨運承攬	24.45	26.23	0.68	2.78
好好國際物流	21.72	20.94	0.64	2.95
華儲	21.11	17.41	3.59	17.01
高明貨櫃碼頭	19.97	-2.96	1.99	9.96
陸海	17.57	-9.11	0.04	0.23
東亞運輸倉儲	17.50	-1.35	0.39	2.23
遠雄自貿港投資控股	16.98	14.50	2.21	13.02
建新國際	16.50	6.38	1.48	8.97
遠雄航空自由貿易港區	16.46	15.19	2.65	16.10
偉聯運輸	12.87	8.79	0.22	1.71
臺灣通運倉儲	12.51	8.97	1.62	12.95
總計	1612.61	-	72.92	-
平均	59.73	8.89	2.80	6.50

國際物流與航運

2018 年受到中美貿易戰的影響，許多國際公司加強備貨，貨量增加，航運不再競爭激烈，進出貨也分散到東南亞，因此許多從事國際運輸業務的企業，如中菲行、台空、長儲、台塑貨運等都有高度成長，但臺灣本土的貨櫃運輸與貨櫃場，則因臺灣內的進出口量變少，面臨著負成長的壓力；臺灣遠雄自貿港區因臺商返臺投資，迎來 10% 多的高成長。海運業與船代也因供應鏈的轉移，高庫存備貨，特別是原物料的運輸，讓散裝貨輪有了高成長，達到 13.34% 的高成長。

台驊控股集團旗下有包括海運、空運、貨代、報關與物流等六家子公司，近年來大肆布局東南亞，也開始獲取豐盛的投資果實，營收成長率達 9.48%，獲利率也達 3.08%，總營收為新臺幣 115.36 億元，目前因歸屬投資控股業，因此未列入表中。（表 4-7 海運及船務代理業總成績）

表 4-7　海運及船務代理業總成績

公司名稱	營業收入（億元）	營收成長率（%）	稅後純益（億元）	獲利率
長榮海運	1692.37	12.39	2.94	0.17
陽明海運	1418.33	8.21	-65.91	-4.65

公司名稱	營業收入（億元）	營收成長率（%）	稅後純益（億元）	獲利率
萬海航運	667.79	9.89	11.18	1.67
臺灣港務	192.67	3.22	62.67	32.53
中鋼運通	164.49	28.30	17.97	10.92
慧洋海運	130.68	18.38	18.09	13.84
裕民航運	115.23	35.55	16.69	14.48
益航	80.44	10.24	0.06	0.07
萬泰國際物流	47.16	8.31	0.23	0.49
達和航運	45.72	32.44	3.36	7.35
四維航業	40.24	15.00	-1.51	-3.75
中國航運	38.20	18.71	5.14	13.46
新興航運	37.73	13.24	0.62	1.64
臺灣航業	33.67	19.48	9.58	28.45
沛華實業	31.11	4.43	N.A.	-
鉅盛國際物流	26.59	6.57	N.A.	-
沛榮國際	23.71	5.00	N.A.	-
華泓國際運輸	21.06	10.84	N.A.	-
台北港貨櫃碼頭	21.01	11.05	N.A.	-
和平工業區專用港實業	15.84	4.41	7.40	46.72
總計	4844.04		88.51	
平均	242.20	13.34	5.90	10.89

物流的發展也要創新才有未來，我們還是最關注永聯物流開發公司的發展，主要是有了金控公司的龐大資源，足夠的子彈，從科技倉庫開始發展到生態鏈的整合，再到東南亞發展，所做的都是以大財團的視野，要做國際企業，所合作的伙伴都是當地最大的企業。相信假以時日，臺灣將會出現國際級物流地產商，同時帶領著產業前往東南亞開疆闢土，只有生態鏈的重新整合創新，才會有光明的前途。

臺灣物流自動化系統設備商大約分為五大類別

1. 工程顧問公司類

是指具備整廠或整個工程建築營造的規劃設計能力，如中興工程、世曦工程、中華顧問工程等。

2. 自動化系統集成商

是指具備物流自動化系統設備的規劃設計與集成設備能力，如臺灣大福、三橋科技、耀欣科技、汎得、台朔重工、漢錸、奔騰、台北貿易、勝斐邇、綠捷、盟立、廣運、陽程等。

3. 製造廠（或代理商）

是指主要製造生產設備的工廠，如鋒馥、合普（輸送分揀設備）；世倉、春源、大進、能率（貨架）；昕高、勝建、和輪、得胜、龍浦、張源興（籠車及蝴蝶籠）；豐田機械、奔騰、永慕、大益、恆智、台勵福（堆高機）；新台塑膠、南亞塑膠（物流箱及棧板）；郃利（車廂體）、椰城、精聯、磐儀（IT 資料搜集器及條碼機）；富朗包裝、亦聲（包裝設備）；綠捷、海康、仁寶、快倉（AGV）；藤友、工研院、台聯法新（蓄冷箱櫃）等。

4. 軟體服務商

以 WMS 倉儲管理及 TMS 運輸管理系統為主的企業，如凱普斯、耀欣、富立提、瞰車大、天眼等。

5. 倉庫建設周邊設施

機電工程、照明、制冷設施、門業與碼頭，如：三方機械、曼合誼德馬格、開德麗（門業）；軒豐、南亞光電（照明）；長佳機電工程等。

2018 年我們將智能搬運車 AI．AGV 定位為臺灣元年，主要是因為 AGV 已經智能化、機器人化，在地上或天花板上以二維瑪或紋路辨識定位，以智能運算來指揮 AGV 運行，一個場域可指揮約 1,000 台 AGV 來回搬運或分揀，臺灣電子業、面板業、螺絲業與物流業已在全面導入 AGV，共約引進 120 台 AGV，而 2019 年預估臺灣將有 250 台以上 AGV 陸續引進，主要是電商物流行業及時尚品物流行業，而製造業生產現場的引進，更將指日可待。

參考資料：

1. 陳巨星，2019《天下》兩千大調查出爐：「後手機時代」哪些企業穩穩賺？，天下雜誌，2019/05/07。
2. 2019 年版 從數字看臺灣 物流與流通業營運報告，物流技術與戰略雜誌，2019/08/01。
3. 楊孟軒，服務業一片混亂！ 2020 兩千大調查：淘汰潮是好事？天下雜誌 698 期，2020/05/19。

問題討論

1. 臺灣物流產業發展的主要特點為何？
2. 臺灣物流產業經營的策略應如何調整？

1. 第三方物流的起源爲何？
2. 第三方物流的服務內容包括什麼？
3. 第三方物流企業的分類爲何？
4. 第四方物流的定義爲何？
5. 第三方物流的特徵爲何？
6. 何謂第四方物流？與第三方物流有何差異？
7. 何謂第五方物流？
8. 何謂「輕資產」與「重資產」？二者有何不同？
9. 輕資產企業的特點爲何？
10. 何謂輕資產物流？其優點爲何？
11. 傳統物流與現代物流的差異爲何？
12. 新興的物流行業有哪些？

第三篇：物流功能

05 包裝管理

知識要點

5-1 包裝概述
5-2 包裝材料
5-3 包裝技術
5-4 包裝機械與設備
5-5 集裝化與集合包裝

物流前線

快遞騎手—全球快遞 月薪突破 13 萬元

物流 Express

綠色物流 共享快遞盒

物流前線

快遞騎手—全球快遞 月薪突破 13 萬元

全球快遞為臺灣大車隊（股票代號：2640）100% 持有之轉投資企業，致力於完善都會人生活便利及城市經濟發展所需之快送服務的科技物流服務公司。

全球快遞 Global Express：專注城市快遞 便利都會生活
圖片來源：全球快遞官網

物流業有所謂 D+1、D+2、D+3 的專有名詞，「D」就是客戶叫件日或寄件日。像黑貓是在基隆市、臺北市、新北市、桃園市四地提供（當日宅急便）服務，只要消費者在上午 11 點前寄件，當日 15 點至 18 點會送達，這就是 D+0（當日送達），全球快遞也是如此。但若是 D+1、D+2、D+3 就變成隔日送達，甚至兩天或三天後送達。

在物流業「速度就是金錢」，愈短的時間送達包裹，單價就愈貴，因此全球快遞在雙北市區的單件配送價格為 57 元，訴求 3.5 小時內送達，費用是所有快遞同業（單件 45 元至 52 元）裡最貴的。

由於全球快遞的外務員屬於承攬制，薪水是「論件計酬」，他們的勞健保、團保、意外險全由人力顧問公司負責投保。而「論件計酬」是指外務員每收送一件包裹，平均可抽成 30 元，每人每天收送包裹數量為 150 件至 200 件，若一個月扣掉假日工作 22 天，每個月最高收入可達 13 萬 2 千元。難怪高偉智會說：「如果讓外務員改領固定薪資，恐怕沒人要來做了！」

全球快遞長安營業所每月收送件量排行前十名的外務員，幾乎都能達到每日 200 件的目標。高偉智表示，這些 Top 10 的外務員年齡層是 32 歲至 40 歲，不但體力處於顛峰期，對所屬地區的路況也相對熟悉。

目前全球快遞服務企業家數已超過 3 萬家，國內知名電商平臺 momo、蝦皮、Yahoo 奇摩拍賣及東森購物也都是全球快遞當日達電商快送服務的客戶，另社區即送服務更提供六大直轄市與新竹地區將近二千多家的街邊店即時外送服務。

參考資料：

1. 戴嘉芬，網購族滑手機下單　他們卻忙翻了，財經─中時電子報，2019/11/18。
2. 戴嘉芬，配送員採「論件計酬」收入飆破 13 萬，財經─中時電子報，2019/11/18。
3. 全球快遞官網 www.global-business.com.tw。

問題討論

1. 快遞的工作有何特色？
2. 快遞的薪資為何採用「論件計酬」？

5-1 包裝概述

包裝（Packaging）是為在流通加工過程中保護產品、方便儲運、促進銷售，按一定技術方法而採用的容器、材料及輔助物的總體名稱。也指為了達到上述目的而採用容器、材料和輔助物的過程中施加一定技術方法等的操作活動。

一、包裝功能

包裝的功能是指包裝與產品組合時所具有的功能與作用。其功能主要表現在以下幾個方面。

（一）保護功能

科學的包裝可以保護商品在流通過程、儲運過程中的完整性和不受損傷，是包裝的基本功能。例如，防止物品損毀、變形、發生化學變化；防止有害生物如鼠咬、蟲蛀等；同時也防止危害性內裝物對接觸的人、生物和環境造成傷害或污染。

（二）便利功能

包裝的便利功能指便於裝卸、儲存和銷售，同時便於消費者使用。這就要求包裝的大小、形態、包裝材料、包裝重量、包裝標誌等各個要素都應起到方便運輸、保管、驗收、裝卸等作業的要求。進行包裝及拆裝作業，應當簡便、快速，拆裝後的包裝材料應當容易處理，適應環保要求。

（三）單位化功能

包裝具有將物品集合為便於理貨的數量單位的功能，單位的大小決定於理貨的便利性和交易的便利性兩個主要因素。理貨的便利性主要考慮多大的包裝單位適合於棧板的堆碼、運輸帶的傳送、人工搬運的便利等。但是，包裝單位化必須以確定包裝模數為基礎，要考慮與棧板、集裝箱、貨車等其他運輸裝卸的關聯性，要以適合傳輸和裝卸的集合單位，同時也要考慮消費者的期望購買的數量單位。

（四）促銷功能

商品的包裝是「無聲的推銷員」，在商業交易中促進銷售的手段很多，包裝是其中之一。恰當的包裝能夠喚起人們的購買欲望，對顧客的購買行為起著說服的作用。

二、包裝分類

包裝類型很多，按包裝用途、包裝形態、包裝容器質地、使用範圍及使用次數可做如下分類。

（一）按包裝用途分類

1. 商業包裝

又稱銷售包裝、小包裝或內包裝，指直接接觸商品並隨商品進入零售店或與消費者見面的包裝。特點是在市場上陳列展銷，不需要重新包裝、分配、衡量。消費者可以直接選購自己所需要和喜愛的商品。

2. 工業包裝

又稱運輸包裝，指以滿足運輸、倉儲要求爲主要目的的包裝。工業包裝要在滿足物流的基礎上使包裝費用越低越好。對於普通物資的工業包裝其程度應當適中，才會有最佳的經濟效果。

（二）按包裝形態不同分類

1. 個包裝

個包裝是直接盛裝和保護商品的最基本的包裝形式，是在商品生產的最後一道工序中形成的。隨商品直接銷售給顧客。個包裝起著直接保護、美化、宣傳和促進商品銷售的作用。

2. 內包裝

又稱中包裝，是個包裝的組合形式，是個包裝之外再加一層包裝，以便在銷售過程中起到保護商品、簡化計量和利於銷售的功能。如 10 包香煙爲一條，8 個杯子爲一盒，20 罐易拉罐啤酒爲一箱等。

3. 外包裝

又稱大包裝，生產部門爲了方便計數、倉儲、堆存、裝卸和運輸的需求，必須把單體的商品集中起來，裝成大箱，這就是運輸包裝。它要求堅固耐用，不使商品受損，並要求提高使用率，在一定體積內合理地裝更多的產品。

由於它一般不和消費者見面，故較少考慮外表設計。爲方便計數和標明內在物，這種包裝只以文字標記貨號、品名、數量、規格、體積，用圖形標出防潮、防火、防倒、防歪等要求就可以了。外包裝最常用的材料是瓦楞紙箱、麻包、竹簍、塑料筐、化纖袋、鐵皮等。

（三）按容器質地分類

1. 硬包裝

指填充或取出包裝的內裝物後，容器形狀基本不發生變化，材質堅硬或質地堅牢的包裝，但是往往脆性大，如玻璃包裝、金屬包裝、陶瓷包裝等。

2. 軟包裝

與硬包裝相反，指包裝內的填充物或取出包裝的內裝物後，容器形狀基本會發生變化，且材質較軟的包裝。

3. 半硬包裝

介於硬包裝和軟包裝之間的包裝。

（四）按使用範圍分類

1. 專用包裝

專用包裝是指根據內裝物的狀態、性質以及技術保護、流通條件的需要而專門為某類貨物的運輸而設計製造的包裝。

2. 通用包裝

通用包裝是指一種包裝能盛裝多種商品，能夠被廣泛使用的包裝容器。

（五）按包裝使用次數分類

按包裝使用次數分類，可分為一次性包裝（如紙盒、塑膠袋）和複用性包裝（如能直接消毒、滅菌再使用的玻璃瓶，或回收再複製的，如金屬、玻璃容器等）兩大類。

除此之外，當然還有很多其他的分類方式，但是不管根據什麼分類依據，包裝的作用是不會變的。

三、包裝標誌

為了便於識別貨物，標示貨物在裝運、交接和保管中的特性及正確操作，在貨物包裝上用烙印、塗刷、栓掛或黏貼等方法製作簡明、清晰的圖形、符號、文字和數字等記號，稱為貨物的包裝標誌（Packaging Mark）。

貨物包裝標誌的作用是建立貨物本身與其運輸單證的聯繫，便於工作人員在貨物運輸的每個環節中識別和區分貨物，標示貨物的正確裝運、交接和保管。對於危險貨物，當發生涉及危險貨物事故時，正確的貨物包裝標誌有利於迅速判別所發生的危險事故性質和及時採取有效的應急措施。

貨件缺少標誌或標誌不完善，除會造成運輸作業困難或貨主拒收貨物外，有時還存在著造成人身傷亡貨船或毀損事故的潛在危險。因此，必須重視貨物包裝的正確標誌，在運輸的整個過程中應注意保護貨物標誌的完整與清晰。一般而言，包裝標誌包含的類型如下：

（一）主標誌

又稱運輸標誌，俗稱「嘜頭」（Shipping Mark），由代號或明顯的圖形配以代號所組成。主標誌是貨主的代號，是貨物運輸中識別同批貨物的基本標誌。在相關的貿易或運輸合約（加裝貨單、提單、船單等）中都記載著主標誌的內容。

（二）副標誌

副標誌是附加在主標誌範圍內的補充記號。副標誌主要用於在同批貨物中區分不同供貨人、不同收貨人或區分不同規格、品質和等級的貨物，以方便貨物的交接。有時當發生有關的索賠時，利用副標誌可以方便地確定有關的責任方。

（三）件號標誌

又稱箱（包）號。它是將同一主標誌中的貨物分成若干批，再將每批按順序逐件在貨物或外包裝上編印的箱（包）件順序號。件號標記主要作用是輔助主標誌區分貨組，便於計算每一貨組和整批貨物的件數。當一批貨物同時投入運輸時，應按順序號碼對貨件逐一製作件號標誌。但是，對貨件包裝完全相同的貨物，可以分組，每組中貨件均使用相同的批組編號。

（四）目的地標誌

表示貨物運往的目的地名稱，稱爲目的地標誌，又稱港埠標誌。目的地標誌必須書寫正確，並務必使用完整全名，以防止貨物錯運或在中途港發生翻艙事故。當過境貨物目的地還未確定時，可用「過境」字樣以示貨物還需繼續轉運。

（五）原產國標誌

是國際貿易中特殊需要的一種出口標誌，表明貨物在某個國家生產製造。不少國家規定禁止無原產國標誌的商品進口，大多數國家會對不符合原產國標誌規定的進口商品處以罰款。

（六）包件尺寸重量標誌

包件尺寸是指貨物外包裝或裸裝貨件的外形尺寸，需要註明所用長度單位。包件重量應包括毛重、淨重和皮重，同時應標明重量單位。這一標誌所記載的內容是運輸部門確定貨件是以重量計費還是以容積計費的依據，也是區分貨件是否超重、超長、超高、超寬以及考慮安排貨件合理位置的重要依據。

（七）注意標誌

注意標誌是用於標誌貨物在裝卸、運輸、保管過程中應予注意的具體事項。一般以圖形或文字表示。注意標誌包括用於普通易損貨物的指示和用於表示危險品危險特性的警戒標誌兩種。

指示標誌又稱保護標誌。它是根據貨物特性，指示有關人員按一定要求操作和保管貨物，以保護貨物的品質。指示標誌一般包括三方面的內容：

1. 裝卸作業注意事項：如禁用手鈎、小心易碎等。
2. 存放保管注意事項：如勿放濕處、勿放鍋爐等。
3. 開啓包件的注意事項：如先開頂部、此處開啓等。

爲了便於辨認和醒目地顯示，國際貿易中已形成了一種各國普遍通用的圖案作標記的指示標誌。國際上有「運輸包裝指示標誌」的圖形，見圖 5-1。

警戒標誌又稱危險品標誌，用於指示危險貨物的性徵。

除了上述一些貨物標誌外，根據有些國家海關的規定或收貨人的要求，在貨物或外包裝上還可以加注貨物品名、商標、型號、規格、出廠編號、使用性能等。這方面的內容根據需要可多可少。但是，必須具備完整清晰的運輸名稱（技術名稱）標誌。

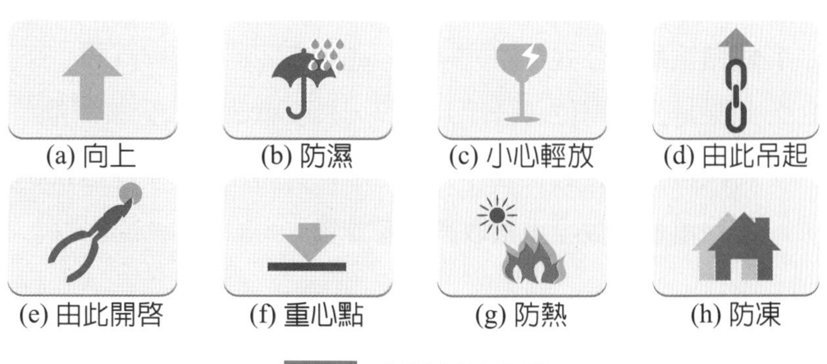

圖 5-1 包裝標誌示例

四、包裝材積

（一）材積

一般散裝貨海運或空運都是依貨物外箱長度、寬度及高度計算的材積數或是總重量來計算運費。報價的基礎爲一個材積（Cuft）或一個立方米（Cubic Meter, CBM）。所以我們要先把材積算出來，才能得知較爲準確的運費。一般來說一個20呎貨櫃約可裝26～28個CBM，40呎貨櫃約可裝56～58個CBM。

如不規則貨件或圓柱體貨件以外觀最大長度（直徑）、寬度（直徑）、高度計算材數。

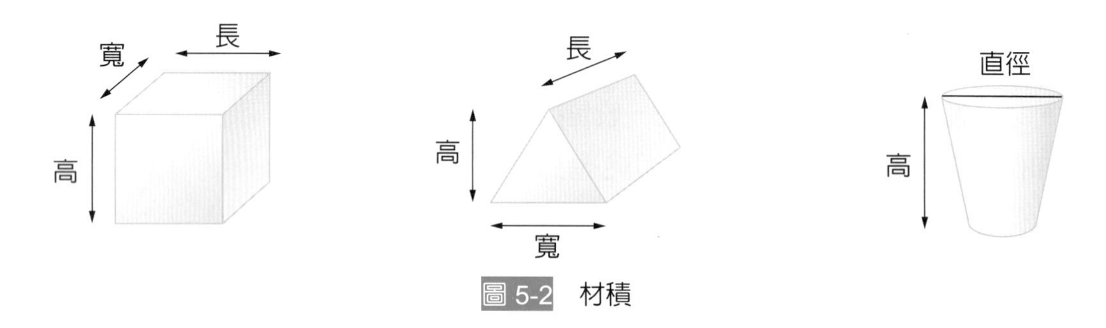

圖 5-2　材積

貨件運輸會受到貨件本身於貨機所佔空間的影響，而不是實際重。此計算標準稱爲材積重量（Volumetric Weight）。

（二）材積重量之定義

材積重量是將貨物的體積單位，依照國際航空運輸協會（IATA）所制定的計算公式，換算爲相對重量單位，利用下列公式計算：

1. 材積重量的公式（磅）= 長 × 寬 × 高（英吋）／ 139
2. 如果是公制單位（公斤）計算，長度就改成公分去測量

   材積重量的公式（公斤）= 長 × 寬 × 高（公分）／ 5,000

   材積重量與實際重量取其大者計費

在國際快遞物流業中，「材積重量」是指包裹佔用飛機貨艙的空間，因此與「實際重量」一樣重要。

因為體積較大包裹的實際重量很輕，也會佔用貨艙許多的空間。為了要讓貨艙做最有效率的安排，一般會以包裹的「材積重量」與「實際重量」二者較大的一方作為計算運費的基準。

1. 材積重量

包裹各邊的丈量尺寸，若不足 1 英吋以 1 英吋計算；計算後之材積重量，若不足 1 磅以 1 磅計算。

計算公式如下：

$$材積重量（磅）= \frac{長(英吋) \times 寬(英吋) \times 高(英吋)}{139}$$

※ 單位換算參考：1 英吋（Inch）= 2.54 公分（CM）

※ 以商品的外箱包裝來測量尺寸。

高

長

寬

2. 實際重量

包裹的實際重量，依英磅計算。若不足 1 磅以 1 磅計算。

※ 單位換算參考：1 磅（Pound）= 0.45 公斤（KG）

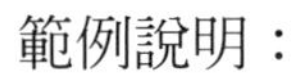

範例說明：

以下是使用大小相同的紙箱，分別裝入羽絨衣及電鍋二種重量差異較大的物品為範例，來說明運費是如何計算的。

(1) 羽絨衣（重量較輕的物品）

$$材積重量（磅）= \frac{20 \times 6 \times 10}{139} = 8.63 磅 \Rightarrow 以 9 磅計算$$

實際重量：1.8 磅 ⇒ 以 2 磅計算

∵ 材積重量 = 9 磅 > 實際重量 = 2 磅

∴ 故本次以「材積重量」計算運費

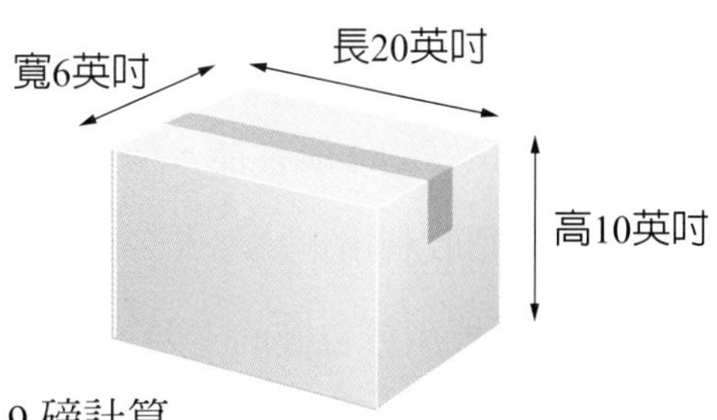

(2) 電鍋（重量較重的物品）

$$材積重量（磅）= \frac{20 \times 6 \times 10}{139} = 8.63 磅 \Rightarrow 以 9 磅計算$$

實際重量：29.4 磅 ⇒ 以 30 磅計算

∵ 材積重量 = 9 磅 < 實際重量 = 30 磅

∴ 故本次以「實際重量」計算運費

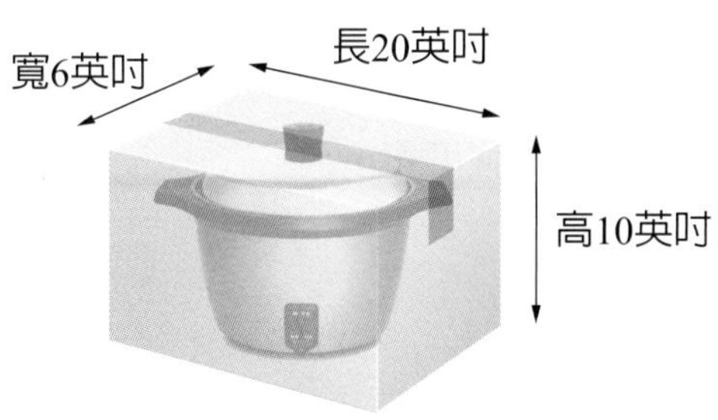

5-2 包裝材料

常用的包裝材料有紙、塑料、木材、金屬、玻璃。使用最爲廣泛的是紙及各種紙製品，其次是木材、塑料材料。

一、包裝用紙和紙製品

紙和紙板具有很多優良性能，如適宜的堅牢度、耐衝擊性、耐摩擦性、易於消毒、易於成型、經濟、重量輕、便於加工等。

（一）常用的包裝用紙

1. 普通紙張：如牛皮紙、紙袋子、中性包裝紙、玻璃紙、羊皮紙等。
2. 特種紙張：如高級伸縮紙、濕強紙、保光澤紙、防油脂紙、袋泡茶濾紙等。
3. 裝潢用紙：如膠版紙、銅版紙、壓花紙、表面塗層紙等。
4. 二次加工紙：如石蠟紙、瀝青紙、防鏽紙、眞空鍍鋁紙等。

（二）常用的包裝用紙板

1. 普通紙板：如箱紙板等。
2. 二次加工紙板：如瓦楞紙板等。

紙和紙板用於包裝的主要優點：

(1) 成型性和折疊性優異，便於加工。

(2) 本身重量輕能降低運輸費用。

(3) 耐摩擦，具有良好的緩衝防震功能，衛生、無毒、無汙染。

(4) 具有良好的印刷性能，便於介紹和美化。

(5) 可以回收利用。

紙和紙板用於包裝的主要缺點：

(1) 易吸濕受潮。

(2) 氣密性、透明性差。

(3) 機械強度差。

二、塑料

（一）常用的塑料包裝材料種類

1. 聚乙烯塑料

按其密度分高、中、低三種。聚乙烯（PE）塑料已被廣泛用來製造各種瓶、軟管、壺、薄膜和粘合劑等。若加入發泡劑，還可以製成聚乙烯泡沫塑料。

2. 聚氯乙烯塑料

聚氯乙烯（PVC）是由單體氯乙烯加聚而成的高分子聚合物。優點是可塑性強，具有良好的裝飾和印刷功能。此外，聚氯乙烯是用途非常廣泛的通用熱塑性材料，不僅可以製作軟、硬包裝容器，而且還可以製作聚氯乙烯薄膜，更適合製作各種薄膜包裝製品。

3. 聚丙烯塑料

聚丙烯（PP）是由丙烯為單位聚合成的高分子化合物。屬韌性塑料。聚丙烯塑料可用於吹塑和真空成型製造瓶子、器皿、包裝薄膜以及打包帶與編織袋。

4. 聚苯乙烯塑料

聚苯乙烯（PS）塑料由乙烯加聚而成。在常溫下，聚苯乙烯高聚物為無定型的玻璃態物質。聚苯乙烯可用做盛裝食品或酸、鹼的容器。聚苯乙烯泡沫塑料常用於做儀器、儀表、電視機和高維電器產品的緩衝包裝材料。

5. 聚酯

聚酯（PET）薄膜是一種無色透明又有光澤的薄膜，具有較好的韌性與彈性。聚酯薄膜的主要缺點是不耐鹼、熱封性和防止紫外線透過性較差，所以聚酯包裝一般不使用單層薄膜，而是與聚乙烯、聚丙烯等熱合性能較好的樹脂共聚，或塗層複合薄膜，以便用於製作冷凍食品及需加熱殺菌包裝的材料。

（二）塑料用於包裝的特性

塑料用於包裝的主要優點：

1. 物理機械性能好，如有一定強度、彈性、耐折疊、耐摩擦、抗震動、防潮等，還有較好的氣體阻漏性。
2. 化學穩定性較好。
3. 屬於輕質材料。
4. 良好的加工性。

塑料用於包裝的主要缺點：

1. 強度不如鋼鐵、耐熱度不及金屬和玻璃。
2. 部分塑料有毒。
3. 塑料的廢棄物處理困難，易產生公害。

三、木材

木材是一種優良的結構材料，長期以來一直用於製作運輸包裝。近年來，雖然有逐漸被其他材料所替代的趨勢，但仍在一定範圍內使用，在包裝材料中佔有一定的比重。

包裝用木材可分爲天然木材和人造板材兩大類。人造板材有膠合板、纖維板和竹膠板等。木質容器包括木箱、木桶、木匣、纖維板箱、膠合板箱以及木製棧板等。

木材用於包裝的主要優點：

1. 具有優良的強度重量比，有一定的彈性，能承受衝擊和震動作用。
2. 易加工，不生鏽，不易被腐蝕，有一定的防潮、防濕性。
3. 可回收利用。

木材用於包裝的主要缺點：

1. 木材易受環境溫度、濕度的影響而變形、開裂、翹曲和降低強度。
2. 易於腐朽、易燃、易被白蚊蛀蝕等。

四、金屬材料

包裝所用的金屬材料主要有鋼材和鋁材。其型態爲薄板和金屬箔，前者爲剛性材料，後者爲軟性材料。金屬材料具有較強的塑性與韌性，光滑、延伸率均勻，有良好的機械強度和抗衝擊力，不易破損，但有導電、導熱、價格較高的缺點。

鋼材中常用的有薄鋼板（俗稱：黑鐵皮）和鍍錫低碳薄鋼板（俗稱：馬口鐵）。薄鋼板主要用於製作桶狀容器。鍍錫低碳薄鋼板主要用於食品包裝。

鋁材包裝材料主要有純鋁板、合金鋁板和鋁箔。純鋁板用作制桶，一般用於盛裝酒類。合金鋁板用作包裝材料時要求其表面不能有粗糙、斑駁、裂縫等品質缺陷。鋁箔多用於複合軟包裝、硬包裝及包裝襯裡等，也常用於食品、捲菸、藥品、化妝品與化學品的包裝等。

金屬用於包裝的主要優點：

1. 強度高有良好的綜合保護性能。

2. 有獨特的光澤，便於印刷、裝飾。
3. 易於再生利用。

金屬用於包裝的主要缺點：

1. 成本高、流通中易變形、生鏽。
2. 金屬用作食品包裝時，金屬及焊料中的鉛、砷等易滲入食品中，汙染食品。

五、玻璃

玻璃材料可用於運輸包裝和銷售包裝。用作運輸包裝時，主要是存裝化工產品如強酸類；其次是玻璃纖維複合袋，存裝化工產品和礦物粉料。用作銷售包裝時，主要是玻璃瓶和玻璃罐，用來存裝酒、飲料、食品、藥品、化學藥劑、化妝品和文化用品等。

玻璃用於包裝的主要優點：

1. 保護性能良好，不透氣、不透濕，有紫外線屏蔽性，不變形、耐熱、耐酸，無毒無味，有一定強度，能有效保護內裝物。
2. 透明性和折光性好，能眞實地傳達商品的效果。
3. 易於加工，可製成各種樣式。
4. 易於回收、重複使用，不易造成公害。
5. 資源豐富，成本較低較穩定。

玻璃用於包裝的主要缺點：

1. 耐衝擊強度低。
2. 碰撞時易碎。
3. 自身重量大。
4. 運輸成本高。

六、複合材料

複合材料是將幾種材料複合在一起，使其兼具不同材料的優良性能。現在使用較多的是薄膜複合材料，主要有紙基複合材料、塑料基複合材料、金屬基複合材料等。

複合材料具有多種材料的優點，因此在包裝領域的應用越來越廣泛。目前使用較多的複合材料是塑料與玻璃材料、塑料與金屬箔複合材料、塑料與塑料複合材料等。

5-3 包裝技術

包裝技術是指對物資實施各種包裝的技術方法，以發揮包裝功能工作的總稱。不同特性的商品、物流活動的不同環節對包裝的要求各不相同，因而所採用的包裝技術和方法也有差別。

一、一般包裝技術

（一）對內裝物的合理置放、固定和加固

產品的形狀各不相同，因此在裝入包裝容器時要進行合理的置放、固定和加固。置放、固定、加固得巧妙，就能縮小體積、節省材料、減少損失。例如，外形規則的產品可以套裝，薄弱的部件要加固，包裝內重量要均衡，產品與產品之間要隔離和固定等。

（二）對蓬鬆產品進行壓縮

羽絨服、枕芯、絮被、毛線等蓬鬆產品包裝時占用容器的容積過大，會導致運輸儲存費用增大，因此對於蓬鬆產品要進行體積壓縮。其中有效的方法是採用眞空包裝，它可以大大縮小蓬鬆產品的體積，縮小率可達 50% ～ 85%，平均可節省費用 15% ～ 30%。

（三）合理選擇外包裝形狀尺寸

有些商品運輸包裝件時需裝入集裝箱，這就存在包裝件與集裝箱之間的尺寸配合問題。如果配合得好，就能在裝箱時不留下空隙，有效地利用箱容，並能有效地保護商品。包裝尺寸的配合主要指容器底面尺寸的配合，即應採用包裝模數系列。

另外，外包裝的形狀尺寸要避免過高、過扁、過大、過重等，因爲過高會重心不穩，不宜堆垛；過扁則不易印刷標誌和辨認；過大則不易流通和銷售；過重則包裝容器易破損。

（四）合理選擇內包裝（盒）形狀尺寸

內包裝（盒）一般屬於銷售包裝。在選擇其形狀尺寸時，要與外包裝（箱）形態尺寸相配合，內包裝（盒）的底面尺寸必須與包裝模數協調，而且高度也應與外包裝高度相匹配。當然內包裝的形狀尺寸還應考慮產品的放置和固定，但作爲銷售包裝，更重要的是應利於銷售，包括利於展示、裝潢、購買和攜帶等。

（五）包裝外的捆扎

包裝外捆扎對運輸包裝功能至關重要。將單個物件或數個物件綑緊，可以方便運輸、儲存和裝卸，並且能防止失竊、壓縮容積、降低保管費和運費、加固容器，一般合理捆扎可使容器的強度增加 20% ～ 40%。

對於體積不大的普通運輸包裝，捆扎一般在打包機上進行，而對於棧板這種集合包裝，可以採用收縮薄膜包裝技術和拉伸薄膜包裝技術。收縮薄膜包裝技術是用收縮薄膜裹包集裝的物件，然後對薄膜進行適當的加熱處理，使薄膜收縮從而緊貼於物件上。拉伸薄膜包裝技術是依靠機械裝置在常溫下將彈性薄膜圍繞，被包裝物拉伸、裹緊，最後在其末端進行封合而成。

二、特殊包裝技術

（一）緩衝包裝

又稱爲防震包裝，是解決所包裝的物品免受外界的衝擊、振動等作用，從而防止物品損傷的包裝技術和方法。外界衝擊和振動使包裝物品產生的損傷多數屬於物理損傷，主要有以下幾種：

1. 產品某一部位，特別是外側突緣部位受到的外力超過本身的強度，產生了變形或脆性破壞。
2. 產品表面受物理作用而破壞。
3. 產品的原黏接部件受外力而脫落。
4. 產品的滑動部件受外力作用，其固定設施失效，發生滑動撞擊而破壞。
5. 緩衝包裝方法主要有全面緩衝包裝、部分緩衝包裝和懸浮式緩衝包裝。

（二）防潮包裝技術

在流通和使用過程中，產品不可避免地要受大氣中潮氣及其變化的影響。大氣中的潮氣是引起產品變質的重要因素，有些產品如醫藥品、農藥、食鹽、食糖等會潮解變質；有很多食品、纖維製品、皮革等會受潮變質甚至發霉變質；金屬製品會因受潮氣而生鏽等。

所謂防潮包裝，就是採用防潮材料對產品進行包封，以隔絕外部空氣相對濕度變化對產品的影響，使得包裝內的相對濕度符合產品的要求，從而保護產品的品質。

還有一類非吸濕性產品如金屬、玻璃、塑料等製品，它們自身並不含有水分，或者並沒有吸濕性，但必須進行防潮包裝，特別是金屬製品。

（三）防鏽包裝技術

防鏽包裝方法是在運輸儲存金屬製品與零部件時，爲防止其生鏽而降低價值或性能所採用的種種包裝技術和方法。其目的是消除和減少致鏽的各種因素，採取適當的防鏽處理，在運輸和儲存中除了防止防鏽材料的功能受到損傷外，還要防止一般性的外部物理性破壞。然而，金屬被腐蝕是不可避免的，即使製品僅一部分是由金屬製成的，也絕對需要使用防鏽包裝方法。

（四）防霉包裝技術

包裝產品的發霉變質是由霉菌引起的。霉菌是一種眞菌，在一定條件下很容易在各種有機物上繁殖生長。防霉包裝方法是包裝防護措施之一，即爲防止因霉菌侵襲內裝物（產品）長霉影響品質所採取的一定防護措施，其防護途徑是通過包裝結構或工藝對內裝產品起到防霉保護作用。

5-4 包裝機械與設備

一、包裝設備概述

（一）包裝設備的概念

在產品流通的過程中，爲了有效地保護產品、方便儲運、促進銷售，需要對產品進行合理的包裝。包裝過程包括成型、充填、封口、裹包等主要包裝程序，以及清洗、乾燥、殺菌、貼標、捆扎、集裝、拆卸等前後包裝及其他輔助包裝工序。完成全部或部分包裝過程的機械稱爲包裝機械設備。

（二）包裝設備的作用

包裝機械的應用範圍很廣，涉及食品、醫藥、化工、郵電、出版、機械、電子、紡織、鋼鐵、冶金和軍工等各個領域，其中以食品行業應用最多，約占 50%。產品包裝處於生產過程的末尾和物流過程的開頭，既是生產的終點又是物流的起點，而包裝機械是使產品包裝實現機械化、自動化的根本保證，在物流過程中起著重要的作用。

1. 大幅度地提高生產效率

機械包裝要比手工包裝速度快幾倍乃至幾十倍。例如，啤酒灌裝機的生產效率可高達 36,000 瓶／小時，這是手工灌裝無法比擬的；糖果包裝機每分鐘可包糖數百塊甚至上千塊，是手工包糖速度的幾十倍。其中，不少機械包裝是手工所不能實現的。

2. 改善勞動條件，降低勞動強度

用手工包裝體積大、重量大的產品，既耗費體力又不安全；包裝輕小的產品，由於動作單一且頻率高，易造成疲勞；對於液體產品，包裝時易造成產品外濺；對於粉狀產品，包裝時往往造成粉塵飛揚。採用機械包裝使操作者擺脫緊張、繁重、重複的體力勞動，而且改善了工人的勞動條件和環境，可以避免有毒產品及有刺激性、放射性產品危害工人的身體健康。

3. 減少物料損耗，降低產品成本

在包裝液體產品或粉狀產品時，由於液體飛濺或粉塵飛揚，不僅污染了環境，並且浪費原材料，採用機械包裝能防止產品的散失，不僅保護了環境，也節約了原材料。

4. 保護產品衛生，提高產品品質

機械化、自動化包裝可以有效地避免人為不穩定因素的影響，產品的包裝主要由機械本身進行操作、調節和控制，因而使產品品質穩定可靠。機械包裝易於實現包裝的規格化、標準化，包裝速度快，食品和藥品在空氣中停留的時間縮短，減少了污染機會，有利於產品保潔，保證了產品的衛生品質。

5. 有利於儲運，便於供需安排，提高綜合效益

對於鬆散產品，如煙葉、絲麻、棉花等產品，採用壓縮包裝機壓縮包裝，可大大縮小體積、節省倉容、減少保管費、有利於運輸；採用真空無菌等包裝機進行產品包裝，產品和包裝材料的供給比較集中，各包裝工序安排緊湊，因而減少包裝占地面積，節約資本投資。

二、常見的包裝設備

包裝設備種類繁多，分類方法也很多。例如，按包裝設備的自動化程度分類，可分為全自動包裝設備與半自動包裝設備；按包裝產品的專業化程度分類，可分為專用包裝設備、多用包裝設備和通用包裝設備。一般常用的包裝設備分類方法是按功能分類的，主要可分為以下幾種。

（一）充填機械設備

包裝機械中的充填裝置，通常是指在包裝過程中完成充填工序，指將經計量裝置定量好的貨物充填到包裝容器內的機械。按充填方法分類，可將充填機械分為重力流送式充填機、強制推送式充填機和拾放式充填機；按計量方法可將其分為容積式充填機、秤重式充填機和計數充填機。

（二）灌裝機械設備

灌裝機械的主要作用是將定量的液體物料充填到包裝容器內，用於在食品領域中對啤酒、飲料、乳品、酒類、植物油和調味品的包裝，以及洗滌劑、礦物油等化工類液體產品的包裝。包裝所使用的容器主要有桶、瓶、聽、軟管等。

（三）纏繞機械設備

纏繞機又稱纏繞包裝機。廣泛使用於外貿出口、食品飲料、塑膠化宮、玻璃陶瓷、機電鑄件等產品的集裝。既能提高生產效率，又能防止貨物在搬運過程中損壞，並起到防塵、防潮及保潔作用。纏繞機可以分爲棧板纏繞機、無棧板纏繞機、水準纏繞機等。

（四）封口機械設備

包裝機械中的封口裝置，通常是指在包裝過程中完成對裝有內裝物的容器進行封口和密封封口工序的工作機械。封口裝置按封口材料分類，可分爲熱壓封口（無封口材料）的封口機、帶封口材料和帶封口輔助材料的封口機三種，並受封口工藝、操作方法、容器種類等因素影響。

（五）貼標機械設備

貼標機械是將事先印刷好的標籤黏貼到包裝容器的特定部位的機械。其完整的工藝過程包括取標籤、送標籤、塗膠、貼標籤、整平等。

（六）多功能包裝機械

多功能包裝機械是指具有兩種或兩種以上功能的包裝機。主要種類有充填封口機、成型充填封口機、定型充填封口機、眞空包裝機、眞空充氣包裝機。

除了上述這些設備外，還有數台包裝機和其他輔助設備組成的能完成一系列包裝作業的包裝生產線。包裝設備在物流作業中起著重要作用，它可以改善勞動條件、降低勞動強度和產品成本、降低包裝費用、提高包裝品質、延長物料保質期和便於物料儲運等。

三、包裝自動生產線

（一）包裝自動生產線的概念

包裝自動生產線是按包裝的工藝過程，將自動包裝機和有關輔助設備用輸送裝置連接起來，再配以必要的自動檢測、控制、調整補償裝置及自動供送料裝置，成爲具有獨立控制能力，同時能使被包裝物品與包裝材料、包裝輔助材料、包裝容器等按預定的包裝要求和工藝順序，完成商品包裝全過程的工作系統。

應用包裝自動生產線可以大大提高勞動生產率、提高包裝產品品質、改善勞動條件、降低工人勞動強度、減少占地面積、降低包裝產品成本。包裝自動生產線特別適用於少品種、大批量的產品包裝，是包裝工業發展的方向。

（二）典型的包裝生產線

1. 酒類灌裝自動生產線

成垛的空酒瓶由汽車運到工廠入口，由卸垛機卸下排成單行送到卸瓶機處，由卸瓶機將空瓶吊出放到傳送帶上，空棧板被輸送到堆垛機。空的塑膠箱被送至洗箱機，經洗淨後再運行到裝箱機以裝內銷酒；如果用的是紙箱，則由裝箱機加工好後送到另一台裝箱機以裝外銷酒。

圖 5-3 酒類灌裝自動工廠的包裝生產線

空瓶經洗瓶機、排列機、灌裝機、封口機、檢液機、貼標機等完成清洗、灌裝貼標後，被分送到外銷與內銷裝箱機處裝箱，對外銷的紙箱還要經過封箱。

產品裝箱後，被輸送到儲存輸送設備，經分類機把不同品種的產品分別儲存在不同的部位。然後，儲存輸送設備將同類產品送出到堆垛機。堆積好的棧板經收縮包裝機包裹結實後，送入自動倉庫存放。汽車在出口處按訂貨從自動倉庫運出。圖 5-3 所示爲酒類灌裝自動工廠的包裝生產線。

2. 罐裝自動生產線

罐裝自動生產線如圖 5-4 所示，適用於生產各種粉末狀、超細粉末狀或粉粒狀的物料，如米粉、奶粉、營養食品、固體飲料、食品添加劑、粉末味精、食鹽、調味品、碳粉、化工原料等。高度靈活性的設備配置可以滿足不同規格、不同用戶的專業需要。完善的自動控制系統確保流水線中每一個環節都處於監控狀態。高精度伺服電機驅動的螺桿充填計量系統，可以精確地控制每次下料的重量。

圖 5-4　罐裝自動生產線

3. 藥品包裝生產線

藥品包裝生產線如圖 5-5 所示，包括鋁塑泡罩包裝機、多功能裝盒機、熱收縮薄膜包裝機、自動秤重秤及裝箱機等幾部分，它用於完成藥品鋁塑泡罩包裝—泡罩板裝盒—成品盒的動態稱量—成品盒的捆扎式熱收縮薄膜包裝—裝箱等一系列工作，從而實現藥品包裝的自動化生產，將人爲差錯降到最低限度，有效防止藥品在包裝過程中受到污染和品質下降，保證藥品的包裝生產過程完全符合《藥品生產品質管理規範》（GMP）的要求。

圖 5-5　藥品包裝生產線

5-5　集裝化與集合包裝

一、集裝化概述

（一）集裝

集裝是將許多大小不同、形狀各異的單件物品，通過一定的技術措施組合成尺寸規格相同、重量相近的大型標準化的組合體，這種大型的組合狀態稱爲集裝。以最有效地實行物資搬運作爲條件，把若干物品和包裝貨物或者零散貨物恰當地組合包裝，達到適合於裝卸、存放、搬運及機械操作的目的。

（二）集裝化與集合包裝

集裝化也稱之爲組合化或單元化，它是將一定數量的散裝或零星的物品組合而形成一個便於裝卸、搬運、儲存和運輸的單元體的工作過程。所謂集裝化，是指用集裝器具或採用捆扎方法，把物品組合成標準規格的運輸單元，以便於裝卸、搬運、儲運、運輸等物流活動。實行集裝化的有形手段是集裝工具。

集合包裝是利用集裝工具可以將一定數量的包裝件或產品，組合成一個更大的、具有一定規格和強度的單元貨件，即集合包裝既是一種包裝形式，也是一種新型的運輸單元形式。

（三）集裝單元化技術

集裝單元化技術是物流管理硬技術（設備、器具等）與軟技術（爲完成裝卸搬運、儲存、運輸等作業的一系列方法、程序和制度等）的有機結合。它包括集裝箱、棧板、集裝袋、框架集裝和無棧板集裝等。

集裝單元化技術隨著物流管理技術的發展而發展。採用集裝單元化技術後，使物流費用大幅度降低，同時，使傳統的包裝方法和裝卸搬運工具發生了根本變革。集裝箱本身就成爲包裝物質運輸工具，改變了過去那種對包裝、裝卸、儲存和運輸等各管一段的做法。它是綜合規劃和改善物流機能的有效技術。

二、集裝化的功用

集裝化反映了一個國家或地區的生產、科技與管理水準。它以生產發展和較高的科技水準爲基礎，不僅要求運輸裝卸的高度機械化，還要有一套完整的科學管理方法，在現代物流系統中，日益顯示出它的優越性。它的功用主要表現在以下幾個方面。

1. 有利於降低商品運輸、裝卸的勞動強度，減少重複操作，提高運輸和裝卸的效率。
2. 縮短裝卸時間，加速車船周轉，提高物流效率。有利於實現海運、鐵路和公路的聯合運輸，形成從發貨人倉庫直達收貨人倉庫的「門到門」運輸，便於實施裝卸機械化和自動化，從而加快了車船周轉和商品運輸速度，提高物流效率。
3. 保證儲運的安全。裝卸後的商品被密封在箱內，集合包裝起到一個強度很大的外包的作用。在儲運過程中，無論經過多少環節，都是整箱運輸，自發貨人處裝箱簽封直到收貨人處實行一票到底，從而避免貨物倒裝，防止貨損、貨差和丟失，提高商品儲運的完整率，有效地保證了商品的儲運安全。

4. 節省包裝費用，降低物流成本。集裝化所使用的容器（集裝箱、棧板等）大多數可以反復周轉使用，可以相應降低集合包裝的用料標準，甚至可以簡化包裝或不包裝，節省包裝費用。集裝化後可簡化理貨手續，提高運輸工具的運載率，降低運輸費用和成本，且受環境氣候影響較小，便於露天存放，節省倉容，減少存儲費用。物流成本的降低可以增加商品在市場上的競爭力。
5. 促進包裝標準化、規格化、系列化的實現。集裝化要求集合包裝具備一定的規格尺寸，每件商品外包裝尺寸必須適合集裝箱或棧板的裝放要求，不能出現集合包裝的空位，才能保證運輸、裝卸的合理化。

三、集合包裝和集裝運輸

集合包裝是實現集裝運輸的條件，是運輸業高度發展的必然結果。集裝運輸是以集合包裝爲基礎，化零爲整的一種先進運輸方式。集合包裝的最大特點就是，把商品的包裝方式和運輸方式融爲一體。離開了集裝運輸就談不上集合包裝，而沒有集合包裝就無法實現集裝運輸，兩者是相互依存、互相促進的關係。爲了提高裝載能力、保證儲運安全、提高裝卸運輸效率，必須協調好集合包裝與集貨運輸的關係。集合包裝要求裝卸搬運的高度機械化，而集裝運輸則要求包裝的集裝化。

（一）工具要素

集裝化的工具主要是各種集裝工具和輔助性工具。集裝工具有：集裝箱、棧板、集裝袋、散裝罐等。集裝輔助工具有：裝卸輔助工具，如吊具、索具、堆高機附件屬具等搬運輔助工具、包裝輔助工具。

這些工具以不同形式進行集裝，適用於不同的貨物，再加上各種集裝具有不同的類型和尺寸，所以集裝化適用於各種物流對象。

（二）裝置、設施要素

1. 集裝站、場、碼頭。這些設施是集裝的運輸地點，如火車集裝站、集裝處理場、集裝碼頭等，集裝貨物在這些地方的活動主要是存放和裝卸。
2. 集裝裝卸設施。主要有集裝箱吊車、棧板堆高機、集裝箱半掛車、散裝管道裝卸設備、散裝輸送傳送設備。
3. 集裝運輸設備。主要有集裝箱船、集裝箱列車、散裝罐車等。
4. 集裝儲存設施。主要有集裝箱堆場、棧板貨架、集裝貨載、立體倉庫等。

（三）管理要素

集裝化的管理與一般工廠管理、商業管理有很大的差別，必須依靠有機地協調、有效地管理才能完成。由於集裝的範疇很廣，從地域來講，集裝貨物的移動能遍及全國或國際間，因此管理有很強的特殊性。集裝化管理主要有以下幾方面。

1. 棧板、集裝箱的周轉管理。棧板、集裝箱、集裝袋等集裝工具一旦發運，有的會在千里之外，如何回收、復用、返空是管理中的一個很大問題。因此，在管理上應採取集裝箱網絡管理、棧板聯營方式管理等，有效地解決管理問題。
2. 集裝聯運經營管理。集合包裝的整個物流過程涉及若干種運輸方式、許多部門和站場，因此，必須進行一種有效的協作才能使集合包裝聯運順利實現。
3. 集裝化資訊。集裝化資訊是管理中的重要部分，關係集裝化是否正常進行。

（四）支撐要素

支撐要素主要指國家相關的體制、法律和制度等。集裝化涉及範圍廣、部門多，必須有強有力的體制、法律制度方面的支持才能完成。

四、集裝單元化設備

集裝化設備，主要有集裝箱、棧板、集裝袋等。

（一）集裝箱

1. 集裝箱的概念

集裝箱又稱貨櫃（Container），是指具有一定強度、剛度和規格的專供周轉使用的大型貨箱，是一種綜合型運輸工具，如圖 5-6。根據國際化組織的要求，凡具備下列條件的貨物運輸容器，都稱為集裝箱。

(1) 具有足夠的強度，能長期反覆使用。

(2) 在各種運輸方式、聯運或中途中轉時，箱內貨物無需倒裝。

(3) 具有快速搬運和裝卸的裝至，便於物流過程中以集裝箱為一體進行運輸方式的轉換。

(4) 對內裝貨物有較強的防護、保護功能。

(5) 便於貨物裝滿和卸空，能充分利用箱內容積。

(6) 箱內淨空間在 1 立方米以上。

(a) 乾貨集裝箱

(b) 保溫集裝箱

(c) 罐式集裝箱

(d) 散貨集裝箱

(e) 台架式集裝箱

(f) 平台集裝箱

圖 5-6　不同的集裝箱

2. 集裝箱運輸的特點

(1) 簡化包裝，大量節約包裝費用：集裝箱具有堅固、密封的特點，其本身就是一種極好的包裝。使用集裝箱可以簡化包裝，有的甚至無須包裝，可以大大節約包裝費用。

(2) 減少貨損和貨差，提高貨運品質：貨物裝箱並鉛封後，途中無須拆箱倒載，即使經過長途運輸或多次換裝，箱內貨物也不易損壞。集裝箱運輸可減少受潮、污損等引起的貨損和貨差。

(3) 減少營運費用，降低運輸成本：由於集裝箱的裝卸基本上不受惡劣氣候的影響，船舶非生產性停泊時間縮短，又由於裝卸效率高、裝卸時間縮短，從而降低運輸成本。

(4) 有資本進入門檻：集裝箱運輸雖然是一種高效率的運輸方式，但是它同時又是一種資本高度密集的行業。集裝箱的投資相當大，開展集裝箱運輸所需的高額投資，使得公司的總成本中，固定成本占有相當大的比例，高達 2/3 以上。並且，集裝箱運輸中的港口投資也相當大。

（二）集裝箱的種類

1. 按用途分類

(1) 通用集裝箱：適用於裝載各種不同規格、無特殊運輸條件的乾雜貨，成件集裝運輸。這類集裝箱的箱體一般有密封防水裝置，又稱密封式集裝箱或適應性集裝箱。

(2) 專用集裝箱：根據某些商品對運輸條件的特殊要求專門設計，一般箱內設有通風、空調或貨架等設備，可用於裝載鮮活、易腐、不耐熱 / 凍或體積較大的商品。

2. 按結構分類

可分爲保溫集裝箱、通風集裝箱、冷藏集裝箱、罐式集裝箱、散貨集裝箱、牲畜集裝箱、柱式集裝箱、掛式集裝箱及多層集裝箱等。

3. 按製作材料分類

可分爲鋼質集裝箱、鋁合金集裝箱、玻璃鋼質集裝箱及薄殼式集裝箱等。

4. 按運用的運輸方式分類

可分爲聯運集裝箱、海運集裝箱、鐵道集裝箱及空運集裝箱等。

5. 按箱體造型差異分類

可分爲不同開門位置集裝箱、折疊式集裝箱、拆解式集裝箱、台架式集裝箱、抽屜集裝箱及隔板集裝箱等。

五、棧板

（一）棧板的概念

棧板（Pallet），中國大陸用語為托盤，如圖5-7，是指用於單元負載、堆放、搬運和運輸、放置單元負載物品的水準平台裝置。棧板是在物流系統中為適應裝卸機械化、自動化而發展的一種單元負載器具。

圖 5-7　棧板

棧板的發展可以說是隨著堆高機的發展而發展的，堆高機與棧板的配套使用，使裝卸機械化水準大幅度提高，使長期以來在運輸過程中的裝卸瓶頸得以解決或改善。所以，棧板與裝卸搬運機械的有機結合，有效地促進了物流效率的提高。

棧板最初是在裝卸領域出現並發展的，在應用過程中又近一步拓展到儲存、運輸環節，成為儲存和運輸單元化的重要器具。棧板的出現也促進了貨櫃和其他單元負載方式的形成和發展，現在棧板以其簡單、方便的特點在單元負載領域中備受青睞。棧板已成為和貨櫃一樣重要的單元負載器具，二者共同形成了單元負載系統的兩大支柱。

（二）棧板的特點

棧板與貨櫃都有其各自的特點。與貨櫃相比，棧板的優點如下：

1. 自重量小，因而用於裝卸、運輸的棧板本身所消耗的勞動較少，無效運輸及裝卸比貨櫃運輸要少得多。
2. 返運容易，占用運力很少。由於棧板造價不高，又很容易互相代用，所以無需像貨櫃那樣有固定歸屬者，也無需像貨櫃那樣返運。即使返運，也比貨櫃容易。
3. 裝載容易，裝卸貨物不需像貨櫃那樣深入到箱體內部，裝盤後可採用捆扎、緊包等技術處理，使用更簡便。
4. 裝載量雖較貨櫃小，但也能集中一定的數量，比一般包裝的組合量大得多。

棧板的主要缺點是：保護性比貨櫃差，露天存放困難，需要有倉庫等配套措施。

（三）棧板的種類及其使用

棧板的種類繁多，結構各異，目前常見的棧板主要有以下 5 種。

1. 平板棧板

平板棧板又稱平棧板，是棧板中使用量最大的一種，是通用棧板。由雙層板或單層板另加底腳支撐構成，無上層裝置，在承載面和支撐面加以縱樑，可使用堆高機或搬運車進行作業。按其材質的不同，有木製、塑製、鋼製、竹製、塑木複合等，如圖 5-8 所示。

圖 5-8　平棧板

2. 箱式棧板

箱式棧板是指在棧板上面帶有箱式容器的棧板。箱式棧板是在棧板基礎上發展起來的，多用於存放形狀不規則的物料、散件或散狀物料的集裝，金屬箱式棧板還用於熱加工車間集裝熱料。一般下部可叉裝，上部可吊裝，並可進行碼垛（一般爲四層），如圖 5-9 所示。

圖 5-9　箱式棧板

3. 柱式棧板

柱式棧板上部的 4 個角有固定式或可卸式的立柱，有的柱與柱之間有連接的橫樑，使柱子成門框形。柱式棧板在平棧板上裝有 4 個立柱，其目的是在多層堆碼保管時，保護好最下層棧板的貨物。棧板上的立柱大多採用可卸式的、高度多爲 1,200mm 左右、立柱的材料多爲鋼製、耐荷重 3t、自重 30kg 左右，如圖 5-10 所示。柱式棧板的特點是在不壓貨物的情況下可進行碼垛（一般爲四層），多用於包裝物料、棒料管材等集裝，還可以成爲可移動的貨架、貨位；不用時，可疊套存放，節約空間。近年來，在國外推廣迅速。

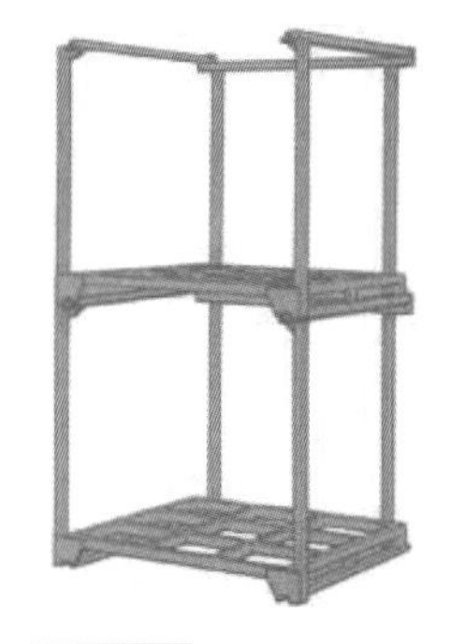

圖 5-10　柱式棧板

4. 物流台車

物流台車是在平棧板、柱式棧板或箱式棧板的底部裝上腳輪而成，既便於機械化搬運，又宜於短距離的人力移動。適用於企業工序間的物流搬運，也可在工廠或配送中心裝上貨物運到商店，直接作爲商品貨架的一部分，如圖 5-11 所示。

圖 5-11　物流台車

5. 特種專用棧板

這類棧板是根據產品特殊要求專門設計製造的棧板，如：平板玻璃棧板、油桶專用棧板、輪胎棧板等。

六、其他集裝工具

集裝袋是一種使用韌性材質製成的軟質袋形集裝容器（見圖 5-12），主要用於集裝易於流動的粒狀、粉狀和塊狀貨物，如糧食、鹽、砂糖、水泥、化肥、石英砂、礦粉等。

集裝袋一般在底部有吊帶、底部沒有卸料口，卸料時打開卸料口繩索，貨物借助重力很快便可卸出。按形狀的不同，集裝袋有圓形、方形和圓錐形等形式；按製作材料的不同，集裝袋有合成纖維集裝袋、塑料塗布集裝袋和橡膠集裝袋等。

圖 5-12　集裝袋

物流 Express

綠色物流 共享快遞盒

中國蘇寧物流推出更環保、成本更低的「共享快遞盒」

共享快遞盒子的初衷是什麼？

根據中國國家郵政局統計，2016 年中國快遞業務量首度突破 312 億件，背後所用的瓦楞紙箱原紙多達 4,600 萬公噸，佔全球的 1/3，大約等於 7,200 萬棵樹。

中央通訊社報導指出，在 2015 年中國消耗了 99.22 億個包裝箱、169.85 億公尺膠帶以及 82.68 億個塑膠袋，膠帶的長度可繞地球赤道 425 圈。若按照每個包裝箱 0.2 公斤估算，這些快遞產生的包裝垃圾高達 400 多萬噸。

中國的快遞業經過 10 多年的高速發展，投遞效率的提升有目共睹，但快遞包裝使用大量瓦愣紙與層層膠帶，既浪費了大量資源，也帶來回收難題，產生巨量的垃圾與污染。

什麼是共享快遞盒？

為迎接雙十一，中國蘇寧物流推出更環保、成本更低的「共享快遞盒」，以可重複利用的方形塑膠盒取代一般常用的紙箱，在顧客簽收後，配送員即可將快遞盒摺疊成一塊塑膠板，帶回倉庫供下一次使用。

一個共享快遞盒的製作成本是人民幣 25 元（約新臺幣 115 元），平均每週可循環 6 次，預計單個快遞盒使用壽命可超過 1,000 次，單次使用成本僅需 0.025 元（約新臺幣 0.11 元）。

而共享快遞盒每循環 2,000 次以上，大概可節約 1 棵 10 年樹齡的樹木。蘇寧易購總裁侯恩龍表示，「如果電商行業都加入蘇寧易購共享快遞盒計畫，集衆人之力，一年可省下近 46.3 個小興安嶺（樹木）。」

共享快遞盒能有效解決污染問題

相比於傳統的快遞紙盒，快遞寶的共享快遞盒有以下 4 個優點：

1. 快遞寶共享快遞盒使用拉鍊替代膠帶，可降解的拉鍊，能夠很大程度減少膠帶的污染。
2. 使用電子面單替代紙質面單。
3. 使束帶替代泡沫填充物固定貨物。
4. 使用環保材料作為紙盒主體，可以回收再利用。

而且採用 AI 系統輔助，可以為運輸品選擇合適的快遞紙盒尺寸，節省運輸成本。而且這種快遞紙盒的材質比以往瓦楞紙材質更堅固，能夠為玻璃等易碎物品提供更好的保護。

共享快遞盒存在哪些問題？

共享快遞盒作為全新的概念，自然引起不少人觀望及疑問，回收機制也勢必會遭遇種種問題，如：塑膠製的快遞盒子耐不耐摔？配送員是否會確實履行回收的職責？若配送員送貨時客戶不在場該如何回收？

新華網報導提及，隨著材料技術的發展，已有許多塑料製品都能取代鋼、鋁等金屬，所以要打造一個堅固耐用的塑膠快遞盒並不困難，而回收機制也能在經驗中持續調整與改善。例如可以建立快遞盒的編碼追蹤機制，搭配配送員的考核制度，建立完善的方式確保每個快遞盒都能被確實收回。

除了共享快遞盒之外，也有不少電商紛紛朝著「綠色可循環物流」努力，有電商推出以抽拉繩密封的循環包裝袋，包裝袋由配送員回收，返回倉儲再次打包使用；有業者啓用綠色倉庫，使用免膠帶的快遞箱和 100% 可生物分解的快遞袋；還有些電商在雙十一期間，在重點城市的提貨點發起紙箱回收的行動。

共享快遞盒可以減少使用傳統紙箱、減少對樹木森林的破壞，提高社會資源利用率，節省社會資源。快遞企業採用共享快遞盒更為綠色、可循環，可以與電商平台和消費者形成一個多贏的局面，所以共享快遞盒可以說是電商企業必然發展的下一步。

參考資料：

1. 金靖恩，雙十一消費不浪費：「共享快遞盒」可重複使用上千次，取代紙箱盼拯救 7,200 萬棵樹，社企流，2017/11/10。
2. 陳晨，資本砸向共享快遞盒，會重演共享單車的結局嗎？今天頭條，2019/09/06。
3. Fortune Insight，【共享經濟】你有沒有想過快遞盒也能共享？快遞寶通過天使輪融資 1,200 萬，2018/03/22。

問題討論

1. 共享快遞盒有何優缺點？
2. 賣家、買者與物流業者應如何選擇合適的共享快遞盒？

自我評量

1. 包裝的定義爲何？
2. 包裝的功能是指包裝與產品組合時所具有的功能與作用，主要有哪些？
3. 包裝用途如何分類？
4. 常見的包裝的材料有哪些？
5. 何謂包裝標誌？有哪些包裝標誌應該要注意？
6. 有哪些包裝技術値得注意？
7. 包裝設備的作用爲何？
8. 常用的包裝設備有哪幾種？
9. 何謂包裝材積？
10. 何謂集裝化？集裝化的功用爲何？
11. 集裝單元化設備有哪些？
12. 何謂集裝箱？集裝箱有哪些種類？
13. 集裝箱運輸的特點爲何？
14. 何謂棧板？其特點爲何？又棧板的種類有哪些？

NOTE

第三篇：物流功能

06 裝卸與搬運

知識要點

- 6-1 裝卸搬運的概述
- 6-2 裝卸搬運的方式
- 6-3 裝卸搬運的設備概述
- 6-4 常見的裝卸搬運設備

物流前線

智慧櫃　物流最後一哩商機

物流 Express

亞馬遜倉庫揭秘：物流 Kiva 機器人

物流前線

智慧櫃　物流最後一哩商機

為了解決物流的最後一哩路，近幾年，全球各地都在推動智慧櫃的應用。美國亞馬遜（Amazon）早在 2011 年就推出 Amazon Locker 的包裹收取服務。

在臺灣，以中華郵政、掌櫃為代表的業者，也在郵局、捷運站、公家單位持續擴點。以中華郵政的「i 郵箱」為例，自 2016 年開始建置，目前已達 1,000 座，2019 年底增加到 2,000 座，遍及全臺各鄉鎮，甚至連離島、阿里山都看得到，未來兩年更上看 3,000 座；掌櫃的據點則以社區為主，在美廉社、小北百貨可見到其蹤影，目前已有近 1,200 座，加上其他業者的櫃機，年底全臺智慧櫃將有 3,000 座，2020 年更可達 4,000 座。

「掌櫃」是目前國內擁有較最多物流夥伴的智慧櫃公司，合作的物流業者包含嘉里大榮、嘉里快遞、宅配通、順豐速運、新竹物流、DHL 以及 UPS，只要是這些物流業者配送的包裹，都可以選擇掌櫃寄送。

物聯網搭配智慧管理，智慧櫃不只是置物櫃

相較於傳統的置物櫃，智慧櫃到底有多智慧呢？智慧櫃解決方案供應商吉達思總經理朱懿中表示，一般來說必須有連網、管理、管制等功能，才能叫做智慧櫃，基本上要有一個觸控互動螢幕，可以展示銷售商品、播放廣告或行銷活動，此外要有身份辨識功能，可感應接受門禁卡、員工識別證、學生證等，當然也要能遠端管理，具有後台管理、遠端開櫃控制、簡訊或電子郵件發送等功能，也有 24 小時安全監控裝置，出問題後可以追查，有些機櫃還要支援各種行動支付工具、電子錢包及 APP 互動功能。

隨者智慧櫃不斷拓展據點，各家業者也陸續推出收寄貨以外的服務。

圖片來源：掌櫃臉書

如以智慧櫃搭載的軟體產品模組來說，就有基本維運與管理、包裹收送、置物服務、物品借還、物件領用、洗衣服務、網訂櫃取、電商銷售、現場銷售、金流支付等模組，視業主需求的營運項目與使用情境來打造所需的智慧櫃服務。

參考資料：

1. 沈勤譽，爭奪物流最後一哩商機，全台 3,000 座智慧櫃大出擊！未來商務，2019/11/08。
2. 葉卉軒，防疫新生活 智能櫃「零接觸配送」需求增，經濟日報，2020/04/09。

問題討論

1. 智慧櫃的市場如何？潛在使用者為何？
2. 智慧櫃在物流扮演的角色為何？

6-1 裝卸搬運的概述

一、基本概念

物品的裝卸搬運是物流的主要功能之一。裝卸搬運活動滲透到物流各領域、各環節，成爲物流順利進行的關鍵。物品裝卸搬運伴隨著物流的始終，聯繫著物流的其他功能，成爲提高物流效率、降低物流成本、改善物流條件、保證物流品質最重要的物流環節之一。

裝卸（Loading and Unloading）是指物品在指定地點以人力或機械實施垂直位移的作業；搬運（Handling Carrying）是指在同一場所內，對物品進行水準移動爲主的作業，兩者全稱「裝卸與搬運」或「裝卸搬運」。有時候在特定場合，單稱「裝卸」或單稱「搬運」也包含了「裝卸與搬運」的完整涵義。

在習慣使用中，物流領域常將裝卸搬運這一整體活動稱爲「貨物裝卸」；在生產領域中常將這一整體活動稱作「物料搬運」。實際上，活動內容都是一樣的，只是領域不同而已。在實際操作中，裝卸與搬運是密不可分的，兩者是伴隨在一起發生的。

因此，在物流領域中並不過分強調兩者差別，而是作爲一種整體活動來對待。此外，搬運的「運」與運輸的「運」區別之處在於：搬運在同一地域的小範圍內發生；運輸則設在較大範圍內發生，兩者是量變到質變的關係，中間並無絕對的界限。

搬運作業在配送中心作業中占有 60% ～ 70% 以上的作業量，它涉及貨物的裝卸、搬運、堆垛、取貨、理貨、分類等與之相關的作業過程，是物流系統構成的要素之一。搬運作業在具體操作中並不直接創造價值，但它卻是在物品由生產到消費的流動過程中不可缺少的。在物流活動中搬運作業主要使用在以下幾個方面：

1. 裝卸：將物品裝上運輸機具或由運輸機具卸下。
2. 搬運：使物品在較短的距離內移動。
3. 堆碼：將物品或包裝貨物進行碼放、堆垛等有關作業。
4. 取出：從保管場所將物品取出。
5. 分類：將物品按品種、發貨方向、顧客需求等進行分類。
6. 理貨：將物品備齊，以便隨時裝貨。

二、裝卸搬運在物流中的重要性

裝卸搬運活動在整個物流過程中占有很重要的位置。一方面，物流過程各環節之間以及同一環節不同活動之間，都以裝卸作業有機結合起來，從而使物品在各環節、各種活動中處於連續運動；另一方面，各種不同的運輸方式之所以能聯合運輸，也是由於裝卸搬運的銜接作用。裝卸搬運是物流活動得以進行的必要條件，在全部物流活動中占有重要地位，發揮重要作用。

（一）裝卸搬運直接影響物流品質

因爲裝卸搬運使貨物產生垂直和水準方向上的位移，貨物在移動過程中受到各種外力作用，如振動、撞擊和擠壓等，容易使貨物包裝和貨物本身受損，如損壞、變形、破碎、散失和流溢等，裝卸搬運損失在物流費用中占有一定的比重。

（二）裝卸搬運直接影響物流效率

物流效率主要表現爲運輸效率和倉儲效率。在貨物運輸過程中，完成一次運輸循環所需的時間，在發運地的裝車時間和在目的地的卸車時間占有不小的比重，特別是在短途運輸中，裝卸車時間所占比重更大，有時甚至超過運輸工具運行時間，所以縮短裝卸搬運時間，對加速車船和貨物周轉具有重要意義。在倉儲活動中，裝卸搬運效率對貨物的收發速度和貨物周轉速度產生直接影響。

（三）裝卸搬運直接影響物流安全

由於物流活動是物的實體流動，在物流活動中確保勞動者、勞動手段和勞動對象的安全非常重要。裝卸搬運特別是裝卸作業，貨物要發生垂直位移，不安全因素比較多。實踐表明，物流活動中發生的各種貨物破失事故、設備損壞事故和人身傷亡事故等，有一部分是在裝卸過程中發生的。特別是一些危險品，在裝卸過程中如違反操作規程進行野蠻裝卸，很容易造成燃燒、爆炸等重大事故。

（四）裝卸搬運直接影響物流成本

裝卸搬運是勞動力借助於勞動手段作用於勞動對象的生產活動。爲了進行此項活動，必須配備足夠的裝卸搬運人員和裝卸搬運設備。由於裝卸搬運作業量較大，它往往是貨物運量和庫存量的若干倍，因此所需裝卸搬運人員和設備數量也比較大，即要有較多的活動和物化勞動的投入，這些勞動消耗要記入物流成本，如能減少用於裝卸搬運的勞動消耗，就可以降低物流成本。

三、裝卸搬運的原則

裝卸搬運作業僅是銜接運輸、保管、包裝、配送、流通加工等各物流環節的活動，本身不創造價值。爲此，應盡量節約時間和費用，實現裝卸搬運作業合理化。其合理化原則如下：

（一）省力化原則

所謂省力，就是節省動力和人力。①力求減少搬運次數或不裝卸搬運；②努力做到集裝化裝卸、集裝箱化運輸、棧板一貫制物流等有效方法；③利用貨物本身的重量和落差原理，如利用滑槽、滑板等工具；④避免或減少從下往上的搬運，多採用斜坡式，以減輕負重；⑤力求水準裝卸搬運，如倉庫的作業台與卡車車廂處於同一高度，手推車直接進出；⑥卡車後面帶尾板升降機，倉庫作業月台設裝卸貨升降裝置等。

總之，省力化裝卸搬運原則是：能往下則不往上、能直行則不拐彎、能用機械則不用人力、能水準則不要上斜、能滑動則不摩擦、能連續則不間斷、能集裝則不分散。

（二）活性化原則

活性化是「從物的靜止狀態轉變爲裝卸狀態的難易程度。」如：庫中貨物凌亂不堪，則活性化程度低；整齊堆碼易於搬運，則活性化程度高。散亂狀態與棧板單元的活性化指數差別較大等。

（三）順暢化原則

裝卸搬運貨物順暢化對生產安全、提高效率相當重要。順暢化就是作業場內無障礙，作業不間斷，作業通道暢通。如堆高機在庫中作業，應具有安全空間，使轉彎、後退等動作無阻；人工搬運時要有合理通道，保證腳下無障礙物，頭頂留有空間；用手推車搬貨時，地面要平整，不能有電線、工具等雜物影響小車行走；人工操作電葫蘆吊車，地面防滑、行走通道兩側無障礙物。機械化、自動化作業途中停電、線路故障、作業事故的防止等都是確保裝卸搬運作業順暢和安全的因素。

（四）短距化原則

短距化，即以最短的距離完成裝卸搬運作業，最明顯的例子是生產流水線作業。它把各道工序連接在輸送帶上，通過輸送帶的自動運行，使各道工序的作業人員以最短的動作距離實現作業，大大地節約了時間，減少了人的體力消耗，大幅度提高了作業效率。

（五）單元化原則

如利用集裝箱、棧板單元等設備極大地提高了搬運效率。

（六）連續化原則

如充分利用皮帶傳送機、輥道輸送機、旋轉貨架等實現連續化裝卸搬運。

（七）人機工程原則

通道、物品的包裝、擺放位置、品質、作業環境等必須人性化。

四、裝卸搬運活性分析

所謂裝卸搬運的靈活性，是指在裝卸作業中的物料進行裝卸作業的難易程度。所以，在堆放貨物時，事先要考慮到物料裝卸作業的方便性。

（一）搬運活性指數

搬運處於靜止狀態的物料時，需要考慮搬運作業所必需的人工作業。物料搬運的難易程度稱爲活性。我們用活性指數來衡量，所費的人工越多，活性就越低；反之，所需的人工越少，活性越高，但相應的投資費用也越高。

物料裝卸的活性指物料搬運的難易程度，一般用活性指數來衡量。日本物流專家滕建民教授根據物料所處的狀態，即物料裝卸搬運的難易程度，把物料放置活性程度分爲 0 ～ 4 共 5 個等級，如圖 6-1 和表 6-1 所示。活性指數越高，物品越容易進入裝卸搬運狀態。

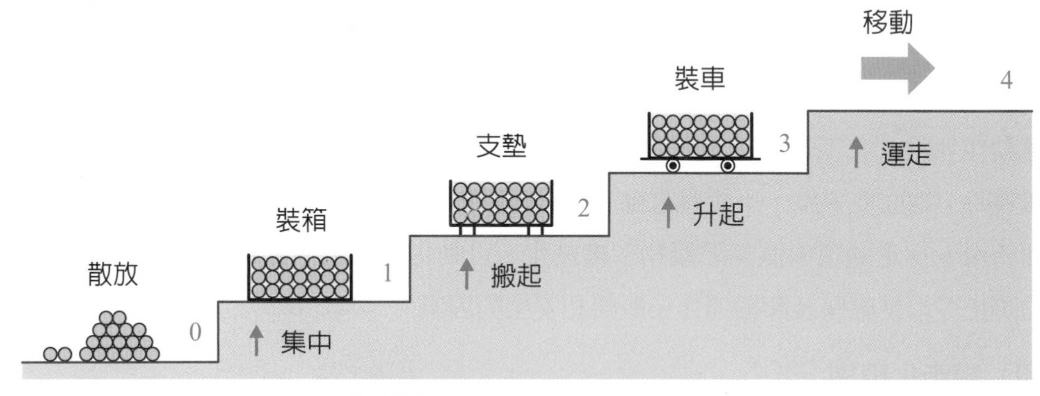

圖 6-1　物料裝卸搬運的靈活性

表 6-1 裝卸搬運活性指數

裝卸搬運活性指數	貨物狀態
0	貨物雜亂地堆放於地面
1	貨物已被捆扎或裝箱
2	捆扎過的貨物或箱子放在棧板內
3	被置於台車或起重機械上，可以移動
4	貨物處於移動狀態

從圖 6-1 和表 6-1 可以看出，散放在地上的物料要運走，需要經過集中、搬起、升起和運走 4 次作業，所需的人工作業最多，即活性水準最低，活性指數定爲 0，而放在容器中的物料活性指數爲 1，放在傳送帶上的物料活性指數越高，爲 4。

根據活性指數理論，在實踐中要重視放置方法。例如，搬運散亂放置的物體時，要綁上掛兜索，底部必須懸空，如果在卸下時就在其底下墊好墊木，就可以省去這道工序；搬運有一定數量的物體時，收集在一起搬運，可以提高效率，因此通常把它們裝入袋內、箱子或捆在一起打包；如果把要搬運的物體擺放在棧板上，就可以方便地用堆高機操作了。

從理論上講，搬運活性指數越高越好，但也必須考慮實施的可能性。例如，物品在儲存階段，活性指數爲 4 的輸送帶和活性指數爲 3 的車輛，在一般的倉庫裡很少使用，因爲大批量的物料不可能存放在輸送帶或車輛上，而放在活性指數爲 2 的棧板上具有廣泛的實用價值。

（二）平均搬運活性指數

$$\text{平均搬運活性指數} = \frac{\text{搬運活性指數總和}}{\text{作業工序數}}$$

搬運作業活性分析圖（如圖 6-2 所示）是顯示物料搬運系統過程中各階段活性指數變化狀況的示意圖。該圖便於直觀地分析和確定改善物料搬運的薄弱環節。

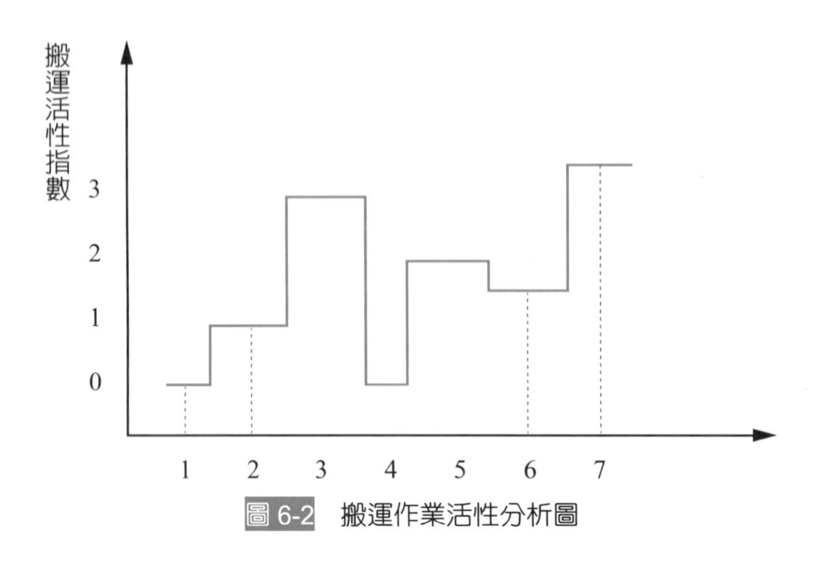

圖 6-2　搬運作業活性分析圖

由平均搬運活性指數的大小，可以採用以下不同的改進方法：

1. 低於 0.5：有效利用集裝器具、手推車。

2. 0.5 ～ 1.3：有效利用動力搬運車、堆高機、卡車。

3. 1.3 ～ 2.3：有效利用傳送帶、自動導引車。

4. 2.3 以上：從設備、方法方面進一步減少搬運工序數。

總之，搬運活性指數越高，所需人工越少，但設備投入越多。在進行搬運系統設計時，不應機械地認爲活性指數越高越好，而應綜合考慮。

6-2 裝卸搬運的方式

裝卸搬運由於其附屬性、伴隨性和複雜性所致，可以從不同角度進行不同分類。

一、以作業的場所分類

根據裝卸搬運作業場所的不同，流通領域的裝卸搬運基本可分爲車船裝卸搬運、港站裝卸搬運、庫場裝卸搬運三大類。

（一）車船裝卸搬運

車船裝卸搬運是指在載運工具之間進行的裝卸、換裝和搬運作業，主要包括汽車在鐵路貨場和站臺旁的裝卸搬運、鐵路車輛在貨場及站台的裝卸搬運、裝卸搬運時進行的加固作業，以及清掃車輛、揭蓋篷布、移動車輛、檢斤計量等輔助作業。

（二）港站裝卸搬運

港站裝卸搬運是指在港口碼頭、車站、機場進行的各種裝卸搬運作業，主要包括碼頭前沿與後方之間的搬運、港站堆場的堆碼、拆垛、分揀、理貨、配貨、中轉作業等。

（三）庫場裝卸搬運

庫場裝卸搬運通常是指在貨主的倉庫或儲運公司的倉庫、堆場、物品集散點、物流中心等處進行的裝卸搬運作業。庫場裝卸搬運經常伴隨物品的出庫、入庫和維護保養活動，其操作內容多以堆垛、上架、取貨爲主。

在實際運作中，這三類作業往往相互銜接、難以割裂。例如碼頭前沿的船舶裝卸作業與港口和船舶都有聯繫，而這兩者分別對應著港站裝卸搬運和車船裝卸搬運，所以作業的內容和方式肯定十分複雜，在具體組織實施的過程中，必須認眞對待。

二、以作業的內容分類

根據裝卸搬運作業內容的不同，裝卸搬運可分爲：堆碼拆取作業、分揀配貨作業和挪動移位作業（即狹義的裝卸搬運作業）等形式。

（一）堆放拆垛作業

堆放（或裝上、裝入）作業是指把物品移動或舉升到裝運設備或固定設備的指定位置，再按所要求的狀態放置的作業；拆垛（卸下、卸出）作業則是其逆向作業。如用堆高機進行叉上叉下作業，將物品托起並放置到指定位置場所，如卡車車廂、集裝箱內、貨架或地面上等；又如利用各種形式吊車進行吊上吊下作業，將物品從輪船貨倉、火車車廂、卡車車廂吊出或吊進。

（二）分揀配貨作業

分揀是在堆垛作業前後或配送作業之前把物品按品種、出入先後、貨流進行分類，再放到指定地點的作業。而配貨則是把物品從所定的位置按品種、下一步作業種類、發貨對象進行分類的作業。一般情況下，配貨作業多以人工進行，但是由於多品種、小批量的物流形態日益發展，對配貨速度要求越來越高，以高速分揀機爲代表的機械化作業應用逐漸增多。

（三）挪動移位作業

挪動移位作業，即狹義的裝卸搬運作業，包括水準、垂直、斜行搬送，以及幾種組合的搬送。在水準搬運方式中，廣泛應用輥道輸送機、鏈條輸送機、懸掛式輸送機、皮帶輸送機以及手推車、無人搬運車等設備。從方式來分，有連續式和間歇式；對於粉狀和液體物質，也可以用管道進行輸送。

三、以機械及其作業方式分類

根據裝卸搬運機械及其作業方式的不同，裝卸搬運可分成「吊上吊下」、「叉上叉下」、「滾上滾下」、「移上移下」及「散裝散卸」等方式。

（一）吊上吊下方式

吊上吊下方式是採用各種起重機械從物品上部起吊，依靠起吊裝置的垂直移動實現裝卸，並在吊車運行的範圍內或迴轉的範圍內實現搬運，或依靠搬運車輛實現小搬運。由於吊起及放下屬於垂直運動，這種裝卸方式屬垂直裝卸。如圖 6-3。

圖 6-3　集裝箱裝卸橋進行吊上吊下操作

（二）叉上叉下方式

叉上叉下方式是採用堆高機從物品底部托起物品，並依靠堆高機的運動進行物品位移，搬運完全靠堆高機本身，物品可不經中途落地直接放置到目的處。這種方式的垂直運動不大，主要是水平運動，屬水平裝卸方式。如圖 6-4。

圖 6-4　集裝箱裝輪式堆高機進行叉上叉下操

（三）滾上滾下方式

滾上滾下方式主要是指在港口對船舶物品進行水平裝卸運的一種作業方式。在裝貨港，用拖車將半掛車或平車拖上船舶，完成裝貨作業。待載貨車輛（包括汽車）連同物品一起由船舶運到目的港後，再用拖車將半掛車或平車拖下船舶，完成卸貨作業（如圖 6-5）。

圖 6-5　載貨汽車滾裝船

（四）移上移下方式

移上移下方式是指在兩車之間（如火車及汽車）進行靠接，然後利用各種方式，不使物品垂直運動而靠水平移動，從一個車輛上推移到另一車輛上的一種裝卸搬運方式。這種方式需要使兩種車輛水平靠接，因此，對站台或車輛貨台需進行改變，並配合移動工具實現這種裝卸。

（五）散裝散卸方式

散裝散卸方式是指對散狀物品不加包裝地直接進行裝卸搬運的作業方式。在採用散裝散卸方式時，物品在從起始點到終止點的整個過程中不再落地，它是將物品的裝卸與搬運作業連爲一體的作業方式。

四、以作業特點分類

根據作業特點的不同，裝卸搬運可分爲：連續裝卸搬運與間歇裝卸搬運兩大類。

（一）連續裝卸搬運

連續裝卸搬運是指採用皮帶機等連續作業機械，對大批量的同種散狀物品或小型件雜貨進行不間斷輸送的作業方式。在採用連續裝卸搬運時，作業過程中間不停頓、散貨之間無間隔、小型件雜貨之間的間隔也基本一致。在裝卸量較大、裝卸對象固定、物品對象不易形成大包裝的情況下適合採取這一方式。

（二）間歇裝卸搬運

間歇裝卸搬運是指作業過程包括重程和空程兩個部分的作業方式。間歇裝卸搬運有較強的機動性，裝卸地點可在較大範圍內變動，廣泛適用於批量不大的各類物品，尤其適合大件或包裝物品，如果配以抓斗或集裝袋等輔助工具，也可以對散狀物品進行裝卸搬運。

五、以對象分類

根據裝卸搬運對象的不同，裝卸搬運可分爲單件作業法、集裝作業法、散裝作業法三大類。

（一）單件作業法

單件作業法指的是對非集裝的、按件計的物品逐個進行裝卸搬運操作的作業方法。單件作業對機械、裝備、裝卸條件要求不高，因而機動性較強，可在很廣泛的地域內進行而不受固定設施、設備的地域局限。

單件作業可採取人力裝卸搬運、半機械化裝卸及機械裝卸搬運。由於逐件處理，裝卸速度慢，且裝卸要逐件接觸貨體，因而容易出現貨損，反覆作業次數較多，也容易出現貨差。

單件作業的裝卸搬運對象主要是包裝雜貨，多種類、少批量物品及單件大型、笨重物品。

（二）集裝作業法

集裝作業法是對集裝貨載進行裝卸搬運的作業方法。每裝卸一次是一個經組合之後的集裝貨載，在裝卸時對集裝體逐個進行裝卸操作。它和單件裝卸的主要異同在於，都是按件處理，但集裝作業「件」的單位大大高於單件作業每件的大小。

集裝作業一次作業裝卸量大，裝卸速度快，且在裝卸時並不逐個接觸貨體，而僅對集裝體進行作業，因而貨損較小，貨差也小。

集裝作業由於集裝單元較大，不能進行人力手工裝卸，雖然在不得已時，可用簡單機械偶爾解決一次裝卸，但對大量集裝貨載而言，只能採用機械進行裝卸。同時也必須在有條件的場所進行這種作業，不但受裝卸機具的限制，也受集裝貨載存放條件的限制，因而其機動性較差。

（三）散裝作業法

散裝作業法指對大批量粉狀、粒狀物品進行無包裝的散裝、散卸的裝卸搬運方法。裝卸搬運可連續進行，也可採取間斷的裝卸搬運方式。但是，都需採用機械化設施、設備。在特定情況下且批量不大時，也可採用人力裝卸搬運，但是的勞動強度大。

六、按被裝物的主要運動形式分類

根據被裝物的主要運動方式，裝卸可分爲垂直裝卸和水平裝卸兩大類。

（一）垂直裝卸

採取提升和降落的方式進行裝卸，這種裝卸需要消耗較大的能量。垂直裝卸是採用比較多的一種裝卸形式，所用的機具通用性較強，應用領域較廣，如吊車、堆高機等。

（二）水平裝卸

水平裝卸對裝卸物採取平移的方式實現裝卸的目的。這種裝卸方式不改變被裝物的勢能，因此比較節能，但是需要有專門的設施，例如和汽車水平接靠的高站臺、汽車與火車車皮之間的平移工具等。

6-3 裝卸搬運的設備概述

一、概述

裝卸搬運設備是指用來搬移、升降、裝卸和短距離輸送物料或貨物的機械。裝卸搬運設備是實現裝卸搬運作業機械化的基礎，是物流設備中重要的機械設備。它不僅可用於完成船舶與車輛貨物的裝卸，還可用於完成庫場貨物的堆碼、拆垛、運輸以及艙內、車內、庫內貨物的起重輸送和搬運。

裝卸搬運的機械性能和作業效率對整個物流系統的作業效率影響很大，其主要工作特點如下：

1. 裝卸搬運對象複雜，要求適應性強

由於受貨物種類、作業時間、作業環境等因素的影響較大，裝卸搬運活動各有特點。因此，要求裝卸搬運設備具有較強的適應性，能在各種環境下正常工作。

2. 裝卸搬運作業量大，要求設備能力強

裝卸搬運設備起重能力大，起重量範圍大，生產作業效率高，具有很強的裝卸搬運作業能力。

3. 機動性差

大部分裝卸搬運設備都在設施內完成裝卸搬運任務，只有個別設備可在設施外作業。

4. 裝卸搬運對安全性要求高

安全性是指裝卸搬運設備在預定使用的條件下執行其預定功能時不產生損傷或危害健康的能力。裝卸搬運機卸在帶來高效、快捷、方便的同時，也帶來了不安全因素，如起重機常會發生事故，機卸裝備事故會給操作者帶來痛苦和使貨物損壞，嚴重影響企業的經濟效益。物流機械裝備的安全水準關係到操作者的安全和健康及裝卸搬運品質。因此，安全性已成為選用裝卸搬運設備時的重點考慮因素，機械設備安全性越來越受到企業管理者的重視。

5. 裝卸搬運作業不均衡，工作忙閒不均

有的裝卸搬運設備工作繁忙，而有的卻長期閒置。無論哪一種情況，都要求加強檢查和維護，保證裝卸搬運設備始終處於良好的技術狀態。

二、裝卸搬運設備的作用

大力推廣和應用裝卸搬運設備，不斷更新裝卸搬運設備和實現現代化管理，對於加快現代化物流發展、促進國民經濟發展，均有著十分重要的作用。裝卸搬運設備的主要作用如下：

1. 改善勞動條件，提高裝卸效率

廣泛運用裝卸搬運機械設備，可節約勞動力，減輕裝卸工人的勞動強度，提高裝卸搬運效率。

2. 縮短作業時間

運用裝卸搬運機械設備，可加速車輛周轉，加快貨物的送達和發出速度。

3. 提高裝卸品質，保證貨物的完整和運輸安全

長大笨重貨物的裝卸，若單純依靠人力，一方面難以完成，另一方面保證不了裝卸品質，容易發生貨物損壞或偏載，危及行車安全。採用機械作業，則可避免這種情況發生。

4. 降低裝卸搬運作業成本

裝卸搬運機械設備的運用，勢必會提高裝卸搬運作業效率，而效率提高使每噸貨物攤到的作業費用相應減少，從而使作業成本降低。

5. 充分利用貨位，加速貨位周轉，減少貨物堆碼的場地面積

採用機械作業，堆碼高度大，裝卸搬運速度快，可以及時騰空貨位。因此，可以減少場地占用面積。

隨著現代物流的不斷發展，裝卸搬運機構將會得到更爲廣泛的應用。從裝卸搬運機發展趨勢來看，發展多類型的、專用裝卸搬運機械來適應貨物的裝卸搬運作業要求，是今後械的發展方向。

三、裝卸搬運設備的分類

裝卸搬運作業運用的裝卸搬運設備種類很多，分類方法也很多。爲了運用和管理方便，通常按以下方法進行分類。

（一）按用途或結構特徵進行分類

按用途或結構特徵，裝卸搬運設備可分爲起重設備、輸送設備、裝卸搬運車輛、專用裝卸搬運設備。其中，專用裝卸搬運設備是指帶有專用取物裝置的裝卸搬運設備，如棧板專用裝卸搬運設備、集裝箱專用裝卸搬運設備、船舶專用裝卸搬運設備等。

（二）按作業性質進行分類

按作業性質，裝卸搬運設備可分爲裝卸設備、搬運設備和裝卸搬運設備三大類。有些裝卸搬運設備功能比較單一，只滿足裝卸或搬運一個功能，這種單一作業功能的機械結構簡單、專業化作業能力強，因而作業效率高，作業成本低，但使用上有局限，也會因其功能單一，作業前後需要繁瑣的銜接，從而降低整個系統的效率。單一裝卸功能的設備有固定式起重機等，單一搬運功能的設備主要有各種搬運車等。裝卸、搬運兩種功能兼有的設備可將兩種作業操作合二爲一，因而有較好的效果，這種裝備有堆高機、跨運車、龍門起重機等。

（三）按裝卸搬運貨物的種類進行分類

按裝卸搬運貨物的種類，裝卸搬運設備可分爲以下四大類。

1. 長大笨重貨物的裝卸搬運設備

這類貨物的裝卸搬運作業通常採用行軌式起重機和自行式起重機兩種。行軌式起重機有龍門式起重機、橋式起重機、軌道式起重機；自行式起重機有汽車起重機、輪胎起重機和履帶起重機等。在長大笨重貨物運量較大，並且貨流穩定的貨場、倉庫，一般配備行軌式起重機；運量不大或作業地點經常變化時，一般配備自行式起重機。

2. 散裝貨物的裝卸搬運設備

散裝貨物一般採用抓斗起重機、裝卸機、量斗裝車機和輸送機等，主要使用輸送機。

3. 成件包裝貨物的裝卸搬運設備

該類貨物一般採用堆高機，並配以棧板進行裝卸搬運作業，還可以使用牽引車和掛車、帶式輸送機等解決成件包裝貨物的搬運問題。

4. 集裝箱貨物裝卸搬運設備

1 噸集裝箱一般選用內燃機堆高機或電瓶堆高機作業。5 噸及以上集裝箱選用龍門起重機、旋轉起重機進行裝卸作業，還可以採用堆高機、集裝箱跨運車、集裝箱牽引車、集裝箱搬運車等。

四、裝卸搬運設備的選擇

（一）選擇因素

裝卸搬運設備種類繁多，各種設備的使用環境、適用貨物和作業要求各不相同，在選擇設備時，應根據實際的用戶需求進行綜合評價與分析。在通常情況下，關注的因素主要包括貨物屬性、貨流量、作業性質、作業場合、搬運距離、堆垛高度等。

1. 貨物屬性

貨物所具有的不同的形狀、包裝、物理化學屬性，都對裝卸搬運設備有不同的要求。在配置選擇裝卸搬運設備時，應盡可能地符合貨物特性，以保證作業合理，貨物安全。

2. 貨流量

貨流量的大小關係到設備應具有的作業能力。貨流量大時，應配備作業能力較強的大型專用設備；貨流量小時，可以採用構造簡單、造價相對較低的中小型通用設備。

3. 作業性質

需要明確作業類型是單純的裝卸作業或搬運作業，還是同時兼顧裝卸搬運作業，在此基礎上選擇合適的裝卸搬運設備。

4. 作業場合

作業場合不同，所配備的裝卸搬運設備也不同。對於作業場合，應主要考慮以下因素：室內、室外或者室內外作業，作業環境的溫度、濕度等，路面情況、最大坡度、最長坡道、地面承載能力，貨物的存放方式是貨架還是堆疊碼放，通道大小、通道最小寬度、最低淨高等。

5. 搬運距離

搬運路線的長度、每次搬運裝卸的貨物量，也影響著設備的選擇。爲了提高裝卸搬運設備的利用率，應結合設備種類的特點，使行車、貨運、裝卸、搬運等工作密切配合。

6. 堆垛高度

堆垛高度的大小，直接影響裝卸搬運設備最大起升高度的選擇。

在選擇裝卸搬運設備時，應注意盡量選擇同一類型的標準機械，便於維護保養。整個物流配送中心的設備也應盡可能避免多樣化，這樣可以減少這些設備所需要的附屬設備，並簡化技術管理工作。在作業量不大而貨物品種複雜的情況下，應盡量發展一機多用，擴大機械適用範圍。

（二）設備選擇方法

1. 根據距離與物流量指示圖，確定設備的類別。如圖 6-6 所示。

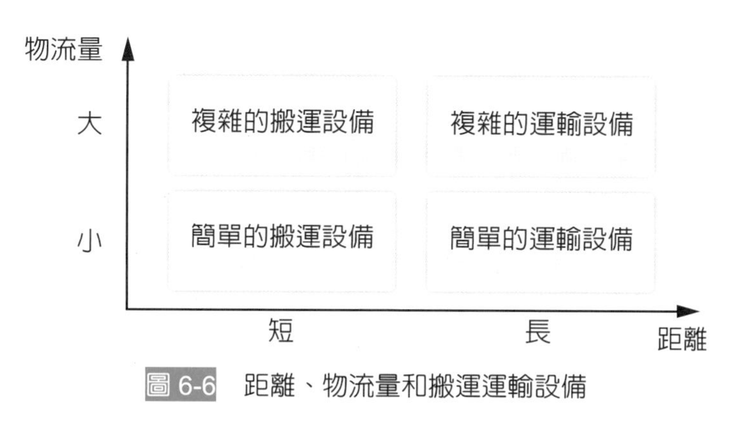

圖 6-6 距離、物流量和搬運運輸設備

圖 6-6 顯示：簡單的搬運設備適合距離短、物流量小的搬運；複雜的搬運設備適合距離短、物流量大的搬運；簡單的運輸設備適合於距離長、物流量小的運輸；複雜的運輸設備適合距離長、物流量大的運輸。

此外，根據設備數據，裝卸搬運設備可以分成四類：

(1) 簡單的搬運設備，如二輪手推車。

(2) 複雜的搬運設備，如狹窄通道帶夾具的堆高機及 AGV 自動制導車等。

(3) 簡單的運輸設備，如機動貨車。

(4) 複雜的運輸設備，如電子控制的無人駕駛車輛。

2. 根據設備的技術指標、貨物特點以及運行成本、使用方便等因素，選擇設備系列型號，甚至品牌。

在設備選型時要注意：

(1) 設備的技術性能：能否勝任工作及設備的靈活性要求等。

(2) 設備的可靠性：在規定的時間內能夠工作而不出現故障，或出現一般性故障能夠立即修復且安全可靠。

(3) 工作環境的匹配性：工作場合是露天還是室內，是否有振動，是否有化學污染及其他特定環境要求等。

(4) 經濟因素：包括投資水準、投資回收期及性能價格比等。

(5) 可操作性和使用性：操作是否易於掌握，培訓的複雜程度等。

(6) 能耗因素：設備的能耗應符合燃燒與電力供應情況。

(7) 備件及維修因素：設備條件和維修應方便、可行。

6-4 常見的裝卸搬運設備

裝卸搬運設施和設備是進行裝卸搬運作業的勞動工具或物質基礎，其技術水準是裝卸搬運作業現代化的重要標誌之一。裝卸搬運作業是物流配送中心的主要作業之一。隨著物流業的發展，根據物流配送中心的實際需要，設計和生產的裝卸搬運設備品種繁多，規格多樣。

一、常用的裝卸搬運設備

目前，倉庫中所使用的裝卸搬運設備通常可以分成三類，即裝卸堆高設備、搬運輸送設備和成組搬運工具，如：堆垛機、堆高機、起重機。

（一）堆垛機

堆垛機（Good Stack）又稱爲堆高機，是專門用來堆碼或提升貨物的機械。普通倉庫使用的堆垛機是一種構造簡單、用於輔助人工堆垛、可移動的小型貨物垂直提升設備。這種機械的特點是：構造輕巧，能在很窄的走道內操作，減輕堆垛工人的勞動強度，且堆碼或提升高度較高，倉庫的庫容利用率高，作業靈活。因此，在中小型倉庫內被廣泛使用，主要有有軌堆垛機、無軌堆垛機等類型，如圖 6-7、圖 6-8 所示。

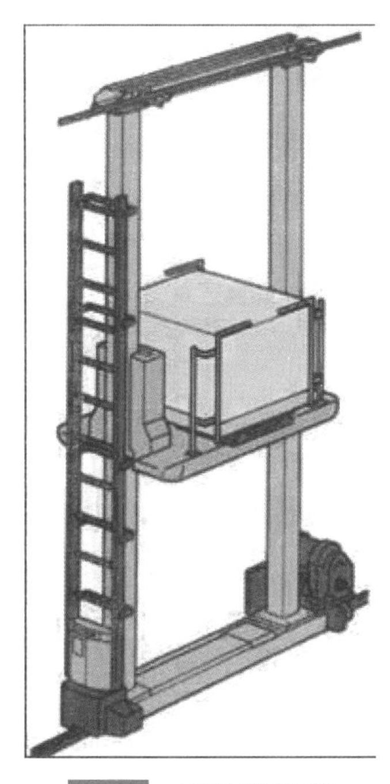

圖 6-7　有軌堆垛機

圖 6-8　無軌堆垛機

（二）輸送機

輸送機是一種連續搬運貨物的機械。輸送機的特點是在工作時連續不斷地沿同一方向輸送散料或者重量不大的單件物品，裝卸過程無須停車。其優點是生產率高、設備簡單、操作簡便。缺點是一定類型的連續輸送機只適合輸送一定種類的物品，不適合搬運熱的物料或者形狀不規則的單件貨物；只能沿一定線路定向輸送，因而在使用上具有一定局限性。

根據用途和所處理貨物形狀的不同，輸送機常見的有帶式輸送機和滾子輸送機，如圖 6-9、圖 6-10 所示。

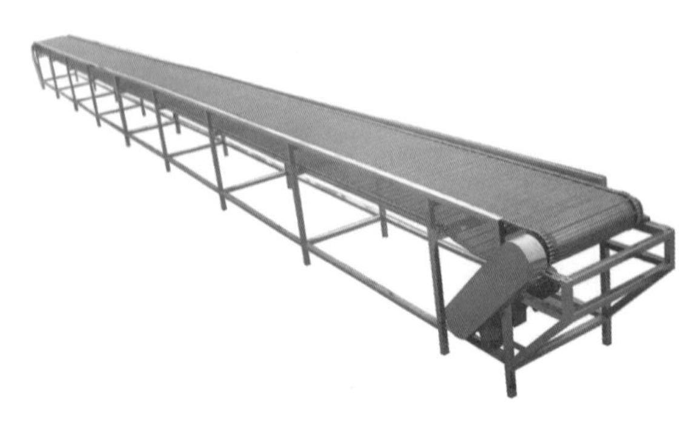

圖 6-9　帶式輸送機

圖 6-10　滾子輸送機

此外，還有鏈式輸送機、螺旋式輸送機、移動式輸送機、固定式輸送機、重力式輸送機和電驅動式輸送機等多種設備。

（三）堆高機

堆高機在倉儲作業過程中，是比較常用的裝卸設備，有萬能裝卸機械之稱。堆高機是指具有各種叉具，能夠對貨物進行升降和移動以及裝卸作業的搬運車輛。它具有靈活、機動性強、轉彎半徑小、結構緊湊、成本低廉等優點。堆高機的類型很多，按照其動力類型可劃分為電瓶堆高機和內燃機堆高機兩大類（內燃機的燃料又分為汽油、柴油和天然氣三種）；按其基本構造分類，又可分為平衡重式堆高機、前移式堆高機、側叉式堆高機等，如圖 6-11、圖 6-12、圖 6-13 所示。

圖 6-11　平衡重式堆高機

圖 6-12　前移式堆高機

圖 6-13　側叉式堆高機

（四）起重機

起重機是在採用輸送機之前曾被廣泛使用的具有代表性的一種搬運機械，它是指貨物吊起，在一定範圍內做水平運動的機械。按照其所具有的機構、動作繁簡程度以及工作性質和用途，可分為簡單起重機械、通用起重機械和特種起重機械 3 種。

1. 簡單起重機械

一般只做升降運動或一個直線方向的運動，只需要具備一個運動機構，而且大多數是手動的，如絞車、葫蘆等。

2. 通用起重機械

除需要一個使物品升降的起升機外，還有使物品做水平方向的直線運動或旋轉運動的機構。該類機械主要用電力驅動。屬於這類的起重機械主要包括：通用橋式起重機、門式起重機、固定旋轉式起重機和行動旋轉式起重機等。

3. 特種起重機械

是多動作起重機械，專用於某些專業性的、比較複雜的工作。如冶金專用起重機、建築專用起重機和港口專用起重機等。

二、其他裝卸搬運設備

（一）物流箱

物流箱又稱為周轉箱，廣泛用於機械、汽車、電工、家電、食品等行業，其零件周轉便捷，堆放整齊，便於管理。同時，它具有耐酸耐鹼、耐油污、清潔方便等特點。其合理的設計、優良的品質，使其廣泛適用於物流中的運輸、配送、儲存、流通加工等各環節。

物流箱可分為標準、可插式、可堆式、摺疊式四種物流箱。

1. 標準物流箱

標準物流箱的結構：密封型箱體；顏色：通用顏色為藍色，可根據客戶需求訂製其他顏色；材質：HDPE 全新料；標準：ISO 9002 品質體系及 GB/T 5737–19951 國家標準（見圖 6-14）。

圖 6-14　標準物流箱

2. 可插式物流箱

可插式物流箱是一種在國內外廣泛應用的標準物流容器，適用於商業流通、配送及倉儲領域（見圖 6-15）。

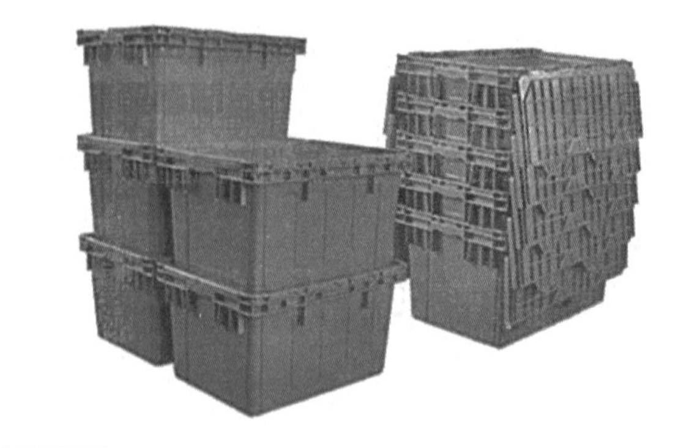

圖 6-15　可堆式物流箱（左）與可插式物流箱（右）

可插式物流箱作爲用於物流行業的專利產品，具備適合流通行業的設計特點，能與各類物流器具完好配合，具體有以下幾個特點：

(1) 改性 PP 材質，美觀耐用。

(2) 空箱可相互插入存放，滿載時可堆垛 4 層，有效節省運輸成本，特別適用於物流配送過程。

(3) 與棧板等物流器具尺寸配合完好，實用性強。

(4) 有效工作溫度爲 –20℃～ 75℃。

3. 可堆式物流箱

可堆式物流箱以物流容器的標準化、單元化、專業化爲基礎，以節省成本、提高效率爲目標，在企業內部物流中具有舉足輕重的作用（見圖 6-15）。

可堆式物流箱廣泛用於機械、汽車、家電、輕工、電子等行業，它耐酸耐鹼、耐油污、無毒無味、可用於盛放食品、清潔方便、零件周轉便捷、堆放整齊、便於管理。可堆式物流箱可分爲不帶蓋可堆式物流箱和帶蓋可堆式物流箱兩種，其所有尺寸規格是經過嚴格的數學計算所得，與標準物流器具配合使用，可整齊精確地堆垛，是實現物流容器標準化、專業化的基本單元。它具有以下幾個特點：

(1) 改性 PP 材質，自重輕，使用壽命長。

(2) 在使用過程中與各類物流器具尺寸配合較好。

(3) 有效工作溫度爲 –20℃～ 75℃。

(4) 空間可堆放，節省使用空間。

(5) 不帶蓋可堆式物流箱同一規格箱體滿載時可堆垛 6 ～ 7 層，帶蓋可堆式物流箱同一規格箱體滿載時可堆垛 4 層。

4. 摺疊式物流箱

摺疊式物流箱實用容積較普通箱大，拆裝工藝簡單，空箱摺疊後既節省存放空間，又方便回籠並可降低運輸成本，且具有重量輕、占地少、組合方便，局部損壞可更換，無須整體報廢等優點，在現代化物流的儲運配送過程中廣泛使用。它是一種符合現代企業推行環保要求及零件庫存計畫的新型產品（見圖 6-16）。

圖 6-16　摺疊式物流箱

（二）物流台車

物流台車是在平棧板、柱式棧板或網箱棧板的底部裝上腳輪而成。既便於機械化搬運，又宜於短距離的人力移動。物流台車適用於企業工序間的物流搬運；也可在工廠或物流配送中心裝上貨物運到商店，直接作爲商品貨架的一部分。物流台車的特點：

1. 可配合卸貨平台使用，方便貨物裝卸。
2. 可使生產暫存更爲規範。
3. 可摺疊收藏，不占空間。
4. 適用於生產線上零配件分門別類存放，一目瞭然。
5. 組裝線上順手方便，提高工作效率。
6. 按線輸送物料，快速正確，不會出錯。
7. 拆裝快速方便，節省存放空間 1/4 以上。

（三）倉儲籠

倉儲籠又名倉庫籠、蝴蝶籠、巧固籠、周轉籠等，是廣泛應用於汽車電子生產製造企業和大型倉儲式超市中的一種容器。倉儲籠被廣泛應用於原料、半成品及成品的暫存、運輸、分類整理與存放過程，如圖 6-17。

倉儲籠也是一種特殊的包裝形式；具有和棧板類似的作用，但其鋼材料和網狀、立體的結構等特點，決定它既可作立體的裝卸、存運、運輸工具，又可作爲物流周轉箱使用，還可作爲售貨工具；其功用已經深入到生產、流通、消費諸領域，經歷了暫存、包裝、裝卸搬運、存儲、運輸等環節，貫穿於物流的全過程。可配合閣樓貨架中型貨架、超市貨架、重型貨架、圖書貨架、自動化立體倉庫等物流設備使用。

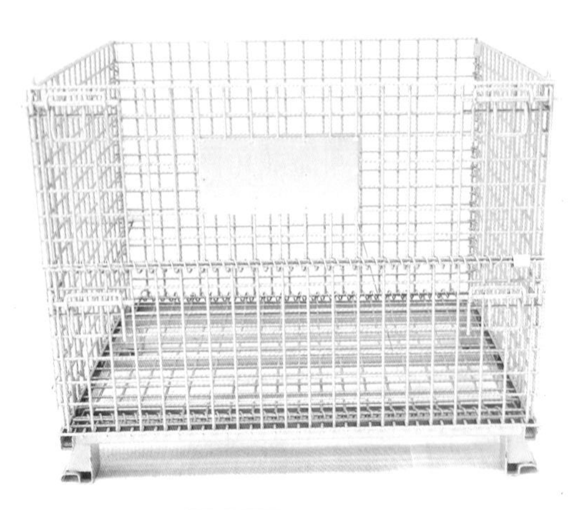

圖 6-17　倉儲籠

1. 倉儲籠的特點與作用

作爲物流行業中一種重要的容器，倉儲籠具有以下特點：

(1) 採用優質鋼材經冷軋硬化焊接而成，強度高，裝載能力大。

(2) 規格統一，容量固定，存放貨物一目瞭然，易於庫存清點。

(3) 表面鍍鋅，美觀抗氧化，使用壽命長。

(4) 採用國際標準，可與貨櫃配套使用，有效提高空間利用率。

(5) 可互相堆疊四層高，實現立體化存儲。

(6) 表面環保處理，衛生免疫、周轉、存放回收均不污染環境。

(7) 配合堆高機、地牛、升降機、吊車等設備可進行高效作業。

(8) 摺疊式結構，回收成本低，是木質包裝箱的替代產品。

(9) 底部可安裝輪子，工廠內部周轉極其方便。

倉儲籠目前主要用於較重或大物品的存放及機械化周轉搬運，特別適合汽車、家電、機械五金等行業的使用，在歐美和日本、臺灣等地區已得到廣泛應用。

2. 倉儲籠的分類

倉儲籠根據是否有無邊框可分爲：金屬網摺疊倉儲籠和框架金屬網摺疊倉儲籠。

(1) 金屬網摺疊倉儲籠

採用金屬網結構，具有自重輕，半開式的優點，取貨方便，可以觀察內部貨物。

(2) 框架金屬網摺疊倉儲籠

剛性較全網式好，摺疊方便，使用廣泛。

（四）手推車

手推車是一種以人力驅動爲主，一般爲不帶動力（不包括自行）在路面上水平運輸貨物的小型搬運車輛的總稱。其搬運作業一般不大於 25m，承載能力一般在 500kg 以下。其特點是輕巧靈活、易操作、轉彎半徑小，是短距離輸送較小、較輕物品的一種方便而經濟的運輸工具。

手推車系列的分類以其用途及負荷能力來分類，一般分爲二輪手推車、多輪手推車及物流籠車三大類。手推車的選擇首先應考慮運件的形狀以及性質，當搬運多品種運件時，應考慮採用具有通用性的手推車；搬運單一品種運件時，則盡量選用專用性的，以提高運輸效率。

其次考慮運輸量及運距，由於手推車是以人力爲動力的搬運工具，當運距較遠時，載重量不易過大。單位運件或成件包裝貨物的體積、運件放置方式、通道條件及路面狀況等，在選擇手推車時都要加以考慮。

手推車按用途分，有以下 4 類：

1. 立體多層式

爲增加物品盛放的空間及存取方便性，把傳統單板檯面改成多層式檯面，這種手推車常利用於揀貨使用（見圖 6-18）。

圖 6-18　立體多層式手推車

2. 摺疊式

爲方便攜帶，手推車的推桿常設計成可摺疊方式，這種推車因使用方便，收藏容易，故普及率高（見圖 6-19）。

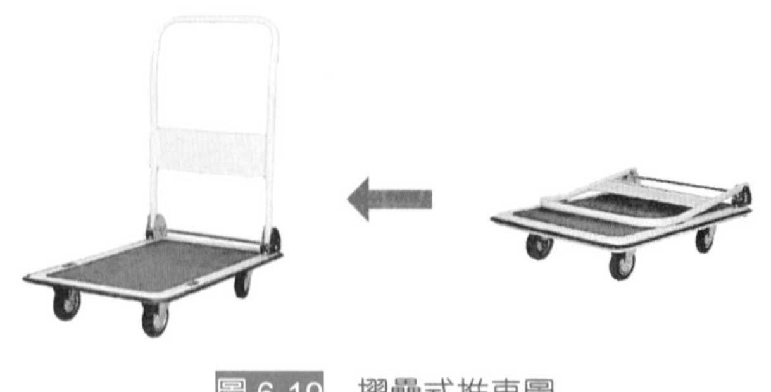

圖 6-19　摺疊式推車圖

3. 升降式

搬運體積較小、重量較重的金屬製品或人工移運移動吃力的搬運場合中，由於場地的限制而無法使用堆高機時，便可採用可升降式手推車。這種推車除了裝有升降檯面來供承載物升降外，其輪子多採用耐壓且附有煞車定位的車輪以供準確定位（見圖 6-20）。

圖 6-20　升降式手推車

4. 附梯式

在物流中心手推車的使用場合，大多以揀貨作業中使用最廣，而揀貨作業常因貨架高度的限制而得爬高取物，故有些手推車旁附有梯子以方便取物。

物流 Express

亞馬遜倉庫揭秘：物流 Kiva 機器人

物流機器人

電商強勁的成長力道，也帶動了物流倉儲的演變，最顯著的轉變是揀貨流程，從「人到貨」，變為「貨到人」，也就是藉自動化設備，讓貨物來接近人，而非像過去由人到貨架中找物的作業模式。

以物就人的物流變革中，最具代表性的自動化設備當屬 AGV。當系統接收來自外部的出貨訂單後，會分析找到距離出倉單所需貨品最近的 AGV 機器人，向它發出揀貨指令，機器人緊接著藉由讀取地面上排成一列的 QR Code 來導航，走直線路徑或直角轉彎穿梭於倉內，接近目標貨架。抵達後，機器人直接滑行至貨架下方，將貨架離地抬起，再以最短路徑將貨架送達揀貨作業區，揀貨員再依出倉單的需求，從貨架上揀出貨品，送到集中盒，準備進行包裝的動作。而 AGV 則再將貨架搬運回倉儲內的空位。

亞馬遜（Amazon）在 2012 年以 7.75 億美元的價格收購了自動化物流提供商 Kiva 的機器人倉儲業務。這家公司整合硬體及軟體，使整個取貨，包裝，運輸產品的過程更加流暢，公司利用自製移動機器人及精密的控制軟體，為零售商提供一套完整系統。

Kiva 機器人外觀看起來像一個冰球，能夠搬起超過 3,000 磅（約 1.3 噸）的商品在物流中心自由「行走」。Kiva 重約 320 磅（145 公斤）雖然小小的可是個大力士，其頂部有一個升降圓盤，可抬起重達 720 磅（340 公斤）的貨物。Kiva 機器人會掃描地上條碼前進，能根據無線指令的訂單將貨物所在的貨架從倉庫搬運至員工處理區，這樣工作人員每小時可挑揀、掃描 300 件商品，效率是之前的三倍，並且 Kiva 機器人準確率達到了 99.99%。

亞馬遜高管稱啓用 Kiva 機器人可提高近 50% 的分揀處理能力，Kiva 機器人與 RoboStow 機械臂等組成的系統可在 30 分鐘內卸載和接收一拖車的貨物，同比之前的效率提升了幾倍。

Kiva 根據遠端指令在倉庫移動，把目標貨架從倉庫搬到員工處理區，由工人拿下包裹，完成最後的揀貨、二次分揀、打包檢查等工作。之後，Kiva 機器人會把空貨架移回原位。電池電量過低時，Kiva 還會自動回到充電位充電。

亞馬遜有世界最大的倉儲，據公開資料顯示，截至 2017 年底，亞馬遜的倉儲和資料中心面積接近 2 億平方英尺（約 1,858 萬平方公尺）。Kiva 機器人也用到各大轉運中心，目前亞馬遜倉庫有超過 10 萬台 Kiva。它們就像一群勤勞的工蟻，在倉庫中不停走來走去，搬運貨物。

機器人可不眠不休工作，且保持 99% 以上的準確率。亞馬遜倉庫許多環節得以自動化。大規模應用機器人後，亞馬遜開始面對藍領工人和政府表示機器人搶了人類工作的擔憂。

Amazon Robotics 首席技術專家 Tye Brady 回答過這個問題：機器人會不會代替人類？不會。越使用機器人，就會有越多工作創造出來。因機器人不會做機器人，人類設計、製造、應用、幫助它們，最重要的是，人和機器人合作帶來更多增長，而增長就意味著有新工作。

從目前狀況來看，Brady 並不是掩飾真相。據《紐約時報》報導，截至 2017 年，自從引進 Kiva 機器人，亞馬遜美國倉庫增加了 8 萬名員工，總倉儲員工超過 12.5 萬。亞馬遜還說會繼續招人。

參考資料：

1. 黃郁芸，Amazon 顛覆倉儲流程的無人搬運車，臺灣也有！直擊臺灣物流倉儲大變革，iThome，2019/10/31。
2. 愛范兒 ，亞馬遜倉庫的「小革命」：服務好機器人，才能讓人類更安全，2019 /01 /25。
3. 百度百科 https://baike.baidu.com/item/kiva%E6%9C%BA%E5%99%A8%E4%BA%BA。

問題討論

1. Kiva 機器人與傳統機器人有何不同？
2. 臺灣業者採用 Kiva 機器人時，應該注意的事項為何？

1. 物流裝卸的定義爲何？
2. 物流搬運的定義爲何？
3. 裝卸搬運可以如何分類？
4. 裝卸搬運的原則爲何？
5. 何謂搬運活性指數？
6. 裝卸搬運設備的分類有哪些？
7. 裝卸搬運設備的選擇因素有哪些？
8. 倉庫中所使用的裝卸搬運設備通常有哪些？
9. 何謂物流箱？何謂倉儲籠？何謂物流台車？

NOTE

第三篇：物流功能

07 倉儲管理

知識要點

7-1　倉儲管理概述

7-2　倉儲的類型與設備

7-3　倉儲作業

7-4　揀貨與補貨作業

物流前線

無接觸送貨！京東物流智能機器人助力打贏防疫攻堅戰

物流 Express

Amazon 的無人搬運車 臺灣在永聯

物流前線

無接觸送貨！京東物流智能機器人助力打贏防疫攻堅戰

面對疫情，京東物流尋求創新科技手段更有效地支援疫區。2020 年 2 月 6 日，在武漢市青山區吉林街上，一台神秘裝置從京東物流仁和站出發，沿著街道一路前行，靈巧地躲避著車輛和行人，穿過建設二路路口，順利將醫療物資送到了武漢第九醫院。

「智能配送機器人的感知系統十分發達，除裝有鐳射雷達、GPS 定位外，還配備了全景視覺監控系統，前後的防撞系統以及超聲波感應系統，以便配送機器人能準確感觸周邊的環境變化，預防交通安全事故的發生。」京東配送員 ：「你不要小看機器人，它最快可以跑 30 碼，最遠可以跑 10 公里。」

「不僅僅是京東物流自主研發的配送機器人將支援武漢，京東物流還能將 L4 自動駕駛技術與套件對外開放，為生態中其他機器人廠商提供技術支持和升級，讓生態中更多其他廠商的配送機器人也實現無人跟隨下的 L4 級別自動駕駛。」京東物流 X 事業部自動駕駛研發部負責人孔旗介紹。

圖片來源：京東物流官網

孔旗還表示，這種「無接觸配送」的嘗試只是疫情期間滿足應急物資送達以及消費者日常生活品配送的最后一環，在大量的前置倉儲、分揀環節，京東物流的亞洲一號智能物流園區、智能分揀、智能打包設備等也發揮了重要作用，以機器人工作的形式，無人工接觸即完成物品出庫，這將大大降低病毒傳播可能性。

參考資料：
1. 夏曉倫、畢磊，面對疫情，京東物流要做的就是快速和精準，人民網 IT 頻道，2020/02/11。
2. 京東物流（京東物流集團），百度百科：https://reurl.cc/z8m4E6。

問題討論

1. 試說明京東物流的智能機器人在物流中扮演的功能為何？
2. 運用智能機器人時，應有的配合措施有哪些？

7-1 倉儲管理概述

一、倉儲的概念

在物流系統中，倉儲（Warehousing）是一個不可或缺的構成要素。倉儲是商品流通的重要環節之一，也是物流活動的重要支柱。在社會分工和專業化生產的條件下，爲保持社會再生產過程的順利進行，必須儲存一定量的貨物，以滿足一定時期內設會生產和消費的需要。

「倉」也稱爲倉庫（Warehouse），是存放貨物的建築物或場地，可以爲房屋建築、大型容器、洞穴或者特定的場地等，具有存放和保護貨物的功能；「儲」表示收存以備使用，具有收存、保管、交付使用的意思，當適用有形貨物時也稱爲儲存（Storing）。「倉儲」則爲利用倉庫存放、儲存未即時使用貨物的行爲。

倉儲是透過倉庫對物資進行儲存和保管。它是指在原產地、消費地或在這兩地之間儲存商品（原材料、零件、在製品、完成品），並向管理者提供有關儲存商品的狀態、條件和處理情況等資訊。也就是說，倉儲是產品離開生產過程，尚未進入消費過程的間隔時間內的暫時停滯。

倉儲具有靜態和動態兩種，當產品不能被消耗掉，需要專門場所存放時，就產生了靜態的倉儲；而將貨物存入倉庫以及對於存放在倉庫裡的貨物進行保管、控制、提供使用等的管理，則形成了動態的倉儲。可以說倉儲是對有形貨物提供存放場所，並在這期間對存放貨物進行保管、控制的過程。

二、倉儲的功能

隨著現代經濟的發展，物流在社會經濟活動中扮演著越來越重要的角色。其具體說明如下：

（一）儲存功能

現代社會生產的一個重要特徵就是專業化和規模化生產，勞動生產率極高，產量巨大，絕大多數產品都不能被及時消費，需要經過倉儲手段進行儲存，避免生產過程堵塞，保證其能夠繼續進行。另一方面，對於生產過程來說，適當地儲存原材料及半成品，可以防止因缺貨造成的生產停頓。而對於銷售過程來說，儲存，尤其是季節性儲存，可以爲企業的市場行銷創造良機。適當的儲存是市場行銷的一種戰略，它爲市場行銷中特別的商品需求提供了緩衝和有力的支持。

（二）保管功能

生產出的產品在消費之前必須保持其使用價值，否則將會被廢棄。這項任務就需要由倉儲來承擔，在倉儲過程中對產品進行保護、管理，防止損壞而喪失價值。如水泥受潮易結塊，使其使用價值降低，因此在保管過程中就要選擇合適的儲存場所，採取合理的養護措施。

（三）加工功能

根據存貨人或客戶的要求對保管物的外觀、形狀、成分構成、尺度等進行加工，使倉儲物發生所期望的變化。加工提供了兩個基本經濟效益：第一，風險最小化，因為最後的包裝要等到敲定具體的訂購標籤和收到包裝材料時才完成；第二，通過對產品使用各種標籤和包裝配置，可以降低存貨水準。降低風險和降低庫存水準相結合，從而降低物流系統的總成本。

（四）整合功能

整合（圖 7-1）是倉儲活動的一個經濟功能。通過這種安排，倉庫可以將來自於多個製造企業的產品或原材料整合成一個單元，進行一票裝運。其好處是有可能實現最低的運輸成本，也可以減少由多個供應商向同一客戶進行供貨帶來的擁擠和不便。為了能有效地發揮倉儲整合功能，每一個製造企業都必須把倉庫作為貨運儲備地點，或用作產品分類和組裝的設施。這是因為，整合裝運的最大好處就是能夠把來自不同製造商的小批量貨物集中起來形成規模運輸，使每一個客戶都能享受到低於其單獨運輸成本的服務。

圖 7-1　整合功能

（五）分類和運轉功能

分類（圖 7-2）就是將來自製造商的組合訂貨分類或分割成個別訂貨，然後安排適當的運力運送到製造商指定的個別客戶。

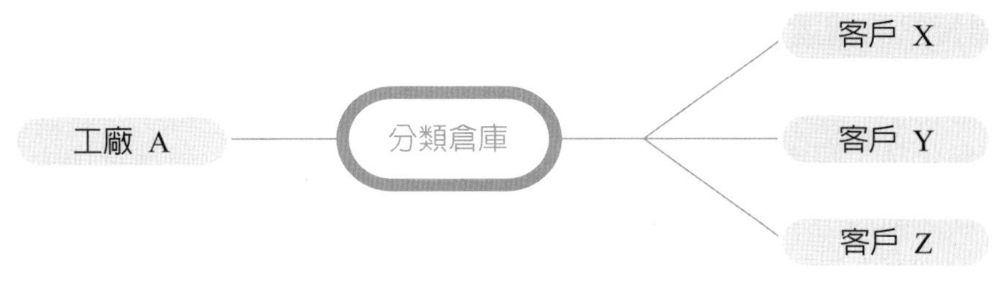

圖 7-2　倉儲的分類功能

轉運（圖 7-3）就是倉庫從多個製造商處運來整車的貨物，在收到貨物後，如果貨物有標籤，就按客戶要求進行分類；如果沒有標籤，就按地點分類，然後貨物不在倉庫停留，直接裝到運輸車輛上，裝滿後運往指定的零售店。同時，由於貨物不需要在倉庫內進行儲存，因而降低了倉庫的搬運費用，最大限度地發揮了倉庫裝卸設備的功能。

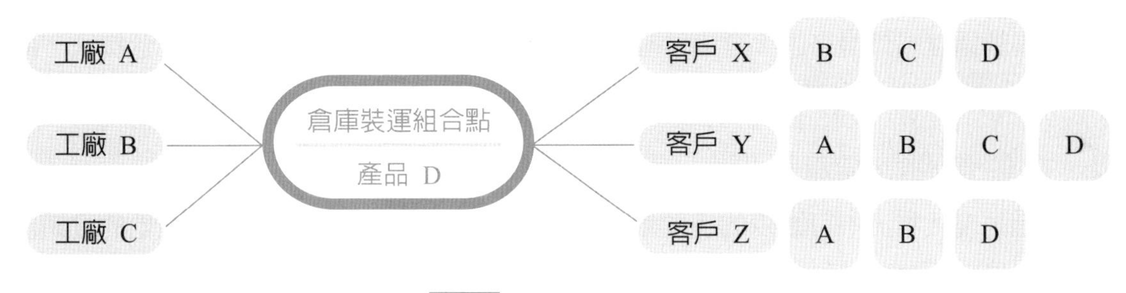

圖 7-3　倉庫的運轉功能

（六）支持企業市場形象的功能

儘管市場形象的功能所帶來的利益不像前面幾個功能帶來的利益那樣明顯，但對於一個企業的行銷主管來說，仍有必要重視倉儲活動。因爲從滿足需求的角度看，從一個距離較近的倉庫供貨遠比從生產廠商處供貨方便得多，同時，倉庫也能提供更爲快捷的配送服務。這樣會在供貨的方便性、快捷性以及對市場需求的快速反應性方面，爲企業樹立一個良好的市場形象。

（七）市場資訊的傳遞

任何產品的生產都必須滿足社會的需要，生產者都需要掌握市場需求的動向。社會倉儲產品的變化是了解市場需求極爲重要的途徑。倉儲量減少，周轉量加大，表明社會需求旺盛；反之則爲需求不足。廠家存貨增加，表明其產品需求減少或者競爭力降低，或者生產規模不合適。倉儲環節所獲得的市場資訊雖然比銷售資訊滯後，但更爲準確和集中，且資訊成本較低。現代物流管理特別重視倉儲資訊的收集和反應，將倉儲量的變化作爲決定生產的依據之一。

三、倉儲管理

倉儲管理（Warehousing Management）就是對倉庫及倉庫內儲存的貨物所進行的管理，是倉儲機構爲了充分利用所擁有的倉儲資源，提供倉儲服務所進行的計畫、組織、控制和協調過程。具體來說，倉儲管理包括倉儲資源的獲得、倉庫管理、經營決策、商務管理、作業管理、倉儲保管、安全管理、勞動人事管理、財務管理等。

四、倉儲管理與物流管理

倉儲是現代物流不可缺少的重要環節。物流指的是貨物從供應地向接收地的實體流動過成。根據實體需要，可將運輸、儲存、搬運、包裝流通加工、配送、資訊處理等基本功能有機結合。由此可見，系統化的物流活動離不開倉儲活動。

關於倉儲對物流系統的重要意義，我們還可以從供應鏈的角度來進一步認識。從供應鏈的角度，供應鏈各節點企業之間的物流過程可以看作是由一系列的「供給」和「需求」組成，當供給和需求節奏不一致，也就是兩個構成不能夠很好地銜接，出現生產的產品不能即時消費或者存在需求卻沒有產品滿足時，就需要建立產品的儲備，將不能即時消費的產品儲存起來以備滿足後來的需求。

供給和需求之間既存在實物的「流動」，同時也存在實物的「靜止」，靜止狀態即將實物進行儲存。實物處於靜止狀態，是爲了更好地銜接供給和需求這兩個動態的過程。

7-2 倉儲的類型與設備

一、倉儲的類型

社會上倉儲的形態眾多，根據不同的分類標準，可歸納爲不同的倉儲類型。倉儲的分類標準及類型如圖 7-4 所示。

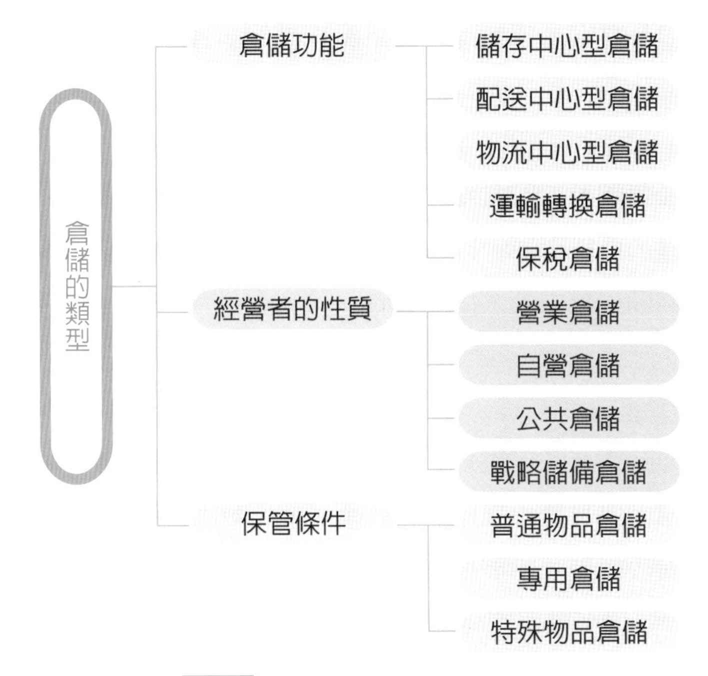

圖 7-4 倉儲的分類標準及類型

(一)按照倉儲功能劃分

按照倉儲功能可分爲:

1. 儲存中心型倉儲

它是以儲存爲主的倉儲類型,其分揀、配送功能較弱。在儲存中心型倉儲中,由於商品存放時間長,低廉的儲存費用就很有必要。其一般設置在較爲偏遠的地區,儲存的商品較爲單一,品種少,但存量較大。由於商品存期長,儲存中心型倉儲特別注重對商品品質的保管。

2. 配送中心(流通中心)型倉儲

它也稱爲配送倉儲,是商品在配送交付消費者之前所進行的短期倉儲,也是商品在銷售或者供生產使用前的最後儲存,在該環節進行銷售或使用的前期處理。配送倉儲一般在商品的消費經濟區間內進行,能迅速地送達以供消費和銷售。配送倉儲貨物品種繁多,批量少,需要一定量進貨,分批少量出庫操作,往往需要進行拆包、分揀、組配等作業,主要目的是支持銷售,注重對貨物存量的控制。

3. 物流中心型倉儲

它是以物流管理爲目的的倉儲活動,對物流的過程、數量、方向進行控制,爲實現物流時間價值的環節。一般在交通較爲便利、儲存成本較低處進行,或在地區經濟中心進行。物流中心倉儲品種較少，批量較大進庫，一定批量分批出庫，整體上吞吐能力強。

4. 運輸轉換倉儲

它是銜接不同運輸方式的倉儲，在不同運輸方式的銜接處進行，如港口、車站、庫場所進行的倉儲，可以保證不同運輸方式的高效銜接，減少運輸工具的裝卸和停留時間。運輸轉換倉儲具有大進大出的特性，貨物存期短，注重貨物的周轉作業效率和周轉率。

5. 保稅倉儲

它是指使用海關核准的保稅倉庫存放保稅貨物的倉儲行為。保稅倉除所儲存的對象是暫時進境並還需要復運出境的貨物，或者是海關批准暫緩納稅的進口貨物。保稅倉除受到海關的直接監控，雖然所儲存的貨物由存貨人委託保管，但保管人要對海關負責，入庫或出庫單據均需要由海關簽署。

（二）按照經營者的性質劃分

按照經營者的性質，倉儲可分為：

1. 營業倉儲

它也稱為第三方倉儲，是倉儲經營人以其擁有的倉儲設施向社會提供倉儲服務。倉儲經營人與存貨人經過訂立倉儲合約的方式建立倉儲關係，依據合約約定提供倉儲服務並收取倉儲費。營業倉儲面向社會，以經營為手段，實現經營利潤最大化。與自用倉庫相比，營業倉儲的使用效率較高，專業化較強，生產企業可以將倉儲業務外包給社會第三方倉儲。

2. 自營倉儲

它不具有經營獨立性，僅僅是為企業的產品生產或商品經營活動服務。其主要包括生產企業倉儲和流通企業倉儲。生產企業倉儲是指生產企業為保障原材料的供應、半成品及成品的保管而進行倉儲保管，其儲存的對象較為單一，以滿足生產為原則。流通企業倉儲則是流通企業對經營的商品進行倉儲保管，其目的是支持銷售。企業自營倉儲相對來說規模小、數量眾多、專用性強、倉儲專業化程度低、設施簡單。

3. 公共倉儲

它是公用事業的配套服務設施，爲車站、碼頭提供倉儲配套服務。其運作的主要目的是保證車站、碼頭等處的貨物作業和運輸，具有內部服務的性質，處於從屬地位。但對存貨人而言，公共倉儲也適用營業倉儲的關係，只是不獨立訂立倉儲合約，而將倉儲關係列在作業合約、運輸合約之中。

4. 戰略儲備倉儲

它是指國家根據國防安全、社會穩定的需要，對戰略物資進行儲備。戰略儲備倉儲特別重視儲備品的安全性，且儲備時間較長。所儲備的物資主要有糧食、油料、有色金屬等。

（三）按照保管條件劃分

按照保管條件不同，倉儲可分爲：

1. 普通貨物倉儲

它是指不需要特殊條件的貨物倉儲。其設備和庫房建造都比較簡單，使用範圍較廣。這類倉儲有一般性的保管場所和設施、常溫保管、自然通風、無特殊功能。

2. 專用倉儲

它是專門用來儲存某一類（種）貨物的倉儲形式。一般由於貨物本身的特殊性質，如對溫度的特殊要求，或容易對與之共同儲存的貨物產生不良影響，如機電產品、食糖、菸草等要專庫儲存。

3. 特殊貨物倉儲

它是在保管中有特殊要求和需要滿足特殊條件的貨物倉儲形式。如對危險品、石油、冷藏貨物等的倉儲。這類倉儲必須配備有防火、防爆、防蟲等專門設備，其建築構造、安全設施都與一般倉庫不同。例如，冷凍倉庫、石油庫、化學危險品倉庫等。

二、倉儲的主要設施與設備

倉儲設施與設備是儲存的實體，是實現儲存功能的重要保證。倉儲設施主要是指用於倉儲的庫場建築物，它由主體建築、輔助建築和附屬設施構成。倉儲設備是指倉儲業務所需的所有技術裝置與機具，即倉庫進行生產作業或輔助生產作業以及保證倉庫及作業安全所必需的各種機械設備的總稱。其分類如圖 7-5 所示。

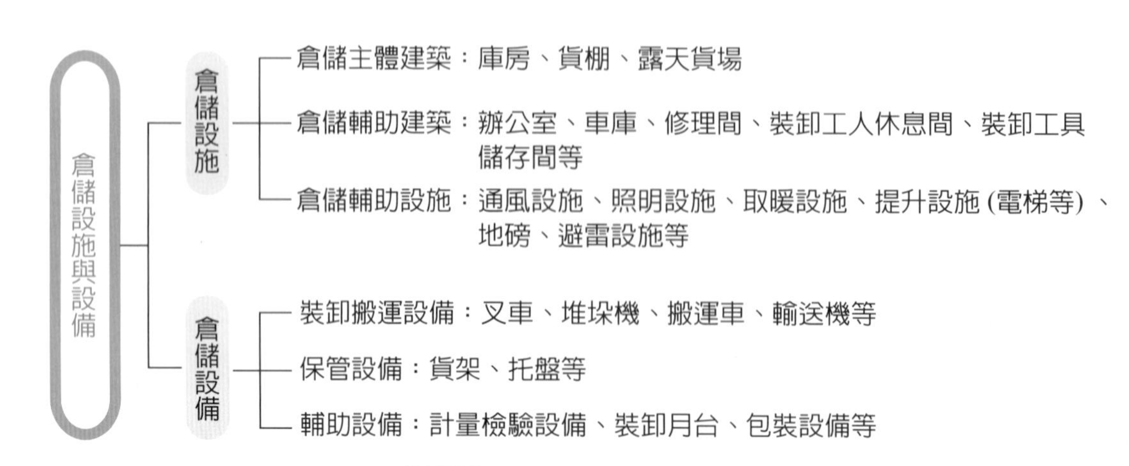

圖 7-5　倉儲設施與設備分類

倉儲中的設施與設備包括倉儲業務活動的一切作業工具，是倉庫不可缺少的物質技術基礎。倉儲設施與設備能夠起到保障安全、合理組織商品運轉、提高勞動生產率、減輕勞動強度的作用。根據這些設施與設備的不同用途，其類型大致分爲以下幾類。

（一）設施

貨場內的線路、月台是倉庫進發貨的必經之路，也是倉庫運行的基本保證條件。

1. 線路

線路要能滿足進出貨運量的要求，不造成擁擠阻塞。線路形式主要有兩種：鐵道專用線和汽車線。

2. 月台

線路與倉庫之間用於進出車輛、裝卸貨物的銜接設施。貨運月台主要有兩種形式：高月台和低月台。

（二）設備

1. 裝卸搬運設備

(1) 手推車：手推車是倉庫中最基本的操作工具。一般有兩輪手推車、三輪手推車、四輪平板車和油泵手推車。這些手推車適用商品的平面運輸，具有輕巧、靈活、方便等特點。

(2) 上樁機（又稱堆垛機）：上樁機是倉庫機械設備中專用於堆、拆樁的機具之一。主要類型有平台式上樁機、吊激式上樁機、旋轉式上樁機。這些上樁機同樣具有方便、靈活等特點，並且特別適用於支道及較狹窄條件下的操作。

(3) 運輸機：運輸機主要用於倉庫內部運輸，將商品送到先前安排的目的地。一般分爲平面運輸機和折疊輸送機兩種，適用於立體運輸和平面運輸兩種功效。這種運輸機具有操作連續、占地面積小和輔助作業等特點。

(4) 堆高機：堆高機是倉庫設備中具有較高效率的搬運工具之一。在倉庫中選用較多的有直叉前移式硬胎電瓶堆高機和直叉前移式充電胎電瓶堆高機兩種。堆高機具有速度快、大大降低勞動強度等特點。

(5) 電梯（又稱升降機）：電梯式倉庫進行垂直運送的有效工具，一般分爲 1 噸、2 噸、3 噸、5 噸和 10 噸等不同規格電梯。電梯具有載貨量大、方便使用等特點。

(6) 行車（又稱起重機）、吊車：行車和吊車是主要用於裝卸笨重商品的機械設備。行車可分簡易式行車和龍門式行車兩種。這些行車和吊車具有高效、方便等特點。特別是用散貨和大型、特大型商品的裝卸。

(7) 滑梯：滑梯一般爲鋼筋混凝土螺旋結構形狀，主要用於多層樓房的倉庫選配。這種螺旋形滑梯具有速度快、操作簡便且配合點數等輔助作業特點。

2. 保管設備

(1) 苫墊用品：苫墊用品包括苫布（篷布、油布）、蘆席、塑料布、枕木（楞木、墊木）、墊倉架、水泥條、花崗石塊等。分爲露天貨物堆放商品的苫墊以及底層倉庫的襯墊兩種。具有防風、防雨、防水、防散、防潮等作用。

(2) 存放用品：存放用品包括貨架、貨櫥等。主要用於批量小、拆零、貴重等貨物。具有易點數、提高倉容利用率等特點。

(3) 貯存容器：一種密存形貯存設施，全部倉容都可以用於貯存，大多採用全封閉結構，其隔離、防護效果非常好。儲存容器又可分爲貯倉和貯罐兩種。前者用來貯存糧食、水泥、化肥等散狀非包裝貨物；後者用來貯存油料、液體化工材料、煤氣等液體、氣體貨物。

(4) 倉儲機械輔助用品：包括平面棧板和立樁折疊式棧板兩種。棧板用於輔助堆高機樁卸作業，適用於體積小或比較重的商品，具有點數方便、裝卸簡便等特點。

3. 計量裝置

倉庫中使用的計量裝置種類很多，主要有以下類型。

(1) 重量計量設備：如各種磅秤及電子秤等。

(2) 液體容積計量設備：如流量計量儀及液面液位計量儀等。

(3) 長度計量設備：如檢尺器及自動長度計量儀等。

(4) 各數計量裝置：如自動計數器及自動計數顯示裝置等。

(5) 綜合的多功能計量設備和計量裝置：常見的有軌道秤、電子秤、核探測儀（核子秤）、出庫數量顯示裝置等。

4. 安全與養護設備

(1) 消防設備：包括警報器、消防車、泵站、各式滅火器、水源設備、砂土箱、鐵激、斧子、水桶、水龍帶等。主要用於防火和滅火。

(2) 物資養護設備：主要有吸水機、隔潮機（風幕）、烘乾機、測潮儀、溫濕度計、鼓風機、冷暖機等。主要用於檢驗、保養商品。

7-3 倉儲作業

一、倉儲作業

倉儲的基本作業過程可以分為三個階段：貨物入庫階段、保管階段和出庫階段。圖7-6為倉儲運作過程。

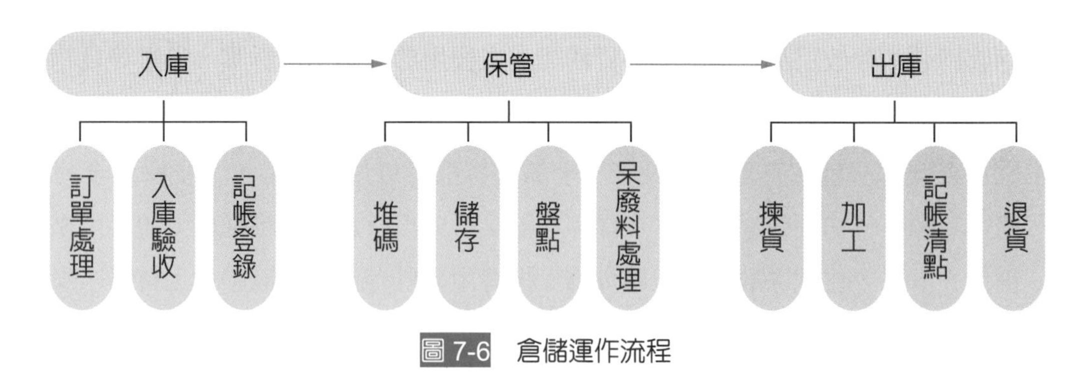

圖 7-6 倉儲運作流程

上述作業流程可歸納爲以下 9 項作業：①訂單處理作業；②進貨作業；③儲存作業；④加工作業；⑤分揀及配貨作業；⑥配裝作業；⑦送貨作業；⑧結算作業；⑨退貨作業。

二、理貨作業

倉庫理貨是指倉庫在接收入庫貨物時，根據入庫通知單、運輸單據和倉儲合約，對貨物進行清點數量、分類分揀、數量接受的交接工作。倉庫理貨是倉庫管理人員對貨物入庫現場的管理工作，其工作內容不只是狹義的理貨工作，還包括貨物入庫的一系列現場管理工作。理貨的內容包含以下工作：

（一）清點貨物件數

對於件裝貨物，包括有包裝的貨物、裸裝貨物、捆扎貨物，根據合約約定的計數方法，點算完整貨物的件數。如果合約沒有約定則僅限點算運輸包裝件數（又稱大點數收）。合約約定計件方法爲約定細數以及需要在倉庫拆除包裝的貨物，則需要點算最小獨立（裝潢包裝）的件數，包括捆內細數、箱內小件數等；對於件數和單重同時要確定的貨物，一般只點算運輸包裝件數。對入庫拆箱的集裝箱則要在理貨時開箱點數。

（二）查驗貨物單重、尺寸

貨物單重是指每一運輸包裝的貨物的重量。單重確定了包裝內貨物的含量，分爲淨重和毛重。對於需要拆除包裝的貨物需要核定淨重。貨物單重一般透過秤重的方式核定，按照數量檢驗方法確定秤重程度。

對於以長度或者面積、體積進行交易的商品，入庫時必然要對貨物的尺寸進行丈量，以確定入庫貨物數量；丈量的項目（長、寬、高、厚等）根據約定或者根據貨物的特性確定，透過使用合法的標準量器，如卡尺、直尺、卷尺等進行丈量。同時貨物丈量還是區分大多數貨物規格的方法，如管材、木材的直徑，鋼材的厚度等。

（三）查驗貨物重量

查驗貨物重量是指對入庫貨物的整體重量進行查驗。對於計重貨物（如散裝貨物）、件重並計（如有包裝的散貨、液體）的貨物，需要衡定貨物重量。貨物的重量分爲淨重和毛重，毛重減淨重爲皮重。根據約定或具體情況確定毛重或淨重。

（四）檢驗貨物表面狀態

理貨時應對每一件貨物的外表進行感官檢驗，查驗貨物外表狀態，以接收外表狀態良好的貨物。外表檢驗是倉庫的基本品質檢驗要求，透過它可確定貨物有無包裝破損、內容外洩、變質、油污、散落、標誌不當、結塊、變形等不良品質狀況。

（五）剔除殘損

在理貨時發現貨物外表狀況不良，或者懷疑內容物損壞等，應將不量貨物剔出，單獨存放，避免與其他正常貨物混淆。待理貨工作結束後進行品質確認，確定內容物有無受損以及受損程度。對不良貨物可以採取退貨、修理、重新包裝等措施處理，或者製作殘損報告，以便明確劃分責任。

（六）貨物分揀

倉庫原則上採取分貨種、分規格、分批次的方式儲存貨物，以保證倉儲品質。對於同時運入庫的多品種、多規格貨物，倉庫有義務進行分揀、分類、分儲。理貨工作就是要進行貨物確認和分揀作業。對於倉儲委託的特殊的分揀作業，如對外表的分顏色、分尺碼等，也應在理貨時進行，以便分存。如果需要開包進行內容分揀，則需要獨立進行作業。

（七）安排貨位、指揮作業

由理貨人員進行卸車、搬運、垛碼作業指揮。根據貨物品質檢驗的需要，指定檢驗貨位，或者無須進一步檢驗的貨物，直接確定存放位置。要求作業人員按照預定的堆垛方案堆碼貨或者上架。對貨垛需要的墊垛，堆垛完畢的苫蓋，指揮作業人員按要求進行。作業完畢，要求作業人員清掃運輸及搬運工具、作業現場，收集地腳貨。

（八）處理現場事故

對於在理貨中發現的貨物殘損，不能退回的，倉庫只能接收，但要製作殘損紀錄，並由送貨人、承運人簽訂確認。對作業中發生的工損事故，也應製作事故報告，由事故責任人簽訂。

（九）辦理交接

由理貨人員與送貨人、承運人辦理貨物交接手續。接收隨貨單證、文件；填製收費單據；代表倉庫簽訂單證；提供單證並由對方簽訂等。

三、儲位管理

（一）儲位管理的含義及對象

儲位管理就是利用儲位來使貨物處於「被保管狀態」並且能夠明確顯示所儲存的位置，同時當貨物的位置發生變化時能夠準確記錄，使管理者能夠隨時掌握貨物的數量、位置以及去向。

儲位管理的對象，分爲保管貨物和非保管貨物兩部分。

1. 保管貨物

保管貨物是指在倉庫的儲存區域中的保管貨物，由於它對作業、儲放搬運、揀貨等方面有特殊要求，使得其在保管時會有很多種的保管型態出現，例如棧板、箱、散貨或其他方式，這些雖然在保管單位上有很大差異，但都必須用儲位管理的方式加以管理。

2. 非保管貨物

非保管貨物包括包裝材料、輔助材料和回收材料。包裝材料就是一些標籤、包裝紙等包裝材料。輔助材料就是一些棧板、箱、容器等搬運器具。回收材料就是經補貨或揀貨作業拆箱後剩下的空紙箱。

（二）儲位管理的範圍

貨物進入倉庫之後，應該如何科學、合理地擺放、規劃和管理，這就構成了儲位管理。倉庫的全部作業都在保管區內進行。因此，保管區均屬儲位管理的範圍。按照倉庫作業性質，保管區可分爲預備儲區、保管儲區、動管儲區和移動儲區等四個儲區。

1. 預備儲區

是貨物進出倉庫時的暫存區，預備進入下一保管區域，雖然貨物在此區域停留的時間不長，但是也不能在管理上疏忽大意，給下一作業程序帶來麻煩。在預備儲區，不但要對貨物進行必要的保管，而且要將貨物打上標籤、分類，再根據要求歸類，擺放整齊。

2. 保管儲區

是倉庫中最大最主要的保管區域，貨物在此的保管時間最長，且以比較大的儲存單位進行保管，所以是整個倉庫的管理重點。爲了最大限度地增大儲存容量，要考慮合理運用儲存空間，提高使用效率。

3. 動管儲區

是在揀貨作業時所使用的儲區，此區域的貨物大多在短時期即將被揀取出貨，其貨物在儲位上流動頻率很高，所以稱為動管儲區。由於這個區域的功能在提供揀貨的需求，為了讓揀貨時間及距離縮短、降低揀錯率，就必須在揀取時能方便迅速地找到貨物所在位置，因此對於儲存的標示與位置指示就非常重要。而要讓揀貨順利進行及降低揀錯率，就得依賴一些揀貨設備來完成，例如，計算機輔助揀貨系統 CAPS，自動揀貨系統等，動管儲區的管理方法就是這些位置指示及揀貨設備的應用。

4. 移動儲區

在進行配送作業時，配送車貨物放置的區域稱為移動儲區。貨物在配送車上的放置位置一般應依據「先達後裝」的原則，使貨物到達目的地時能夠順利卸貨，不至於因順序混淆而造成「該卸的貨物卸不掉，不該卸的貨物擋在外側」的局面。

（三）儲存策略

儲存策略即決定貨品在儲存區域存放位置的方法或原則。良好的儲存策略可以縮短出入庫移動的距離、減少作業時間，甚至能夠充分利用儲存空間。

一般常見的儲存策略有定位儲存、隨機儲存、分類儲存、分類隨機儲存和共同儲存等。

1. 定位儲存

定位儲存的原則：每一儲存貨品都有固定儲位，貨品不能互用儲位，因此需要使每一項貨品的儲位容量不得小於其可能的最大在庫量。

(1) 定位儲存的優缺點

① 優點：

a. 每種貨品都有固定儲存位置，揀貨人員容易熟悉貨品儲位。

b. 貨品的儲位可按周轉率大小或出貨頻率來安排，以縮短出入庫搬運距離。

c. 可針對各種貨品的特性作儲位的安排調整，將不同貨品特性間的相互影響減至最小。

② 缺點：儲位必須按各項貨品的最大在庫量設計，因此除為空間平時的使用效率較低。

(2) 定位儲存的應用場合

① 不適於隨機儲存的場合。

② 儲存條件對貨品儲存非常重要時。例如，有些品項必須控制溫度。

③ 易燃物必須限制儲存於一定高度以滿足安全標準及防火法規。

④ 依商品物性，由管理或其他策略指出某些品項必須分開儲存。例如，餅乾和肥皂，化學原料和藥品。

⑤ 保護重要物品。

⑥ 廠房空間大。

⑦ 多種少量商品的儲存。

總之，定位儲存容易管理，所需的總搬運時間較少，但卻需較多的儲存空間。

2. 隨機儲存

每一個貨品被指派儲存的位置都是隨機產生的，而且可經常改變；也就是說，任何品項可以被存放在任何可利用的位置。此隨機原則一般是由儲存人員按習慣來儲存，且通常按貨品入庫的時間順序儲存於靠近出入口的儲位。

(1) 隨機儲存的優缺點

① 優點：由於儲位可共用，因此只需按所有庫存貨品最大在庫量設計即可，儲區空間的使用效率較高。

② 缺點：

a. 人工完成貨品的出入庫管理及盤點工作難度較高，需由計算機配合。

b. 周轉率高的貨品可能被儲存在離出入口較遠的位置，增加了出入庫的搬運距離。

c. 具有相互影響特性的貨品可能相鄰儲存，造成貨品的傷害或發生危險。

一個良好的儲位系統中，採用隨機儲存能使貨架空間得到最有效的利用，因此儲位數目得以減少。由模擬研究顯示出，隨機儲存系統與定位儲存比較，可節省35% 的移動儲存時間及增加 30% 的儲存空間，但人工揀取作業有一定難度。

(2) 隨機儲存的應用場合

隨機儲存較適用以下三種情況：

① 廠房空間有限，須盡量利用儲存空間。

② 種類少或體積較大的貨品。

③ 倉儲管理資訊系統完善的情況下。

3. 分類儲存

分類儲存的原則：所有的儲存貨品按照一定特性加以分類，每一類貨品都有固定存放的位置，而同屬一類的不同貨品又按一定的原則來指派儲位。分類儲存通常按產品相關性、流動性、產品尺寸、重量、產品特性來分類。

(1) 分類儲存的優缺點

① 優點：

a. 便於暢銷品的存取，具有定位儲存的各項優點。

b. 各分類的儲存區域可根據或品特性再作設計，有助於貨品的儲存管理。

② 缺點：

a. 儲位必須按各項貨品最大在庫量設計，因此儲區空間平均的使用效率低。

b. 分類儲存較定位儲存具有彈性，但也有與定位儲存同樣的缺點。

(2) 適用的場合

① 產品相關性大者，經常被同時訂購。

② 周轉率差別大者。

③ 產品尺寸相差大者。

4. 分類隨機儲存

每一類貨品有固定存放位置，但在各類的儲區內，每個儲位的指派是隨機的。

(1) 分類隨機儲存的優缺點

① 優點：兼有分類儲存的部分優點，又可節省儲位數量，提高儲區利用率。

② 缺點：貨品出入庫管理及盤點工作的進行困難度較高。

分類隨機儲存兼具分類儲存及隨機儲存的特色，需要的儲存空間介於兩者之間。

5. 共同儲存

在確定各貨品的進出倉庫時刻，不同的貨品可共用相同儲位的方式稱爲共同儲存。共同儲存在管理上雖然較複雜，所需的儲存空間及搬運時間卻更經濟。

（四）儲位指派原則

儲存策略是儲區規劃的大原則，當確定儲存策略並進行儲存區域規劃後，還必須配合儲位指派原則才能決定儲存作業實際運作的模式。與儲存策略相匹配的儲位指派原則，可歸納出如下幾項：

1. 以周轉率爲基礎原則

按照商品在倉庫的周轉率（銷售額除以存貨量）來排定儲位。首先依周轉率由大自小排序列，再將此依序列分爲若干段，通常分爲 3 ～ 5 段。同屬於一段中的貨品列爲同一級，依照定位或分類儲存法的原則，指定儲存區域給每一級的貨品。周轉率越高，離出入口越近。如圖 7-7 是按照周轉率高低進行儲位分配示意圖。

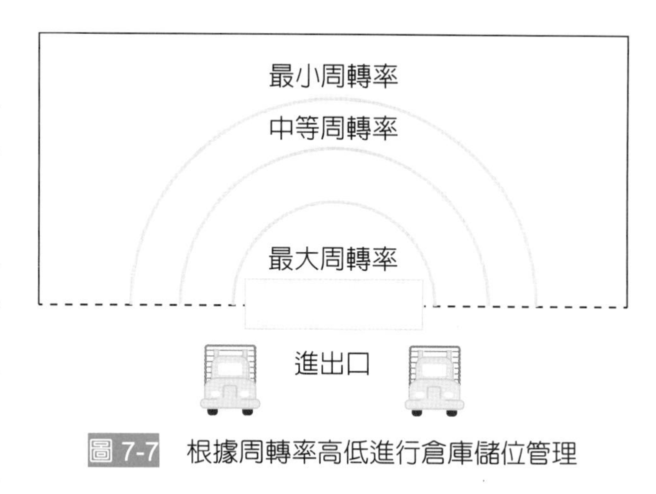

圖 7-7　根據周轉率高低進行倉庫儲位管理

2. 產品相關性原則

產品相關性大者在訂購時經常被同時訂購，所以應盡可能存放在相鄰位置。考慮物品相關性儲存的優點：

(1) 縮短提取路徑，減少工作人員疲勞。

(2) 簡化清點工作。

(3) 產品相關性大小可以利用歷史訂單數據做分析。

3. 產品同一性原則

所謂產品同一性原則是指把同一物品儲存於同一保管位置的原則。此種將同一物品保管於同一場所來加以管理的管理方式，其管理效果是能夠期待的。

培訓作業人員對於貨品保管位置皆能簡單熟知，且對同一物品的存取花費搬運時間最少的系統是提高配送中心作業生產率的基本原則之一。因而當同一物品散布於倉庫內多個位置時，物品在儲存、取出等作業的不便可想而知，就是在盤點以及作業員對貨架物品掌握程度等方面都可能造成困難。因此同一性的原則是任何配送中心皆應確實遵守的重點原則。

4. 產品類似性原則

所謂類似性原則是指將類似品比鄰保管的原則，此原則是根據同一性原則同樣的觀點而來。

5. 產品互補性原則

互補性高的物品也應存放於鄰近位置，以便缺貨時可迅速以另一品項替代。

6. 產品相容性原則

相容性低的產品絕不可放置在一起，以免損害品質，如香皂與茶葉不可放在一起。

7. 先進先出原則

所謂先進先出是指先入庫的物品先出庫。此原則一般適用於生命週期短的商品。例如，感光紙、軟片、食品等。

8. 堆高原則

所謂堆高原則，即是像堆積木般將物品堆高。以配送中心整體的有效保管的觀點來看，提高保管效率是必然之事，而利用棧板等工具來將物品堆高的容積效率要比平置方式來得高。但須注意的是，如先進先出等庫存管理限制條件很嚴時，一味地往上堆高並非最佳的選擇，應考慮使用合適的貨架或積層架等保管設備，以使堆高原則不致影響出貨效率。

9. 面對通道原則

所謂面對通道原則，即物品面對通道來保管，將可識別的標號、名稱讓作業人員容易簡單的辨識。爲了使物品的儲存、取出能夠容易且有效率地進行，物品必須要面對通道來保管，這也是使配送中心內能流暢進行及活性化的基本原則。

10. 產品尺寸原則

在倉庫布置時，我們要同時考慮物品單位大小及由於相同的一群物品所造成的整批形狀，以便能供應適當的空間滿足某一特定需要。所以在儲存物品時，必須要有不同大小位置的變化，用以容納一切不同大小的物品和不同的容積。此原則的優點在於：物品儲存數量和位置適當，則分揀發貨迅速，搬運工作及時間都能減少。

11. 重量特性原則

所謂重量特性原則是按照物品重量的不同來決定儲存物品在保管場所的高低位置上。

一般而言，重物應保管於地面上或貨架的下層位置，輕的物品則保管於貨架的上層位置；若是以人工進行搬運作業時，人的腰部以下的高度用於保管重物或大型物品，而腰部以上的高度則用來保管輕的物品或小型物品；此原則對於採用貨架的安全性及人工搬運的作業有很大的意義。

12. 產品特性原則

物品特性不僅涉及物品本身的危險及易腐性質，同時也可能影響其他的物品，因此在配送中心布置設計時必須要考慮。現列舉五種有關物品特性的基本儲存方法。

(1) 易燃物的儲存：需在具有高度防護作用的建築物內安裝適當防火設備的空間，最好是獨立區隔位置。

(2) 易竊物品的儲存：須裝在有加鎖的籠子、箱、櫃或房間內。

(3) 易腐品的儲存：需要儲存在冷凍、冷藏或其他特殊的設備內，且派專人作業與保管。

(4) 易污損品的儲存：可使帆布套等覆蓋。

(5) 一般物品的儲存：需要儲存在乾燥及管理良好的庫房，以應客戶需要隨時提取。

另外，彼此易相互影響的貨品應分開放置，如餅乾和香皂，容易氣味相混；而危險的化學藥劑、清潔劑，也應獨立隔開放置，且作業時戴上安全護套。此原則的優點在於不僅能隨物品特性而有適當的儲存設備保護，且容易管理與維護。

13. 儲位標示原則

所謂儲位標示原則是指把保管物品的位置給予明確標示的原則。此原則主要目的在於將存取單純化，並減少其中的錯誤。尤其在臨時人員、高齡作業人員較多的配送中心，此原則更爲必要。

14. 明晰（標示）性原則

所謂明晰性原則是指利用視覺，使保管場所及保管品能夠容易識別的原則。此原則需對於前述的儲位標示原則、同一性原則及堆高原則等皆能顧及，例如，顏色看板、布條、標示符號等方式，讓作業員一目了然，且能產生聯想而幫助記憶。

在良好的儲存策略與儲位指派原則配合之下，可大量減少揀取商品所需移動的距離，然而越複雜的儲位指派原則需要功能越強的計算機相配合，現今，計算機軟硬體發達，價格便宜，各公司應多加規劃利用，必可增加作業效率。

四、貨物存放的基本方法

根據貨物的特性、包裝方式和形狀、保管的需要，確保貨物品質、方便作業和充分利用倉容，以及根據倉庫的條件確定存放方式。倉庫貨物存放的方式有：地面平放式、棧板平放式、直接碼垛式、棧板碼垛式、貨架存放式。貨物儲存的堆碼方法有：

（一）散堆法

它適用於露天存放的沒有包裝的大宗貨物，如煤炭、礦石、黃沙等，也適用於庫內少量存放的穀物、碎料等散裝貨物。散堆法是直接用堆場機或者鏟車從確定的貨位後端起，直接將貨物堆高，在達到預定的貨垛高度時，逐步後退堆貨，後端先形成立體梯形，最後成垛，整個垛形呈立體踢形狀。由於散貨具有流動、散落性，堆貨時不能堆到太靠近垛位四邊，以免散落使貨物超出預定的貨位。採用散堆法時，絕不能採用先堆高後平垛的方法堆垛，以免堆超高時壓壞場地地面。

（二）貨架存放

它適用於小件、品種規格複雜且數量較少、包裝簡易或脆弱、易損害不便堆垛的貨物。特別是價値較高而需要經常查數的貨物。貨架存放需要使用專用的貨架設備。常用的貨架有：櫥櫃架、懸臂架、U形架、板材架、柵格架、鋼瓶架、多層平面貨架、棧板貨架、多層立體貨架等。

（三）堆垛法存貨

對於有包裝（如箱、桶、袋、籮筐、捆、扎等包裝）的貨物，包括裸裝的計件貨物，通常採取堆垛的方式儲存。堆垛法存貨能充分利用倉容，做到倉庫內整齊、方便作業和保管。

五、貨物堆碼業

（一）堆碼的概念

堆碼（Stacking）又稱爲堆疊，是將貨物整齊、規則地擺放成貨垛的作業。也就是根據商品的包裝外形、重量、數量、性能和特點，結合地坪負荷、儲存時間，將商品分別堆成各種垛形。

貨物堆碼是指將貨物整齊、規則地擺放成貨垛的作業。

（二）貨物堆碼的五距

貨物堆碼要做到貨堆之間，貨垛與牆、柱之間保持一定距離，留有適宜的通道，以便貨物的搬運、檢查和養護。要把商品保管好，「五距」很重要。五距是指頂距、燈距、牆距、柱距和堆距。

1. 頂距

頂距是指貨堆的頂部與倉庫屋頂平面之間的距離。留頂距主要是爲了通風，不頂樓房，頂距應在 50 厘米以上爲宜。

2. 燈距

燈距是指在倉庫裡的照明燈與商品之間的距離。留燈距主要是爲了防止火災，商品與燈之間的距離一般不應少於 50 厘米。

3. 牆距

牆距是指貨垛與牆之間的距離。留牆距主要是爲了防止滲水，便於通風散潮。

4. 柱距

柱距是指貨垛與屋柱之間的距離。留柱距是爲了防止商品受潮和保護柱腳，一般留 10 ～ 20 厘米。

5. 堆距

堆距是指貨垛與貨垛之間的距離。留堆距是爲了便於通風和檢查商品，一般留 10 厘米即可。

（三）堆碼的要求

1. 合理

對不用品種、規格型號、牌號、等級、批次和不同生產廠家的貨物要分開堆碼，不能混雜不清。所選垛型要符合貨物的性能和特點要求。庫房內碼垛要符合「五距」（牆距、頂距、燈距、柱距、垛距）的要求；庫房外碼垛要距離建築物 2 米以上；排水溝附近不能堆碼貨物。同時還要根據「先進先出」的原則，按貨物進庫先後次序堆碼。

2. 穩定

貨垛要不偏不斜，不倒不歪，不壓壞貨垛底層貨物和地坪，要留有「五距」，確保貨物和倉儲設施的安全。

3. 定量

每行每層數量力求成整數，便於過目知數，不具備整數堆碼條件的貨物，其垛層要明顯，以便於清點數目、發貨和盤點。

4. 整齊

排列要整齊有序，嚴格按規定的垛型標準堆碼，橫豎均成行、成列，包括標誌一律朝外，做到整潔、美觀。

5. 節省

節省倉位，節省人力、機力，提高倉庫面積利用率。

（四）貨物堆碼的方法

貨物堆碼的方法主要有三種：貨架堆碼法、散堆法和垛堆法。

1. 貨架堆碼法是指把貨物堆放在貨架上的方法。它適用於標準化的貨物，帶包裝密度較小的貨物，以及不帶外包裝的各種零星小貨物。

2. 散堆法是指散裝堆放貨物的方法。它適用於沒有包裝的或不需要包裝的大宗貨物，如煤炭、砂石、小塊生鐵等。
3. 垛堆法是指把貨物堆碼成一定垛形的方法。它適用於有包裝或裸裝但尺寸較整齊劃一的大件貨物，如鋼材的型鋼、鋼板等。

7-4 揀貨與補貨作業

一、揀貨作業

（一）揀貨作業的意義與功能

揀貨（Picking）作業或稱揀選作業是依據顧客的訂貨要求或配送中心的送貨計畫，儘可能迅速、準確地揀取商品，並按一定的方式進行分類、集中、等待配裝送貨的作業流程。在配送作業的各環節中，分揀作業是非常重要的一環，它是整個配送中心作業系統的核心。

此外，與揀貨作業直接相關的人力投入，也占整個物流中心人力投入的 50% 左右；而在物流中心的整體作業時間當中，花在揀貨作業的時間占了 30% ～ 40%。因此，不論以成本、人力投入還是時間花費來分析，都顯示了揀貨作業的重要性。

（二）揀貨流程

一般而言，揀貨作業的主流程從收到訂單開始，首先要對訂單進行處理包括訂單分類、分批、訂單分割等，根據訂單處理結果選擇合適的揀貨方式，然後生成揀貨資料，揀貨人員根據揀貨資料找到貨品並揀取，揀出的貨品經過集貨後進入出貨暫存區，如果是批量揀取，則要在對揀出的貨品進行分貨作業後，再集貨。揀貨作業流程如圖 7-8 所示。

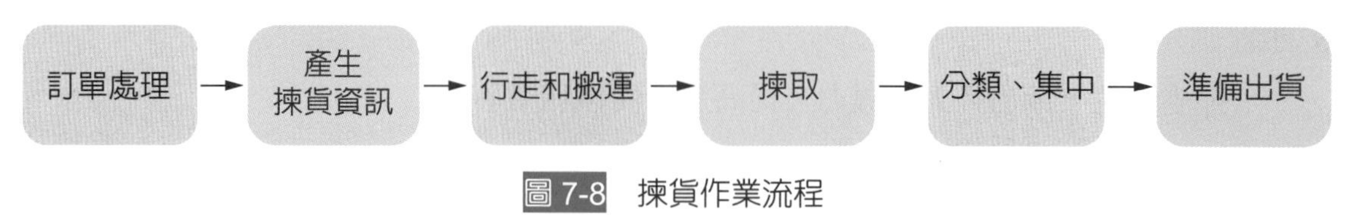

圖 7-8 揀貨作業流程

1. 訂單處理

接到客戶的訂單後，要對客戶的信用額度進行調查、確認訂單價格、是否需要流通加工等；檢查現有庫存量及各項配送資源是否足以提供此訂單的出貨；進行訂單資料的建檔和維護，統計商品需求數量。對於當天要出貨的訂單，應進行訂單分割或匯總合併，然後爲其分配存貨。

2. 揀貨資料生成

訂單處理完畢，進行揀貨作業之前，需要生成揀貨作業用的單據或資訊。有的物流中心直接利用客戶的訂單或公司的送貨單進行揀取，但由於此類單據上一般未註明儲位資訊，而且容易在揀或過程中受到汙損而導致揀取錯誤，因此，大多數物流中心還是將原始的訂單轉換成揀貨專用的單據或電子資訊。採用揀貨專用的單據貨電子資訊的另一個優點是揀貨資訊經過專門處理後，往往按揀貨順序來排列儲位，使揀貨路徑最短，從而也提高了揀貨效率。

3. 行走或搬運

進行揀貨時，要揀取的貨品必須出現在揀貨員前面，可以通過以下三種方式實現。

(1) 人至物前：揀貨員通過步行或搭乘揀貨車輛到達貨物儲存位置的方式。該方式的特點是貨品採取一般的靜態儲存方式，如棧板貨架、輕型貨架等，主要移動的一方爲揀取者。

(2) 物至人前：與上述方式相反，主要移動的一方爲被揀取物，也就是貨品，揀取者在固定位置，無須去尋找貨品的儲存位置。該方式的主要特點是貨品採用動態方式儲存，如負載自動倉儲系統、旋轉自動倉儲系統等。

(3) 無人揀取：揀取的動作由自動的機械負責，電子資訊輸入後自動完成揀貨作業，無須人手介入。這是目前國內在揀貨設備研究上的發展方向。

4. 揀取

拿到揀貨資料，並找到貨品的位置後，接下來就是揀取貨品，它包括兩個動作，拿取和確認。拿起貨品後，爲了確定所拿取的貨品、數量正確，需要讀取品名與揀貨單據或資訊核對。很多揀貨人員經常會憑著自己的經驗去拿取貨品，這在有些貨品包裝差別不大，或儲位維護不準的情況下會造成較高的揀貨差錯率。目前，比較先進的確認方式是用 RF 讀取條碼資訊進行確認。

5. 分類與集中

由於揀貨方式的不同，揀取出來的貨品需要依訂單進行分類與集中。例如，批量揀取的貨品需要先分類再集中，分區訂單別揀取的貨品需要按照訂單進行集中。

6. 放置暫存區

揀取出的貨品經過集貨後放置在暫存區，準備出貨。

（三）揀貨作業的策略與方法

1. 訂單揀貨作業

(1) 作業方式

訂單揀貨作業（Order Picking）是由揀貨人員或揀貨工具巡迴於各個貨位，按訂單所要求的物品，完成貨物的配貨，如圖 7-9 所示。這種方式類似於人們進入果園，在一棵樹上摘下已成熟的果子後，再轉到另一棵樹前去摘果子，所以又形象地稱之爲摘果式。

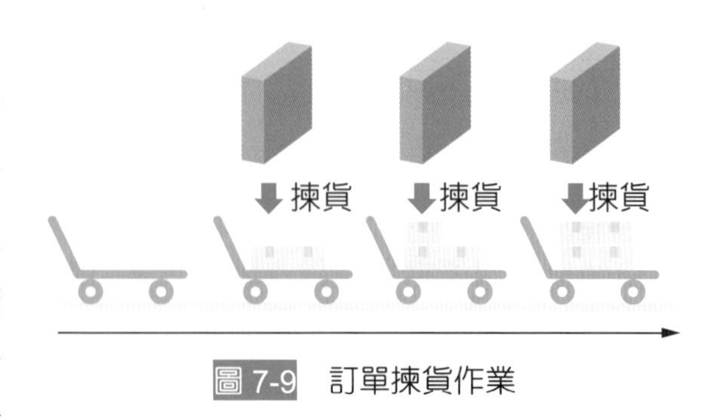

圖 7-9　訂單揀貨作業

(2) 特點

按訂單揀貨，易於實施，而且取貨的準確度較高，不易出錯。

對各用戶的揀貨相互沒有約束，可以根據用戶需求的緊急程度，調整配貨先後次序。

揀貨完一個貨單，貨物便配齊，因此，貨物可不再落地暫存，而直接裝上配送車輛，這樣有利於簡化工序，提高作業效率。

用戶數量不受限制，可在很大範圍內波動。揀貨作業人員數量也可以隨時調節，在作業高峰時，可以臨時增加作業人員，有利於開展及時配送，提高服務水準。

對機械化、自動化沒有嚴格要求，不受設備水準限制。

2. 批量揀貨作業

(1) 作業方式

批量揀貨作業（Batch Picking）是由分貨人員或分貨工具從儲存點集中取出各個用戶共同需求的某種貨物，然後巡迴於各用戶的貨位之間，按每個用戶的需要量分放後，再集中取出共同需要的第二種貨物，如此反覆進行，直至用戶需要的所有貨物都分配完畢，即完成各個用戶的配貨工作，如圖 7-10 所示。

這種作業方式，類似於農民在土地上播種，一次取出幾畝地所需的種子，在地上巡迴播撒，所以又形象地稱之爲播種式或播撒式。

圖 7-10 批量揀貨作業

(2) 特點

由於是集中取出共同需要的貨物，再按用戶貨位分放，這就需要在累計收到一定數量的訂單後再進行揀貨作業。需對累計的批量訂單中所涉及的商品分別作單品彙總統計，並安排好各用戶的分貨貨位之後才能進行揀貨作業，因此，這種方式工藝難度較高，計畫性較強，和訂單揀貨相比，占地面積較大。

批量揀貨作業完成後，各用戶的配送請求即同時生成，因此可以同時開始對各用戶所需貨物進行配送。這種方式有利於車輛的合理調配和規劃配送路線，與訂單揀貨相比，可以更好地發揮規模效益。

但對到來的訂單無法逐一反應，必須等訂單達到一定數量時才做一次處理，因此會有停滯的時間產生。只有根據訂單到達的狀況做等候處理，決定出適當的批量大小，才能將停滯時間減至最低。

這兩種揀貨方式的比較如表 7-1 所示。

表 7-1 幾種揀貨方式的比較

揀貨方式	優點	缺點	適用情況
訂單揀貨	1. 作業方法簡單 2. 訂貨前置時間短 3. 作業彈性大 4. 作業員責任明確，作業容易組織 5. 揀貨後不必再進行分類作業	1. 貨品品種多時，揀貨行走路徑加長，揀貨效率降低 2. 揀貨單必須配合貨架貨位號碼	適用於多品種、小批量訂單的情況
批量揀貨	多張訂單做出單品彙總後揀貨，揀貨取貨效率較高盤虧較少	1. 所有種類實施困難 2. 增加出貨後的分貨作業 3. 必須本批次作業全部完成後，才能發貨	適用於多張訂單中重要品種較多的情況

3. 混合運用

除了以上兩種常用的揀貨方式外，還可以採用以下兩種揀貨方式。

(1) 整合訂單揀貨：主要應用在一天中每一訂單只有一種品項的情況，爲了提高配送的效率，將某一地區的訂單整合成一張揀貨單，做一次揀貨，集中打包出庫。這屬於訂單揀貨的一種變通形式。

(2) 複合分揀：複合分揀是訂單揀貨與批量揀貨的組合運用，按訂單品項、數量和出庫頻率決定哪些訂單適合訂單揀貨，哪些適合批量揀貨。

4. 電子標籤輔助揀貨系統

在進行現代物流揀取過程中，會用到很多揀取技術，如電子標籤、自動分揀技術等。這些技術的應用能夠提高揀取作業的效率以及揀取的準確率，從而提高客服水準，降低勞動成本，提高物流中心的運作周轉速度。

電子標籤輔助揀貨系統，在歐美一般稱爲 PTL（Pick-to-Light or Put-to-Light）System，在日本稱爲 CAPS（Computer Assisted Picking System）或者 DPS（Digital Picking System），主要是由主控計算機來控制一組安裝在貨架儲位上電子標籤裝置，如圖 7-11 借助上面的信號燈信號和顯示屏上數字顯示來引導揀貨人員正確、快速地揀取貨品。

圖 7-11　電子標籤

系統將揀貨作業簡化爲「看、揀、按」三個單純的動作，減少了揀貨人員目視尋找的時間，而且它是一種無紙化的揀貨系統，可大大提高揀貨效率，降低揀錯率和工人的勞動強度，如圖 7-12 所示。

圖 7-12　電子標籤輔助揀貨系統

(1) 電子標籤輔助揀貨系統的優點

① 可以提高揀貨速度及效率，降低揀貨錯誤率，甚至可降到 0.1% 以下。

② 提高出貨配送效率。

③ 實現在線管理和揀貨數據在線控制，使庫存數據一目了然。

④ 操作簡單，人員不需特別培訓就能上崗工作。

(2) 電子標籤輔助揀貨系統的作業流程

① 電子標籤輔助揀貨系統獲取訂單資料並進行處理。

② 控制器將經過處理的訂單資料傳送至貨架上的電子標籤。

③ 電子標籤顯示出揀貨數量。

④ 揀貨員按照電子標籤指示，快速而準確地執行指令，無須攜帶揀貨單。

⑤ 揀貨完畢，揀貨員按「完成」按鈕，將完成信號回報給計算機，進入下一次作業，如圖 7-13 所示。

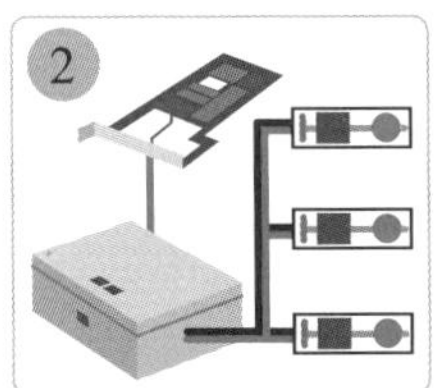

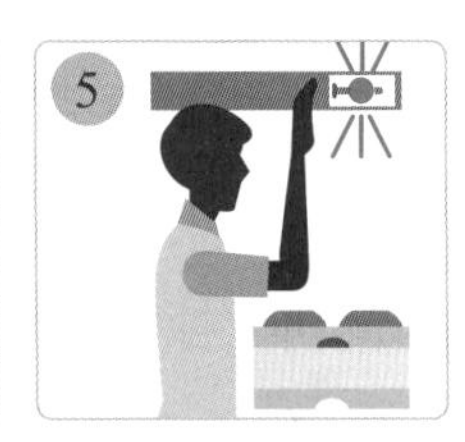

圖 7-13　電子標籤輔助揀貨系統的作業流程

（四）揀貨方式

根據自動化程度不同，揀貨方式可方爲人工揀貨、半自動化揀貨、全自動化揀貨。

1. 人工揀貨

人工揀貨有兩種方式，一種是訂單揀貨，另一種是貼標揀貨。

訂單揀貨是最傳統、最常用的方式，作業人員按照列印出來的揀貨單據去揀取貨品。目前物流中心大多採用訂單揀貨，摘取法涉及的揀貨單據有車輛別或客戶別揀貨表等，播種法涉及的揀貨單據有揀貨用的批量揀貨表和分貨用的客戶別分貨表等。

貼標揀貨是在揀貨前先考察訂單的訂購品類，按其需求數量印出等量的標籤，即一件貨品一個標籤。一張客戶訂單的標籤數即等於該張訂單的總揀貨件數，標籤上註明相關的揀貨資訊與客戶資訊，揀貨人員以此取代揀貨單據來進行揀貨，揀取一件貨品貼上一張相對應的標籤。

2. 半自動化揀貨

半自動化揀貨是指在設備輔助下的人工揀貨作業，按照人與設備間的互動關係，又可分爲下列兩種：

(1) 人到貨：人到貨是指貨品放置位置固定不動，揀貨人員需到貨品放置處將貨品揀出的作業方式。例如，電子標籤輔助揀貨、揀貨台車輔助揀貨、掌上型終端機輔助揀貨。

(2) 物到人：物到人是指揀貨時做業者只需停留在固定位置，等待揀貨設備把要揀取貨品運送到面前的作業方式。例如，水平式或垂直式旋轉貨架、自動倉庫等。

3. 全自動化揀貨

全自動化揀貨是指無需人力的介入由自動揀貨設備負責完成揀貨作業。例如，全自動倉庫、自動分揀機、A 型自動揀貨機、揀貨機器人等。

（五）半自動化揀貨方式

揀貨是倉儲物流中勞動密集的作業環節，在一些電商物流中心裡，揀貨作業甚至占倉庫營運的 50%。爲了提高揀貨效率、降低倉儲物流總成本，近年來揀貨方式和技術不斷創新，揀貨作業更加動態化，部分領域還實現揀貨的自動化。

物流中心半自動化的訂單揀貨（Order Picking）作業劃分爲「貨到人」（Goods to Person, GTP）和「人到貨」（Person to Goods, PTG）兩大類。

1. 人到貨

是普通倉儲管理方式，在面對單一或者海量的商品庫存下，普遍採取將貨品按照各種規則分區、分類進行存放，然後人工前往所在地進行揀貨。

2. 貨到人

是使用資訊的硬體設備來完成貨品的存儲和移動，結合資訊系統、移動終端、燈光指引、電子標籤等等技術輔助，眞正實現了揀貨人員不再大面積行走，而是站定原地雙手不停的將排列好的待揀貨品進行高速分揀。每個作業單元一人的有效勞動時間得到最大化的使用，同時也降低了人員的勞動強度。

「人到貨」揀貨技術

目前倉儲常見的「人到貨」揀貨作業方式有以下四種：

1. 手持 RF/PDA 揀貨

人員使用手持設備掃描條碼獲得資訊完成揀貨作業。該方式需無線網路覆蓋整個揀貨作業區。揀貨區商品可以是一位一品，也可以是一位多品。揀貨準確性較高、造價和維護成本較低，靈活性強。但該揀貨方式要求揀貨人員熟悉貨位位置。手持 RF/PDA 揀貨是目前最常見的揀貨方式。

2. 語音揀貨

語音揀貨（Pick by Voice）是聲控揀貨，近年來應用廣泛。語音揀貨系統會將 WMS 系統的指令轉化爲語音播報給作業人員，作業人員根據語音指令到達相應的貨位，揀取貨品，並通過口頭語音應答來確認揀貨作業的完成。

其最大的優點是透過耳機等可穿戴設備，解放了揀貨員的雙手，適合大件商品揀貨、冷庫環境揀貨等。

3. 燈光揀貨

燈光揀貨（Pick by Light）即電子標籤揀貨，是一種基於 SKU（Stock Keep Unit）管理的揀貨方式，市面上常見的 PTL 揀貨大多結合電子標籤使用。在每個貨位安裝提示燈，指示操作人員到達哪個貨位、揀取什麼貨品、數量是多少。適用於小型商品揀貨，揀貨位固定一位一品，其優勢是效率和準確率高、不依賴員工的熟練程度，但布局建設完成後不易更改。

4. AR 視覺揀貨

AR 技術已經開始應用於倉儲作業。員工配戴擴增實境眼鏡，由眼鏡的導航功能導航製揀貨貨位。所有的作業資訊全部投影在眼鏡上。

AR 揀貨與語音揀貨一樣，解放了揀貨作業人員的雙手，同時又具備條碼覆核能力，保障揀貨品質與庫存數據同步，但 AR 揀貨目前在國內還鮮見應用案例。

「貨到人」揀貨系統

1.「貨到人」揀貨概述

顧名思義，「貨到人」揀貨，即在物流揀貨過程中，人不動，貨物被自動輸送到揀貨人面前，供人揀貨。「貨到人」揀貨是物流配送中心一種重要的揀貨方式，與其對應的揀貨方式是「人到貨」揀貨。

「貨到人」揀貨有超過 40 年的發展歷史。最早的「貨到人」揀貨是由自動倉儲系統完成的，棧板或料箱被自動輸送到揀貨工作站，完成揀貨後，剩餘的部分仍然自動返回立體庫中儲存。這種揀貨方法一直沿用到現在，並逐漸顯示其重要性。

2.「貨到人」揀貨技術

「貨到人」目前有：AS / RS 揀貨及 AGV 揀貨等。

(1) AS/RS 揀貨

自動化倉儲系統（AS / RS）揀貨是借助倉儲管理系統（WMS），倉庫控制系統（WCS）技術，通過堆垛機、穿梭車從高位貨架按訂單需求揀貨，也有利用旋轉貨架進行揀貨。

這種方式更加節省人力，且高效、精準，但初期的基建成本、設備成本投入大，建成後不易更改，對貨物的包裝、貨品的品類有一定限制。

(2) AGV 揀貨

使用 AGV 小車完成揀貨及搬運作業，AGV 揀貨小車根據系統指令，自動導航到商品位置停泊，通過車載顯示終端告訴揀貨人員被揀貨商品的位置和數量。也有企業使用類 Kiva 機器人揀貨，機器人在接到揀貨指令後，找到指定的貨架，並將該貨架運送到指令的揀貨台，這是典型的「貨到人」的揀貨方式。

其較大的問題是，「貨到人」輸送系統由於輸送流量大，會導致設備成本大幅度增加，從而導致物流系統整體成本大幅度增加。因此，降低輸送成本、簡化輸送系統是研究的重點。

3.「貨到人」揀貨系統的組成

「貨到人」揀貨系統由三部分組成，即儲存系統、輸送系統、揀貨系統。在今天，「貨到人」揀貨技術已經發展到了一個全新階段。

(1) 儲存系統

從過去比較單一的立體庫存儲，目前已發展到多種存儲方式，包括平面存儲、立體存儲、密集存儲等。存儲形式也由過去主要以棧板存儲轉變爲主要以料箱（或紙箱）存儲。然而，不管是哪一種存儲方式，存儲作業的自動化是實現「貨到人」的基礎。存取技術的發展，焦點在於如何實現快速存取，由此誕生了許多令人眼花繚亂的存取方式和技術。

(2) 輸送系統

「貨到人」揀貨技術的關鍵技術之一是如何解決快速存儲與快速輸送之間的匹配問題。對於以電子商務爲特點的物流系統來說，要求匹配每小時 1,000 次的輸送任務並不是一件很困難的事情，事實上，採用多層輸送系統和並行子輸送系統的方式，可完成多達每小時 3,000 次以上的輸送任務，客觀上更大的輸送量有其需求，但需要採用一些特殊手段，如配合立體倉儲存儲系統等。

(3) 揀貨工作站

揀貨工作站的設計非常重要。一個工作站要完成每小時多達 1,000 次的揀貨任務，依靠傳統的方法是無法想像的。目前設計的揀貨工作站採用電子標籤、照相、RFID、秤重、快速輸送等一系列技術，已經完全可以滿足實際需求。

很多著名的物流裝備和系統集成企業都把揀貨工作站作爲研究「貨到人」系統的重要內容，並爲此絞盡腦汁，從而誕生了很多具有革命性的揀貨工作站。

4.「貨到人」揀貨系統優點

相對於「貨到人」和傳統的「人到貨」兩種方式，「貨到人」揀貨具有以下優點：

(1) 揀貨準確性更高

由於簡化了勞動者的操作流程，相對單一化的重複動作使得揀貨差錯率的控制更爲有效，在常規揀貨差錯率 3 ～ 5‰的基礎上通常有 10 倍的準確性提升。

(2) 揀貨效率提升

由於節約了行走時間，同等作業量下貨到人揀貨效率更高，有數據表明甚至能達到普通人工揀貨的 3 ～ 6 倍。

(3) 降低勞動強度

改善作業環境，大幅減少的行走距離，在減少揀貨人員作業量的同時，也降低了補貨、容器周轉等倉庫內其他環節勞動強度。另由於傳統倉儲作業場地占地較大等原因，無法大面積改善勞動者作業環境，如夏季高溫期的庫內作業、冷藏冷凍倉儲庫內的作業等，通過工作站方式，在不大幅增加成本的前提下改善員工作業環境條件。

二、補貨作業

補貨作業是將貨物從倉庫保管區域搬運到揀貨區的工作。補貨作業通常是以棧板爲單位，從貨物保管區將貨物移送到另一個作爲按訂單揀取的動管揀貨區，然後將此移庫作業做庫存資訊處理。補貨作業必須滿足「確保有貨可取」和「將待配商品放置在存取都方便的位置」兩個前提。

（一）補貨流程

補貨作業一般以棧板或是以箱爲單位，其補貨流程大致相同，圖 7-14 所示的爲以棧板補貨爲例的補貨作業流程圖。

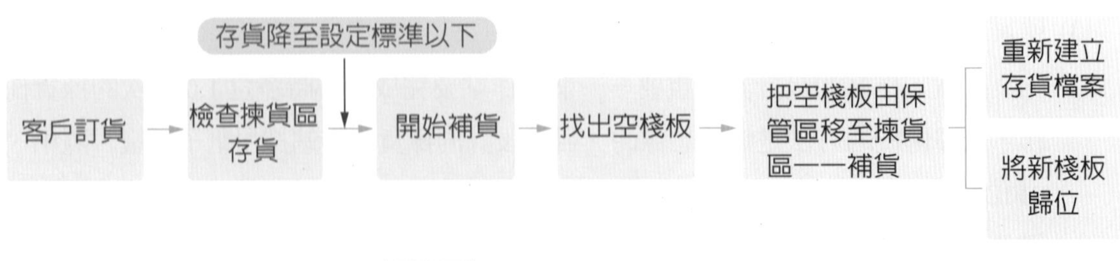

圖 7-14 補貨作業的基本流程

一般的補貨方式有下列二種：

1. 由儲存貨架區和流動式貨架組成的存貨、揀貨、補貨系統，如圖 7-15 所示。

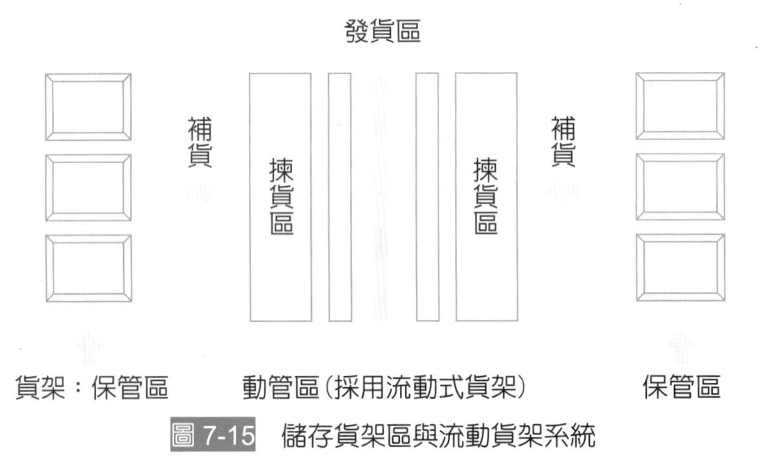

圖 7-15 儲存貨架區與流動貨架系統

2. 將貨架的上層作爲儲存區，下層作爲揀貨區，商品由上層貨架向下層貨架補貨的系統。

（二）補貨方式

補貨方式主要有以下幾種：

1. 整箱補貨

由貨架保管區補貨到流動貨架的揀貨區。這種補貨方式的保管區爲料架儲放區，動管揀貨區爲兩面開放式的流動棚揀貨區。揀貨員揀貨之後把貨物放入輸送帶並運到發貨區，當動管區的存貨低於設定標準時，則進行補貨作業。這種補貨方式由作業員到貨架保管區取貨箱，用手推車載箱至揀貨區。整箱補貨較適合於體積小且少量多樣出貨的貨品。

2. 棧板補貨

這種補貨方式是以棧板爲單位進行補貨。棧板由地板堆放保管區運到地板堆放動管區，揀貨時把棧板上的貨箱置於中央輸送機送到發貨區。當存貨量低於設定標準時，立即補貨，使用堆垛機把棧板由保管區運到揀貨動管區，也可以把棧板運到貨架動管區進行補貨。這種補貨方式適合於體積大或出貨量多的貨品。

3. 貨架上層—貨架下層的補貨方式

此種補貨方式保管區域與動管區位於同一貨架，也就是將統一貨架上的中下層作爲動管區，上層作爲保管區，而進貨時則將動管區放不下的多餘貨箱放到上層保管區。當動管區的存貨低於設定標準時，利用堆垛機將上層保管區的貨物搬至下層動管區。這種補貨方式適合於體積不大、存貨量不高，且多爲中小量出貨的貨物。

（三）補貨時機

補貨作業的發生與否主要看揀貨區的貨物存量是否符合需求，因此究竟何時補貨要看揀貨區的存量，以避免出現揀貨區貨量不足而影響整個揀貨作業的情況。通常，補貨時間可採用批次補貨、定時補貨或隨機補貨三種方式。

1. 批次補貨

在每天或每一批次揀取之前，經電腦計算所需貨品的總揀取量和揀貨區的貨品量，計算出差額並在揀貨作業開始前補足貨品。這種補貨原則比較適合於一天內作業量變化不大、緊急追加訂貨不多，或是每一批次揀取量需事先掌握的情況。

2. 定時補貨

將每天劃分爲若干個時段，補貨人員在時段內檢查揀貨區貨架上的貨品存量，如果發現不足，馬上予以補足。這種「定時補足」的補貨原則，較適合於分批揀貨時間固定且處理緊急追加訂貨的時間也固定的情況。

3. 隨機補貨

隨機補貨是一種指定專人從事補貨作業方式，這些人員隨時巡視揀貨區的分批存量，發現不足隨時補貨。此種「不定時補足」的補貨原則，較適合於每批次揀取量不大、緊急追加訂貨較多，以至於一天內作業量不易事前掌握的場合。

物流 Express

Amazon 的無人搬運車 臺灣在永聯

「物流共和國」是由永聯物流開發（簡稱永聯）以經營物流品牌創立，仿效高科技新創公司思維，致力改變並提昇臺灣的物流地產市場，將現代化物流設施視為產品，不斷地改良、創新並研發成最具效率的高標準倉儲，進而提出產業專倉的概念，為商品提供客製化解決方案。

成立 6 年來，永聯共砸下新臺幣 200 億元，在臺北、桃園和臺中打造合計超過 15.5 萬坪的四大園區。其中，臺北園區內的 7 棟獨立倉庫，涵蓋美妝、進口服飾、家電、酒品、日系快銷品和電商專倉等，提供倉儲、包裝理貨，以及整合物流等解決方案。

近年來各國大型電商也紛紛導入 AGV 來應付爆量訂單。2018 年中，永聯物流成為臺灣物流倉儲界第一個導入 AGV 設備的電商物流倉儲，就位在永聯臺中烏日的物流園區，供大型電商專用。乘勝追擊，2019 年初，永聯啓動另一項 AGV 專案，於瑞芳的物流園區打造專門服務中小型電商的 EC Hub，並導入 AGV 設備。該倉儲樓地板面積高達 5 千坪，這是臺灣物流界後起之秀永聯物流開發的代表作。永聯花了 4 個月建置，重新設計揀貨作業，2019 年第三季正式上線。

永聯物流導入 AGV 的電商倉儲主要有七大工作區，包含提供貨品卸貨暫存的重型貨架區，處理貨品入庫的上架工作站，停放移動式貨架的貨架區，AGV 搬運貨架至工作站之前的 AGV 等待區，處理出倉單並從貨架揀取貨品的揀貨工作站，AGV 充電站，以及異常處理區永聯引進的 AGV 機器人最高乘載量可達 800 公斤，空載速度每秒達 2 公尺，負載速度每秒介於 1.5 到 2 公尺。利用率滿載的情況下，依據規畫，一天最高可以處理兩萬張訂單。負責 EC Hub 物流服務的永聯合作夥伴特捷物流表示，該機制讓揀貨員減少 8 成的行走距離，更加快揀貨流程的速度。

除了建置 EC Hub，永聯還打造了全臺第一座紅酒專倉，導入兩套自動化倉儲系統（Automated Storage and Retrieval System，AS/RS），可因應箱與瓶為單位的兩種出貨需求，翻轉紅酒的物流儲存、揀貨模式。紅酒屬於高單價的商品，許多酒商為訴求美感，不在紅酒瓶的標示上放條碼，過去，得靠揀貨人員自行識別，而紅酒進口比例尤其高，作業員需有一定的外語識別能力，準確率因此受影響。

有了 AS/RS 後，不需人力介入，系統可透過貨品棧板上的電子標籤，掌握每種貨品的存放位置。系統上線後，這座紅酒倉的配送準確率近百分之百。這也是首度有業者將該系統設備用於優化紅酒的物流模式。

這些優化揀貨和儲存自動化設備，背後需要一套全面的資訊系統，以將物流和資料流整合，為此永聯自行開發智慧倉儲執行系統（Warehouse Execution System，WES），相當於製造業工廠內的 MES。該系統串聯倉儲內所有的自動化設備，包含 AGV、AS/RS 等，另一端，則是藉倉儲管理系統 WMS 與客戶端的訂單管理系統（OMS）串接，WES 可謂是整套物流系統的神經中樞。

參考資料：

1. 黃郁芸，Amazon 顛覆倉儲流程的無人搬運車，臺灣也有！直擊臺灣物流倉儲大變革，iThome 電腦周刊，2019/10/31。
2. 黃郁芸，【圖解 AGV 電商倉儲全貌】物流界新秀導入搬運機器人，讓揀貨員省去 8 成行走距離，iThome 電腦周刊，2019/10/31。

問題討論

1. 臺灣的企業為何需要 Amazon 無人搬運車？
2. 臺灣的企業要採用無人搬運車時，應有的評估因素為何？

自我評量

1. 倉儲的定義爲何？
2. 倉儲的功能爲何？
3. 倉儲的基本作業過程可以分爲哪三個階段？
4. 倉儲設施的組成包含哪些部分？
5. 倉儲的形態眾多，若根據不同的分類標準，可分爲哪些倉儲類型？
6. 倉儲的主要設施有哪些？
7. 倉儲的主要設備有哪些？
8. 何謂理貨作業？包含哪些工作？
9. 按照倉庫作業性質，保管區可分爲哪些儲區？
10. 常見的儲存策略有哪些？
11. 儲位指派原則有哪些？
12. 貨物儲存的堆碼方法有哪些？
13. 何謂堆碼？貨物堆碼的五距爲何？
14. 何謂揀貨作業？揀貨作業流程？
15. 揀選作業方式有哪些？其特點爲何？
16. 何謂電子標籤輔助揀貨系統？其特點爲何？
17. 何謂 GTP ？何謂 PTG ？
18. 人到貨的撿貨系統有哪些？
19. 貨到人的撿貨系統之組成爲何？又此系統的優點爲何？
20. 何謂補貨作業？進行補貨作業的方式有哪些？
21. 補貨時機爲何？

第三篇：物流功能

08 庫存管理

知識要點

- 8-1 庫存概述
- 8-2 商品編碼與儲位編號
- 8-3 盤點作業
- 8-4 庫存控制的方法
- 8-5 現代庫存管理方法

物流前線

偢儲空間迷你倉　網拍電商的夥伴

物流 Express

蝦皮店到店，真的有比較方便嗎？

物流前線

私儲空間迷你倉　網拍電商的夥伴

財政部統計，截至 2019 年 11 月，「自助儲物空間出租」相關業者共 74 家，市場規模約為 28.6 億元。事實上，2018 年全年，全臺 73 家倉庫據點更創造近 40 億元的市場規模。

私儲空間迷你倉執行長廖承中，原本任職於外商投資公司，負責投資部位的操盤，以及協助老闆尋找適合的投資標的。看過了許多有趣的投資案，在 2013 年一個偶然的機會裡，為了幫公司處理一棟閒置的物業，接觸到了迷你倉儲 （Mini Storage），這樣一個新興的行業，也讓他賺到人生的第一桶金，且業績越做越火熱。

圖片來源：私儲空間官網

傳統的大型第三方物流業者，在入倉和出貨都有很多限制。要存放商品，一般來說是用占幾個棧板或貨櫃來計算 CBM（立方米），通常會有最低存放量；在出貨方面，傾向必須採用標準化的箱子，針對最小庫存單位（SKU）的種類和包裝加工，也有很多限制。

然而，對在這些電商平台經營網拍的個人賣家及小型電商而言，往往庫存的貨品就只有幾箱，尤其是做代購、合購的團購主，品項雜、每個 SKU 出貨量不多，加上有一些需要特殊包裝加工，不見得都符合箱出的規格品。這些因素，造成傳統大型的第三方物流業者，經常不願意承接這種案子。

私儲空間於 2015 年正式推出了網拍小幫手的一條龍服務，主打小型的倉儲空間、搭配客製化的加工服務，以及利用市區的迷你倉門市，提供面交、退貨、解說、驗收等加值的電商服務。起初，由於知名度的問題，擴展的並不順利，但經過這些客戶的歷練，廖承中也逐漸建立起私儲空間第三方物流服務的標準化流程，也添購了進銷存系統，讓買不起昂貴系統的小賣家們，也能享有高品質的系統化服務。

私儲空間迷你倉不只是不動產租賃業，而是把自己定位在商業服務產業。 除了個人迷你倉庫外，私儲空間也提供各種客戶所需要的加值服務。因應近年小型電子商務、微型創業風氣的興起，私儲空間致力於提供微創業者以及電子商務客戶，一站式購足的完整解決方案。

參考資料：

1. 私儲空間 https://www.ec-fun.com/。
2. 劉家熙，迷你倉大商機 廖承中成網拍電商的後盾，工商時報 2018/03/02。

問題討論

1. 迷你倉的關鍵成功因素為何？
2. 消費者應如何選擇合適的迷你倉？

8-1 庫存概述

存貨（Inventory）和庫存（Stock）這兩個字經常交互使用，實際上他們有著不同的意思。對企業管理來說，除了字面上細微的差異，實質上更有著重要且不同的意義，特別是在會計科目上。

存貨包含了企業已完成的產品，以及用來製作產品的原料、設備、廠房等。也就是說，與製作產品相關的任何實體物品，都算在存貨的範圍。

庫存指的是已製造完成，由本公司所銷售的產品。然而，對於銷售原料給客戶的企業來說，原料也是他們的庫存。例如，賣麵包的店家，同時也銷售麵粉給一般消費者，這時候麵粉也是庫存，但如果麵包店只賣麵包、不賣麵粉，這時的麵粉是存貨而非庫存。

由上面的例子，可以看出存貨和庫存的不同，依企業銷售的產品範圍而有不同的定義。對完成品供應商來說，存貨包含最終產品和生產原料、設備、廠房，庫存僅指最終產品。對原料供應商來說，存貨包含原料、設備、廠房，庫存指的是原料。存貨代表了企業用來創造利潤的所有資產，並影響的生產成本和產品售價。庫存的多少決定了企業的銷售收入，賣了愈多的庫存，收入就愈高。

從會計觀點來看，計算存貨通常一年一次，而庫存則每天追蹤管理。保持適當的庫存以確保日常營運的正常，有賴於存貨的穩定與補給。而對於銷售最終產品的企業來說，雖然一些生產的設備售出仍會爲公司創造現金收入，但這些收入屬於非營業收入。一般而言，表 8-1 是庫存與庫存之間的主要差異。

表 8-1　存貨與庫存比較表

比較的基礎	存貨	庫存
組成	1. 原材料 2. 工作正在進行中 3. 完成的產品	1. 製成品 2. 原材料（如果公司直接銷售）
估值	按公司發生的成本計價，如使用先進先出法，後進先出和平均成本	按市場價值估價，即出售給客戶的售價
維持	每季	每日基礎
最佳情況	最佳存貨	零庫存
例子	以輪胎公司爲例： 橡膠、炭黑、化工、鋼絲、輪胎、半成品輪胎	以輪胎公司爲例： 輪胎、炭黑（如果公司直接銷售）

一、庫存的分類

庫存有不同的形式，從不同的角度可以對庫存進行多種不同的分類。

（一）按庫存的用途進行劃分

按庫存的用途，企業持有的庫存可分爲：原材料庫存、在製品庫存、維護 / 維修 / 作業用品庫存、包裝物和低値易耗品庫存及完成品庫存。

1. 原材料庫存

原材料庫存（Raw Material Inventory）是指企業通過採購和其他方式取得的用於製造產品並構成產品實體的物品，以及供生產耗用但不構成產品實體的輔助材料、修理用備件、燃料以及外構半成品等，是用於支持企業內製造或裝配過程的庫存。

2. 在製品庫存

在製品庫存（Work-in-Process Inventory, WIP）是指已經過一定生產過程，但尙未全部完工，在銷售以前還要進一步加工的中間產品和正在加工中的產品。WIP 之所以存在，是因爲生產一件產品需要時間（稱爲循環時間）。

3. 維護 / 維修 / 作業用品庫存

維護 / 維修 / 作業用品庫存（Maintenance / Repair / Operating, MRO）是指用於維護和維修設備而儲存的配件、零件、材料等。MRO 的存在是因爲維護和維修某些設備的需求和所花的時間有不確定性，對 MRO 存貨的需求常常是維護計畫的一個內容。

4. 包裝物和低値易耗品庫存

包裝物和低値易耗品庫存是指企業爲了包裝本企業產品而儲備的各種包裝容器，和由於價値低、易損耗等原因而不能作爲固定資產的各種勞動資料的儲備。

5. 完成品庫存

完成品庫存（Finished Goods Inventory）就是已經製造完成並等待裝運，可以對外銷售的製成產品的庫存。與 MRO 相似的是，完成品必須以存貨的形式存在是因爲用戶在某一特定時期的需求是未知的。

（二）按經營過程的角度進行劃分

按經營過程的角度進行劃分，可以把庫存分爲週期庫存、在途庫存、安全庫存、季節性庫存和呆滯庫存等。

1. 週期庫存

指企業在正常的經營環境下爲滿足日常的需要而建立的一種經常性的庫存。這種庫存很大程度上取決於生產批量的規模、經濟運輸批量、補貨提前期和供應商的數量折扣等。例如，某產品每週銷售 100 件，可能會選擇每月進一次貨，每次訂購 400 件，來滿足一個月內的需求，這樣不僅可以獲得供應商的數量折扣，同時也可以降低運輸成本。

2. 在途庫存

是指處於運輸過程中的貨物，這類庫存所在地點、預計到達時間等狀態會對企業的訂貨計畫與庫存控制等工作產生重要的影響。

3. 安全庫存

也稱爲緩衝庫存，是爲了防止不確定因素而準備的庫存，這類庫存一般是爲了應對一些突發情況，如供應中斷、生產中斷或物流中斷等情況。

4. 季節性庫存

是指某季節開始前準備的庫存，這類庫存是爲了滿足季節性的需求，例如，每年的二月份，春裝就會提前上市。

5. 呆滯庫存

是指那些已經儲存一段時間而沒有需求的商品庫存，包括貨物損壞而失效的庫存或者貨物沒有銷路而積壓的庫存。

（三）按庫存週期類型進行劃分

按照庫存週期類型進行劃分，可以把庫存分爲單週期庫存和多週期庫存。

單週期庫存對應一次性訂貨，它們針對的需求特徵是偶發性或者物品生命週期較短，很少重複訂貨。例如，對於報紙的需求，當天的報紙如果沒有賣出去，其庫存的殘值基本爲零。

多週期庫存針對的需求特徵是長時間內需求重複發生，需求庫存不斷的補充，例如日用品。

二、庫存管理與倉儲管理

庫存管理（Inventory Management）的內容包含倉庫管理和庫存控制兩個部分。倉庫管理是指企業對庫存物料的科學保管，以減少損耗，方便存取；庫存控制則是要求控制合理的庫存水準，即用最少的投資和最少的庫存管理費用，維持合理的庫存，以滿足使用部門的需求和減少缺貨損失。庫存管理的內容包括物料的出入庫、物料的移動管理、庫存盤點、庫存物料資訊分析。

所謂倉儲管理，是對倉庫和倉庫中的貨物進行管理。具體而言，就是對倉儲貨物的入庫、在庫和出庫等相關活動的有效管理，其目的是爲企業保證倉儲貨物的完好無損，確保生產經營活動正常進行，並在此基礎上對各類貨物的活動狀況進行分類記錄，以明確的圖表方式表達倉儲貨物在數量、品質方面的狀況，以及目前所在的地理位置、部門、訂單歸屬和倉儲分散程度等情況的綜合管理形式。

倉儲管理和庫存管理的差別，有以下幾個方面：

（一）管理對象

倉儲管理的管理對象是倉庫和倉庫中的貨物，強調的是對貨物出入庫的效率和對貨物的保管。庫存管理的管理對象是貨物本身，強調的是對貨物的採購和對生產經營活動所形成的庫存量的控制。

（二）庫存產生的時間先後順序

倉儲管理中的貨物庫存是在入庫之後產生的，其職責是保證貨品完好無損、庫存的可視化查詢、出入庫流程的高效率運作。而庫存管理中的庫存實際上在入庫之前就產生，是在入庫之前企業對其整個生產經營活動所涉及的原材料、零部件、半成品和完成品庫存的控制。如果一個企業的特定產品的年實際市場需求是 1 萬件，而實際生產是 1.5 萬件，那麼庫存是 0.5 萬件，這個庫存量實際上在入庫之前就產生了，與倉儲管理本身無關。

（三）管理難度

以管理難度來看，倉儲管理是對入庫後的貨物進行數量和品質上的管理，面對的不確定性較小；而庫存管理或控制是對入庫前的貨物進行量上的管理和控制，面對的不確定性較大，特別是市場需求的不確定性。如果企業對市場需求的把控能力較差，就會形成較多的庫存或缺貨。

（四）管理層的級別

倉儲管理一般是由企業的倉儲管理部門經理來負責，屬於中層管理級別。而負責庫存管理的管理人員，由於涉及企業市場行銷部門、生產製造部門、採購管理部門的溝通，其在企業經營中的地位較高，一般遊憩業由供應鏈總監、物流總監或副總來負責。

三、庫存管理目標

1. 成本最低

這是企業需要通過降低庫存成本以降低生產總成本、增加盈利和競爭能力所選擇的目標。

2. 保證程度最高

企業有很多的銷售機會，相比之下壓低庫存意義不大，這就特別強調庫存對其他經營、生產活動的保證，而不強調庫存本身的效益。企業通過增加生產以擴大經營時，往往選擇這種控制目標。

3. 不允許缺貨

企業由於技術、工藝條件決定不允許停產，則必須以不缺貨爲控制目標，才能起到不停產的保證作用。企業面對某些重大合約必須以供貨爲保證，否則會受到鉅額賠償的懲罰時，可制定不允許缺貨的控制目標。

4. 限定資金

企業必須在限定資金預算前提下實現供應，這就需要以此爲前提進行庫存的一系列控制。

5. 快捷

庫存控制不依本身經濟性來確定目標，而依大的競爭環境系統要求確定目標，這常常導致以最快速度實現進出貨爲目標來控制庫存。

四、庫存成本

庫存成本是和庫存系統的經營活動有關的成本，主要由以下幾部分組成：購買成本、訂貨成本、儲存成本、缺貨成本。

1. 購買成本

購買成本指單位購入價格，包括購價和運費。

2. 訂貨成本

訂貨成本指向外部供應商發出採購訂單的成本，包括提出請購單、分析供應商、填寫採購訂貨單、來料驗收、追蹤訂貨以及完成交易所必需的各項業務費用。

3. 儲存成本

儲存成本也叫持有成本，是指爲保持存貨而發生的成本，可分爲固定成本和變動成本。固定成本與庫存數量的多少無關，包括倉庫折舊、倉庫職工的固定薪資等；變動成本與庫存數量的多少有關，主要包括以下四項：資本占用成本、存儲空間成本、存貨服務成本和存貨風險成本。

4. 缺貨成本

缺貨成本是指由於庫存供應中斷所造成的損失，包括原材料供應中斷造成的停工損失、完成品庫存缺貨造成的延遲發貨損失和喪失銷售機會的損失（還包括商譽損失）。如果企業以緊急採購代用材料來解決庫存材料的中斷之急，那麼缺貨成本表現爲緊急額外購入成本（緊急採購成本大於正常採購成本的部分）。

8-2 商品編碼與儲位編號

爲了保證庫存作業準確而迅速地進行，必須對商品進行清楚有效的編碼和對貨位進行編號，賦予每種商品單純一個「地址和姓名」，商品存取才能迅速而準確，這也是通過計算機進行高效和標準化管理的前提。

一、商品編碼

商品編碼是對商品按分類內容進行有序編排，並用簡明文字、符號或數字來代替商品的名稱、類別。商品編碼有利於大量商品的有序管理。

（一）商品編碼的作用

1. **增強商品資料的準確性**：商品編碼使商品的領用、發放、盤點、儲存、保管、帳目等一切商品管理事務性工作均有編碼可查，商品管理有序，準確率高。
2. **提高商品管理的效率**：用編碼代替文字紀錄，簡單省事，效率高，更有利於通過計算機系統方便地進行檢索、分析、查詢。
3. **降低商品庫存、降低成本**：商品編碼有利於商品庫存的控制，有利於防止呆滯廢料，並提高商品活動的工作效率，減少資金積壓，降低成本。
4. **減少或防止各種商品舞弊事件的發生**：商品編碼有利於商品收支兩條線管理，容易對商品進出進行追蹤，而且商品儲存保管有序，可以減少或防止商品舞弊事件的發生。

（二）商品編碼的原則

1. **簡單性**：商品編碼的目的就是化繁爲簡，所以，商品編碼使用各種文字、符號、字母、數字時應盡量簡單明瞭，有利於記憶、查詢、閱讀、抄寫等各種工作，並減少錯誤機會。

2. 完整性：在進行商品編碼時，所有的商品都應有對應的編碼，這樣編碼才完整。

3. 唯一性：它是指一個編碼只對應一種商品，商品編碼具有單一性，一一對應。

4. 系統性：商品編碼應選擇有規律、易記憶的方法，有暗示和聯想作用。

5. 彈性：商品編碼要考慮未來新產品、新材料發展擴充的情形，要留有一定的餘地。

6. 分類延展性：對於複雜的商品編碼系統，進行大分類後，還要進行細分類。在對各分類編碼時，應注意選擇的字母或數字具有延展性。

7. 計算機的易處理性：要使編碼方便於計算機查詢、輸入和檢索。

（三）商品編碼的方法

1. 數字法

　　它是以阿拉伯數字爲編號工具，按商品特性等進行編號的一種方法。例如：1- 毛巾、2- 肥皂、3- 洗滌劑…再利用編號末尾數字，對同種商品進行分類，1.1 爲白毛巾、1.2 爲藍毛巾、1.3 爲花毛巾等；也可將數字分段、分組，如 1-10 爲毛巾、11-20 爲肥皂等。

2. 字母法

　　它是以英文字母爲編碼工具，按各種特性進行編碼的方法（見表 8-2）。

表 8-2　字母編碼法

商品價格	商品種類	商品顏色
A：高價材料； B：中價材料； C：低價材料	A：五金；B：交電； C：化工；D：塑料； E：電子	A：紅色；B：橙色； C：黃色；D：綠色； E：青色；F：藍色

3. 實際意義編碼法

　　它是只按照商品名稱、重量、尺寸、分區、儲位、保存期限等實際情況來編碼。例如，F04810A2-15；F0 表示食品類；4810 表示包裝尺寸 4*8*10；A2 表示 A 區第二排貨架；15 表示有效期 15 天。

4. 暗示編碼法

　　它是只用數字和字母的組合來編碼。字母、數字與商品能產生聯想，看到編碼就能聯想到相應的商品，也暗示了商品內容。此法易記憶，見表 8-3。

表 8-3　暗示編碼法

品名	尺寸	顏色與類型	供應商
BY	26	WM	10

在表 8-2 中，BY 表示自行車（Bicycle）；26 表示車輪半徑爲 26 釐米；WM 表示白色（White）、男式（Men）；10 表示供應商代號。

（四）商品資訊

商品資訊主要是指商品的 SKU（Stock Keeping Unit）資訊、商品規格尺寸、中英文報關資訊的條理化和明晰化。商品資訊的規範有利於企業進行庫存商品的科學管理，合理的 SKU 編碼則有利於企業實現精細化的庫存管理，以及及時準確地揀貨，提高效率，避免揀貨失誤。

商品資訊的幾項內容中，商品規格尺寸、中英文報關資訊作爲既有數據稍作整理即可完善。商品 SKU 作爲商品的最小庫存單位，是商品管理中最爲重要、最爲基礎的數據，但由於不是既有的資訊，很多賣家沒有 SKU 或 SKU 不完善。例如，鞋子 A 有三種顏色、五個尺碼，那麼針對這雙鞋就需要十五個 SKU 碼，細緻到具體顏色的具體尺碼。

SKU 作爲最小庫存單位，基本原則是不可重複。理論上使用者可以在不重複的條件下隨意編寫，不過從方便跨境電商賣家管理的方面來講，建議按照商品的分類屬性，採用由大到小的組合方式進行編寫。

示例：

XXX	-	XXX	-	XXX	-	XXX	-	XXX	-	XXX
大分類	-	中分類	-	小分類	-	品名	-	規格	-	顏色

在電商的實際管理過程中，不僅將 SKU 視作最小庫存單位，同時也需要透過 SKU 來識別商品資訊，因此 SKU 完美地呈現商品資訊就顯得十分必要。以上只是一個簡單的示例，實際編寫中賣家可以根據自己的產品的特點以及管理的需要進行不同的屬性組合，但是不管採用那些屬性組合，其順序和所包含屬性類別一定要一致，以避免認知上的混亂。

二、儲位編號

合理的儲位編號在整個倉儲管理中具有重要的作用，在貨物保管過程中，企業根據儲位編號可以對庫存貨物進行科學合理的養護，這有利於對貨物採取相應的保管措施；在貨物收發作業過程中，企業按照儲位編號可以迅速、準確、方便地進行查找，這不但提高了作業效率，而且會降低差錯率。

儲位編號應按一定的規則和方法進行：首先，確定編號的先後順序規則，規定好庫區、編排方向及順序排列；然後，是採用統一的方法進行編排，在編排過程中所用的代號、連接符號必須一致，每種代號的先後順序必須固定，每一個代號必須代表特定的位置。

（一）區段式編號

把儲存區分成幾個區段，再對每個區段進行編號。這種方式是以區段爲單位，每個號碼代表的儲區越大，區段式編號適用於單位化貨物和量大而保管期短的貨物。區域大小根據物流量大小而定。

（二）品項群式

把一些相關性強的貨物經過集合後，分成幾個品項群，再對每個品項群進行編號。這種方式適用於按貨物群保管和品牌差異大的貨物，如服飾業、五金群等。

（三）地址式

利用保管區倉庫、區段、排、行、層、格等，進行編碼。如有貨架存放的倉庫，可採用四組數字來表示貨物存在的位置，四組數字代表庫房的編號、貨架的編號、貨架層數的編號和每一層中各格的編號。例如 1-11-1-3 的編號，該編號的含義是：1 號庫房，第 11 個貨架，第 1 層中的第 3 格，根據儲位編號就可以迅速地確定某種貨物具體存放的位置。

8-3 盤點作業

一、盤點的意義

盤點（Inventory）即將倉庫內現有原物料之存量實際清點，以確定庫存物料之數量、狀況及儲位等，使實務與資訊紀錄相符，以提高倉儲作業效率，並提供物管方面正確而完整的資料。在實務上，企業因常要進行物料驗收、儲存、領發料、退料及物料轉播等活動，交易相當頻繁，造成物料數量隨時都在改變，故企業實有必要進行物料盤點作業，以確保物料數量及品質能與紀錄相符一致。

盤點功能具有以下六項：

1. 確保料帳一致

企業物料種類繁多，且交易頻繁，故須藉由盤點作業實地清點物料數量，客觀估算存貨價值，作爲編制資產負債表及相關財務報表之依據。

2. 掌控物料品質狀態

物料存放於倉庫一段時間後，有可能因人爲或倉儲軟硬設施緣故，以致物料的品質產生變異，故須盤點以有效掌控及維持貨物之品質勘用狀態。

3. 作爲存量決策之依據

藉由盤點來實地瞭解存量管制狀況及成效，以檢討現有訂購點、最高存量、前置時間及安全存量之設定是否合理，並做爲存量決策分析之依據。

4. 檢討及改進現行倉儲管理作業之缺失

依照實地盤點結果，針對料帳不一致、品質不符之異常現象，以及各項倉儲管理作業之缺失，進行檢討、分析、改進及標準化以做爲未來進行倉儲管理作業活動之準則。

5. 減少人爲疏忽及舞弊情事發生

針對實地盤點所發現缺失，瞭解料帳不一致是因人爲疏忽或是貪污舞弊造成，加強人員品行操守及教育訓練，並建立預警機制及安全設施。

6. 有效預防呆廢料

藉由定期、不定期物料盤點作業，除可實地瞭解和掌控物料的數量及品質狀況外，並可針對存放過久物料予以適當的處理，期以預防及減低呆廢料之發生。

二、盤點作業的步驟

（一）盤點前的準備

盤點作業的事先準備工作是否充分，關係到作業進行的順利程度，爲了利用有限的人力在短時間內迅速準確地完成盤點，必須做好相應的準備工作，包括明確建立盤點的程序方法；盤點、複盤，監盤人員必須經過訓練並熟悉盤點用的表單；盤點用的表格必須事先印制完成；庫存資料必須已經結清。

（二）盤點時間的確定

一般來說，爲保證貨帳相符，盤點次數愈多愈好，但因每次進行盤點要投入人力、物力、財力，成本很大，故很難經常進行盤點。事實上，導致盤點誤差的關鍵主要在於出入庫過程，可能是因出入庫作業單證的錯誤，或是出入庫搬運造成的損失，因此一旦出入庫作業次數多，誤差也會隨之增加。

就一般生產廠而言，因其貨品流動速度不快，半年至一年實施一次盤點即可。但物流中心貨品流動速度較快的情況下，我們既要防止過久盤點對公司造成的損失，又要考慮可用資源的限制，最好能根據物流中心必備貨品的性質制訂不同的盤點時間。例如：在已建立商品 ABC 分類管理的公司，一般建議 A 類重要貨品每天或每週盤點一次；B 類貨品每二三週盤點一次；C 類較不重要貨品每月盤點一次即可。

（三）確定盤點方式

因爲不同現場對盤點的要求不同，盤點的方法也會有差異，爲盡可能快速準確地完成盤點作業，必須根據實際需要確定盤點方法。

（四）盤點人員的培訓和組織

爲使盤點工作得以進行順利，盤點時必須增派人員協助進行，由各部門增援的人員必須組織化，並且施以短期訓練，使每位參與盤點的人員充分發揮其作用。人員的培訓分爲兩部分：第一，針對所有人員進行盤點方法的訓練；第二，針對複盤與監盤人員進行認識貨品的訓練。

（五）清理盤點現場

盤點現場就是倉庫或配送中心的保管現場，所以盤點作業開始之前必須對其進行整理，以提高效率和結果的準確性。清理作業主要包括以下幾方面的內容。

1. 在盤點前，對廠商交來的物料必須明確其所有數，如已驗收完成，應及時整理歸庫，若尚未完成驗收程序，同廠商應劃分清楚，避免混淆。
2. 儲存場所在關閉前應通知各需求部門預領所需的貨物。
3. 儲存場所整理整頓完成，以便計數盤點。
4. 預先鑒定呆料、廢品、不良品，以便盤點。
5. 帳卡、單據、資料均應整理後加以結清。
6. 儲存場所的管理人員在盤點前應自行預盤。

（六）盤點

盤點時，因工作單調瑣碎，人員較難持之以恆，爲確保盤點的正確性，除人員培訓時加強培訓外，工作進行期間還應加強指導與監督。

（七）查清盤點差異的原因

當盤點結束後，發現所得數據與帳本不符時，應追查差異的主因。其產生的原因可能是：因記帳員素質不高，導致貨品數目登記錯誤；因料帳處理制度的不完善，導致貨品數目無法登記；因盤點制度的不完善，導致貨帳不符；盤點所得數據與帳本的差異是否在容許誤差內；盤點人員是否盡責，產生盤虧時應由誰負責；是否產生漏盤、重盤、錯盤等情況；盤點的差異是否可預防、是否可以降低料帳差異的程度。

（八）盤盈、盤虧的處理

差異原因追查後，應針對主要原因進行適當的調整與處理，至於呆廢品、不良品減價的部分則需與盤虧一併處理。貨物除了盤點時產生數量的盈虧外，有些貨品在價格上會產生增減，這些變更在經主管審核後必須利用貨品盤點盈虧及價目增減更正表修改。

盤點的具體步驟及流程如圖 8-1 所示。

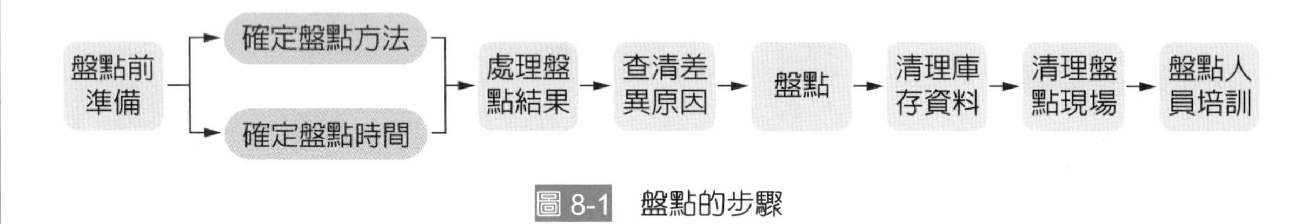

圖 8-1 盤點的步驟

三、盤點的種類

與帳面庫存和現貨庫存一樣，盤點也分爲帳面盤點及現貨盤點。

（一）帳面盤點法

所謂帳面盤點，就是把每天入庫及出庫貨品的數量及單價，記錄在電腦或帳簿上，然後不斷地累計加總算出帳面上的庫存量及庫存金額。帳面盤點法是將每一種貨品分別設帳，仔細記載每一種貨品的入庫與出庫情況，不必實地盤點即能隨時從電腦或帳冊上查詢貨品存量，通常量少而單價高的貨品較適合採用此方法。

（二）現貨盤點法

現貨盤點亦稱爲實地盤點或實盤，也就是實際去點數調查倉庫內的庫存數，再依貨品單價計算出實際庫存金額的方法。

現貨盤點依其盤點時間額度的不同又分爲期末盤點和循環盤點。期末盤點是指在期末一起清點所有貨品數量的方法。而循環盤點則是在每天、每週即作少種少量的盤點，到了月末或期末則每項貨品至少完成一次盤點的方法（表 8-4）。

因此，要得到最正確的庫存情況並確保盤點無誤，最直接的方法就是帳面盤點與現貨盤點的結果要完全一致。一旦存在差異，即產生料帳不符的現象，須查清錯誤原因，得出正確結果及分清責任歸屬。

表 8-4　期末盤點和循環盤點的比較

盤點方式比較內容	期末盤點	循環盤點
時間	期末、每年僅數次	平常、每天或每週一次
所需時間	長	短
所需人員	全體動員	專門人員
盤差情況	多且發現得晚	少且發現得早
對營運的影響	須停止作業數天	無
對貨品的管理	平等	A 類重要貨品：仔細管理 C 類不重要貨品：稍微管理
查清盤查原因	不易	容易

1. 期末盤點法

由於期末盤點是將所有貨品一次盤完，因而必須要全體員工一起出動，採取分組的方式進行盤點。

一般來說，每組盤點人員至少要 3 人，以便能互相核對減少錯誤，同時也能彼此制約避免流於形式。其盤點過程包括：將全公司員工進行分組；由一人先清點所負責區域的貨品，將清點結果填入各貨品的盤存單上半部；由第二人複點，填入盤存單的下半部；由第三人核對，檢查前二人之記錄是否相同且正確；將盤存單繳交給會計部門，合計貨品庫存總量；等所有盤點結束後，再與電腦或帳冊進行對照。

2. 循環盤點法

循環盤點是將每天或每週作爲一個盤點週期，其目的除了減少過多的損失外，對於不同貨品施以不同管理亦是主要原因，就如同前述 ABC 分類管理法，價格越高或越重要的貨品，盤點次數越多，價格越低越不重要的貨品，就盡量減少盤點次數。循環盤點因一次只進行少量盤點，因而只需專門人員負責即可，不需動用全體人員。

表 8-5　盤點單

盤點日期：　　　　　　　　　　　　　　　　　　　　編號：

貨物編號	貨物名稱	存放位置	盤點數量	複查數量	盤點人	複查人

8-4　庫存控制的方法

常用的庫存控制的方法有三種：一是定量控制法，對庫存量進行連續觀測，看是否達到重新訂貨點來進行控制；二是定期控制法，通過固定的時間週期檢查庫存量，達到控制庫存的目的；三是 ABC 分類法，這類方法是以庫存資金價值爲基礎進行分類，並按不同的類別進行庫存控制。

一、定量控制法

（一）定量控制法的原理

定量控制法也稱爲連續檢查控制法或訂貨點法，連續不斷地檢查庫存餘量的變化，當庫存餘量下降到訂貨點 R 時，便提出訂購，且訂購量固定。經過一段訂貨時間 L，貨物到達後補充庫存。定量控制法的庫存變化如圖 8-2 所示。

圖 8-2 中 R 點爲補充庫存的重新訂貨點，每次訂貨量爲 Q，訂貨提前期爲 L。

這種庫存控制的特點如下。

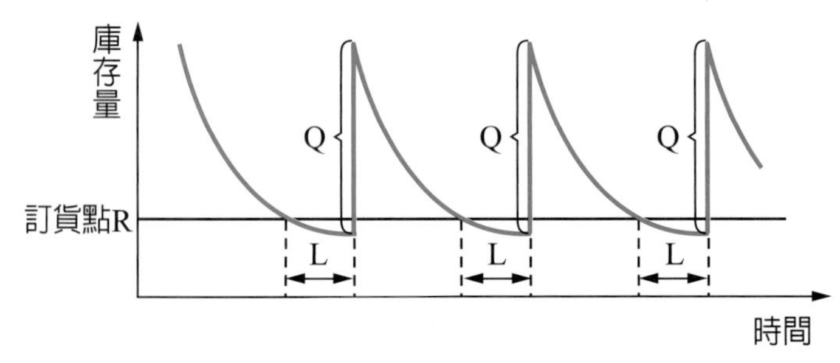

圖 8-2　定量控制法的庫存變化圖

(1) 每次的訂貨批量通常是固定的，批量大小的確定主要考慮庫存總成本最低的原則。

(2) 每兩次訂貨的時間間隔通常是變化的，其大小主要取決於需求的變化情況，需求大則時間間隔短，需求小則時間間隔長。

(3) 訂貨提前期基本不變，訂貨提前期是由供應商的生產與運輸能力等外界因素決定的，與物資的需求沒有直接的聯繫，故通常被認爲是一個常數。

這種方法主要通過建立一些存儲模型，以求解決庫存降到甚麼水準訂購、訂購量應該多大，才能使總費用最低這兩大問題。

（二）經濟訂貨批量

經濟訂貨批量（Economic Order Quantity, EOQ）是固定訂貨批量模型的一種，可以用來確定企業一次訂貨（外購或自製）的數量。當企業按照經濟訂貨批量來訂貨時，可實現訂貨成本和儲存成本之和最小化。

訂貨批量概念是根據訂貨成本來平衡維持存貨的成本的。這種關係的關鍵是要明確，平均存貨等於訂貨批量的一半。因此，如圖 8-3 所示，訂貨批量越大，平均存貨就越大，相應地，每年的維持成本也越大。然而，訂貨批量越大，每一計畫期需要的訂貨次數就越少，相應地，訂貨總成本也就越低。

把訂貨批量公式化可以確定精確的數量，據此，對於給定的銷售量，訂貨和維持存貨的年度聯合總成本是最低的。訂貨成本和維持成本總計最低的點代表了總成本。

上述討論介紹了基本的批量概念，並確定了最基本的目標。簡單地說，這些目標是要識別能夠維持存貨並使訂貨的總成本降到最低限度的訂貨批量或訂貨時間。

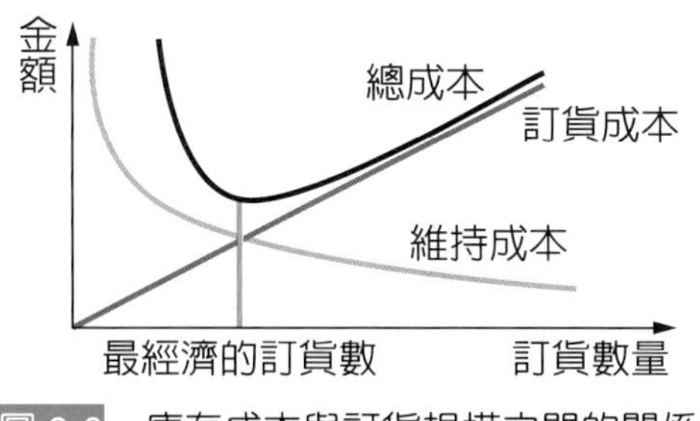

圖 8-3　庫存成本與訂貨規模之間的關係

二、定期控制法

定期控制法也稱週期檢查控制法或爲訂貨間隔期法。

（一）定期控制法及其特點

它是一種定期盤點庫存的控制方法。它的特點如下。

1. 每兩次訂貨的時間間隔是固定的，以固定的間隔週期 T 提出訂貨。
2. 每次訂貨批量是不確定的。管理人員按規定時間檢查庫存量，並對未來一段時間內的需求情況作出預測，若當前庫存量較少，預計的需求量將增加時，則可以增加訂貨批量，反之則可以減少訂貨批量。並據此確定的訂貨量，發出訂單。
3. 訂貨提前期基本不變。

訂貨控制法的庫存變化如圖 8-4 所示。

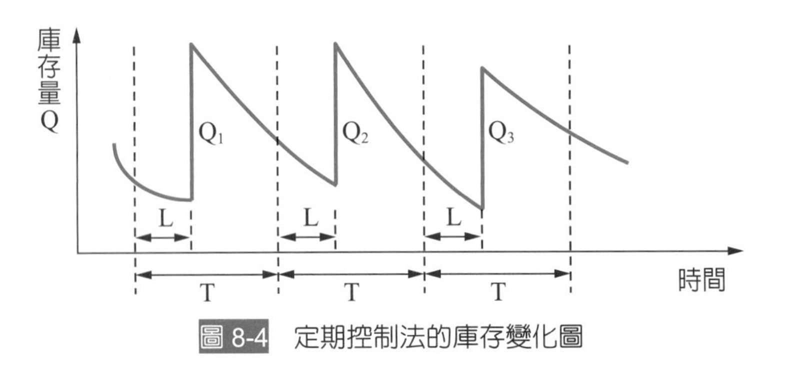

圖 8-4　定期控制法的庫存變化圖

圖 8-4 中 T 爲訂貨間隔週期，每次訂貨量分別爲 Q_1、Q_2、Q_3，訂貨提前期爲 L。這種控制方式當物資出貨後不需要對庫存品種數量進行實地清點，可以省去許多庫存檢查工作，在規定訂貨的時候檢查庫存，簡化了工作，缺點是在兩次訂貨之間沒有庫存記帳，有可能在此期間出現缺貨的現象。如果某時期需求量突然增大，也有可能發生缺貨，所以一般適用於重要性較低的物資。

（二）定量控制法和定期控制法的比較

運用定量控制法必須連續監控剩餘庫存量。它要求每次從庫存裡取出貨物或者往庫存裡增添貨物時，必須刷新紀錄已確認是否已達到再訂購點。而在定期控制法，庫存盤點只在規定的盤點期發生。

影響選擇這兩種系統的其他因素如下。

1. 定期控制法平均庫存較大，因爲要預防在盤點期發生缺貨情況；定量控制法沒有盤點期。
2. 因爲平均庫存量較低，所以定量控制法有利於貴重或重要物資的庫存。該模型對庫存的監控更加密切，這樣可以對潛在的缺貨更快地做出反應。

3. 由於每一次補充庫存或貨物出庫都要進行記錄，維持定量控制法需要的時間更長。

兩者的差別比較如表 8-6 所示。

表 8-6 定量控制法和定期控制法的比較

項目	定量控制法	定期控制法
訂貨量	固定的 Q	變化的 Q
何時訂購	根據固定的訂貨點 R	根據固定的訂貨週期 T
庫存紀錄及更新	與每次出庫對應	與定期的庫存盤點對應
庫存水準	低（不設置安全庫存）	高（設置安全庫存）
適用產品	重要、價值高的 A 類	B 類、C 類

三、ABC 分類管理

ABC 分類管理法是義大利經濟學家柏拉圖首創。1879 年，柏拉圖在研究個人收入的分布狀態時，發現美國 80% 的人只掌握了 20% 的財產，另外 20% 的人卻掌握了全國 80% 的財產，而且很多事情都符合該規律，他將這一關係用圖表示出來，即著名的柏拉圖圖（見圖 8-5）。他將此規律應用到生產管理上，其主要觀點是：透過合理分配時間和力量到 A 類一總數中的少數部分，你將會得到更好的結果。當然忽視 B 類和 C 類也是危險的，在柏拉圖規則中，它們得到較 A 類相對少得多的注意。

ABC 分析方法的核心思想是在決定一個事物的眾多因素中分清主次，識別出少數但對事物起決定作用的關鍵因素和多數但對事物影響較少的次要因素。後來，柏拉圖法被不斷應用於管理的各個方面。

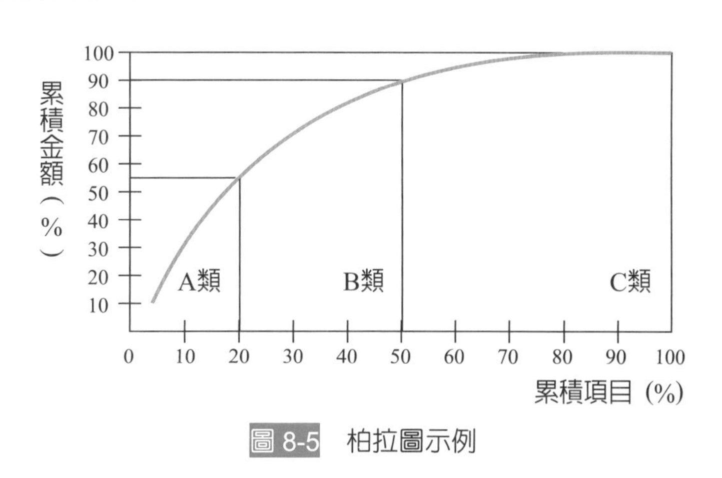

圖 8-5 柏拉圖示例

在庫存管理的柏拉圖中，橫坐標代表累計品項數占比，縱坐標代表庫存商品累計占用資金的比例。通常我們把平均占用額累計百分數達 60% ～ 80%，累計品目百分數達到 5% ～ 10% 的庫存商品稱爲 A 類；平均占用資金額累計百分數達 20% ～ 30%，累計品目百分數達到 20% ～ 30% 的庫存商品稱爲 B 類；平均占用資金額累計百分數達 5% ～ 15%，累計品目百分數達到 60% ～ 80% 的庫存商品稱爲 C 類。

由於一般企業的庫存貨物種類很多，對全部貨物進行管理是一項複雜而繁重的工作。管理者精力有限，因此，應該使用重點管理的原則，將管理重點放在重要的貨物上。ABC 分類管理法便是貨物重點管理法。

A 類庫存貨物的管理和控制：這類貨物數量雖少但對企業卻最爲重要，是最需要嚴格管理和控制的貨物。企業必須對此類貨物定時進行盤點，詳細記錄及經常檢查分析貨物庫存量增減，在滿足企業內部需要和顧客需要的前提下維持盡可能最低的經常庫存量和安全庫存量，加快庫存周轉。

B 類庫存貨物的管理和控制：這類貨物屬於一般重要的庫存貨物。對於這類貨物的庫存管理介於 A 類和 C 類貨物之間，一般進行正常的管理和控制。

C 類庫存貨物的管理和控制：這類貨物數量最大但對企業的重要性最低，因而被視爲不重要的庫存貨物，一般進行簡單的管理和控制。

ABC 分類管理與控制見表 8-7。

表 8-7　ABC 分類管理

項目	A 類貨物	B 類貨物	C 類貨物
控制程度	嚴格	一般	簡單
庫存量計算	按模型計算	一般計算	簡單或不計算
進出紀錄	詳細	一般	簡單
安全庫存量	低	較大	大

8-5 現代庫存管理方法

一、零庫存管理

零庫存管理（Zero Inventory Management / Zero-Stock Management），並不是指以倉庫儲存形式的某種或某些貨物的儲存數量眞正爲零，而是透過實施特定的庫存控制策略，實現庫存量的最小化。所以「零庫存」管理的內涵是以倉庫儲存形式的某些種貨物數量爲「零」，即不保存經常性庫存。它是在貨物有充分社會儲備保證的前提下，所採取的一種特殊供給方式。

實現零庫存管理的目的是減少社會勞動占用量（主要表現爲減少資金占用量）和提高物流運動的經濟效益。如果把零庫存僅僅看成是倉庫中儲存物的數量減少或數量變化趨勢而忽視其他物質要素的變化，那麼，上述的目的很難實現。因爲在庫存結構、庫存布局不盡合理的狀況下，即使某些企業的庫存貨物數量趨於零或等於零，不存在庫存貨物，但是，從全社會來看，由於倉儲設備重複存在，用於設置倉庫和維護倉庫的資金占用量並沒有減少。

因此，從物流運動合理化的角度來研究，零庫存管理應當包含以下兩層意義：一是庫存貨物的數量趨近零或等於零；二是庫存設施、設備的數量及庫存勞動耗費同時趨於零或等於零。後一層意義上的零庫存，實際上是社會庫存結構的合理調整和庫存集中化的表現。

零庫存實現的方式有許多，就目前企業實行的「零庫存」管理有無庫儲存備、委託營業倉庫儲存和保管貨物、協作分包方式、採用適時適量生產方式、按訂單生產方式、實行合理配送方式。

二、供應商管理庫存

（一）供應商管理庫存的含義

近年來，爲了降低庫存成本，整合供應鏈資源，越來越多的企業開始嘗試一種新型的供應鏈管理模式——供應商管理庫存（Vendor Managed Inventory, VMI），特別是在零售行業中。零售商長期以來飽受「長鞭效應」的苦惱，長期以來銷售某種產品，爲了保證產品銷售的連續性，零售商一直獨自管理產品庫存，單獨承擔庫存成本，而產品一直由幾家供應商負責供應。爲了保證自己在市場行銷方面的核心競爭力和加強企業間合作程度，同時降低成本，抑制「長鞭效應」，重新整合企業資源，零售商決定實施供應商管理庫存的供應鏈戰略來進行企業之間的聯盟。

對於供應商管理庫存的定義是：按照雙方達成的協議，由供應鏈的上游企業根據下游企業的物料需求計畫、銷售資訊和庫存量，主動對下游企業的庫存進行管理和控制的庫存管理方式。

這種庫存控制技術是以協議爲約束，以用戶和供應商雙方都獲得最低成本爲目的，由供應商管理庫存，並不斷監督協議執行情況和修正協議內容，使庫存管理得到持續改進的合作性策略。VMI 作爲一種全新的庫存控制思想，正受到越來越多的人的重視。

（二）供應商管理庫存的原則

1. 具有良好的合作精神（合作性原則）

在實施該策略時，相互信任與資訊透明是很重要的。供應商和用戶（零售商）要有良好的合作精神，才能夠相互保持較好的合作。

2. 使整體成本最小（互惠原則）

供應商管理庫存不是關於成本如何分配或誰來支付的問題，而是關於減少成本的問題。通過該策略可使雙方的成本都得到減少。

3. 簽訂框架協議（目標一致性原則）

這是指雙方都明白各自的責任，觀念上達成一致的目標。例如，庫存放在哪裡、什麼時候支付、是否要交管理費、要交多少等問題都要回答，並且體現在框架協議中。

4. 保持連續改進原則

這能使供需雙方共享利益和消除浪費。供應商管理庫存的主要思想是供應商在用戶的允許下設立庫存，確定庫存水準和補給策略，擁有庫存控制權。

（三）供應商管理庫存的實施

成功實施 VMI 技術，首先必須建立在供需雙方間的戰略合作伙伴關係的基礎之上。這樣，雙方才能形成利益共同體，供應商才可能把企業的需求與自己的利益緊密結合，企業才會把原屬於自己機密的資訊與供應商共享。

供應商管理庫存的實施步驟：

1. 建立顧客情報資訊系統

要有效地管理銷售庫存，供應商必須能夠獲得顧客的有關資訊。通過建立顧客的資訊庫，供應商能夠掌握需求變化的有關情況，把由批發商或分銷商進行的需求預測與分析功能集成到供應商的系統中來。

2. 建立銷售網絡管理系統

供應商要很好地管理庫存，必須建立起完善的銷售網絡管理系統，保證自己的產品需求資訊和物流暢通。如，保證自己產品條碼的可讀性和唯一性，解決產品分類、編碼的標準化問題及解決商品存儲運輸過程中的識別問題。目前已有許多企業開始採用 MRP II 或 ERP 企業資源計畫系統，這些軟體系統都集成了銷售管理的功能。通過對這些功能的擴展，可以建立完善的銷售網絡管理系統。

3. 建立供應商與分銷商或批發商的合作框架協議

供應商和銷售商或批發商一起通過協商，確定處理訂單的業務流程以及控制庫存的有關參數（如再訂貨點、最低庫存水準等）、庫存資訊的傳遞方式（如 EDI 或 Internet）等。

4. 組織機構的變革

這一點也很重要，因爲 VMI 策略改變了供應商的組織模式。過去一般由財務經理處理與客戶有關的事情，引入 VMI 策略後，在訂貨部門產生了一個新的職能負責客戶庫存的控制、庫存補給和服務水準。

三、聯合管理庫存

（一）聯合管理庫存的定義

聯合管理庫存（Joint Managed Inventory, JMI）是指由供應商和用戶聯合管理庫存。傳統的庫存管理是把庫存分爲獨立需求和相關需求兩種庫存模式來進行管理，而 JMI 則是一種風險分擔的管理庫存模式。聯合管理庫存是解決供應鏈系統中由於各節點企業的相互獨立庫存運作模式導致的需求放大現象，提高供應鏈的同步化程度的一種有效方法。

聯合管理庫存與供應商管理用戶庫存不同，它強調雙方同時參與，共同製訂庫存計畫，使供應鏈過程中的每個庫存管理者（供應商、製造商、分銷商）都從相互之間的協調性考慮，保持供應鏈相鄰的兩個節點之間的庫存管理者對需求的預期保持一致，從而消除需求變異放大現象。任何相鄰節點需求的確定都是供需雙方協調的結果，管理庫存不再是各自爲政的獨立運作過程，而是供需連接的紐帶和協調中心。如圖 8-6 所示。

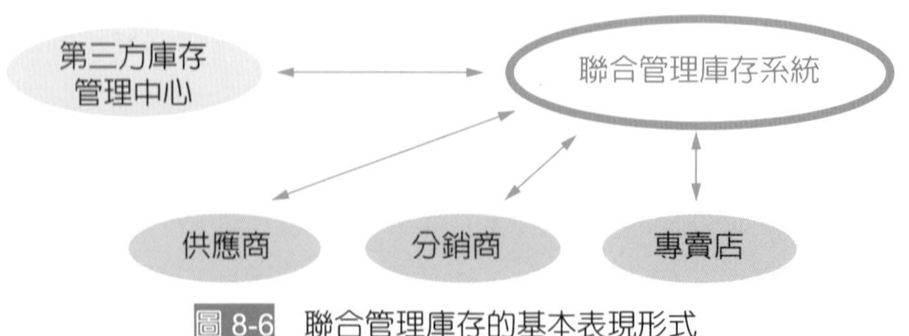

圖 8-6 聯合管理庫存的基本表現形式

（二）聯合管理庫存與傳統庫存管理的差異

比較傳統的庫存管理方式，近年來出現了一種新的供應鏈庫存管理方法—聯合管理庫存。這種庫存管理策略打破了各自為政的庫存管理模式，有效地控制了供應鏈的庫存風險，是一種新的具代表性的庫存管理思想。

與傳統的管理庫存模式相比，基於協調中心的管理庫存有如下幾個方面的優點：

1. 為實現供應鏈的同步化運作提供了條件和保證。
2. 減少了供應鏈中的需求扭曲現象，降低了庫存的不確定性，提高了供應鏈的穩定性。
3. 庫存作為供需雙方的資訊交流和協調的紐帶，可以暴露供應鏈管理中的缺陷，為改進供應鏈管理水準提供依據。
4. 為實現零庫存管理，準時採購以及精細供應鏈管理創造了條件。
5. 進一步體現了供應鏈管理的資源共享和風險分擔的原則。

聯合管理庫存系統把供應鏈系統管理進一步集成為上游和下游兩個協調管理中心，從而部分消除了由於供應鏈環節之間的不確定性和需求資訊扭曲現象導致的供應鏈的庫存波動。通過協調管理中心，供需雙方共享需求資訊，起到了提高供應鏈運作穩定性的作用。

聯合管理庫存的缺點：

1. 建立和協調成本較高。
2. 企業合作聯盟的建立較困難。
3. 建立的協調中心運作困難。
4. 聯合庫存的管理需要高度的監督。

（三）聯合管理庫存與供應商管理庫存的差異

聯合管理庫存是解決供應鏈各成員單位獨立庫存運作模式導致的需求變異放大問題，以提高供應鏈的同步化程度，壓縮庫存浪費的一種有效方法。聯合管理庫存與供應商管理庫存不同，它強調供應方和銷售方雙方都同時參與，共同制定庫存計畫，使供應鏈相鄰的上下游企業間庫存管理者對需求的預期保持一致，從而盡可能消除需求變異放大現象，使庫存管理成爲供需雙方連接的紐帶和協調中心。其做法的基本原理如圖 8-7 所示。

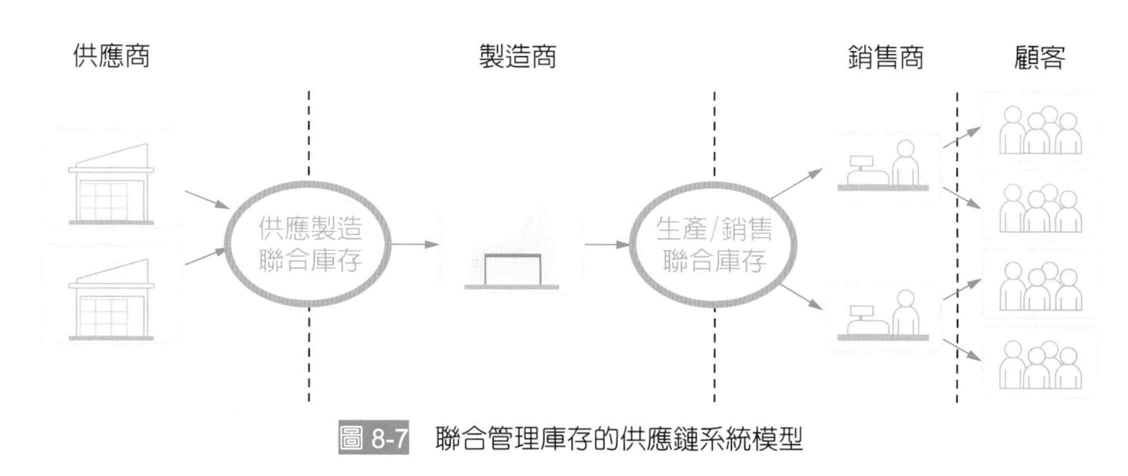

圖 8-7　聯合管理庫存的供應鏈系統模型

四、寄售庫存

（一）寄售庫存的定義

寄售庫存（Consignment Stock, CS）是一種常用的供應鏈協作方式，指供應商將貨物（原料、半成品）存放在購買商的庫存中，在貨物沒有被購買商使用之前，貨物的所有權歸供應商，購買商只有在使用貨物時才支付費用。實際上，供應商在購買商處的存貨不得低於一個下限 z 或高於上限 Z，否則要支付給購買商一定的罰金。（z, Z）合約參數的確定以及在合約限制下供應商的最優供貨策略的制定是此類供應鏈協作問題研究的重點。

寄售庫存正在各個生產性企業中廣泛運用，例如：IBM、Dell、Philip、海爾等大型生產企業均採用了寄售的庫存管理模式，寄售庫存供應商的選擇成爲了很多生產企業面臨的重大問題。

（二）寄售庫存的優點

從目前的運作情況看，開展寄售庫存主要有以下好處：

1. 方便生產，縮短供應半徑，節約流通費用

實行寄售庫存網點供應，改變原有貨物供應體制下領料手續繁瑣、環節多、迂迴運輸、工作效率低的狀況，代儲貨物可由廠家根據供應網點的要求直接運往各代儲網點，簡化了從總庫的移撥手續，減少了車輛往返，節約了流通費用。如：我們將汽配代儲點設在運輸處，化工產品的代儲點設在採油廠等使用單位附近的供銷處分庫。

2. 降低了庫存，減少了資金占用

寄售庫存貨物均在使用後付款，貨物供銷處對部分貨物不設庫存，大大減少了流動資金占用和利息支出。

3. 節約採購資金

對形成批量的長線貨貨物種貨比三家，利用批量採購優勢，與廠家談判競價，寄售庫存價格與市場價格相比，普遍低 10% 以上。

4. 引進了競爭機制，有利於保證物資品質，提高服務水準

寄售庫存的開展，促進了各供應網點轉變觀念，拓寬服務項目和範圍，不斷完善服務功能，提高服務品質。同時選擇品質可靠、信譽較好的名優生產企業在油田設點競爭，且使用後付款，這就促使廠家提高產品品質，做好售後服務，有利於減少多餘、積壓貨物和不必要的經濟損失。寄售庫存貨物使用前物權歸供貨廠商所有，我方能用則用，不能用的廠家自行處理，避免了因計畫不周、設計變更等因素影響造成的不必要的積壓和浪費。

五、協同計畫、預測與補貨

（一）CPFR 的定義

協同計畫、預測與補貨（Collaborative Planning, Forecasting and Replenishment, CPFR）技術是指應用一系列的資訊處理和模型技術，提供覆蓋整個供應鏈的合作過程，通過共同管理業務過程和共享資訊改善零售商和供應商之間的計畫協調性，提高預測精度，最終達到以提高供應鏈效率、減少庫存和提高客戶滿意度爲目標的供應鏈庫存管理策略。CPFR 是一種協同式供應鏈庫存管理，它在降低銷售商的存貨量的同時，也增加了供應商的銷售額。

（二）CPFR 的形成

CPFR的形成始於沃爾瑪所推動的Collaborative Forecast And Replenishment（CFAR）。CFAR 是利用 Internet 通過零售企業與生產企業的合作，共同做出商品預測，並在此基礎上實行連續補貨的系統。後來，在沃爾瑪的不斷推動之下，基於資訊共享的 CFAR 系統又向 CPFR 發展。CPFR 在 CFAR 共同預測和補貨的基礎上，進一步推動共同計畫的制定，即不僅合作企業實行共同預測和補貨，同時原來屬於各企業內部事務的計畫工作（如生產計畫、庫存計畫、配送計畫、銷售規劃等）也由供應鏈個企業共同參與，利用互聯網實現跨越供應鏈的成員合作，更好地預測、計畫和執行貨物流通。

激烈的市場競爭和快速多變的市場需求使企業面臨不斷縮短交貨期、提高品質、降低成本和改進服務的壓力，迫使供應商、製造商、分銷商和零售商走向合作。20 世紀 80 年代以來，供應鏈成了學術界和企業界研究和實踐的熱點。但是供應鏈錯綜複雜，業務活動不僅要跨越供應鏈通道（供應商、製造商、分銷商、零售商和其他合作夥伴）的範疇，而且要跨越功能、文化和人員的範疇。在努力減少成本、增加效率和獲得競爭的過程中，不得不重新構思、定義和組織供應鏈合作夥伴關係和模式。

（三）CPFR 的特點

1. 協同

CPFR 的實施要求雙方在信任的基礎上，承諾公開溝通、資訊分享，從而形成協同的經營戰略。正是因爲如此，所以協同的第一步就是保密協議的簽署、糾紛處理機制的建立、供應鏈計分卡的確立及共同激勵目標的形成。

2. 計畫

計畫包括合作規劃（品類、品牌、分類、關鍵品種等）以及合作財務（銷量、訂單滿足率、定價、庫存、安全庫存、毛利等）。此外，爲了實現共同的目標，還需要雙方偕同制定促銷計畫、庫存政策變化計畫、倉儲分類計畫等。

3. 預測

CPFR 強調雙方協同預測。例如，季節因素等資訊無論是對服裝或相關品類產品的供應方還是銷售方都是十分重要的，基於這類資訊的共同預測能大大減少整個價值鏈體系的低效率、死庫存，節約整個供應鏈的資源。

CPFR 強調不僅要關注供應鏈雙方共同做出最終預測，同時雙方都應參與預測反饋資訊的處理和預測模型的制定和修正，特別是如何處理預測數據的波動等問題，只有把數據集成、預測和處理的所有方面都考慮清楚，才有可能眞正實現共同的目標，使協同預測落在實處。

4. 補貨

銷售預測必須利用時間序列預測和需求規劃系統轉化爲訂單預測，即對下一個週期的需求進行預測，包括各品類商品的需求、單一品類商品的需求、不同品類商品在不同地區甚至是某一個城市或商圈的需求。在訂單預測的基礎上，雙方需要考慮補貨策略，包括補貨的週期、補貨量、滿足的需求時間等。

物流 Express

蝦皮店到店，真的有比較方便嗎？

圖片來源：蝦皮購物官網

2021 年新冠肺炎疫情加劇，店面出現退租潮，蝦皮購物卻反其道而行，和物流平台業者合作，在今年 8 月首創「蝦皮店到店」服務，想分食超商取貨的龐大商機，短短 3 個月就開設近 150 家北部據點，未來目標將觸角延伸至全臺灣，從顧客下單到收取貨物一條龍服務，店內除販售飲料、零食等商品，追加線下銷售，同時強打「免運費吃到飽」優惠，希望能藉此讓消費者回流、超越四大超商。

以下整理網友對於對於蝦皮店到店十大熱議的討論。

1. 取貨效率比超商好

相比一般超商店員需要進行繳費、影印等代收業務，蝦皮店到店員工主要服務項目仍以寄取件為主，不僅可以專責為消費者快速寄件、取貨，也能協助消化購物節時的龐大貨物量，創造顧客與蝦皮雙贏局面，大幅提升消費者取貨效率。

2. 營業時間非 24 小時，領貨小心撲空！

蝦皮店到店雖提供快速寄貨、取貨管道，但是並不像超商提供 24 小時服務，目前營業時間為 10:30 ～ 22:00，若有寄貨、取貨需求，建議可事先搜尋附近蝦皮店到店的位置，在指定時間內前往領取，避免白跑一趟。

3. 超商是競爭對手

在蝦皮店到店尚未成立以前，四大超商獨佔店到店取貨管道，雖然蝦皮店到店有望將人流從超商帶走，影響超商取貨時「順手消費」的收入，但目前因四大超商密集分佈全臺，初期而言，對於蝦皮店到店仍是強大的競爭對手。

4. No.7 取貨可享店內消費優惠

週六蝦拼日購買店內飲料、零食，可享全店品項 88 折優惠，另外蝦皮官網也有提供門市飲品、零食折價電子票券，供消費者購買使用。

5. 買／賣家可多得折價券

除了吸引人的免運優惠券外，蝦皮店到店也給予消費者額外專屬優惠，對於買家而言，不僅可以拿免運優惠券，還能額外享消費折扣，促進買家選擇至蝦皮實體門市取貨意願，從賣家的角度來看，因蝦皮補貼折價券，不只增加商品買氣，也提高店家曝光率，賣家也願意增加蝦皮店到店取貨管道。

6. 拓點速度迅速

從 8 月宣布開設實體店面以來，北部地區已展店近 150 間實體門市，算起來平均 1 天至少開設 1 間店，未來蝦皮預估會持續尋找 10 坪以上、50 坪以下店面，將據點擴散至全臺灣。

7. 販售零食飲料及菸品

取貨順便消費，蝦皮店到店自然不會錯過。除了提供寄取貨服務外，門市內也販售多樣化的零食、飲料，櫃台具備現煮咖啡與菸品，讓消費者不需再到超商購買商品，可以在取貨的同時順手取得日常所需物資，讓蝦皮店到店有「簡配版超商」之稱，趁勢把握取貨線下商機。

8. 增加寄取貨管道

除了四大超商、宅配外，蝦皮店到店也讓買賣雙方有一個不同的寄取貨管道，賣家可利用門市交寄、物流交寄，透過物流運送至蝦皮店到店指定門市，增添寄取貨便利性，有網友評論「不用到超商人擠人很方便」、「對於蝦皮愛用者是福音」。

9. 販賣點目前僅限雙北、桃園

雖然蝦皮店到店擴店迅速，但是目前服務據點僅限於雙北和桃園，包括臺北市 28 家、新北市 86 家、桃園市 31 家，合計共 145 家，其中臺北市文山區分佈 7 間、新北市中和區 13 間、新莊區 11 間、桃園市中壢區 12 間，開設地點多集中於住宅區域，方便民眾就近到門市取貨，也讓其他地區的網友紛紛敲碗，希望自家附近也能增開店面。

10. 免運費刺激民衆消費

錯過雙十一免運優惠也不用緊張，蝦皮店到店主打「0 元免運」三大好康，包含不用領券即享免運優惠、沒有任何消費門檻、無論多少訂單全部免運費，未來恢復運費價格為 40 元仍比超商運費 60 元便宜許多，刺激民衆消費意願。網友認為「免運方案很棒，比超商運費便宜」、「用過就回不去了，免運又比實體店面便宜」。

表 8-8　蝦皮店到店十大熱議話題

排名	網友熱議話題	網路聲量
1	免運刺激民眾消費	3,980
2	據點目前僅雙北、桃園	2,833
3	增加寄取貨管道	2,452
4	販售零食飲料及菸品	2,288
5	拓點速度迅速	1,259
6	買 / 賣家可多得折價券	786
7	取貨可享店內消費優惠	545
8	超商是競爭對手	528
9	營業時間非 24 小時	220
10	取貨效率比超商好	190

參考資料：

1. 你家樓下也有蝦皮店到店嗎，網路溫度計，2021/11/21。
2. 蝦皮店到店，真的有比較方便嗎？10 大關鍵點一次看，商周百大顧問團，2021/11/25。

問題討論

1. 蝦皮店到店關鍵成功因素有哪些？
2. 物流在蝦皮店到店扮演的角色為何？

1. 庫存的定義為何？
2. 庫存可依其用途分為哪幾類？
3. 庫存管理可以如何細分？
4. 庫存管理與倉儲管理有哪些差異？
5. 商品編碼的作用為何？又商品編碼的方法有哪些？
6. 儲位編號的方法有哪些？
7. 盤點的功能為何？盤點作業的步驟？
8. 期末盤點和循環盤點的差異為何？
9. 在常用的庫存控制的方法中，定量控制法和定期控制法有何差異？
10. 何謂 ABC 分析？
11. 何謂零庫存管理？何謂供應商管理庫存？
12. 何謂聯合管理庫存？聯合管理庫存與傳統庫存管理的差異？又聯合管理庫存與供應商管理庫存的差異？
13. 何謂寄售庫存？寄售庫存的優點為何？

第三篇：物流功能

09 運輸管理

知識要點

- 9-1 運輸概述
- 9-2 運輸方式
- 9-3 運輸業務
- 9-4 合理的運輸

物流前線

高端配送服務　京尊達　帥哥專車專送

物流 Express

宅經濟　臺灣「電商物流」激戰

物流前線

高端配送服務　京尊達　帥哥專車專送

2017 年 6 月，「京尊達」是中國的京東物流針對購買高端商品的用戶推出的一項專屬定制化配送服務，當使用者在京東商城自營平臺上購買了標有「尊」字頭的商品後，均可享受專人、專車、專線的頂級配送服務。目前上線的「尊」字頭商品包括京東自營的奢侈品、珠寶首飾、手錶品類中的部分商品，後續還將繼續擴展至其它品類。

圖片來源：京東官網

為了讓「京尊達」用戶享受到至尊體驗，京東物流組建了專屬的配送團隊，配送小哥的甄選規則也相當苛刻，年齡在 25 ～ 35 歲之間、身高 170 ～ 185cm、駕駛經驗豐富、顏值高、形象好、普通話流利，且經過專業嚴格的商務禮儀培訓，為用戶帶去尊貴、高端、私人訂製式的服務體驗。

近期，包括 Armani、Zenith、施華洛世奇、Vertu 等大量奢侈品牌陸續入駐京東。為了滿足更多高端商品和奢侈品用戶的需求，讓他們享受到更便捷、更至尊的全新購物體驗，京東物流在行業內率先推出了「京尊達」服務。很多高端品牌、奢侈品品牌商表示，高端使用者最在意的就是服務品質，「京尊達」的差異化服務給客戶帶來了尊貴感和愉悅感，京東對於高端用戶需求的洞察和專業的服務能力大大強化了品牌商與京東合作的信心。

參考資料：

1. 京東拓寬「京尊達」服務範圍，覆蓋自營全類品訂單，易快訊，今天頭條，2019/10/17。
2. 京尊達－幫助中心－京東，https://help.jd.com/user/issue/936-3526.html。

問題討論

1. 看完本個案後，說出您對物流的服務有何看法？
2. 您覺得「京尊達」這樣的服務內容，在臺灣有市場嗎？為什麼？

9-1 運輸概述

一、運輸的概念與功能

（一）運輸的概念

運輸根據所運輸的客體不同，可以分爲客運和貨運。鑒於物流業所涉及的運輸主要是貨運，因此本節所講的運輸均指貨運。

運輸，即使用專用運輸設備將物品從一個地點向另一個地點運送，包括集貨、分配、搬運、中轉、裝入、卸下、分散等一系列操作環節，是實現物流空間效用的主要方式。運輸作爲物流系統的一項重要功能，包括生產領域的運輸和流通領域的運輸。

1. 生產領域的運輸

這部分運輸在生產企業內部進行，因此也稱爲廠內運輸。作爲生產過程的組成部分，廠內運輸是直接爲物質產品的生產服務，包括原材料、在製品、半成品和成品的運輸，因此也稱爲物料搬運。

2. 流通領域的運輸

這部分運輸是生產過程在流通領域的繼續，是以社會服務爲目的，完成物品從生產領域向消費領域空間位置上的轉移。它既包括物品從生產地直接向消費地的移動，也包括物品從生產地向物流網點和從物流網點向消費地的移動，從物流網點到用戶的運輸活動也稱爲「配送」。

（二）運輸的功能

在物流系統中，運輸的主要功能是物品轉移以及在轉移過程中提供的短期儲存。

1. 物品轉移

運輸的主要目的是在最短的時間內以最低的成本將指定的物品轉移到指定的地點。從供應鏈的角度來考慮，產品以不同的形式在供應鏈的各個環節中流動，這就需要運輸來完成，例如：將原材料從零部件或原材料供應商處轉移到製造商處。因此，運輸的主要功能是實現產品在供應鏈中的移動，最終促使產品的價值轉化爲使用價值。

2. 物品儲存

運輸工具可以有短期儲存的功能。考慮運輸成本最小化時，裝卸成本與儲存成本存在一定的替代性。如果物品需要儲存，但短時間內還需要重新轉移，且裝卸成本超過儲存在運輸工具中的成本，那麼可以採取迂迴或間接的路徑運往目的地，使運輸的整體成本最小化。

（三）運輸的要求

物流運輸是企業生產經營的直接組成部分。沒有物流運輸，企業生產經營過程的供產銷環節就無法銜接，企業生產經營的連續性、穩定性和增長性就無從實現，因此企業進行運輸系統的設計需多方面考慮。一般而言，適合企業發展的物流運輸系統應具備以下條件。

1. 可靠的承運商

可靠的承運商能夠保證運輸的可靠性。在一定程度上，更可靠的運輸意味著企業能有更低的安全庫存和更短的運送時間。企業在選擇承運商時不僅要考慮貨物的價值、存儲成本、運輸價格，更要考量承運商的可靠性。

2. 高服務水準

高服務水準意味著企業在任何時候、任何地點都能得到正確的物品、正確的數量。因此，承運商的運輸服務水準越高，越有利於企業戰略目標的實現。

3. 低運輸成本

企業選擇的承運商如果能夠提供較低的運輸成本，將有利於企業減少供應鏈成本，使企業產品在激烈的市場競爭中占有優勢。低運輸成本無論對企業還是承運商都是重要的。

4. 保證運輸一致性

平均運送時間和運送時間的變化情況反映了運輸的一致性程度，是運輸系統非常重要的服務指標。承運商能夠保證運輸一致性，意味著企業能夠按照市場規律進行連續的生產組織，並且還能夠有效地降低企業庫存。

5. 降低貨物損失率

承運商在運輸過程中如果出現貨物損壞或丟失等情況，雖然保險公司會理賠，但企業還是要承受貨物損失導致的某些嚴重後果，如銷售市場缺貨、客戶服務水準下降、客戶資訊丟失、企業生產連續性不能保證等。長遠來看，企業的市場競爭力會因此而下降。因此，建立一個低貨物損失率的運輸物流系統，對企業發展至關重要。

二、運輸的特徵

運輸是一種特殊的物質生產活動，它具有很強的服務性。運輸按其在社會再生產中的地位、運輸生產過程和產品的屬性來講，和工農業生產相比有很大的差別，具有自身的一些特徵。

（一）運輸生產在流通過程中完成

運輸爲了完成商品交換的任務而發生，與商品交換相伴而生。只有商品的工業生產完成之後，運輸才能發生。運輸活動的組織者通常是生產企業的銷售部門、商業流通企業或者是下游生產企業的採購部門。運輸的發生，往往是爲了完成一筆商品交換，或者爲未來的商品交易做準備。這個過程中更多考慮的是商品交換的目的，而不是生產的目的。因此，運輸生產是在流通過程中完成的。

（二）運輸不產生新的實物形態產品

商品從生產地運往消費地之後，其物理、化學性質等同運輸前相比並未發生變化，只是其所在的空間位置發生變化，因而運輸不產生新的實物形態產品。同時，運輸的目的也不是創造新的實物形態產品，而是爲了創造商品的空間效用。

（三）運輸產品採用特殊的計量方法

商品的計量通常採用數量（個、箱、筒）、重量（噸、千克）或者體積（m^3）等，而由於運輸生產過程中不產生新的產品，所以運輸活動量不能採用以上兩種計量方法，而是採用運輸量與運輸距離進行複合計量，如延噸公里等。

（四）運輸生產的勞動對象比較複雜

隨著現代物流業的發展，越來越多的運輸活動由第三方物流企業完成。這樣運輸活動中的勞動對象（商品）在運輸活動中的管理由物流企業實施，但其所有權卻非物流企業所有。而且，由於一家物流企業同時爲多家生產企業提供物流服務，運輸商品種類繁多，各種商品物理化學性能千差萬別，進一步增大了運輸管理的難度。

三、運輸成本

運輸成本是運輸生產過程中所發生的各項耗費的總和，即運輸企業在獲取營運收入過程中支付的各項費用。

（一）運輸成本的構成

按照成本的發生方式，運輸成本由直接成本和間接成本構成。直接成本，即爲完成運輸過程直接發生的費用；間接成本，即各項管理費用和行銷費用等。

按照成本習性，即運輸成本與運輸量之間的依存關係，運輸成本可以分爲變動成本、固定成本、混合成本。

1. 變動成本

在一定時間內，隨著運輸作業量的增減變化，運輸成本也相應發生增減變化。可變成本與運輸量成正比，只有在運輸工具未投入營運時才有可能避免，如燃料費、輪胎費等。除例外情況，運輸費率至少應能補償可變成本，承運人一般不會按地域變動成本的價格收取運費。

2. 固定成本

企業在一定規模內提供運輸勞務的固定費用，該成本總額保持穩定，與運輸業務量增減變化無關。如按時間計算的運輸工具折舊費、運輸生產人員的薪資等，不論產量多少，費用必須支出。但從長期看，固定成本也是可變的。

3. 混合成本

在生產經營活動中，還存在一些既不與產量的變化成正比變化，也非保持不變，而是隨產量的增減變動而適當變動的成本。這部分成本表現爲半變動成本或半固定成本，例如車輛設備的日常維修費用。在運行過程中，混合成本所占比重較大，可以按一定方法將其分解成可變和固定兩部分，並分別劃歸到可變成本和固定成本中。可變成本的分界可以依據歷史數據來進行設定，常用方法包括高低點法、散點圖法和回歸直線法，在此不作過多介紹。

（二）影響運輸成本的因素

運輸成本通常受七個因素的影響，分別是距離、裝載量、貨品密度、積載能力、搬運成本、責任以及市場因素等。盡管這些因素並不是運費表上的組成部分，但在承運人制定運輸費率時，必須對每一個因素嚴加考慮。

1. 距離

距離是影響運輸成本的主要因素，它直接影響人工、燃料和維修保養等變動成本。距離越長，變動成本越大，單位距離分攤的固定成本越小。

2. 裝載量

一次裝載量越大，單位重量的運輸成本越小，可以說裝載量是反映運輸規模經濟的重要指標。在運輸工具和道路交通條件允許的前提下，企業應盡量選擇裝載量大的運輸工具。

3. 貨品密度

運輸收費通常是按重量或體積收取的。在安全及限制超載、超限政策下，一輛運輸卡車的裝載能力不僅限制了貨物的重量，也限制了貨物的體積。因此，密度低的貨品即使裝滿了車輛，實際裝載噸數可能仍達不到車輛的額定載重量，即車輛的噸位利用率低，以重量爲計價標準時，運輸成本高；同理，貨物密度高，車輛容積利用率低，也會造成運輸資源浪費現象。

4. 積載能力

積載能力是指產品的規格尺寸與運輸工具規格尺寸的匹配程度，受產品形狀和裝運量的影響較大。一般來說，標準矩形的產品要比形狀不規則的產品更易於積載；大批量的產品往往能夠相互箝套便於積載，而小批量的產品則有可能難以積載。

5. 搬運成本

沒有搬運，就沒有運輸，搬運成本是運輸成本的重要組成部分。搬運成本與產品的種類、包裝盒情況、運輸方式等有關。

6. 責任

對運輸貨品擔負責任的程度，間接影響著運輸成本。尤其對於特殊貨物，貨物的易損壞性、易腐性、易被偷竊性、易自燃性或自爆性等都有可能發生或物損壞而導致索賠事故，承運人直接負有責任。對此，承運人可通過向保險公司投保來預防可能發生的索賠；托運人可通過採用保護性包裝降低其貨物的風險，最終降低運輸成本。

9-2 運輸方式

一、運輸的分類

產品在物流節點上發生位置移動，是通過不同的運輸方式來完成的。要合理有效地完成運輸過程，首先必須了解各種運輸方式及其特點，再根據物品本身的特點選擇合理的運輸方式。

運輸方式可根據不同的方法進行分類。

（一）按運輸的範疇分類

1. 幹線運輸

幹線運輸（Trunk Transport）是指利用道路的主幹線路以及遠洋運輸的固定航線進行大批量、長距離的運輸。幹線運輸因其運輸距離長、運力集中，使得大量的貨物能夠迅速地進行大跨度的位移，是運輸長期以來的主要形式。尤其是鐵路運輸，往往擔負著國家運輸幹線的使命。在通常情況下，使用相同運輸工具，幹線運輸較其他運輸形式要快，成本也會更低，是長距離運輸的主要形式。當然，光有幹線運輸還不足以完成整個運輸鏈的形成，還需要其他運輸手段的輔助。

2. 支線運輸

支線運輸（Branch Transport）是相對於幹線運輸來說的，是在幹線運輸的基礎上，對幹線運輸起輔助作用的運輸形式。支線運輸作爲運輸幹線與收發貨地點之間的補充，主要承擔運輸鏈中從供應商到運輸幹線上的集結站點以及從幹線上的集結點到配送站的運輸任務。當然，幹線與支線都是相對而言的。從近距離看，在中國的一個省內或相近的省份，這兩條路線又可以被看成是運輸幹線。

一般來說，支線路程相對於幹線要短很多，運輸量也要小很多，同時支線的建設水準也要遠遠低於幹線，相應的運輸工具也相對差一些，所以可能運輸速度較慢，相等距離周轉時間可能會更長，但這是運輸合理布局的必要要求。

3. 二次運輸

二次運輸是指經過幹線與支線運輸到站的貨物，還需要再從車站運至倉庫、工廠或集貿市場等指定交貨地點的運輸。二次運輸是一種補充性的運輸方式，路程短、運量小。由於該種運輸形式是滿足單個單位的需要，所以核算成本後，單個物品的運輸成本將高於幹、支線運輸。

（二）按運輸中途是否換載分類

1. 直達運輸

直達運輸是利用一種運輸工具從起運站／港一直到達到站／港，中途不經換載、不入庫儲存的運輸形式。直達運輸可以避免中途換載所出現的運輸速度減緩、貨損增加、費用增加等一系列的弊端，從而提高運輸效率、降低運輸成本。

2. 中轉運輸

中轉運輸（Transfer Transport）是指在物品到達目的地的過程中，在途中的車站、港口、倉庫進行轉運換載。雖然相比直達運輸，中轉運輸有一系列的弊端，但是它可以化整爲零也可以集零爲整，有助於提高運輸效率，降低運輸成本。

（三）按運輸的作用分類

1. 集貨運輸

集貨運輸是指將分散的貨物匯集集中的運輸形式。一般是短距離、小批量的運輸，貨物集中後再進行遠距離、大批量的運輸。

2. 配送運輸

配送運輸是指將物流節點中已按用戶要求配好的貨物分送到各個用戶的運輸。一般是短距離、小批量的運輸，但是也有不同。大型超市的物流配送中心是集貨運輸和配送運輸的連接點，根據超市的規模，集貨運輸和配送運輸往往是長距離、大批量的。

（四）按運輸的協作程度分類

1. 一般運輸

獨立地採用不同的運輸工具或同類運輸工具，而沒有形成有機協作關係的，爲一般運輸（General Transport）。

2. 聯合運輸

聯合運輸（Combined Transport）是指將兩種或兩種以上的運輸方式或運輸工具連接起來，實行多環節、多區段相互銜接的接力式運輸方式。它是利用不同運輸方式的優勢以充分提高效率、降低成本的綜合性運輸方式。採用聯合運輸，可以擴大運輸範圍、縮短物品的在途時間、加快運輸速度、降低運費、提高運輸工具的利用率，最終提高用戶的滿意度。

（五）按運輸設備及運輸工具分類

這是最基本的分類方式。按照這種方式，運輸可以分爲鐵路運輸、公路運輸、水路運輸、航空運輸、管道運輸五種基本運輸方式。

二、基本運輸方式的特性

按照不同的標準，運輸方式有著不同的分類方法。按照貨物和旅客承載的工具的不同，可以劃分爲鐵路運輸、公路運輸、水路運輸、航空運輸和管道運輸五種運輸方式。

（一）鐵路運輸

1. 鐵路運輸概述

鐵路運輸（Railway Transportation）是使用鐵路列車運送客貨的一種運輸方式。鐵路運輸主要承擔長距離、大數量的貨運，是在幹線運輸中起主力運輸作用的運輸形式。

2. 鐵路運輸優缺點及適用範圍（見表 9-1）

表 9-1 鐵路運輸的優缺點及適用範圍

優點	缺點	適用範圍
1. 運費負擔小，特別適用於大批貨物中長距離運輸 2. 大批貨物能一次性有效運輸 3. 安全 4. 運輸網遍及全球各地 5. 不受天氣影響	1. 短距離運費高 2. 遠距離運輸時，中轉等作業時間長 3. 緊急運輸時，由於需要配車，有可能錯過時機	適宜承擔遠距離、大宗貨物運輸

3. 鐵路運輸方式

鐵路貨物運輸的方式分爲整車、零擔和集裝箱運輸三種。它是根據托運貨物的數量、性質、包裝、體積、形狀和運送條件等確定的。

(1) 整車貨物運輸（Transportation of Truck-Lead, TTL）

凡托運方一次托運貨物在 3 噸及 3 噸以上的稱爲整車運輸。整車運輸適合於大宗貨物運輸，例如：煤炭、糧食、木材、鋼材、礦石、建築材料等。在鐵路貨物運輸中，整車貨物運輸占很大的比重。一些貨物進出量大的工廠，如鋼廠、化工廠、電廠以及儲運倉庫和港口等，一般鋪設有鐵路專用線延伸到內部的貨場，貨車沿專用線進入貨場，在那裏直接裝卸貨物。鐵路專用線的使用可以減少倒載次數，提高裝卸效率。

(2) 零擔運輸

凡托運方一次托運貨物不足 3 噸的稱爲零擔運輸。零擔運輸非常適合商品流通中品種繁雜、量小批多、價高貴重、時間緊迫、到達站點分散等特殊情況下的運輸，彌補了整車運輸及其他運輸方式在運輸零星貨物方面的不足。

(3) 集裝箱貨物運輸（Container Transport）

集裝箱貨物運輸是指先將貨物裝入集裝箱，再將集裝箱作爲一個單元裝載到貨車上進行運輸的方式。利用鐵路運輸的集裝箱貨物包括兩部分：一部分是利用鐵路集裝箱運輸的國內貨物，另一部分是利用海運集裝箱運輸的進出口貨物。

集裝箱的裝卸可以借助於機械完成，從而大大提高了裝卸效率，縮短了運輸時間。這種運輸方式便於實現公鐵、海鐵聯運，使從送貨人到收貨人的連貫運輸成爲可能，同時能夠有效防止貨物在運輸途中的丟失和損毀。

（二）公路運輸

公路運輸（Road Transportation）是指使用公路設施、設備運送物品的一種運輸方式。

公路運輸的主要工具是汽車，也可以使用其他的車輛在公路上進行運輸。它是我國貨物運輸的主要形式。公路運輸主要承擔近距離、小批量的貨運任務，以及水路、鐵路運輸難以到達地區的長途、大批量貨運，和鐵路、水運難以發揮優勢的短途運輸。公路運輸的靈活性強，一些可以使用鐵路、水運的地區，較長途的大批量運輸也可以使用公路進行運輸。其優缺點及適用範圍（見表 9-2）。

表 9-2　公路運輸的優缺點及適用範圍

優點	缺點	適用範圍
1. 能實現「門到門」運輸 2. 近距離運輸時，運送速度快 3. 運輸時包裝簡單、經濟	1. 不適合長途運輸，裝載量小 2. 交通事故發生率相對較高	適用於小批量、短途運輸以及其他運輸方式的集疏運輸

公路貨運業務模式如下：

1. 公共運輸業

公共運輸業指專業經營汽車貨物運輸業務並以整個社會爲服務對象。

(1) 定期定線：不論貨載多少，在固定路線上按時間表行駛。

(2) 定線不定期：在固定路線上視貨源情況，派車行駛。

(3) 定區不定期：在固定的區域內根據貨載需要，派車行駛。

2. 契約運輸業

契約運輸業指按照承托雙方簽訂的運輸契約運送貨物。契約期一般較長，托運人保證提供一定的貨運量，承運人保證提供所需的運力。

3. 自用運輸業

自用運輸業指企業自置汽車，專爲運送自己的物資和產品，一般不對外營業。

4. 汽車貨運代理

汽車貨運代理指以中間人身份向貨主攬貨，並向運輸公司托運，收取手續費和佣金。有些汽車貨運代理專門從事向貨主攬取零星貨載，集中成爲整車貨物，自己以托運人名義向運輸公司托運，賺取零擔和整車貨物運費之間的差額。

5. 整車、零擔與快遞

(1) 零擔運輸是針對整車運輸而言的。整車運輸是指一批貨物的重量、性質、體積和形狀需要以一輛貨一兩輛以上貨車裝運的運輸。零擔運輸是指當一批貨物的重量或容積不滿一輛貨車時，可與其他幾批甚至上百批貨物共用一輛貨車裝運的運輸形式。零擔運輸具有以下特點：一票托運量小、托運批次多、托運時間和到站分散，一輛貨車所裝貨物往往由多個托運人的貨物匯集而成並由幾個收貨人接貨。

(2) 零擔運輸，一般是一種較爲固定與集中的幹線和末端配送運輸，需要把不同物流起點的貨源通過支線運營車輛匯集到裝卸站點進行整合，運送到終點後要把貨物分解裝卸，再依靠當地的短途運輸車輛把貨物送到最終的收貨人手中。總體上，零擔運輸較爲靈活、方便，是整合客戶資源的一種有效的運營模式，但也存在一些諸如計畫性差、組織工作複雜、單位運輸成本較高的缺陷。

(3) 快遞，是兼有郵遞功能的門對門物流活動，即指快遞公司通過鐵路運輸、公路運輸、空運和航運等交通工具，對客戶貨物進行快速投遞。零擔物流指的是以發運零散貨物爲主的運輸服務，零擔物流一般是運輸重量介於一整車到 30 kg 之間的物品。按重量來劃分的話，依次是快遞—零擔—整車。

（三）水路運輸

1. 水路運輸的概念

水路運輸（Waterway Transportation）是指利用船舶，在江、河、湖泊、人工水道以及海洋上運送旅客和貨物的一種運輸方式。水路運輸由船舶、航道、港口所組成，是歷史悠久的運輸方式。從石器時代的獨木舟到現代的運輸船舶，大體經歷了四個時代：舟筏時代、帆船時代、蒸汽機船時代和柴油機船時代。

2. 水路運輸業務模式

(1) 定期船業務

定期船業務（或稱件貨運輸業務）是指經營有固定船舶、固定航線、固定船期、固定運價及固定港口，向社會提供客貨運輸服務的水運業務，但仍以貨運爲主。目前在全世界的海運業務中，定期船的運量約占世界總噸量的1/3，但價值卻占70%，因此，定期船是國際海運的重要業務。定期航運業務的船舶多爲雜貨船、集裝箱船。

(2) 不定期船業務

不定期船業務是指經營無固定船舶、航線、船期、運價、港口的海運業務。這種業務大多使用專用散裝船爲主要運輸工具，並以大宗散裝原料或半成品爲主，所承運之貨物有一定季節流向與季節性，且運價較定期船低。托運人通常爲特定貨主，如電站、鋼鐵公司。

(3) 專用船業務

專用船業務指公私營企業機購自置或租賃船舶從事本企業自有物資運輸的水路運輸。

3. 水路運輸優缺點及適用範圍（見表 9-3）

表 9-3 水路運輸的優缺點及適用範圍

優點	缺點	適用範圍
1. 能進行長距離、低運費運輸 2. 原料及散裝貨物可利用專門船舶，使裝卸合理化成爲可能 3. 最適合運輸體積大、超重貨品	1. 運輸速度慢 2. 港口裝卸成本高 3. 運輸的正確性和安全性差 4. 易受氣候影響	適用於大宗貨物長距離運輸，在運輸長大、重件貨物時與公路鐵路相比，具有突出優勢。目前水路運輸所承擔的貨物運輸中煤、石油、礦石、建材、鋼鐵、化肥、糧食、木材、水泥等占水路運量的 80% 以上。在水道通達的地區，對於長途貨物運輸，水路運輸是最經濟的一種方式

（四）航空運輸

1. 航空運輸的概念

航空運輸（Air Transportation）是指利用飛機運送貨物的現代化運輸方式，如圖 9-1 所示。航空運輸主要適合運載的貨物有兩類：一類是價值高、運費承擔能力很強的貨物，如貴重設備的零部件、高檔次產品等；另一類是緊急需要的物資，如救災搶險物資等。

圖 9-1 航空運輸

2. 航空運輸優缺點及適用範圍（見表 9-4）

表 9-4 航空運輸的優缺點及適用範圍

優點	缺點	適用範圍
1. 運輸速度快 2. 包裝簡單 3. 適用於較貴重的小批量貨品及生鮮食品運輸	1. 運費高 2. 不適合低價貨品運輸 3. 有重量限制 4. 只限於機場周圍的城市	較適宜 500 公里以上的長途客運，以及時間性較強的鮮活、易腐和價值高的貨物的中長距離運輸

3. 航空運輸的方法

(1) 班機運輸（Scheduled Airline）

班機運輸指在固定的航線上定期航行的航班，即有固定始發站、目的站和途經站的飛機。班機的航線基本固定，定期開航，收、發貨人可以確切地掌握起運和到達時間，保證貨物安全迅速地運達目的地，對運送鮮活、易腐的貨物以及貴重貨物非常有利。不足之處是艙位有限，不能滿足大批量貨物及時出運的需要。

(2) 包機運輸（Chartered Carrier）

包機運輸可分爲整架包機和部分包機。

整架包機指航空公司或包機代理公司，按照與租機人雙方事先約定的條件和運價，將整架飛機租給租機人，從一個或幾個航空站裝運貨物至指定目的地的運輸方式。整架包機運費隨國際航空運輸市場的供需情況而變化。

部分包機指幾家航空貨運代理公司聯合包租一架飛機，或者由包機公司把一架飛機的艙位分別分給幾家航空貨運代理公司，適合一噸以上但不足裝一整架飛機的貨物，運費較班機低，但運送時間比班機要長。

(3) 集中托運（Consolidation）

集中托運是航空貨運代理公司把若干批單獨發運的、發往同一方向的貨物集中起來，組成一票貨，向航空公司辦理托運，採用一份總運單集中發運到同一站，由航空貨運代理公司在目的地指定的代理人收貨、報關並分撥給各實際收貨人的運輸方式。這種托運方式，貨主可以得到較低的運價，使用比較普遍，是航空貨運代理的主要業務之一。

(4) 航空快遞（Air Express）

航空快遞是由一個專門經營該項業務的公司和航空公司合作，通常爲航空貨運代理公司或航空速遞公司派專人以最快的速度在貨主、機場和用戶之間運送和交接貨物的快速運輸方式。該項業務是兩個空運代理公司之間通過航空公司進行了，是最快捷的一種運輸方式。

航空快遞業務主要形式有：門到門服務、門到機場服務、專人派送。門到門服務是最方便、最快捷，使用最普遍的方式；門到機場的服務，簡化了發件人的手續，但需要收貨人安排清關、提貨手續；專人派送服務是一種特殊服務，費用較高、使用較少。

（五）管道運輸

管道運輸（Pipeline Transportation）是一種由大型鋼管、泵站和加壓設備等來完成運輸工作的運輸系統。當今世界大部分的石油、絕大部分的天然氣使用管道運輸，管道還用於運送固體物料的漿體，如煤漿和礦石的漿體。如圖 9-2 所示。

管道運輸是大宗流體貨物運輸最有效的方式，不動的管道本身就是運貨的載體，油泵或壓縮機將能量直接作用在流體上。按管道的鋪設方式不同，可將管道分爲埋地管道、架空管道和水下管道；按輸送介質不同，可以分爲原油管道、成品油管道、天然氣管道、油氣混輸管道和固體物料漿體管道；按其在油氣生產中的作用，油氣管道又可分爲礦場集輸管道，原油、成品油和天然氣的長距離輸送幹線管道，天然氣或成品油的分配管道等。

圖 9-2　管道運輸

管道運輸優缺點及適用範圍見表 9-5。

表 9-5　管道運輸的優缺點及適用範圍

優點	缺點	適用範圍
1. 費用低 2. 可靠性高和持續性強	1. 產品單一 2. 要求大批量運輸	適用於低價値、大批量的油、氣、煤的運輸

三、運輸方式的選擇

一般來說，進行運輸方式選擇，最根本要以待運貨品本身的具體情況出發，考慮物流系統要求的服務水準和允許的物流成本，最終確定適當的運輸方式或聯運方式。無論選取哪種方式，所考慮的因素如下。

（一）待運貨品

1. 貨物種類

在考慮運輸貨品的種類時，應以貨品的形狀、單件重量、單件體積、貨品的危險性和易腐性，尤其要以貨品對運費的負擔能力等方面考慮。

2. 運輸期限

要保證貨物的準時送達，必須根據交貨日期確定所需要的運輸時間，然後由此來選擇運輸工具。運輸時間不但要根據各運輸工具的速度來估計在途時間，而且還要加上它兩端及中轉的作業時間。

3. 運輸距離

運輸距離的長短也直接影響到運輸方式的選擇，通常中短距離運輸比較適合選擇公路運輸。

4. 運輸量

有些運輸方式不適用於批量非常小的貨物運輸，而有的則只適用於小批量貨物運輸。因此，一次運輸的批量不同，所選擇的運輸方式也會不同，通常對於大批量的運輸可以選擇水路運輸或鐵路運輸。

（二）服務水準

承運商選擇運輸方式，首先可將備選運輸方式看做一些屬性的集合，如速度、可用性、可靠性、運載能力、靈活性等；然後在考慮資金和其他具體限制後，選擇能滿足托運人要求的最優運輸方式。其中，運輸方式的服務水準和運輸成本是最主要的考慮因素。

1. **速度**：運輸速度是衡量運輸方式技術經濟效果的重要指標之一。在保質、保量完成運輸任務的前提下，用最快的速度把商品送達目的地，盡可能縮短在途時間，是對運輸的基本要求。
2. **可用性**：可用性指在顧客需要時，能夠容易獲得。
3. **可靠性**：可靠性指服務品質和時間的確定。
4. **運載能力**：運載能力指運輸方式具有運輸不同種類、形狀、規格和重量貨物的能力。
5. **靈活性**：靈活性指能夠到達用戶指定的任何地點。

（三）運輸成本

運輸成本不只跟貨物的種類、重量和運距有關，還跟運輸方式關係密切。需要注意的是，在考慮運輸成本時，必須注意運費與其他物流子系統間的權衡，而不能只根據運輸費用來決定運輸方式，如企業選擇運輸方式時，還需考慮運輸成本增加與銷售利潤提高之間的均衡。

不同的運輸方式具有不同的固定成本和變動成本，其相對成本的比較如表 9-6 所示。

表 9-6 五種運輸方式的相對成本

成本運輸方式	固定成本	變動成本	貨物適用範圍
鐵路運輸	高	低	散裝貨物、礦產品、笨重貨物
公路運輸	低	中	生活消費品、中等 / 輕貨物
水路運輸	中	低	散裝食物、礦產品、化工產品
航空運輸	低	高	高附加値貨物、緊急貨物
管道運輸	高	低	氣體、液體或漿狀產品

四、其他的運輸

（一）複合運輸

由兩種及以上的交通方式相互銜接，共同完成的運輸過程統稱爲複合運輸。複合運輸包括駝背運輸和聯合運輸。

一種載貨工具在某一段運程中，又承載另一種交通工具上共同完成的運輸過程稱爲駝背運輸（Piggy Back）。從臺北開往金門的小三通的火車要乘輪船渡過臺灣海峽就是典型的駝背運輸。在公路和鐵路的聯合運輸中，貨運汽車直接開上火車車皮運輸，到達目的地再從車皮上開下，也是駝背運輸。

由兩種以上的交通工具相互銜接、轉運而共同完成的運輸過程稱爲聯合運輸。因此聯合運輸（Combined Transport）的定義是：一次委託，由使用兩種或兩種以上的運輸方式，或不同的運輸企業將一批貨物運送到目的地的運輸。

複合運輸是通過多種運輸方式之間的協作，合理安排運輸計畫，綜合利用各種運輸工具，充分發揮運輸效率較好的組織貨物運輸形式，如鐵水聯運、鐵公聯運、公水聯運、鐵公水聯運等。

（二）集裝箱運輸和國際多式聯運

1. 集裝箱運輸

集裝箱運輸（Container Transport）是以集裝箱作爲運輸單位自動化貨物運輸的一種現代化的先進運輸方式，它適用於海洋運輸、鐵路運輸及國際多式聯運等。

2. 國際多式聯運

它是在集裝箱運輸的基礎上產生和發展起來的一種綜合性的連貫運輸方式，一般以集箱爲媒介，把陸、海、空各種傳統的單一運輸方式有機地結合起來，組成一種國際的連貫運輸。目前國際上採用的多式聯運有下列幾種：

(1) 公路聯運

最著名的和使用最廣泛的多式聯運系統式將卡車拖車或集裝箱裝在鐵路平板車上的公鐵聯運或駝背式運輸。由鐵路完成城市間的長途運輸，餘下的城市間的運輸由卡車來完成，這種運輸方式非常適合城市間物品的配送。若配送中心或供應商在另一個比較遠的城市，可以採用這種運輸方式，實現無中間環節的一次運輸作業完成運輸任務。

(2) 陸海聯運

是指陸路運輸（鐵路、公路）與海上運輸一起組成一種新的聯合運輸方式。這也是中國近年來採用的運輸新方式。它先由內陸起運地把貨物用火車裝運至海港，然後由海港代理機構聯繫第二程的船舶，將貨物轉運到國外目的地。發運後，內陸有關公司可憑聯運單據就地辦理結匯。

(3) 陸空（海空）聯運

是一種陸（或海）陸與航空兩種運輸方式相結合的聯合運輸方式。中國在 1974 年開始應用這種方式，而且發展速度很快。其運輸的商品也從單一的絲綢發展到服裝、藥品、裘皮等多種商品。其運輸方法一般是先由內陸起運地把貨物用汽車裝運至空港，然後從空港空運至國外的中轉地，再裝汽車陸運至目的地。陸空（海空）聯運方式具有手續簡便、速度快、費用少、收匯迅速等優點。

(4) 大陸橋運輸

是指將鐵路或公路系統作爲橋梁，把大陸兩端的海洋運輸連接起來的多式聯運方式。目前世界上主要的陸橋有：西伯利亞大陸橋、遠東至北美東岸和墨西哥灣陸橋、北美西海岸至歐洲陸橋等。大陸橋運輸是以國際標準集裝箱爲容器，以多種運輸工具進行運輸的多式聯運方式，它具有提前結匯、手續簡便、節約費用、安全可靠等優點。

9-3 運輸業務

運輸業務是從招攬貨源、談判、托運受理、簽訂運輸合約、承運、運費核算到貨物交付的全過程。不同的運輸方式，運輸業務細節有所不同，完成運輸業務所消耗的費用也不同。

一、運輸的參與者

1. 貨主

貨主是貨物的所有者，包括托運人和收貨人，有時托運人和收貨人相同，有時則不同。但不管是托運人還是收貨人，他們都對運輸服務有如下預期：希望在規定時間內，用最少的費用，在無丟失、損壞且方便獲取運輸訊息的情況下，將貨物從發貨地轉移到指定的收貨地。

2. 承運人

承運人是運輸活動的承擔者。承運人主要有鐵路貨運公司、航運公司、民航貨運公司、運輸公司、儲運公司、物流公司及個體運輸業者。承運人是受托運人或收貨人的委託，按委託人的意願，以最低的成本完成委託人委託的運輸任務，同時獲得運輸收入。承運人根據委託人的要求或者在不影響委託人要求的前提下合理地組織運輸過程，包括選擇運輸方式、確定運輸路線、進行配貨配載等，降低運輸成本，盡可能獲得較多的利潤。

3. 貨運代理人

貨運代理人是根據用戶的要求，為獲得代理費而招攬貨物、組織運輸和配送的人。貨運代理人只負責把來自各個用戶的小批量貨物進行合理組織，裝運整合成大批量裝載，然後利用承運人進行運輸；送達目的地後，再把該大批量裝載貨物拆分成原來的小批量貨物送往收貨人處。貨運代理人屬於非作業中間商。

4. 運輸經紀人

運輸經紀人是替托運人、收貨人和承運人協調運輸安排的中間商。協調的內容包括裝運裝載、費率談判、結帳和追蹤管理等。運輸經紀人也屬於非作業中間商。

5. 政府

運輸是一種經濟行為，所以政府要維持交易中的高效率水準。政府期望形成穩定而有效的運輸環境，促使經濟持續增長，使產品有效地轉移到各地市場，且消費者能以合理的成本獲得產品。因此，政府部門比一般企業更多地干預承運人的活動，這種干預通常採取規章制度、政策促進、擁有承運人等形式實現。

6. 公衆

公眾關注運輸的可達性、費用和效果以及環境和安全上的標準。公眾按合理的價格產生對商品的需求，最終確定運輸需求。儘管最大限度地降低成本對消費者來說是重要的，但與環境和安全標準有關的交易代價也需要加以考慮。

二、運輸業務

1. 水路運輸業務

水路運輸以典型的班輪運輸介紹其業務過程。

(1) 攬貨：攬貨是攬集貨載，也就是從貨主那裡爭取貨源的行爲。船公司爲使自己經營的班輪運輸船舶能在載重和艙容上得到充分的利用，以期獲得最好的經濟效益，都會採取一些措施來招攬客戶。

(2) 訂艙：訂艙是托運人或其代理人申請貨物運輸，承運人對這種申請給予承諾的行爲。只要承運人對這種預約給予承諾，並做出艙位安排，即表明承運人和委託人已經建立了貨物運輸關係。

(3) 接受托運申請：貨主或其代理人向船公司提出訂艙申請後，船公司首先考慮其航線、港口、船舶、運輸條件等能否滿足發貨人的要求，然後再決定是否接受托運申請。

(4) 接貨：爲了加速船舶周轉，提高裝船效率，對於普通貨物，通常採用「倉庫收貨，集中裝船」的形式；對於特種貨物，如危險品、貴重品等，通常採取由托運人將貨物直接送至船邊進行交接的方式。

(5) 換取提單：托運人憑藉經過簽發的場站收據，向船公司或其代理換取提單，然後去銀行結匯。

(6) 裝船：船舶到港前，船公司和碼頭對本航次需要裝運的貨物制訂裝船計畫，待船舶到港後，將貨物從倉庫運至船邊，按照裝船計畫進行裝船。

(7) 海上運輸：承運人對裝船的貨物負有安全運輸、保管的責任，並依據貨物運輸提單條款劃分與托運人之間的權責。

(8) 卸船：船公司在卸貨港的代理人根據船舶發來的到崗通知，編制有關單證，預約裝卸公司，等待船舶進港後卸貨；同時把船舶預定到港的時間通知收貨人，以便收貨人做好接收貨物的準備工作。與裝船一樣，普通貨物採取「集中卸貨，倉庫交付」的方式。

(9) 交付貨物：收貨人憑藉註明已經接收了船公司交付的貨物並簽章的提單交給船公司在卸貨港的代理人，經審核無誤後，簽發提貨單交給收貨人，然後收貨人憑提貨單到碼頭倉庫提取貨物，並與卸貨代理人辦理交接手續。

2. 鐵路運輸業務

(1) 貨物的托運、受理和承運：發貨人要求鐵路部門運輸整車貨物，應向鐵路部門提出月度用車計畫，車站根據用車計畫受理貨物；鐵路部門根據貨物的屬性安排鐵路車輛，即爲受理。零擔和集裝箱貨物由發運站接收完畢，整車貨物裝車完結，發運站在貨物運單上加蓋承運日期戳，即爲承運。

(2) 貨物的裝卸：鐵路貨物裝車和卸車的組織工作，凡在車站公共裝卸場所內由承運人負責。有些貨物雖在車站公共裝卸場所以內進行裝卸作業，但由於在裝卸作業中需要特殊的技術、設備或者工具，仍由托運人或收貨人負責組織。

(3) 到達與支付：收貨人在領取貨物時，應出示提貨憑證，並在貨票上簽字或蓋章。在提貨憑證未到或遺失的情況下，則應出示單位的證明文件。收貨人在到站辦好提貨手續和支付有關費用後，鐵路部門將貨物連同運單一起交給收貨人。

3. 公路運輸費用

(1) 準備階段：包括組貨、承運、理貨、調派車輛和計費等作業。主要任務是進行貨源調查與預測，與托運人簽訂運輸合約或協議（運單），落實托運計畫，做好實際運輸前的商務工作，調派車輛和駕駛。

(2) 公路運輸階段：包括裝貨、車輛運行、卸貨等作業。主要任務是編制和執行車輛作業計畫，組織貨物裝車、車輛運行和到達目的地後的卸貨作業。

(3) 結束階段：包括貨物交付和結算運費等作業。主要任務是與收貨人辦理貨物交接手續，結清運雜費等。

4. 航空運輸業務

航空運輸可分爲國內空運和國際空運。國內空運又可分爲出港業務和進港業務；國際空運分爲進口業務和出口業務。本節主要介紹國內空運出港業務的過程。

(1) 業務受理：空運調度首先進行訊息查詢，確定是否有預報業務；按預報出港貨物委託訊息，做好紀錄；按客戶提出的要求做好預訂艙紀錄。

(2) 訂艙：審核預訂艙紀錄內容，根據訂艙紀錄分別向航空公司訂艙或者預訂艙。

(3) 審核單證：接到空運出港或委託人的委託空運訊息，審核委託人填寫的托運書所列內容，核對貨物，核對無誤後請委託人在委託書上簽字確認。

(4) 打包和秤重：空運的貨物達到後，進行卸貨、過磅秤重，丈量體積，計算計費重量，過磅人員確定計費重量後在航空托運書上簽名確認，將托運書交給製單員。

(5) 製單：製單員根據托運書分別製作總運單、分運單。

(6) 結算費用：根據分運單的總價對單票空運業務進行結算。

(7) 航空交接：包括包裝、製作航空吊牌、製作航空交接單、裝車和交貨。

(8) 航班查詢：預訂航班和貨物交承運人後，待飛機起飛 2 小時，托運人可向航空公司查詢貨物是否按預訂的航班出運。

(9) 訊息反饋：空運出港、中轉的貨物與航空公司交接後，經查詢確認該航班貨物是否已按預定航班出運，將確認訊息及時反饋給委託人。

9-4 合理的運輸

（一）合理的運輸概念

合理運輸（Reasonable Transportation）指按照商品流通規律、交通運輸條件、物流合理流向、市場供需情況，走最少的歷程，經最少的環節，用最少的運力或最少的費用，以最短的時間，把貨物從生產地運到消費地。也就是用最少的勞動消耗，運輸更多的貨物，取得最佳的經濟效益。由於在運輸生產活動中，需要一定的勞動消耗，因此，衡量運輸的合理與否，就是依據消耗在運輸上的社會勞動量的大小來評價運輸的經濟性。

（二）合理運輸五要素

運輸合理化的影響因素很多，起決定性作用的有五方面的因素，稱爲合理運輸的「五要素」。

1. 運輸距離

運輸時間、運輸貨損、運費、車輛或船舶周轉等運輸的若干技術經濟指標，都與運距有一定比例關係，運距長短是運輸是否合理的一個最基本的因素。

2. 運輸環節

每增加一次運輸，不但會增加起運的運費和總運費，還有運輸的附屬活動，如裝卸、包裝等，各項技術經濟指標也會因此下降。所以，減少運輸環節，尤其是同類運輸工具的環節，對合理運輸有促進作用。

3. 運輸工具

各種運輸工具都有其使用的優勢領域，對運輸工具進行優化選擇，按運輸工具特點進行裝卸運輸作業，最大限度發揮所用運輸工具的作用，是運輸合理化的重要一環。

4. 運輸時間

運輸是物流過程中需要花費較多時間的環節，尤其是遠程運輸，在全部物流時間中，運輸時間占絕大部分。所以，運輸時間的縮短對整個流通時間的縮短有決定性的作用。此外，運輸時間短，有利於運輸工具的加速周轉，充分發揮運力的作用，有利於貨主資金的周轉，及運輸線路通過能力的提高，對運輸合理化有很大貢獻。

5. 運輸費用

運費在全部物流費中占很大比例，運費高低在很大程度決定整個物流系統的競爭能力。實際上，運輸費用的降低，無論對貨主企業還是對物流經營企業來講，都是運輸合理化的一個重要目標。運費的判斷，也是各種合理化實施是否行之有效的最終判斷依據之一。

（三）不合理運輸的表現形式

爲了組織合理運輸，就要避免不合理運輸。不合理運輸是在現有條件下可以達到而未達到的運輸水準，造成了運力浪費、運輸時間增加、運費超支等問題的運輸形式。一般而言，常見的不合理運輸有以下幾種形式：

1. 迂迴運輸

迂迴運輸（Round about Transportation）指商品運輸本來可以走直線或經最短的運輸路線，卻採取繞道而行的現象（如圖 9-3 所示）。由甲地發運貨物經過乙、丙兩地到丁，那麼在甲、乙、丙、丁間便發生了迂迴運輸（共 170 公里）。正確的運輸線路，應該從甲地經戊地到丁地（共 80 公里）。

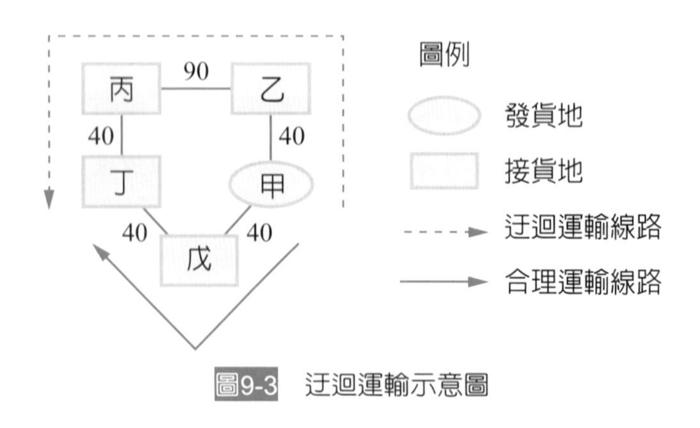

圖9-3 迂迴運輸示意圖

迂迴運輸有一定複雜性，不能簡單處之。只有當計畫不周、地理不熟、組織不當而發生的迂迴，才屬於不合理運輸。如果最短距離有交通阻塞、道路情況不好或有對噪聲、排氣等特殊限制而不能使用時發生的迂迴，不能稱不合理運輸。

2. 過遠運輸

過遠運輸（Exceptionally Short-Distance Traffic）指選擇供貨單位時，不就地就近獲取某種商品貨物資，而捨近求遠從外地或遠處運來同種商品或物資的運輸。過遠運輸有兩種表現形式，一是銷地完全有可能由距離較近的供應地購進所需要的相同品質的物美價廉的貨物，卻超出貨物合理流向的範圍，從遠距離的地區運進來；二是兩個生產地生產同一種貨物，它們不是就近供應鄰近的消費者，卻調給較遠的其他消費地（見圖 9-4）。

過遠運輸和迂迴運輸雖然都屬於拉長距離、浪費運力的不合理運輸，但不同的是，過遠運輸是因爲商品或物資供應地捨近求遠地選擇拉長了運輸距離，而迂迴運輸則是因爲運輸線路的選擇錯誤拉長了運輸距離。

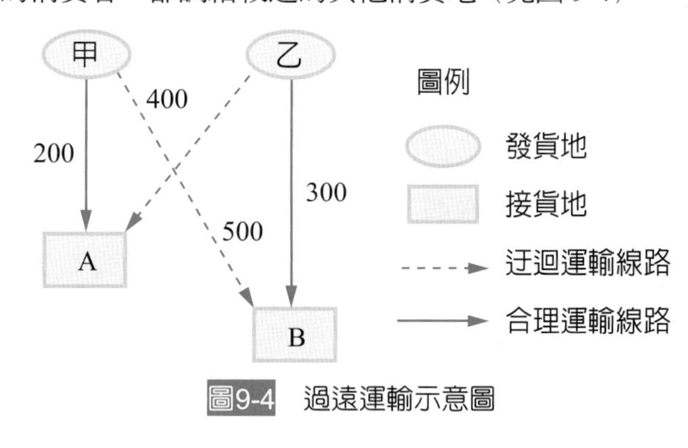

圖9-4 過遠運輸示意圖

3. 對流運輸

對流運輸（Connective Transportation）又稱「相向運輸」、「交錯運輸」，是指同一種商品或彼此可以代用的商品在同一運輸路線上或在平行的路線上，朝著相反方向運行，與對方運程的全程或部分發生重疊交錯的運輸。對流運輸又分爲明顯對流和隱蔽對流。明顯對流指發生在同一條運輸路線上的對流運輸，隱蔽對流指同一種物資違背近產近銷原則，沿著兩條平行的線路朝相對的方向運輸。

判斷對流運輸時需注意的是，有的對流運輸是不明顯的隱蔽對流。例如，不同時間的相向運輸，從發生運輸的那個時間看，並無出現對流，可能做出錯誤的判斷。

4. 倒流運輸

倒流運輸（Flow Backwards Transportation）指物品從銷地向中轉地再向產地或起運地回流的一種現象，這種現象經常表現爲對流運輸，原因在於往返運輸都是不必要的，形成了雙程浪費。倒流運輸也可以看成是隱蔽對流的一種特殊形式。

5. 虧噸運輸

虧噸運輸指商品的裝載量沒有達到運輸工具的載重標準重量，或沒有裝滿車船容積而造成車船虧噸的現象。爲了避免虧噸運輸，應組織輕重配裝、改進堆碼方法等，盡量提高運輸效率。

6. 重複運輸

一批商品本可以一次直接運達目的地，但由於組織工作失誤而使商品在中途停卸又重複裝運，這是重複運輸的一種形式。另一種形式是，同品種貨物在同一地點一面運進，同時又向外運出。重複運輸增加了非必要的中間環節，延緩了流通速度，增加了費用，增大了貨損。

7. 托運方式選擇不當

托運方式選擇不當是指可以選擇最好的托運方式而不選擇，造成費用度加大的不合理運輸。如能整車運輸而不採用，反而選擇零擔托運；又如應當採用直達運輸卻選擇了中轉運輸等，都屬於不合理托運。

8. 運力選擇不當

未合理利用各種運輸工具優勢而不正確地選擇運輸工具，造成運輸成本偏高，或者運輸速度太慢的現象，常見有棄水走陸、鐵路及大型船舶的過近運輸、過分超載、應當整車運輸卻採用零擔運輸、應當直達而選擇了中轉運輸、應當中轉運輸而選擇了直達運輸等。

9. 返程或起程空駛

空車無貨載行駛，可以說是不合理運輸的最嚴重形式。在實際運輸組織中，有時候必須調運空車，從管理上不能將其看成不合理運輸。但因調運不當、貨源計畫不周、不採用運輸社會化而形成的空駛，是不合理運輸的表現。

造成空駛的不合理運輸主要有以下幾種原因：①能利用社會化的運輸體系而不利用，卻依靠自備車送貨提貨，這往往出現單程重車、單程空駛的不合理運輸；②由於工作失誤或計畫不周，造成貨源不實，車輛空去空回，形成雙程空駛；③由於車輛過分專用，無法搭運回程貨，只能單程實車，單程回空周轉。

上述的各種不合理運輸形式都表現在特定條件下，在進行判斷時必須注意其不合理的前提條件，否則容易出現判斷失誤。再者，以上對不合理運輸的描述，主要就形式本身而言，是從微觀觀察得出的結論。在實務中，必須將其放在物流系統中做綜合判斷，不做系統分析和綜合判斷，很可能出現「抵換（Trade-Off）」現象。單從一種情況來看，避免了不合理，做到了合理，但它的合理卻使其他部分出現不合理。只有從系統角度綜合進行判斷才能有效避免「抵換」現象，從而優化全系統。

物流 Express

宅經濟　臺灣「電商物流」激戰

線上通路已成為臺灣零售業重要構成基礎，同時正快速發展成為臺灣零售業的「第二營收支柱」。尤其 2020 年疫情爆發以來，「電商物流」成為各家企業競相投入的戰場，在拉高競爭強度的同時也為產業風貌帶來顯著轉變。

未來流通研究所彙整產業數據情報，繪製 2021 臺灣「電商物流」產業地圖，透過資訊圖象呈現臺灣境內電商物流產業主要業者經營數據與競合脈絡，並進一步歸納出三項重點，做為分析臺灣電商物流產業的重要參考佐證。

臺灣電商物流產業邁向「高速成長 & 品質變革」雙箭頭發展

過去著重於 B2B 物流服務的嘉里大榮，2020 年以嘉里快遞為主體，積極搶進都會區電商宅配市場，在運載規模與經濟效益同步攀高帶動下，2020 全年電商宅配業務貢獻度一舉由低於 10% 拉高至近 30%。2021Q1 嘉里快遞盈利達 1,076.5 萬，年增 15.7%。在疫情最為嚴峻的 5 月份，嘉里大榮來自電商端的物流規模年增 35%，遠高於民生通路企業客戶 15% 的漲幅。

除了產業規模的高速成長外，2020 年以來臺灣電商物流產業另一項值得關注的趨勢為企業耕耘多年的「品質革命」獲得成效。在電商高速成長帶動下，市場過去將物流服務視為「隱形成本」的觀念逐步轉變，客戶願意為高品質服務支付較高溢價，並直接反映在物流企業各項盈利指標上。例如統一速達 2020 全年營收雖僅年增 8.1%，但稅後淨利卻大幅成長超過 50%，新竹物流與嘉里大榮營業淨利亦分別年增 14.7% 與 14.8%，顯示臺灣物流企業盈利能力正在快速提升，產業邁向「高速成長 & 品質變革」雙箭頭發展。

電商平台啓動重資本戰略構築自建物流護城河，委外經營配送比例降低

臺灣以網路家庭（PChome）與富邦媒（momo）為代表，兩家企業均橫跨自營倉儲至末端運輸配送，積極展開電商自建物流之路。值得注意的是，臺灣由於幅員狹小且城鎮化程度高，加上訂單密度多集中於特定都會區，因此電商平台自建物流設施重點除大型自動化物流中心外，緊扣「短鏈配送」的衛星倉與自有快配車隊建置也是相當關鍵的拓展領域。

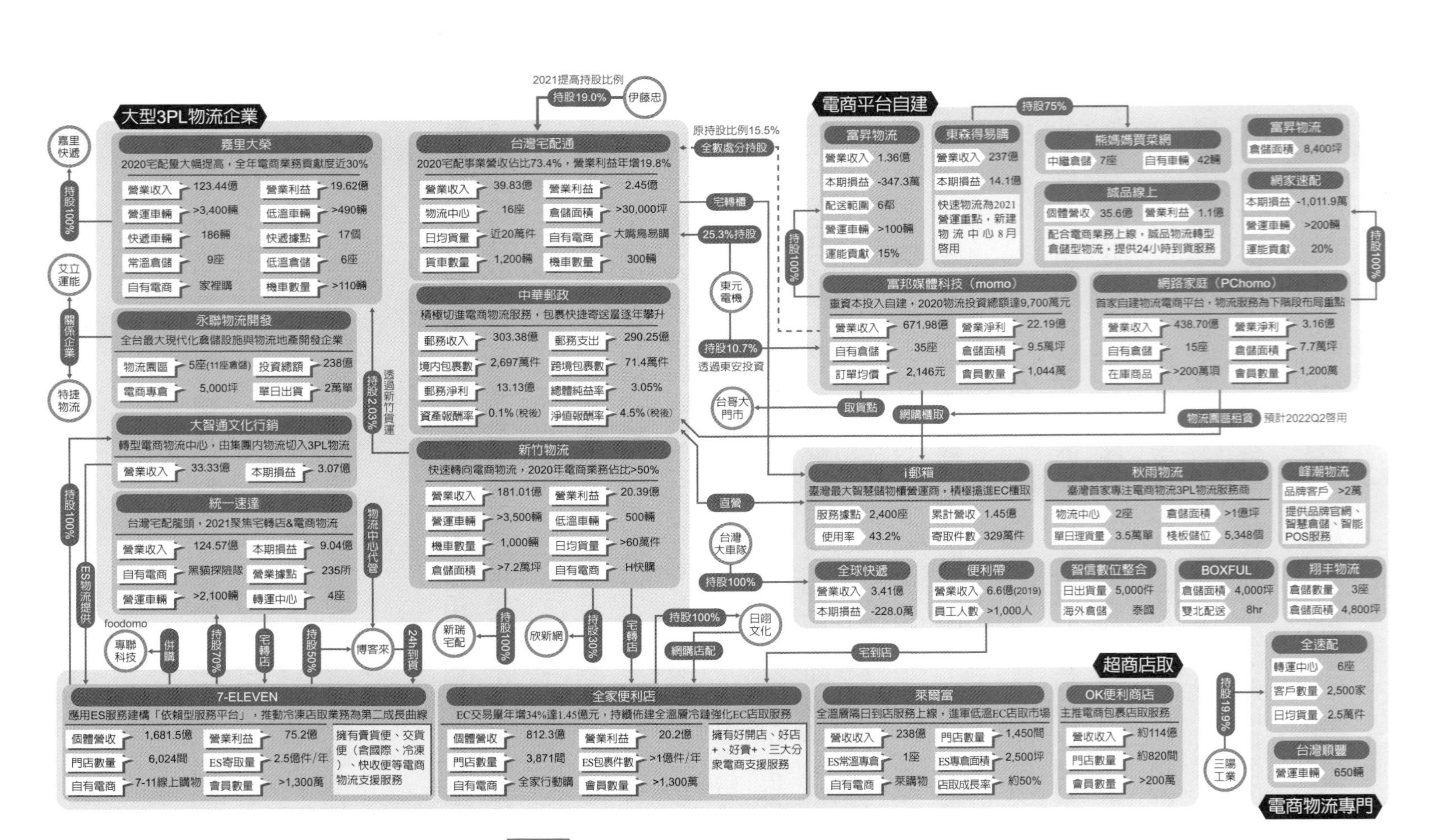

圖 9-5 2021 臺灣「電商物流」產業地圖

除綜合電商平台外，部分垂直型電商亦積極布建自有物流網絡，例如 2015 年成立的熊媽媽買菜網，擁有覆蓋 80% 雙北區域的全自營冷鏈物流網絡。2020 年東森購物以 7,500 萬元併購熊媽媽買菜網，持股 75%，一方面著眼於生鮮電商市場可觀的成長潛力，也能夠藉此納入熊媽媽買菜網的冷鏈物流能量，藉由倉儲空間與車隊運能共用，提高整體營運綜效。

不過，2020 年富昇物流與網家速配均為虧損狀態，意味著無論是物流中心或運配車隊建置，均需大規模資金投入與足夠的風險承擔能力做為支撐，同時亦需要足夠訂單量才能夠發揮規模經濟效益，因此各家電商企業在擴充自有物流設施的決策過程均十分謹慎。

超商快速推進電商物流與支援服務，晉身臺灣電商物流產業第 3 支柱

電商平台與物流企業外，臺灣超商業者以綿密門店為基礎，已架構出以店寄店取為主體的電商物流體系，並更進一步切進電商開店銷售支援服務，不僅晉身臺灣電商物流產業第 3 支柱，也成功樹立起臺灣超商獨步全球的物流特色。

參考資料：一張圖看懂臺灣「電商物流」產業風貌，未來流通研究所，2021/06/15。

問題討論

1. 何謂電商物流？
2. 臺灣電商物流產業有何特色？

1. 運輸的定義爲何？
2. 運輸成本是運輸生產過程中所發生的各項耗費的總和，請問運輸成本的構成分爲哪些種類？
3. 何謂幹線運輸？何謂支線運輸？
4. 基本運輸方式的特性有哪些？其相對成本的比較？
5. 快遞和零擔的主要差異？
6. 何謂管道運輸？其優缺點及適用範圍爲何？
7. 何謂集裝箱運輸？何謂國際多式聯運？
8. 運輸的參與者有哪些？
9. 請說明水路運輸及航空運輸的業務過程。
10. 合理運輸的「五要素」爲何？又不合理運輸有哪些？

第三篇：物流功能

10 配送管理

知識要點

- 10-1 配送概述
- 10-2 配送的作業流程與模式
- 10-3 配送中心概述
- 10-4 配送路線選擇與優化
- 10-5 降低配送成本的策略

物流前線

即時物流第一股　達達衆包物流

物流 Express

裕利醫藥：臺灣 COVID-19 疫苗配送

物流前線

即時物流第一股　達達衆包物流

中國領先的本地即時零售和配送平台達達集團，2020 年 6 月 5 日晚在美國納斯達克成功掛牌上市，股票代碼「DADA」。IPO 發行價格為每股美國存托股票（ADS）16 美元，因獲得投資者的踴躍認購，由原定發行規模 1650 萬 ADS 擴大至 2000 萬 ADS，每 ADS 代表 4 股普通股。如全額行使「綠鞋機制」，達達集團此次募資規模在 3.68 億美元。

達達成功走向中國赴美上市「即時零售第一股」，這也是「中國即時物流第一股」，同時也是美國參議院通過《外國公司問責法案》後首個上市的中國企業。

圖片來源：達達物流官網

達達創始人蒯佳祺有著堪稱完美的經歷：獲得美國麻省理工學院的物流工程碩士後，先後就職于麥肯錫和甲骨文，從事物流與供應鏈業務。

達達成為「即時零售第一」/「即時物流第一股」背後，其兩大核心業務包括本地即時配送平台—達達快送、本地即時零售業務—京東到家。

衆包物流模式是達達快送的核心業務模式，具有獨立、靈活、開放的特點和成本優勢。不同於單一的即時配送企業，或者單一的零售電商企業，達達集團中兩大業務並存，而且物流與零售業務板塊互相促進、商流和物流形成閉環，構成了達達的核心優勢。

與此同時，在其他協力廠商即時配送企業為獲取業務量不斷切入更多細分領域時，達達快送在業務量來源上有來自京東、沃爾瑪等頭部零售、電商企業的穩定流量。在某種程度上，這種模式也可以為合作的零售商家提供線上、線下融合的一體化解決方案。

達達集團創始人兼 CEO 蒯佳祺在上市典禮上說道：「他曾在內部信中表示，這是公司迎來的新里程碑，要懷著巨大的敬畏心和使命感去創造、去發展，一切才剛剛開始。」

參考資料：張利龍，「中國即時物流第一股」誕生，中國衆包物流受寵納斯達克，掌鏈，2020/06/08。

問題討論

1. 說明達達的衆包物流的作業模式。
2. 達達能在美國上市的成功因素為何？

10-1 配送概述

一、配送的概念

「配送」這個詞彙來自於日語原詞，並將配送定義爲「將貨物從物流據點送交給收貨人」。配送（Distribution），是指在經濟合理區域範圍內，根據用戶要求，對物品進行揀選（Picking）、加工、包裝、分割、組配等作業，並按時送達指定地點的物流活動。

一般來說，配送在整個物流過程中既是一種包含集貨、儲存、配貨、裝貨等的狹義的物流活動，也是一種包括輸送、送達、驗貨等以送貨（Deliver Goods）上門爲目的的商業活動。它是商流與物流緊密結合的一個綜合性的、特殊的供應鏈環節，也是物流過程中的關鍵環節。由於配送直接面對消費者，最直觀地反映了供應鏈的服務水準，所以它「在恰當的時間、地點，將恰當的商品提供給恰當的消費者」的同時，也將優質的服務傳遞給客戶。配送作爲供應鏈的末端環節和市場行銷的輔助手段，日益受到重視。

二、配送的特點

配送是按客戶需求進行的商品組配與送貨活動，其作爲物流系統的重要功能之一，具有以下幾個特點：

（一）配送是運輸在功能上的延伸，是一種末端物流活動

配送的對象是零售商、加工點、消費者或終端客戶，配送作業是與長距離、大批量運輸相連接；爲終端客戶提供的短距離、小批量物流服務活動。因此，配送處於供應鏈的末端，是一種末端的物流活動。

（二）配送是「配」和「送」的有機結合

配送包含「配」與「送」，與一般的送貨有區別。一般的送貨主要呈現爲生產企業和商業企業的行銷活動，透過送貨實現銷售或促進銷售的目的，而配送是以合理集貨爲前提，利用有效的分揀、配貨等理貨（Tally）工作，使送貨達到一定的規模，利用規模優勢取得較低的送貨成本，滿足客戶需要，使客戶滿意。配送的優勢呈現在分揀、配貨，這是配送與一般送貨的重要區別。

（三）配送是以客戶需求為出發點的物流活動

配送是以客戶訂單爲核心，滿足客戶要求的服務活動，充分呈現客戶的主導地位。配送的物品、時間、數量、品種、規格、地點都必須按客戶要求進行，以客戶滿意爲服務目標。

（四）配送是物流和商流有機結合的商業流通模式

配送融合了商流、物流，它是一種有效的商業模式。配送作業的起點是集貨，必然包括訂貨、交貨等商流活動。在消費者主導的買方市場形態下，商流的有效組織離不開物流的支持，同樣，以計數和網路主導的電子商務也離不開有效的配送。因此，配送是一種商流和物流有機結合的商業模式。

（五）配送是一種小範圍、綜合性的物流活動

配送是綜合性的、一體化的物流活動。配送過程包含採購、運輸、儲存、裝卸、搬運、分揀、配貨、配裝、流通加工、送貨、送達服務和物流資訊處理等多項物流活動。

三、配送的功能

配送是根據客戶的訂單要求，在配送中心或物流節點進行貨物的集結與組配，以最適合的方式將貨物送達客戶的全過程。配送的功能包括以下要素：

（一）集貨

集貨是將分散的或小批量的貨物集中起來，以便進行運輸配送的作業。集貨是配送的重要環節，爲了滿足特定客戶的配送要求，有時需要把幾家甚至幾十家供應商處預訂的貨物集中，並將要求的貨物分配到指定容器和場所。

（二）分揀

分揀是將貨物按品種、出入庫先後順序進行分門別類堆放的作業。分揀配送不同於其他物流形式的功能要素，也是配送成敗的一項重要支持性工作。它是完善送貨、支持送貨準備性工作，是不同配送企業在送貨時進行競爭和提高自身經濟效益的必然延伸。

（三）配貨

配貨是使用各種揀選設備和傳輸裝置，將存放的貨物，按客戶要求分揀出來，待其配備齊全，再送入指定發貨地點。

（四）配裝

在單個客戶配送數量不能達到車輛的有效運載負荷時，就存在如何集中不同客戶的配送貨物，進行搭配裝載以充分利用運能、運力的問題，這就需要配裝。跟一般送貨不同在於，透過配裝（Fitting）送貨可以提高送貨水準及降低送貨成本，所以配裝也是配送系統中有現代特點的功能要素，也是現代配送不同於以往送貨的重要區別之一。

（五）配送運輸

配送是較短距離、較小規模、額度較高的運輸形式，一般使用汽車做運輸工具。與幹線運輸的另一個區別是，配送運輸的路線選擇問題是一般幹線運輸所沒有的。幹線運輸的幹線是唯一的運輸線，而配送運輸由於配送客戶多，一般城市交通路線又較複雜，如何組合成最佳路線、如何使配裝和路線有效搭配等，是配送運輸的特點，也是難度較大的工作。

（六）送達服務

將配好的貨運輸到客戶手中還不算配送工作的結束，這是因爲送貨和客戶收貨往往還會出現不協調的狀況，使配送前功盡棄。因此，要圓滿地實現運到之貨的移交，並有效地、方便地處理相關手續並完成結算，還應講究卸貨地點、卸貨方式等。送達服務也是配送獨具的特殊性。

（七）配送加工

配送加工（Distribution Processing）是按照客戶的要求所進行的流通加工。在配送中，配送加工這一功能要素不具有普遍性，但往往是有重要作用的功能要素。這是因爲透過配送加工，可以大大提高客戶的滿意程度。配送加工是流通加工的一種，但配送加工有它不同於流通加工的特點，即配送加工一般只取決於客戶要求，其加工的目的較爲單一。

四、配送與運輸的關係

物流活動根據物品是否產生位置移動可分爲兩大類，即線路活動和節點活動。產生位置移動的物流活動稱爲線路活動；節點活動是在一個組織內部的場所中進行的，其目的不是創造空間效用，而是創造時間效用。例如，在工廠內、倉庫內、物流中心或配送中心（Distribution Center）內進行的裝卸、搬運、包裝、存儲、流通加工等都是節點活動。

配送和運輸有時難以準確劃分，配送處於「二次運輸」、「末端運輸」的地位，與運輸相比，更直接面向終端用戶。

（一）運輸和配送都是線路活動

運輸活動必須通過運輸工具在運輸路線上移動才能實現物品的位置移動，它是一種線路活動。而配送以送爲主，包括部分線路活動。

（二）運輸與配送的差異

配送是相對於長距離的幹線運輸而言，從狹義上講，貨物運輸分爲幹線部分的運輸和支線部分的配送。與長距離運輸相比，配送承擔的是支線的、末端的運輸，是面對用戶的一種短距離的送達服務。

從工廠倉庫到配送中心之間的批量貨物的空間位移稱爲運輸；從配送中心到用戶之間的多品種小批量貨物的空間位移稱爲配送。配送不是單純的運輸或輸送，而是運輸與其他活動共同構成的組合體。配送所包含的那一部分運輸，在整個運送過程中處於「末端運輸」的位置。運輸與配送的差異見表 10-1。

表 10-1　運輸與配送的差異

內容	運輸	配送
運輸性質	長距離、幹線	短距離、支線、區域內、末端
貨物性質	少品種、大批量	多品種、小批量
運輸工具	大型貨車或火車、輪船、飛機	小型貨車、工具車
管理重點	效率優先	服務優先
附屬功能	裝卸、捆包	裝卸、保管、包裝、分揀、流通加工、訂單處理等

（三）運輸和配送的關係

運輸和配送雖同屬於線路活動，但功能上的差異使它們並不能互相替代。物流系統創造物品空間效用的功能是要使生產企業製造出來的產品到達消費者手中進入消費，否則，產品生產的目的就無法實現。

從運輸、配送的區別可以看出，僅有配送或僅有運輸是不可能達到上述要求的，因爲根據運輸的規模和距離我們知道，大批量、遠距離的運輸才是合理的，但它不能滿足分散消費的需求；配送雖具有小批量、多批次的特點，但不適合遠距離運輸。

因此，兩者必須互相配合，取長補短，方能實現理想的目標。一般來說，在運輸和配送同時存在的物流系統中，運輸處在配送的前面，先通過運輸實現物品長距離的位置移動，再交由配送來完成短距離的輸送。

五、配送的種類

隨著配送的發展，爲滿足不同產品、不同用戶和不同市場環境的要求，已經有多種形式的配送。主要有以下幾種分類方式。

（一）按配送商品的種類和數量分類

1. 少品種（或單品種）、大批量配送

當客戶需要的商品品種較少，或者對某個品種的需求量比較大時，可以採用這種配送形式。這種配送形式由於數量比較大，可實行整車運輸，往往不需要跟其他商品配裝，可直接由生產企業或專業性很強的配送中心實行這種配送。由於配送量大，且品種比較單一或較少，可提高車輛的使用效率，而且配送中心的內部配置、組織等也比較簡單，因此配送成本比較低。

2. 多品種、少批量、多批次配送

在市場競爭日益激烈的今天，經濟高度發展，人們的消費需求也日益多樣化、個性化。各個銷售企業爲了提高市場份額不得不對自己的產品異化、多樣化、個性化，並採用多品種、少批量、多批次的柔性配送方式，以提高自己的產品競爭力。

多品種、少批量、多批次配送是按照客戶要求，將所需的各種產品（每種需要量不大）配備齊全，湊整裝車後由配送據點送達用戶。這種配送對配貨作業的水準要求較高，配送中心使用設備較複雜，配送計畫難度大，需要高水準的組織工作保證和配合。這種配送方式是一種高水準、高技術的配送方式。

3. 成套、配套配送

成套、配套配送是爲了滿足企業的生產需要，按生產進度將配套的各種零部件、成套設備定時送達生產線進行組裝的一種配送形式。這種配送方式完成了生產企業絕大部分的工作，使生產企業專門致力於生產，能夠提高企業的生產效率。

（二）按配送時間及數量分類

1. 定時配送

按照規定的時間間隔進行配送，如數天、數小時一次等，每次配送的品種及其數量可以按照計畫執行，也可以按是先商定的聯絡方式下達配送通知，按照客戶要求的品種、數量和時間進行配送。這種配送方式由於時間固定，易於安排工作計畫和調度車輛，客戶也易於安排接貨。

2. 定量配送

每次按照規定的批量在一個指定的時間範圍內進行配送。由於每次配送的品種、數量固定，備貨（Stocking）工作簡單，可以按照棧板、集裝箱等集裝方式，也可以整車配送，配送效率比較高。由於沒有嚴格的時間限制，可將不同用戶所需物資集零爲整後配送，從而提高車輛的利用率。客戶每次接貨的數量相等，有利於人力、物力的準備。

3. 定時定量配送

按規定時間和規定的商品品種、數量進行配送。它結合了定時和定量配送的優點，服務，品質水準比較高，組織工作的難度大，適合採用的用戶不多，不會成爲普遍方式。

4. 定時定線路配送

在規定運行線路上制定到達時間表，按運行時間進行配送，用戶在規定的時間、站點接貨和提出配貨要求。這種方式有利於安排車輛和人員。

5. 即時配送

要求隨時隨發，按照客戶提出的時間和商品品種、數量要求，隨即進行配送。這種方式是以某天的任務爲目標，在充分掌握了這一天需要的客戶、數量及種類的前提下，及時安排最優的配送線路並安排相應的配送車輛進行配送。它做到了每天配送都能實現最優的安排，因而是水準較高的配送方式。

6. 共同配送

共同配送又稱協同配送，是指兩個或兩個以上有配送業務的企業相互合作對多個用戶共同開展配送活動的一種物流模式。它是在配送中心的統一計畫、調度下展開的。這種配送方式要求各配送中心共同制定配送計畫、使用配送設備、分享配送收益、分擔配送風險。生產企業生產所用的物料、商業企業經銷的商品的供應等都可以採用這種配送形式。

（三）按配送組織者的不同分類

1. 配送中心配送

配送中心配送是指配送的組織者專門從事配送活動的配送中心。這種配送活動規模比較大、專業性強、和客戶有著固定的配送關係，一般實施計畫配送；並且有的配送中心爲了保證配送需求，往往儲存大量各種類別的商品。這種配送中心配送距離較遠、配送品種多、配送數量大，可以承擔企業主要物資的配送。

配送中心配送是配送的主體形式，不但在數量上占據主要部分，而且是那些小配送據點的總據點，因而發展速度快，是物流企業化趨勢的重要表現。

2. 商店配送

商店配送是指配送的組織者是商業或物資經營網點。這些網點承擔著商品的零售業務，規模一般不大，但經營品種齊全。這種配送組織者實力有限，往往只是小量、零星商品的配送。但是這種配送由於網點多、配送半徑小、比較靈活，可以承擔生產企業非主要生產用物資的配送，是配送中心配送的主要補充形式。

3. 倉庫配送

倉庫配送是指以一般倉庫爲節點進行配送的形式，它可以是倉庫完全改造成配送中心，也可以是保持倉庫原有功能的前提下，增加一部分配送功能。由於這種配送不是按照專門配送中心要求設計和建立的，所以，倉庫配送規模較小，專業化程度比較低，但是可以充分利用倉庫的設施和儲存能力，所以是開展中小規模配送的可選形式。

4. 生產企業配送

這種配送的組織者是生產企業，尤其是進行多品種生產的生產企業。可以由本企業直接配送。由於避免了一次物流中轉，所以具有一定的優勢，在地方性較強的生產企業中比較多地採用這種配送形式，某些不適宜中轉的化工企業及地方建材也大多採用這種形式配送。

（四）按配送企業的專業化程度分類

1. 綜合配送

綜合配送（Comprehensive Distribution）是指配送商品的種類比較多、不同領域的商品在一個配送網點經重新組織對用戶配送。這一類配送由於綜合性較強，故稱爲綜合配送。綜合配送可以減少用戶爲組織所需全部商品進貨的負擔，只需和少數配送企業聯繫，就可以解決多種需求的配送。形狀相同或者相近的商品比較適用於綜合配送。

2. 專業配送

專業配送（Professional Delivery）是指按照產品形狀不同適當劃分專業領域的配送方式。專業配送也並非越細越好，實際上在同一形狀而類別不同的產品方面也是有一定綜合性的。專業配送可以按專業的共同要求優化配送設備，優選配送機械及配送車輛，制定實用性強的工藝流程，從而大大提高配送各環節工作的效率。

（五）按企業的經營內容分類

1. 分銷配送

分銷配送是指配送活動的組織者是銷售性企業或銷售企業進行的促銷型配送。這種配送的貨物種類、數量往往是不固定的，客戶也經常因銷售情況發生變化，配送的經營狀況也取決於市場狀況，配送隨機性較強而計畫性較差。由於這種配送以送貨服務爲前提，所以深受用戶的歡迎。

2. 供應配送

供應配送是指用戶企業爲了滿足自己的物資供應需要而採取的配送服務方式。一般是依據生產企劃或門店分銷訂貨，由企業自身或用戶企業集團都組件配送據點、統一備貨、共同庫存、及時配送，這種配送形式在生產行大型企業或企業集團中採用較多。

3. 「配送—供應」一體化配送

銷售企業對於基本固定的客戶和基本穩定的配送產品，在自己銷售的同時承擔對客戶執行有計畫供應的職能，它既是銷售點，同時又成爲客戶的供應代理者。採用這種配送方式，銷售者能獲得穩定的客戶及銷售通路，擴大銷售數量；客戶能獲得穩定的供應，可大大節省本身爲組織供應所耗用的人力、物力、財力。

10-2 配送的作業流程與模式

一、配送的作業流程

（一）配送作業的內容

從總體上講，配送是由備貨、理貨、送貨和配送加工四個內容組成的。

1. 備貨

備貨是準備貨物的一系列活動，是配送的準備工作和基礎工作。物流企業在組織貨源和籌集貨物時往往採用兩種方法：一是直接向生產企業訂貨或購貨完成此項工作；二是選擇商流和物流分開的模式，由貨主自己去完成訂貨、購貨等工作，物流企業只負責進貨和集貨等工作，貨物所有權屬於貨主。

2. 理貨

理貨是配送的一項重要內容，也是配送區別於一般送貨的重要標誌。理貨包括貨物分揀、配貨和包裝等具體活動。

(1) 貨物分揀就是採用適當的方式和手段，從儲存的貨物中選出用戶所需的貨物。分揀貨物的方式可分爲摘取式和播種式兩種方式。

① 摘取式分揀就是像在果園中摘果子那樣去揀選貨物，作業人員拉著集貨箱（分揀箱）在排列整齊的配送中心貨架間巡迴走動，按照揀貨單上所列的品種、規格、數量將客戶所需要的貨物揀出並裝入集貨箱內。

② 播種式分揀貨物類似於田野中的播種操作，將數量較多的同種貨物集中運到發貨場，然後根據每個貨位的發送量分別取出貨物，並分別放到每個代表客戶的貨位上，直到配貨完畢。

(2) 配貨是指把揀取分類完成的貨物經過配貨檢查過程後，裝入容器和做好標識，再運到配貨準備區，待裝車後發貨。

(3) 包裝是指物流包裝，其主要作用是保護貨物並將多個零散包裝貨物放入大小合適的箱子中，以實現整箱集中裝卸、成組化搬運，同時減少搬運次數、降低貨損、提高配送效率。另外，包裝也是產品資訊的載體，透過外包裝上書寫的產品名稱、原料成分、重量、生產日期、生產廠家、產品條形碼、儲運說明等，可便於客戶和配送人員識別產品，進行貨物的裝運。

3. 送貨

送貨是備貨和理貨工序的延伸，是配送活動的末端。在物流活動中，送貨活動實際上就是貨物的運輸（或運送），因此常常以運輸代表送貨。但是，組成配送活動的運輸與通常所講的幹線運輸是有很大差別的。前者多表現爲用戶的末端運輸和短距離運輸，並且運輸的次數比較多；後者多爲長距離運輸。

由於配送中的送貨需要面對眾多的客戶，並且要多方向運動，因此在送貨過程中，常常要涉及運輸方式、運輸路線和運輸工具的選擇。按照配送合理化的要求，必須在全面計畫的基礎上，確定科學的、距離較短的貨運路線，選擇經濟、迅速、安全的運輸方式和適宜的運輸工具。通常，配送中送貨都以汽車爲主要運輸工具。

4. 配送加工

配送加工是流通加工的一種。它雖然不是普遍的，但是往往有著重要的功能，能大大提高客戶的滿意程度。

（二）配送作業的流程

配送作業的主要活動包括訂單處理、儲存、揀選、配裝、送貨、送達服務等。確定配送中心主要活動及其程序之後，才能規劃設計。有的配送中心還要進行流通加工、貼標籤和包裝等作業，當有退貨時，還要進行退貨品的分類、保管和退回等作業。物流配送作業的基本流程如圖 10-1 所示。

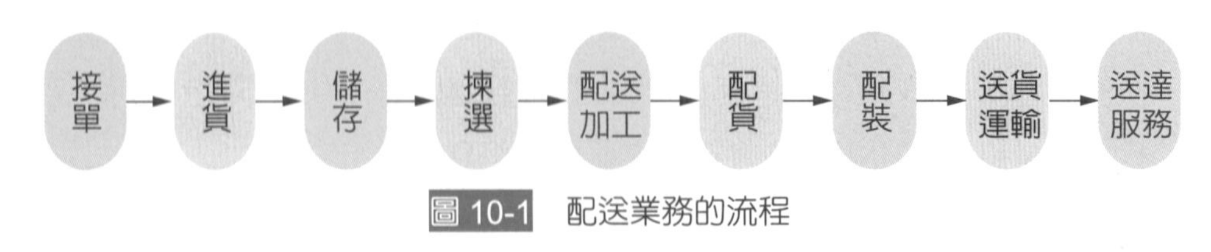

圖 10-1 配送業務的流程

不同類型、不同功能的配送中心或物流節點的配送活動，其流程可能有所不同，而且不同的商品，由於其特性不一樣，其配送流程也會有所區別。例如，食品由於其種類繁多，形狀、特性不同，保質、保鮮要求也不一樣，所以通常有不同的配送流程，如圖 10-2 所示。

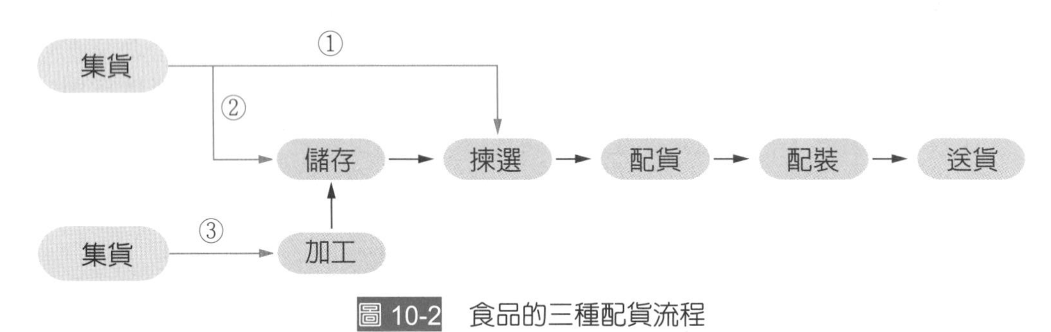

圖 10-2 食品的三種配貨流程

第①類商品，如海鮮產品、魚、肉類製品等，由於保質期短，保鮮要求高，集貨環節不經過儲存就立即分揀配貨、配裝後送至客戶手中。

第②類商品，如礦泉水、方便食品等，保質期較長，可以在集貨後經過儲存、保管，再按客戶訂單要求組織配送。

第③類商品，如冷凍食品、大包裝進貨食品等，在集貨後需按客戶的要求、商品特性進行加工後再組織配送。

二、共同配送

（一）共同配送的定義

共同配送（Joint Distribution）是爲提高物流效率，對許多用戶一起進行配送的配送方式。簡單來說，共同配送就是兩個或兩個以上配送業務相互合作，對多個用戶共同開展配送活動的一種物流模式。其實質是相同或不同類型的企業的聯合，以相互調劑使用各自的倉儲設施，最大限度地提高配送設施的使用效率，獲得物流集約化規模效益。共同配送的業務範圍可以是生產企業生產的產品銷售、商業企業所經銷的商品的供應，也可以是生產企業生產所用的物料。

（二）共同配送的優點

共同配送是經過長期的發展和探索，優化出的一種配送形式，也是現代社會影響面較大、資源配置較爲合理的一種配送形式。其優勢可以從兩方面來看：

一方面，從貨主（廠家、批發商和零售商）的角度來說，通過共同配送可以提高物流效率，如中小批發業者各自的配送，難以滿足零售商多批次、小批量的配送要求。採用共同配送的形式，送貨的一方可以實現少量物流配送，收貨的一方可以統一進行驗貨，從而達到提高物流配送水準的目的。

另一方面，從卡車運輸業者的角度來說，卡車運輸業內多爲中小企業，不僅資金少、人才不足、組織脆弱、而且運輸量少、運輸效率低、使用車輛多，在獨自承攬業務、物流合理化及效率方面受到限制。如果能實現合理化的共同配送，則籌集資金、大宗運貨、通過資訊網絡提高車輛使用效率進行往返運貨等問題均可得到解決。同時，也可以通過共同配送，擴大多批次、小批量的服務範圍。

共同配送的目的在於最大限度地提高人員、物資、資金、時間等物流資源的效率（降低成本），取得最大效益（提高服務）。此外，還可以去除多餘的交錯運輸，取得緩解交通壓力、保護環境等社會效益。共同配送的優點見表 10-2。

表 10-2　共同配送的優點

貨主	運輸業者
1. 運費負擔減輕	1. 提高運送效率
2. 節省人員	2. 降低物流成本
3. 小批量進行配送	3. 減少物流人員
4. 收貨人員可以對不同品種貨物統一驗收	4. 減少不適當的競爭
5. 物流空間可以互相融通	5. 減少重複的服務
6. 緩解交通擁堵的壓力	6. 緩解交通擁堵的壓力
7. 防止環境污染	7. 防止環境污染

（三）共同配送的類型

共同配送可以分爲以貨主爲主體的共同配送和以物流業者爲主體的共同配送。

1. 以貨主爲主體的共同配送

它是指以有配送需要的廠家、批發商、零售商以及由它們組建的合作機構爲主體進行配送，避免個別配送的低效率。該種配送方式對貨主而言，可以在不增加物流成本的情況下，實現小批量、多批次的配送。

2. 以物流業者爲主體的共同配送

它是指以提供配送的物流業者，或以它們組建的新公司或合作機構爲主體進行配送，避免個別配送的低效率。該種配送方式對物流業者而言，可以提高配送效率、改善服務、提高市場競爭力。

共同配送按照配送形態的不同可以分爲以下兩種：

(1) 水準式的共同配送，是在批發商店及代理商店之間進行的一種配送。

(2) 垂直式的共同配送，是由製造商主導來匯總批發業的配送，或由連鎖店總部主導來匯總供貨廠商的配送。

10-3 配送中心概述

一、配送中心的定義

配送中心是指從事配送業務的物流場所或組織。配送中心應基本符合下列要求：①主要爲特定客戶或末端客戶提供服務；②配送功能健全；③輻射範圍小；④多品種、小批量、多批次、短週期。

（一）配送中心與倉庫、物流中心的差異

倉庫是儲存貨物的地方，在以前的倉庫中，儲存貨物的時間較長，主要作用是保管貨物，而現在的倉庫更多地考慮經營上的收益，而非僅爲了儲存，這是同舊式倉庫的區別所在。現代倉庫從運輸周轉、儲存方式和建築設施上都重視通道的合理布置，貨物的分布方式和堆積的最大高度，並配置經濟有效的機械化、自動化存取設施，以提高儲存能力和工作效率。

配送中心是位於物流的下游，從供應者手中接收多種大量的貨物，進行倒裝、分類、保管、流通加工和資訊處理等作業，然後按照訂貨要求備齊貨物，以令人滿意的服務水準進行配送的設施。配送中心的作用是減少交易次數和流通環節、產生規模效益、減少客戶庫存，提高庫存保證程度、與多家廠商建立業務合作關係。配送中心一般採用「門到門」的汽車運輸，其作用範圍較小（20 ～ 300 公里），爲本地區的最終客戶服務。有時，配送中心還有流通加工的業務。

物流中心處於樞紐或重要地位，具有較完整的物流環節，並能將物流集散、資訊和控制等功能實現一體化運作的物流據點。將物流中心的概念放在物流系統化或物流網路體系中考察才更有理論和實踐意義，物流系統分爲若干層次，依物流系統化的對象、範圍、要求和運作主體不同，應用其概念的側重點也就有所不同。

三者的共同點就是，都是自營或代客戶保管和運輸貨物的場所，都有保管和保養貨物的功能以及其他相同的功能，只是程度、強弱的不同，此外物流中心和配送中心是由倉庫發展、派生而成。

配送中心與倉庫、物流中心的差異如表 10-3 所示。

表 10-3　配送中心與倉庫、物流中心的差異

種類	儲存週期	現代化程度	針對角度	反應速度
倉庫	長	低	設施	慢
配送中心	短	高	功能	快
物流中心	短	高	宏觀	快

二、配送中心的功用

在現代物流活動中，配送中心的功用是不可忽視的，其作用可以歸納爲以下幾點。

（一）提高整個物流系統的效率

從生產企業到銷售市場之間需要複雜的環節，要依靠多種運輸工具、轉運、庫存手段才能實現，傳統的產品或物資儲運體系明顯存在不經濟和低效率的問題。城市、區域配送中心通過集中配送的方式，按一定的規模集約並大幅度提高其能力，實現多品種、小批量、高周轉的商品運送，從而大大降低物流系統成本，提高整個物流系統效率。

（二）使貨物供應適應市場需求的變化

各種產品的市場需求在地點、時間、季節、需求量等方面都具有隨機性，而現代化生產、加工必須依靠配送中心來調節、適應生產與消費之間的矛盾。

（三）是連鎖經營實現規模效益的關鍵

配送中心通過集中配送的方式，有利於獲取規模效益。如超市通過電子訂貨系統，把幾百家門店的零星要貨匯總，由供應商集中送貨到配送中心，並在那裡按「中轉配送」的方式運作，實現「集零爲整」和「化整爲零」，從而大大減少了交易費用、庫存費用、流通費用，實現經濟規模效益。此外還加強了連鎖企業和供應方的關係，共享大量好處。例如，集中訂貨、數量大對供應方舉足輕重，同時，連鎖企業集中訂貨可以享受更優惠的價格折扣。

（四）促進經濟快速增長

配送中心是經濟發展的保障，是吸引投資的環境條件之一，也是拉動經濟增長的內部因素。配送中心的建設可以從多個方面帶動經濟健康發展。

（五）降低企業成本、提高銷售競爭力

對於生產企業來說，開展原材料供應配送可以減少企業總的庫存水準，降低原材料供應成本，保證生產的順利進行。開展銷售配送，不僅有利於降低銷售成本、改善售後服務，提高企業產品銷售競爭力，更重要的是可降低企業的商品庫存與進貨成本，實現零庫存，進而與供應企業結成供應鏈合作夥件關係，提高企業銷售競爭力乃至企業的綜合競爭力。

三、配送中心的類型

在物流實踐中，隨著市場經濟的不斷發展、商品流通規模的日益擴大，國內外出現了多種多樣的配送中心。然而，在爲數眾多的配送組織中，由於各自的服務對象、組織形式和功能不盡一致，物流中心在理論上可以分成若干種類。對配送中心的適當劃分歸類也是進一步深化和細化認識配送中心多樣性及其發展動向的重要分析方法。

（一）按配送中心的經濟功能分類

1. 供應型

供應型物流中心是專門爲某個或某些用戶（例如聯合公司）組織供應貨物的配送中心。這種類型的配送中心的服務對象是生產企業和大型商業組織，他們所配送的貨物以原材料、器件和其他半成品爲主，客觀上起著供應商的作用。

在實踐中，那些接受客戶委託，專門爲生產企業配送零件、部件以及專爲大型商業組織供應商品的配送中心，均屬於供應型配送中心。供應型配送中心爲了保證生產和經營活動的正常運行，一般都建有大型現代化倉庫和儲存一定量的商品，佔地面積一般都比較大。

2. 銷售型

銷售型配送中心是以銷售經營爲目的、以配送爲手段的配送中心。在競爭日益激烈的市場經濟環境下，許多生產者和經營者爲了擴大自己的市場份額、提高商品的市場佔有率，採取了種種措施和辦法降低流通成本和完善服務品質，其中包括代替客戶（消費者）理貨、加工和送貨等，爲用戶提供系統化、一體化後勤服務。同時不斷改造物流設施，組建專門從事流通加工、分貨、揀貨、配送等活動的配送組織—配送中心。

顯然，上述配送中心完全圍繞著市場行銷開展配送活動。銷售型配送中心依據從屬主體不同又可以分爲三種。

(1) 生產企業爲了直接銷售自己的產品及擴大自己的市場佔有率而建立的銷售型配送中心。如美國玫琳凱（Mary Kay）公司所屬的配送中心。

(2) 專門從事商品銷售活動的流通企業爲了擴大銷售而自建貨合作建立起來的銷售型配送中心。我國許多試點城市所建立的配送中心大多屬於這種類型。

(3) 流通企業和生產企業聯合建立的銷售型配送中心。這種配送中心類似於國外的「公共型」配送中心。

3. 儲存型

這是儲存功能很強的一種配送中心。從商品生產的角度看，在賣方市場經濟環境下，生產企業常常要儲備一定數量的生產資料，以此保證生產的正常運行和應付不備之需；從商品銷售的角度看，在買方市場經濟環境下，由於企業在銷售的過程中，不可避免地會出現遲滯現象，因此客觀上需要有儲存環節予以支持。

（二）按地域範圍和服務對象分類

1. 城市型

城市配送中心是以城市地區爲範圍向用戶提供配送服務的物流組織。由於城市範圍內距離一般都比較短，因此這類配送中心一般都採用汽車爲配送工具，直接將產品配送給用戶。

此外，由於汽車配送物資的時候機動性強、調度靈活，因此城市配送中心可以開展少批量、多批次的配送活動，提供「門到門」式的服務，其服務對象爲城市裡的生產企業、超市、連鎖店和零售商。

2. 區域型

區域配送中心具有較強的輻射能力和庫存準備，是面向全國乃至世界範圍的配送中心。這種配送中心一般規模比較大、用戶也比較多、設備和設施齊全、活動能力強、配送的貨物批次少而批量比較大，而且往往是給下一級配送據點或批發商、商場等配送。

這種配送在國外相當普遍，如美國的沃爾瑪公司的配送中心，建築面積 12 萬平方公尺，投資 7,000 萬美元，每天可爲分布在六個洲的 100 家連鎖店配送商品，經營的商品有 4 萬種。

（三）按經營主體的不同分類

1. 以製造商爲主體

這種配送中心的商品完全由自己生產製造，這樣可以降低流通費用，提高售後服務品質，及時將預先設置齊備的成組元器件運送到規定的加工和裝配工位。從商品製造到生產出來後條碼和包裝的配合等多方面都容易掌握控制，所以按現代化、機械化、自動化的配送中心設計就可以，但是這種配送中心不具備社會化的要求。

2. 以批發商爲主體

商品從製造商流通到消費者手中，需要有批發商來做流通中介，一般是按部門或商品類別的不同，把每個製造企業的產品集中起來，然後以單一品種或配送形式向消費地的零售商進行配送。這種配送中心的商品來自於各個製造商，它所進行的一項重要活動就是對商品進行匯總和再銷售，它的全部進貨和送貨都是社會配送的，社會化程度高。

3. 以零售商爲主體

當零售商發展到一定的規模，就會考慮建立自己的配送中心，爲專業商品零售店、百貨商店、建材市場、糧油食品店、飯店賓館、超級市場等提供配送服務，其社會化程度介於兩者之間。

4. 以倉儲運輸業爲主體

這種配送的優勢是運輸配送能力，地理位置優越，如鐵路、公路、港灣等交通樞紐，可迅速將到達的貨物運送給用戶。它提供倉儲貨位給製造商或供應商，而配送中心的貨物仍屬於製造商或供應商所有，配送中心只不過提供倉儲管理和運輸配送。這種配送中心的現代化程度往往比較高。

（四）按物流設施的歸屬分類

1. 自有型

自有型配送中心包括原材料倉庫和成本倉庫在內的各種物流設施和設備歸一家企業或企業集團所有。作爲一種物流組織，配送中心是企業或企業集團的一個有機組成部分。通常它不對外提供配送服務。例如，美國沃爾瑪貨物公司所屬的配送中心，就是公司獨資建立、專門爲本公司所屬的連鎖店提供貨物配送服務的自有型配送中心。

2. 公共型

這類配送中心是向所有用戶提供後勤服務的配送組織。只要支付服務費，任何用戶都可以使用。這種配送中心一般是由若干家生產企業共同投資、持股和管理的經營實體。在國外，也有個別的公共型配送中心是由私人（或某個企業）投資建立和獨資擁有的。

3. 合作型

這種配送中心是由幾家企業合作興建，共同管理的物流設施，多爲區域性配送中心。合作型配送中心可以是企業之間聯合發展，如中小型零售企業聯合投資興建，實行配送共同化；也可以是系統或地區規劃建設，達到本系統或本地區內企業的共同配送；或是多個企業、系統、地區聯合共建，形成輻射全社會的配送網路。北京糧食局系統的八百佳物流中心即爲系統內聯合之一例。

四、配送中心的設置

配送中心是以提供配送服務爲核心的經濟實體，具有一般企業的經濟特徵。因此，配送中心和其他類型企業一樣，必須明確自身在市場中的競爭地位，並根據行業發展情況，結合自身條件，選擇和調整經營模式，制定企業的經營發展目標。

（一）配送中心佈點的影響因素

如圖 10-3 所示，配送中心佈點時需要考慮自然環境、經營環境、基礎設施及其他因素的影響。

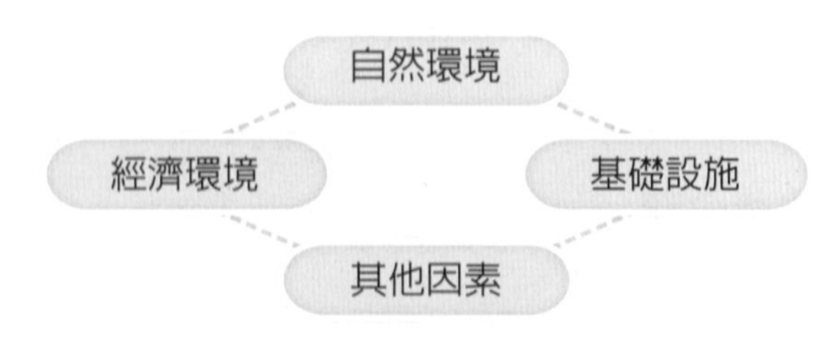

圖 10-3　配送中心佈點的影響因素

1. 自然環境因素：包括氣象條件、地質條件、水文條件和地形條件。
2. 經營環境因素：包括產業政策、主要商品特性、物流費用和服務水準。
3. 基礎設施狀況：包括道路、交通條件和公共設施狀況。
4. 其他因素：包括國土資源利用、環境保護狀況等。

（二）配送中心網點佈局

1. 配送中心網點的分布型式

(1) 輻射型

如圖 10-4 所示，配送中心位於多個用戶的中心位置，貨物從該中心向各方向的用戶運送，形成輻射狀。

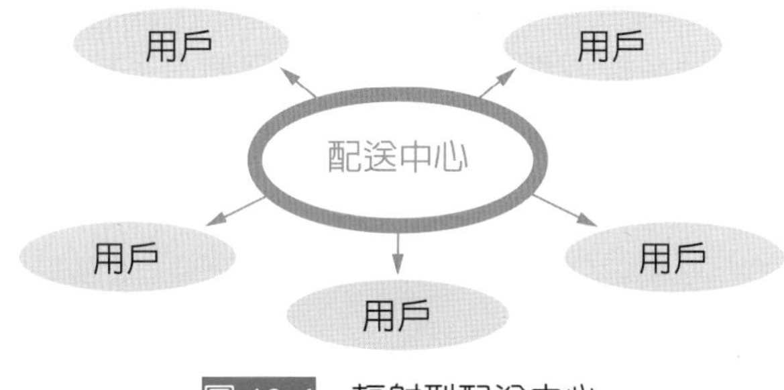

圖 10-4　輻射型配送中心

(2) 吸收型

配送中心位於許多貨主的某一居中位置，貨物從各個產地向此配送中心運送，形成吸收，如圖 10-5 所示。

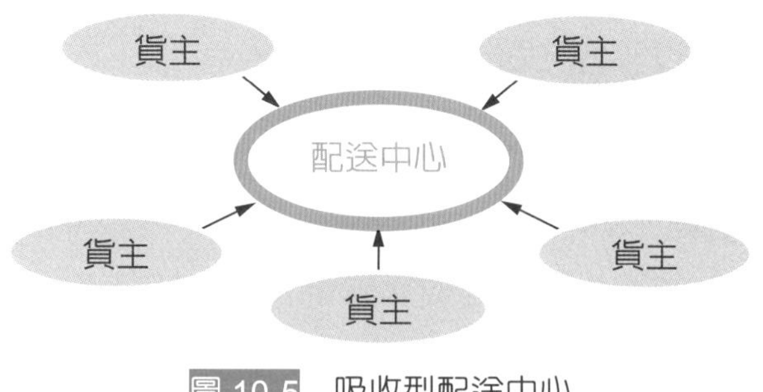

圖 10-5 吸收型配送中心

(3) 聚集型

聚集型分布形式類似於吸收型分布，但處於中心位置的不是配送中心，而是一個生產密集的經濟區域，四周分散的是配送中心而不是貨主或用戶，如圖 10-6 所示。

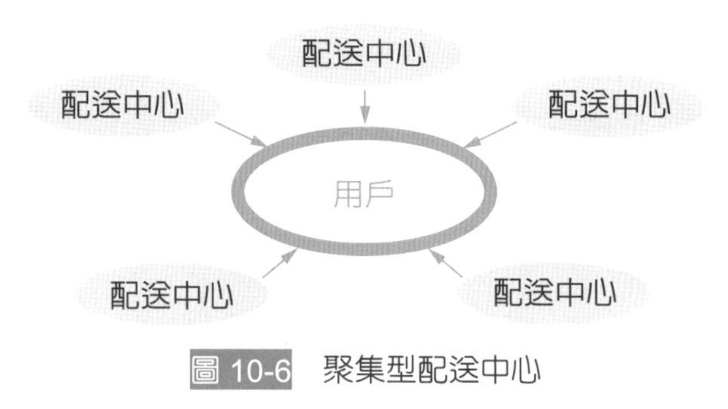

圖 10-6 聚集型配送中心

(4) 扇形分布

貨物從配送中心向一個方向運送的單向輻射稱扇形分布，如圖 10-7 所示。

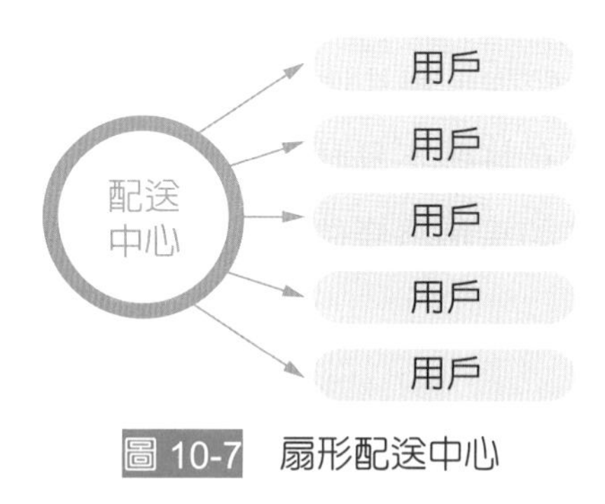

圖 10-7 扇形配送中心

10-4 配送路線選擇與優化

一、配送路線的選擇

由於配送活動一般都面對多個固定或非固定客戶，且這些客戶坐落地點不同，送貨時間和配送數量也都不盡相同。如果不進行運輸路線的合理規劃，往往會出現不合理運輸現象，如迂迴運輸、重複運輸、重複裝卸等，從而造成送貨時間的耽誤及送貨成本的增加，導致配送服務水準也難以提高，因此採取科學的方法對配送路線進行合理的優化組合是配送活動中非常重要的一項工作。

（一）配送線路方案目標的選擇

配送路線方案目標的選擇可以從以下幾點來考慮。

1. 配送效益

在選擇效益最高爲目標時，一般是以企業當前的效益爲主要考慮因素，同時兼顧長遠的效益。效益是企業整體經營活動的綜合呈現，可以用利潤來表示，因此，在計算時以利潤的數值最大化爲目標值。

2. 成本

成本和配送路線之間有密切的關係，在計算各配送路線的運送成本時需要結合運輸成本、裝卸搬運成本、包裝成本等進行綜合考量，最終確定總送貨成本最低。由於成本對最終效益起決定作用，選擇成本最低爲目標實際上還是選擇了以效益爲目標。

3. 路程

如果成本和路程相關性較強，和其他因素微相關時，可以採取路程最短爲目標，這可以大大簡化計算，也避免許多不易計算的影響因素。需要注意的是，有時候路程最短並不見得成本就最低，如果道路條件、道路收費影響了成本，單以最短路成爲最優解則不一定合適了。

4. 延噸公里

延噸公里最低通常是長途運輸或是採取共同配送方式時所選擇的目標，在多個發貨站和多個收貨站，而又是整車發貨的情況下，選擇延噸公里最低爲目標可以取得滿意的結果。在「節約里程法」的計算中所確定的配送目標就是採用延噸公里最小。

5. 準時性

準時性是配送活動中重要的服務指標，以準時性爲目標確定配送路線就是要協調各客戶的時間要求和路線先後到達的安排，有時難以顧及成本問題，甚至須犧牲一定的成本來滿足準確性要求。要注意這時總成本始終應控制在目標範圍內，不能因此失控。

6. 勞動消耗

以油耗最低、司機人數最少、司機工作時間最短等勞動消耗量低爲目標確定配送路線也有所應用，這主要是在特殊情況下（如供油異常緊張、油價非常高、意外事故引起人員減員、某些因素限制了配送司機人數等）所要選擇的目標。

二、配送路線設計

配送路線設計就是整合影響配送運輸的各種因素，適時適當地利用現有的運輸工具和道路狀況，及時、安全、方便、經濟地將客戶所需的商品準確地送達客戶手中。在配送運輸路線設計中，須根據不同客戶群的特點和要求，選擇不同的路線設計方法，最終達到節省時間、運距和降低配送運輸成本的目的。

配送的運輸由於配送方法的不同，其運輸過程也不盡相同，影響配送運輸的因素很多，如車流量的變化、道路狀況、客戶的分布狀況和配送中心的選址、道路交通網、車輛定額載重量以及車輛運行限制等。

（一）直送式配送

直送式配送，是指由一個供應點對一個客戶的專門送貨。從物流優化的角度看，直送式客戶的基本條件是其需求量接近於或大於可用車輛的額定重量，需專門派一輛車或多輛車一次或多次送貨。因此，直送情況下，貨物的配送追求的是多裝快跑，選擇最短配送路線，以節約時間、費用，提高配送效率。即直送問題的物流優化，主要是尋找物流網路中的最短線路問題。

（二）多點分運

多點分運是在保證滿足客戶需求的前提下，集多個客戶的配送貨物進行搭配裝載，以充分利用車輛的運能、運力，進而降低配送成本，提高配送效率。

1. 往復式行駛線路

往復式行駛線路一般是指由一個供應點對一個客戶的專門送貨。從物流優化的角度看，其基本條件是客戶的需求量接近或大於可用車輛的核定載重量，需專門派一輛或多輛車一次或多次送貨。可以說，往復式行駛線路是指配送車輛在兩個物流節點間往復行駛的路線類型。

2. 環形行駛線路

環形行駛線路，是指配送車輛在由若干物流節點間組成的封閉迴路上所進行的連續單向的行駛路線。車輛在環形行駛路線上行駛一周時，至少應完成兩個運次的貨物運送任務。

3. 匯集式行駛線路

匯集式行駛線路，是指配送車輛沿分布於運行線路上各物流節點間，依次完成相應的裝卸任務，而且每一運次的貨物裝卸量均小於該車核定載重量，沿路裝載或卸貨，直到整輛車裝滿或卸空，然後再返回出發點的行駛線路。

4. 星形行駛線路

星形行駛線路，是指車輛以一個物流節點爲中心，向其周圍多個方向上的一個或多個節點行駛而形成的輻射狀行駛線路。

三、配送路線優化的方法

在配送線路設計中，當由一個配送中心向一個特定客戶進行專門送貨時，從物流的角度看，客戶需求量接近或大於可用車輛的定額載重量，須專門派一輛或多輛車一次或多次送貨。貨物的配送追求的是多裝快跑，選擇最短配送線路，以節約時間和費用，提高配送效率，也就是尋求物流網路中的最近距離的問題。

（一）經驗判斷法

經驗判斷法（Empirical Judgment）是指利用行車人員的經驗來選擇配送路線的一種主觀判斷方法。一般是以司機習慣行駛路線和道路行駛規定等爲基本標準，擬定出幾個不同方案，然後透過傾聽有經驗的司機和送貨人員的意見，或者直接由配送管理人員憑經驗作出判斷。

這種方法的品質取決於決策者對運輸車輛、客戶的地理位置與交通路線情況掌握程度和決策者的分析判斷能力與經驗。盡管缺乏科學性，易受掌握資訊的詳細程度限制，但其運作方式簡單、快速和方便。通常在配送路線的影響因素較多，難以用某種確定的數學關係表達時，或難以以某種單項依據評定時採用。

（二）節約里程法

隨著配送的複雜化，配送線路的優化一般要結合數學方法及電腦求解的方法來制訂合理的配送方案。下面主要介紹確定優化配送方案的一個較成熟的方法為節約里程法（Save Mileage），也叫節約法。

節約法的基本規定：利用節約法確定配送線路的主要出發點是根據配送中心的運輸能力（包括車輛的多少和載重量）和配送中心到各個客戶以及各個客戶之間的距離，制訂使總的車輛運輸的延噸公里數最小的配送方案。

節約法的基本原理如圖 10-8（a）所示，三角形的三個頂點分別為 P、A、B。P 點為配送中心，它分別向客戶 A 和 B 送貨。三者相互之間道路距離分別為 a、b、c 即三角形的三個邊長。送貨時最直接的想法是利用兩輛車分別為 A、B 兩個客戶配送，此時，如圖 10-8（b）所示，車輛的實際運行距離為 $2a + 2b$。然而，如果按圖 10-8（c）所示，改用由一輛車巡迴配送，則實際運行距離為 $a + b + c$，如果這道路沒有什麼特殊情況時，可以節省車輛運行距離為 $(2a + 2b) - (a + b + c) = a + b - c$，根據定理三角形兩邊之和大於第三邊，$a + b - c > 0$，則這個節約量被稱為「節約里程」。

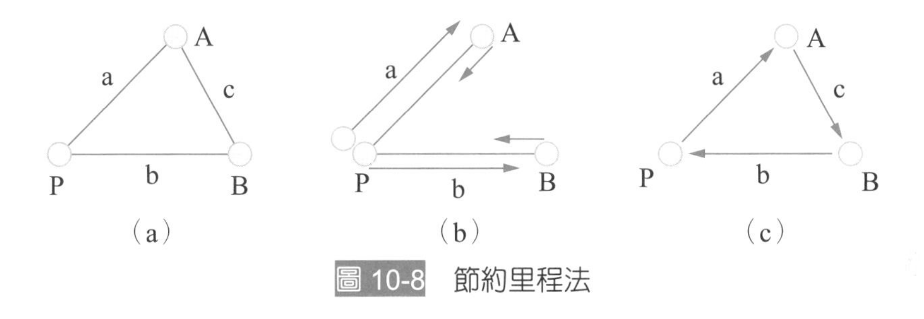

圖 10-8　節約里程法

根據節約法的基本思想，如果有一個配送中心 P，分別向 N 個客戶配送貨物，在汽車載重能力允許的前提下，每輛汽車的配送線路上經過的客戶個數越多，則總配送距離越小，配送線路越合理。

10-5　降低配送成本的策略

運輸方式的經濟性與迅速性、安全性、便利性之間存在著相互制約的關係。因此，在目前多種運輸方式並存的情況下，在控制運輸成本時，必須注意根據不同貨物的特點及對物流時效的要求，對配送方式所具有的不同特徵進行綜合評估，以便制定選擇合理運輸方式的策略。

一、混合策略

混合策略是指配送業務一部分由企業自身完成。這種策略的基本思想是：盡管採用純策略（即配送活動要麼全部由企業自身完成，要麼完全外包給第三方物流公司完成）易形成一定的規模經濟，並使管理簡化，但由於產品品種多變、規格不一、銷量不等，採用純策略的配送方式超過一定程度不僅不能取得規模效益，反而還會造成規模不經濟。而採用混合策略，合理安排企業自身完成的配送和外包給第三方物流公司完成的配送，能使配送成本最低。

二、差異化策略

差異化策略的指導思想是：產品特徵不同，顧客服務水準也不同。

當企業擁有多種產品線時，不能對所有產品都按同一標準的顧客服務水準來配送，而應按產品的特性、銷售水準來設計不同的庫存、不同的運輸方式以及不同的儲存地點，忽視產品的差異性會增加不必要的配送成本。

三、合併策略

合併策略包含兩個層次：一是配送方法上的合併，二是共同配送。

（一）配送方法上的合併

企業在安排車輛完成配送任務時，充分利用車輛的容積和載重量，做到滿載滿裝，這是降低成本的重要途徑。由於產品品種繁多，不僅包裝形態、儲運性能不一，在容重方面，也往往相差甚遠。車上如果只裝容重大的貨物，往往是達到了車輛載重量，但容積空餘很多；只裝容重小的貨物則相反，看起來車裝得滿，實際上並未達到車輛載重量。

這兩種情況實際上都造成了浪費。實行合理的輕重配裝、容積大小不同的貨物搭配裝車，不但在載重方面能達到滿載，而且也能充分利用車輛的有效容積，取得最優效果。

（二）共同配送

共同配送是一種產權層次上的共享，也稱集中協作配送。它是幾個企業聯合，集小量爲大量，共同利用統一配送設施的配送方式。其標準運作形式是：在中心機構的統一指揮和調度下，各配送主體以經營活動或資產爲紐帶聯合行動，在較大的地域內協調運作，共同對某個或某幾個客戶提供系列化的配送服務。

四、延遲策略

延遲策略（Postponement Strategy）是將供應鏈上的顧客化活動延遲直到接到訂單爲止，即在時間和空間上推遲顧客化活動，使產品和服務與顧客的需求實現無縫連接，從而提高企業的柔性以及顧客價值的策略。傳統的配送計畫安排中，大多數的庫存是按照對未來市場需求的預測量設置的，這樣就存在著預測風險，當預測量與實際需求量不符時，就會出現庫存過多或過少的情況，從而增加配送成本。

延遲策略就是將產品的外觀及生產、組裝、配送盡可能推遲到顧客訂單後確定，一旦接到訂單就要快速反應。因此，採用延遲策略的一個基本前提是資訊傳遞要非常快。一般來說，實施延遲策略的企業應具備以下幾個基本條件：

1. **產品特徵：**模塊化程度高，產品價值密度大，有特定的外形，產品特徵易於表述，訂製後可改變產品的容積或重量。
2. **生產技術特徵：**模塊化產品設計、設備智慧化程度高、訂製工藝基本工藝差別小。
3. **市場特徵：**產品生命週期短、銷售波動性大、價格競爭激烈、市場變化大、產品按訂單生產的提前期短。

實施延遲策略常採用兩種方式：生產延遲（或稱形成延遲）和物流延遲（或稱時間延遲）。配送過程中往往存在著加工活動，所以實施配送延遲策略既可採用形成延遲方式，也可採用時間延遲方式。具體操作時，常常發生在諸如貼標籤（形成延遲）、包裝（形成延遲）、裝配（形成延遲）和發送（時間延遲）等領域。

五、標準化策略

標準化策略就是盡量減少因品種多變而導致的附加配送成本，盡可能多採用標準零部件、模塊化產品。採用標準化策略要求廠家從產品設計開始就要站在消費者的立場去考慮怎樣節省配送成本，而不要等到產品定型生產出來了才考慮採用什麼技巧降低配送成本。

裕利醫藥：臺灣 COVID-19 疫苗配送

從疫苗產地到配送醫院的冷鏈物流運輸過程中，每一批疫苗都必須經過層層的保存、搬運與配送，身為臺灣最大醫藥冷鏈物流商，裕利更下了許多功夫，來做好不同溫層疫苗品質的把關，能夠維持全程冷鏈不斷鏈，不只從配送流程、每個作業細節著手，更透過 IT 系統，替每批疫苗建立完整的冷鏈配送履歷，以下說明裕利在整個疫苗冷鏈配送的作法。

1. 疫苗運抵臺灣

COVID-19 疫苗從國外疫苗工廠運抵桃園機場後，會由裕利派貨車到機場取貨，再將整批疫苗送到鄰近大園物流中心進行封緘和保管，等待後續 CDC 出貨配送的通知。

2. 入庫作業且確認運送溫度

疫苗入庫前，物流人員從物流箱內將原廠溫度計取出，並讀取溫度計上的讀數，確認這批疫苗運送過程保持恆溫，同時首次確認的溫度記錄即時上傳至裕利雲端儲存。入庫後先暫時封存，等待食藥署檢驗。

3. 食藥署檢驗後上架

食藥署會到現場檢查，並抽取樣品回去檢驗，確認這批疫苗品質，待所有檢驗合格後，倉儲人員才會展開上架作業，並將這批疫苗資料更新到庫存系統，開始建立疫苗貨物進出的管理記錄。

4. 按疫苗種類放入不同溫層儲存

整批疫苗上架時，會依不同種類的疫苗規定的儲存條件來保存，裕利物流中心設置了不同溫層儲存區，從攝氏 2 ～ 8 度、-20 度，甚至 -70 度的超低溫冷凍櫃都有，每個儲存區設有監控，隨時掌握疫苗溫度。目前這座物流倉儲有 4 座 2 ～ 8 度冷藏庫，可存放 1,500 萬劑疫苗，-20 度極低溫冷凍庫有 3 座，一次最多可存 500 ～ 800 萬劑，而 -70 度極低溫冷凍櫃也有 20 櫃以上，能存 300 ～ 500 萬劑。

5. 接收配送訂單

CDC 用電子郵件通知這批疫苗的詳細配送訂單，包括配送時間和每一個接種點需要的劑量，全部都由裕利一手包辦，訂單處理人員就會將每一筆配送記錄全部輸入到 ERP 系統，再轉拋到 WMS 倉儲管理系統，讓倉儲人員各自依據不同配送地點需要的劑量，進行後續揀貨和包裝。

6. 疫苗出貨前回溫作業

訂單確認後，物流作業人員會將配送疫苗自冷凍庫取出，並放置到 2 ～ 8 度環境預解凍，因為疫苗剛取出，需要經過一段時間解凍，才可將整批疫苗移到加工及包裝站，進行後續作業，不同種類的疫苗需要解凍時間長短皆有不同，例如 -20 度低溫才能保存的疫苗，解凍需要數日，疫苗等待解凍的同時，人員也要隨時監控其回溫狀況，確認回溫以後，就可以展開加工及包裝作業。

7. 低溫揀貨作業得靠人工

疫苗揀貨方式的難度特別高，因為它必須在低溫環境下作業，不利於 PDA 裝置的長期使用，因此無法像一般常溫下的揀貨方式，得派專人揀貨，同時記錄疫苗有效期、溫度等資訊，接著才送到加工及包裝站進行封箱出貨。

8. 用三層式保冷箱包裝疫苗

進到疫苗包裝站，會由包裝人員進行裝箱的動作。裝疫苗的保冷箱也經過特殊設計，採用三層式隔熱及外殼設計，可以提供更好的保溫和保護效果。對於疫苗保冷箱使用方式，也必須遵守一定 SOP，例如一個保冷箱內只能裝入 3 個配送點的疫苗數量，就連司機運送過程開關保冷箱次數也有嚴格要求，不能開關超過 6 次，目的要確保在 2 ～ 8 度下運輸，疫苗可維持 60 小時不失溫。

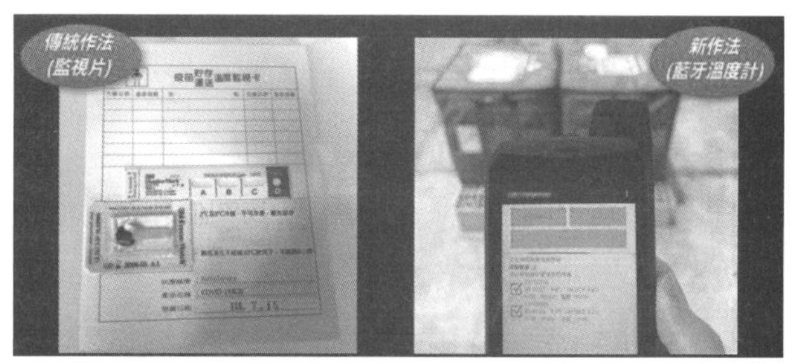

配送物流車上的疫苗溫度監測方式，傳統作法是在保冷箱內放入溫度監視片或冰球，以目視辨識來檢視監視片有無變色或冰球破裂，對於疫苗溫度監控不夠即時，新作法則是多裝入一支 IoT 藍牙溫度計，靠 IoT 即時訊號傳輸，不僅能提供全程配送的溫度監控與追蹤，而且更即時，可提供每 3 分鐘更新頻率。

圖片來源：裕利醫藥

9. 完成包裝進行 IoT 藍牙溫度計配對

裝箱過程中，還有最後一個動作，就是放入一支藍牙溫度計探針，才封箱。包裝人員這時候就會使用 PDA 連接藍牙溫度計、保冷箱與訂單，因為藍牙溫度計上也有條碼，包裝人員需要同時把訂單、保冷箱箱號和藍牙溫度計資訊建檔到同一筆目錄下，才有辦法對保冷箱的疫苗進行溫度追蹤，配對完再同時確認溫度。

10. 開始展開疫苗低溫出貨準備

疫苗包完後會送到出貨暫存區待命，再依據不同配送點、不同時間展開配送。發貨區的疫苗溫度管控同樣嚴格要求，除了維持 25 度恆溫，每批疫苗箱送上車前，司機會開啓空調將車箱預冷後，再將它搬上車，以免影響箱子保溫的效果。出庫前，司機會刷外箱上的條碼，再次核對疫苗品項和數量，確認正確後，才展開配送。另外，考慮到不同溫層疫苗，會有疫苗時效性與溫度控管問題，例如，保存在 -70 度的疫苗，只要離開冷凍櫃進到 2 ～ 8 度的作業環境，從這個時間點起算，醫院必須要在 5 天內全部施打完畢，為爭取時效，裕利會特別在夜間作業、出貨。

11. 靠資訊系統即時追蹤冷鏈配送

每趟車開始展開配送，配送全程都能靠一套系統來追蹤，從每一筆配送訂單，到哪一天、幾點幾分，送到哪家醫院，哪個保冷箱內疫苗的全程溫度記錄都能清楚掌握，並且還整合車機 GPS 資訊，能隨時監看各車運送進度，連各配送點有多少配送訂單和分配劑量，都一目了然。

12. 送達前靠 IoT 預警避免疫苗失溫的損失

因為事先在疫苗保冷箱內，放入一支 IoT 藍牙溫度計，所以疫苗配送過程中，不只能提供溫度追蹤，甚至還能夠預警，對於快失溫的疫苗，也能早一步進行處置，不用到等到交貨時，司機打開箱子才發現。具體來說，當後端預警系統偵測到物流車上某一個保冷箱藍牙溫度計回傳的溫度，即將超出警戒值，就會把這個資訊透過 Line 自動推送到裕利的異常處理群組，並提供這批疫苗配送所屬的司機姓名、聯絡方式、配送車號以及溫度計資訊等，讓負責人員可以趕在疫苗還未失溫前，派人立即處理，避免疫苗因失溫而須報廢的損失與風險。也因為有了這套更即時的溫度監控機制，配送期間成功化解危機，像是人員一發現保冷箱溫度出現異常時，馬上通知物流司機將整車拉回倉庫處理，再重新送貨。

圖片來源：TVBS 新聞網

參考資料：余至浩，臺灣最大醫藥冷鏈物流商 COVID-19 疫苗配送冷鏈全圖解，iThome，2021/07/29。

問題討論：

1. 疫苗的配送應為多少度？
2. 疫苗的配送應注意的事項為何？

1. 何謂配送？配送的特點及功能爲何？
2. 運輸與配送有何不同？
3. 若按配送時間及數量，配送分類方式爲何？
4. 若按配送商品的種類和數量，配送分類方式爲何？
5. 配送的基本工作內容爲何？
6. 有哪幾種配送模式？
7. 何謂共同配送？其優點爲何？
8. 配送中心與倉庫、物流中心的差異爲何？
9. 若依照經濟功能的分類方式，配送中心可分爲哪些？
10. 影響配送中心佈點的因素有哪些？
11. 配送中心網點的佈局方式有哪些？
12. 影響配送中心選址的影響因素有哪些？
13. 多點分運的配送方式有哪些？
14. 何謂節約里程法？
15. 降低配送成本的策略有哪些？

NOTE

第三篇：物流功能

11 流通加工

知識要點

11-1　流通加工概述

11-2　流通加工的形式與類型

11-3　流通加工設備與包裝材料

11-4　流通加工的規劃與管理

物流前線

醫藥物流龍頭 嘉里醫藥物流

物流 Express

Yahoo AI 自動化物流中心　打造智慧倉儲

物流前線

醫藥物流龍頭 嘉里醫藥物流

嘉里醫藥物流股份有限公司於 1980 年成立，2012 年加入嘉里大榮成為嘉里物流成員之一，於 2013 年更名為「信速物流股份有限公司」，並於 2015 年 6 月正式更名為「嘉里醫藥物流股份有限公司」。2016 年 7 月北 / 南醫藥物流園區通過 PIC/s GDP 績優輔導，2017 年 PIC/s GMP 建置、成立中區醫藥物流園區。

嘉里醫藥物流致力於專業醫藥配送，是全臺灣唯一一家專業的開放型醫藥物流公司，全臺建置 17 個配送營運所，近 180 部大小集配車輛，員工數約 270 餘人。為國內外知名廠商服務，提供專業、安全、值得信賴的配送。

嘉里大榮投資完整醫藥物流設備，從無塵室、醫藥儲放區等專業設備，到申請衛福部認證的檢驗標章、標準作業程序，「只有我們有醫藥物流的專屬部門、專屬設備。」沈宗桂驕傲地說。今年還要進一步跨入醫藥代理，自己代理國外藥品給醫院、藥局，拓展業務。

圖片來源：嘉里醫藥物流官網

展望後市，沈宗桂表示，嘉里大榮強調其一步到位的全方位供應鏈物流服務，2019 年 1 月公司併購科學城物流，更能服務到科學園區高科技電子產業上、中、下游供應鏈廠商之保稅倉儲物流服務。橫向整合集團中各公司資源，舉凡資訊數位化轉型及雲端串接，尋找更高效率營運方式，可望創造長遠的品牌價值及成長的動能。

參考資料：

1. 勵心如，最會賺的物流毛利率沒兩位數就不做，今周刊 1208 期，2020/02/12。
2. 林淑慧，瞄準宅經濟！沈宗桂接手嘉里大榮十年衝出翻倍營收，ETtoday，2020/01/26。

問題討論

1. 嘉里大榮物流如何進入醫藥物流領域？
2. 嘉里大榮醫藥物流的優勢為何？

11-1 流通加工概述

一、流通加工的概念

流通加工（Distribution Processing），也稱爲物流加工，是指在產品從生產領域向消費領域流動的過程中，爲了有利於流通所進行的一些附帶的服務作業，包括改包裝、分裝、計量、分揀、標誌印製、組裝、貼標籤等，流通加工在物流操作系統上，屬於一種選擇性的附帶服務作業，不是每一種貨品或每一個客戶都需要，但它卻可以提高服務品質、增加附加價值，見圖 11-1。

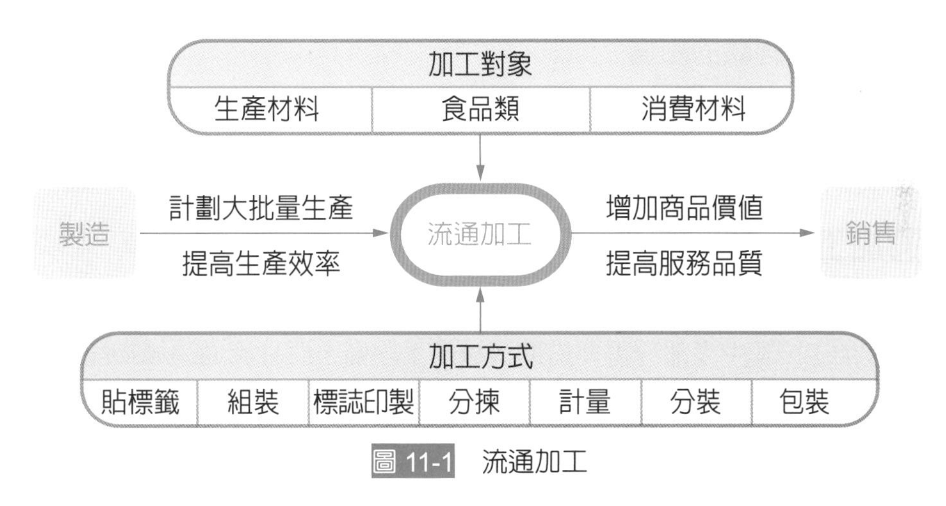

圖 11-1 流通加工

商品流通是以貨幣爲媒介的商品交換，它的重要職能是將生產及消費（或再生產）聯繫起來，起「橋梁和紐帶」作用，完成商品所有權實物形態的轉移。因此，流通與流通對象的關係，一般不是改變其形態而創造價值，而是保持流通對象的已有形態，完成空間的位移，實現其「時間效用」及「場所效用」。

二、流通加工的意義

流通加工通過改變貨品的原有形態來實現「橋梁和紐帶」的作用，具有重要的意義。

（一）流通加工完善了流通功能

流通加工一方面方便消費者進行消費，另一方面有利於產品擴大銷路，從而進一步充分發揮流通的媒介功能和作用。

（二）流通加工是物流中的重要利潤源

流通加工是一種低收入高產出的加工方式，往往是簡單的加工帶來超值的回報。例如，流通加工通過改變包裝，可以使貨品檔次躍升；通過集中下料，可以將貨品的利用率提高 20% ～ 50%，這是採取一般方法提高生產率難以企及的。

（三）流通加工便利了運輸

有些產品的成品很難進行遠距離運輸，且在途中極易損壞，由於流通加工的存在，就可以以半成品的形式運輸，在消費地物流中心進行組裝，這樣既方便了運輸，又避開了途中損壞的風險。

（四）流通加工對經驗的影響

流通加工在國民經濟中也是重要的產業形態，對推動國民經濟發展、完善國民經濟的產業結構和生產分工具有一定意義。

三、流通加工的分類

從流通加工的任務上看，流通加工大多是對物品進行較爲簡單的多規格、多用戶、小批量的初級加工，其中大部分需要借助機械加工設備，而且流通領域物品的種類繁多，因此，流通加工設備的類型也很多。按照流通加工對象的不同性質可分爲以下幾種。

（一）食品的流通加工

流通加工最多的是食品加工。爲了便於保存，提高流通效率，食品的流通加工是重要的加工環節，如魚和肉類的冷凍、生奶酪的冷藏、將冷凍的魚肉磨碎以及食品加工、生鮮食品的原包裝、大米的自動包裝以及上市牛奶的滅菌和搖勻等。此外，半成品加工，快餐食品加工也成爲流通加工的組成部分。

1. 冷凍加工（Freeze Processing）

爲解決鮮肉、鮮魚在流通中保鮮及搬運裝卸的問題，採取低溫凍結方式的加工。這種方式也用於某些液體商品、藥品等。

2. 分選加工（Sorting and Processing）

農副產品離散情況較大，爲獲得一定規格的產品，採取人工或機械分選的方式加工，稱爲分選加工。廣泛用於果類、瓜類、穀物、棉毛原料等。

3. 精製加工（Exquisite Processing）

用於農、牧、副、漁等產品。精製加工是在產地或銷售地設置加工點，去除無用部分，甚至可以進行切分、洗淨、分裝等加工。

這種加工不但大大方便了購買者，而且，還可對加工的淘汰物進行綜合利用。例如，魚類的精製加工所剔除的內臟可以製成某些藥物或飼料、魚鱗可以製高級黏合劑、頭尾可以製成魚粉等，蔬菜的加工剩餘物可以製飼料、肥料等。

4. 分裝加工（Packing and Processing）

許多生鮮食品零售起點量較小，而爲保證高效輸送，出廠包裝可較大，也有一些是採用集裝運輸方式運達銷售地區。這樣，爲了便於銷售，在銷售地區按所要求的零售起點量進行新的包裝，即大包裝改小、散裝改小包裝、運輸包裝改銷售包裝，這種方式稱爲分裝加工。

（二）消費的流通加工

消費的流通加工是以服務顧客、促進銷售爲目的，如衣料的標識和印記商標、黏貼標價、安裝廣告用幕牆、家具等的組裝、地毯剪接等。

（三）生產的流通加工

生產的流通加工類型很多，根據不同的加工對象，採用不同的流通加工機械。具有代表性的生產資料的流通加工有鋼鐵、水泥、木材的加工，這種加工以適應顧客需求的變化、服務顧客爲目的。

四、流通加工的特點

1. 集中化

以流通加工爲主體的物流企業，會集中相關需求企業的物料進行集中加工，以達到規模效應、降低生產成本的目的。

2. 專門化

流通加工企業專注於某一行業物品的流通加工，配置專門的設施設備，專業的人員和技術，比傳統加工企業更加專業化。

3. 黏性好

流通加工企業與工商企業、最終用戶建立了長久的合作關係，深入了解客戶的需求，根據客戶要求開發商品，與客戶產生協商效應，深入的合作降低了其他企業的替代性的可能，這也是許多物流企業看好流通加工的原因。

4. 高附加值

流通加工體現了個性化的加工，專業化和集中化是其他企業所不可替代的，同時也帶來了物流一般形式中所不具備的高附加值。

五、流通加工與生產加工的差異

流通加工是流通中的一種特殊形式，是爲了提高物流速度和物品的利用率，在物品進入流通領域後，按客戶的要求進行的加工活動，即在物品從生產者向消費者流動的過程中，爲了促進銷售、維護商品品質和提高物流效率，對物品進行一定程度的加工，使商品發生物理、化學或形狀的變化，以滿足消費者的多樣化需求和提高商品的附加值。

流通加工是在流通領域從事的簡單生產活動，具有生產製造活動的性質。流通加工與一般性的生產加工方法、加工組織、生產管理等方面並無顯著區別，但在加工對象、加工程度方面差別較大。流通加工與生產加工的差異主要表現在以下幾個方面，如表 11-1 所示。

表 11-1　流通加工與生產加工的比較

	流通加工	生產加工
加工對象	進入流通過程的商品	原材料、零配件或半成品
加工程度	簡單加工，對生產加工的輔助及補充	複雜加工，完成加工大部分工作
價值觀點	完善、提高其使用價值	創造價值及使用價值
加工負責人	商業或物資流通企業	生產企業
加工目的	促進銷售，維護產品品質，實現物流高效	直接爲消費進行的加工

11-2　流通加工的形式與類型

一、流通加工的形式

按加工目的不同，有以下基本的流通加工形式。

（一）為彌補生產領域加工不足的深加工

有許多產品在生產領域的加工只能到一定程度，這是由於存在許多限制因素限制了生產領域不能完全實現終極的加工。例如：鋼鐵廠的大規模生產只能按標準規定的規格生產，以使產品有較強的通用性，使生產能有較高的效率和效益。

（二）為滿足需求多樣化進行的服務性加工

需求存在著多樣化和多變化兩個特點，為滿足這種要求，經常是用戶自己設置加工環節。例如：生產消費型用戶的再生產往往從原材料的初級處理開始。就用戶來講，現代生產的要求，是生產型用戶能盡量減少流程，盡量集中力量從事較複雜的技術性較強的勞動，而不願將大量初級加工包攬下來。這種初級加工帶有服務性，由流通加工來完成，生產型用戶便可縮短自己的生產流程，使生產技術密集程度提高。對一般消費者而言，則可省去繁瑣的預處理工作，而集中精力從事較高級的能直接滿足需求的勞動。

（三）為保護產品所進行的加工

在流通過程中，直到用戶投入使用前都存在對產品的保護問題，防止產品在運輸、儲存、裝卸、搬運、包裝等過程遭到損失，保障使用價值能順利實現。和前兩種加工不同，這種加工並不改變進入流通領域的「物」的外形和性質。這種加工主要採取穩固、改裝、冷凍、保鮮、塗油等方式。

（四）為提高物流效率，方便物流的加工

有一些產品本身的形態使之難以進行物流操作，進行流通加工，可以使物流各環節易於操作。例如：鮮魚的裝卸、儲存操作困難，過大設備搬運、裝卸困難，氣體物運輸、裝卸困難等。進行流通加工，可以使物流各環節易於操作，如鮮魚冷凍、過大設備解體（如家具）、氣體液化等；這種加工往往改變「物」的物理狀態，但並不改變其化學特性，並最終仍能恢復原物理狀態。

（五）為促進銷售的流通加工

流通加工可以從若干方面起到促進銷售的作用。例如：將過大包裝或散裝物分裝成適合一次銷售的小包裝的分裝加工；將原以保護產品為主的運輸包裝改換成以促進銷售為主的裝潢性包裝，以起到吸引消費者、指導消費的作用；將零配件組裝成用具、車輛以便於直接銷售；將蔬菜、肉類洗淨切塊以滿足消費者要求等。這種流通加工可能是不改變「物」的本體，只進行簡單改裝的加工，也有許多是組裝、分塊等深加工。

（六）為提高加工效率的流通加工

許多生產企業的初級加工由於數量有限，加工效率不高，也難以投入先進技術。流通加工以集中加工的形式，克服了單個企業加工效率不高的弊病，以一家流通加工企業代替了若干生產企業的初級加工工序，促使生產水準進一步發展。

（七）為提高原材料利用率的流通加工

流通加工利用其綜合性高、用戶多的特點。可以實行合理規劃、合理套裁、集中下料的辦法，這就能有效提高原材料利用率、減少損失浪費。

（八）銜接不同運輸方式，使物流合理化的流通加工

在幹線運輸及支線運輸的節點，設置流通加工環節，可以有效解決大批量、低成本、長距離幹線運輸與多品種、少批量、多批次末端運輸之間的銜接問題，在流通加工點與大生產企業間形成大批量、定點運輸的通路，又以流通加工中心爲核心，組織多用戶的配送。也可以在流通加工點將運輸包裝轉換爲銷售包裝，從而有效銜接不同目的的運輸方式。

（九）以提高經濟效益、追求企業利潤為目的的流通加工

流通加工的一系列優點，可以形成一種「利潤中心」的經營形態，這種類型的流通加工是經營的一環，在滿足生產和消費的基礎上取得利潤，同時在市場和利潤引導下使流通加工在各個領域中能有效地發展。

（十）「生產—流通」一體化的流通加工形式

依靠生產企業與流通企業的聯合，或者生產企業涉足流通，或者流通企業涉足生產，形成的對生產與流通加工進行合理分工、合理規劃、合理組織、統籌進行生產與流通加工的安排，這就是「生產—流通」一體化的流通加工形式。這種形式可以促成產品結構及產業結構的調整，充分發揮企業集團的經濟技術優勢，是目前流通加工領域的新形式。

二、流通加工的類型

依其在作業流程的時間點不同，流通加工作業的方式一般可分爲三種：

1. 當貨品入庫後，就馬上進行加工，也就是貨品不論賣給誰，都需要加工處理。這種加工作業具有共通性，大多是進口商品貼中文標籤及稅條等。這類加工作業大多是物流中心長期經營且批量大的貨品，作業量比較穩定，因此可以採用規模加工提高生產力並降低成本，但必須安排特定人員來作業。
2. 針對某種貨品或根據某種特定客戶的要求進行流通加工。此種作業，大都是在揀貨完成後，再根據客戶要求對貨品做流通加工。

3. 擁有貨品所有權的物流配送中心按行銷需要對某些在庫貨品進行流通加工。此種作業主要是組合促銷包裝、禮盒包裝等。對於這種形態的流通加工，爲了保證庫存和儲位的準確性，一般是先以出貨的形式提取貨品，加工完畢後，再以進貨的形式進入倉庫存放。

流通加工作業的類型如圖 11-2 所示。

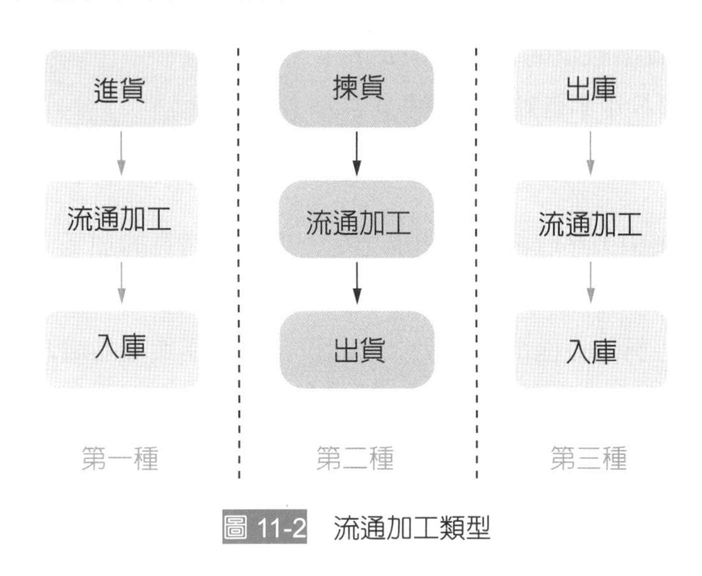

圖 11-2　流通加工類型

三、流通加工作業

諸如貼進口商品的中文標示、貼稅條、禮盒包裝、熱收縮包裝及貼價格標籤等作業可能是在工廠內、經銷商處、進口代理商處或是在零售店內進行，而在這些地方作業往往會造成很多困擾及不方便，而且效率也無法發揮，物流中心的流通加工作業可以通過規模效應給客戶提供高品質、個性化的服務作業，已經成爲物流操作系統中重要的一環。下面分別介紹各種作業。

（一）貼標籤

貼標籤作業大致上可分爲貼稅條、貼中文說明標籤和貼價格標籤三種。貼稅條及中文說明標籤，大部分是以進口貨品爲主。當貨品到達後，就開始進行貼標籤工作，貼完標籤後，再完成入庫，這主要是針對貿易進口商的一種服務項目。貼價格標籤是針對零售商的要求進行的流通加工，其作業大部分在揀貨完成後進行，貼完標籤後再出庫。貼標籤作業如圖 11-3 所示。

貼標籤的作業流程為：搬包裝紙箱 → 切開紙箱（或 PE 熱收縮袋）→ 貼標 → 封箱（或裝入紙箱）→ 放回棧板（或籠車上）。

在貼標作業中，就自動化層次而言，可分為人工操作、半自動化及全自動化三種。實踐中主要是依據貨品數量的多少來決定其自動化的層次，一般採用半自動化的較多。

圖 11-3 貼標籤作業

（二）熱收縮包裝

在流通加工作業中，熱收縮包裝作業也是一種比較常見的加工方式，主要是滿足超市或大賣場的需求，同時為了方便消費者選購，把某些商品設定最低的訂購單位，以比較便宜的價格出售。另外一種情形是使用收縮包裝把贈品與商品組合、固定在一起。在熱收縮包裝的作業中，以商品數量的組合方式如圖 11-4 和圖 11-5 所示，商品與贈品的組合方式如圖 11-6 所示。

圖 11-4 6 瓶熱收縮為一個單位的實例

圖 11-5 6 罐熱收縮為一個單位的實例

圖 11-6 商品與贈品熱收縮在一起的實例

熱收縮包裝的作業流程為：打開紙箱→取出貨品→套 PE 袋→封口→熱收縮→收入紙箱內→封箱。

在熱收縮包裝作業中，依自動化的程度可分為人工操作、半自動化和全自動化三種。其自動化程度的選擇取決於參考貨品的數量。

（三）禮盒包裝

禮盒包裝主要是在逢年過節時，根據消費者的購物習慣，將一些貨品組合成禮盒進行銷售，如菸酒禮盒、茶葉禮盒、南北貨禮盒、食品禮盒、調味品禮盒、化妝品禮盒、補品禮盒等，見圖 11-7。

圖 11-7　禮盒包裝

禮盒包裝作業本來是屬於商店內的作業，由於包裝材料占空間，且在年節時商店比較忙碌，人力比較緊張，因此，禮盒包裝作業便成為物流中心的流通加工之一了。

在進行禮盒包裝作業時，一般是在年節前一段時間，先從保管倉庫中以出貨的形式領出大量貨品，在流通加工區以生產線的方式進行加工作業，作業完成驗收合格後，再將其入庫，等到年節將近時再陸續出貨。

禮盒包裝的作業流程視產品不同而不同，常見作業流程為：準備包裝材料及貨品 → 拿出禮盒 → 放入貨品 → 熱收縮 → 封蓋 → 貼價格標籤 → 裝箱 → 封箱等。

（四）小包裝分裝

小包裝分裝作業對象主要是採購運輸時採用大包裝，到達物流中心再轉換為小包裝的形式銷售的貨品。小包裝作業在批發商形態的物流中心較為常見。其作業方式主要是把貨品以大包裝形式大量買進，然後以計重、計量或單獨包裝方式進行包裝，再出售給零售店。例如，名貴的洋酒及其包裝盒以整箱買進，在物流中心進行小包裝分裝，將每瓶洋酒放到相應的包裝盒裡；文具用品經過小包裝分裝發往銷售地點，如圖 11-8 所示。

圖 11-8　小包裝分裝

小包裝分裝的作業流程爲：準備包裝材料及貨品→計重（或計量）→充填→封口→放入箱內→封箱。

（五）品質及數量檢驗

品質及數量檢驗主要是針對服飾百貨公司或大型賣場，對貨品做品質或數量上的檢驗。目前在國內，此種品質、數量檢驗的流通加工尚不多見。在國外很多此類作業，例如，歐美大賣場的物流配送由專業的物流人員來完成，且其中一項服務是針對高級服飾等貨品做品質及數量檢驗。一旦經過物流中心檢驗通過的貨品，大賣場就不再進行貨品檢驗，且全部驗收上架。

11-3 流通加工設備與包裝材料

由前面所敘述的內容可以知道，流通加工大部分是屬於包裝方面的作業，因此，下面著重介紹流通加工的有關機械設備及包裝材料。

一、流通加工設備

（一）流通加工設備的概念

流通加工設備是指在流通加工活動中所使用的各種機械設備和工具。流通加工機械設備的加工對象是進入流通過程的商品，它通過改變或完善流通對象的原有形態來實現生產與消費的橋梁和紐帶作用。

（二）流通加工設備的分類

1. 按加工物品的類型、要求和加工方法分類，可分爲剪裁機、折彎機、拔絲機、鑽孔機、組裝機和分裝機等。
2. 按服務對象不同分類，可分爲裹包集包設備、外包裝配合設備、印貼條形碼標籤設備、拆箱設備和秤重設備等。
3. 按流通加工形式分類，可分爲剪切加工設備、開木下料設備和冷凍加工設備等。

（三）流通加工中常見的設備

1. 貼標機

在流通加工作業中，貼標籤作業是較多的一種，以自動化層次而言可分爲手工、半自動和全自動 3 種。在自動貼標機中，可分爲接觸式和非接觸式兩種，接觸式貼標機必須式商品與貼標機接觸才能貼標，而非接觸式則是貼標機與商品沒有接觸的狀態下貼標，是利用空氣噴射的力量將標籤貼在商品上。

在物流中心的作業中，以半自動的貼標機為多，因為物流中心大部分貼標籤作業是屬於多種少量的情形，當然也有少種多量的商品且其數量大，適合於自動化的設備，如圖 11-9 和圖 11-10 所示。

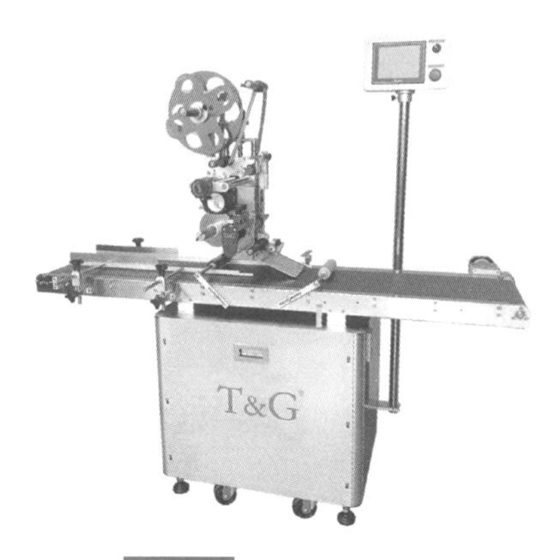

圖 11-9 平面貼標機

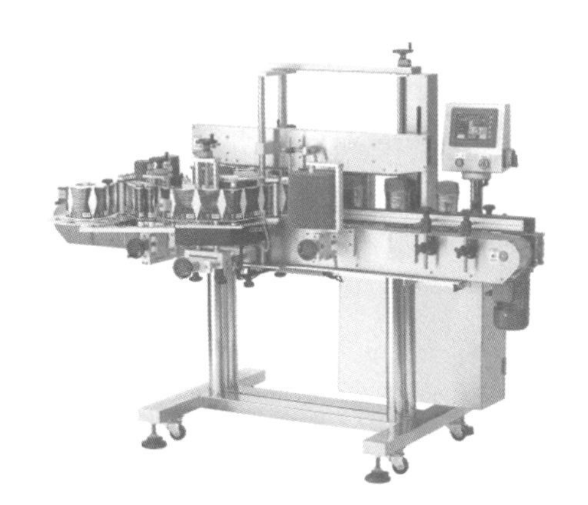
圖 11-10 雙面貼標機

2. 封箱機

封箱作業是指在流通加工完成，把商品放入紙箱後封上箱口的作業。以自動化層次而言，可分為人工方式、半自動方式和全自動方式 3 種。目前的流通加工大部分採用人工方式，數量較多的可以考慮全自動方式，如圖 11-11 和圖 11-12 所示。

圖 11-11 手動封箱機

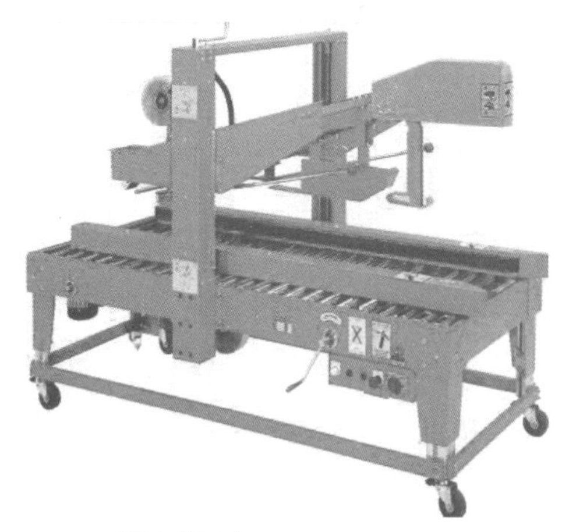
圖 11-12 全自動封箱機

3. 熱收縮包裝機

熱收縮包裝在流通加工作業中是最普通的一種，也是機型較多的設備，一般而言，熱收縮包裝機由收縮膜封切機和烤爐兩部分構成。以其封切方式的不同，大致可分爲四面封、三面封、L 型封及一面封等，因此，機器設備的選擇主要是參考貨品包裝的數量來確定。目前在流通加工中，使用半自動或手動的比較多，因爲在物流中大都是多種少量的情況，如圖 11-13 所示。

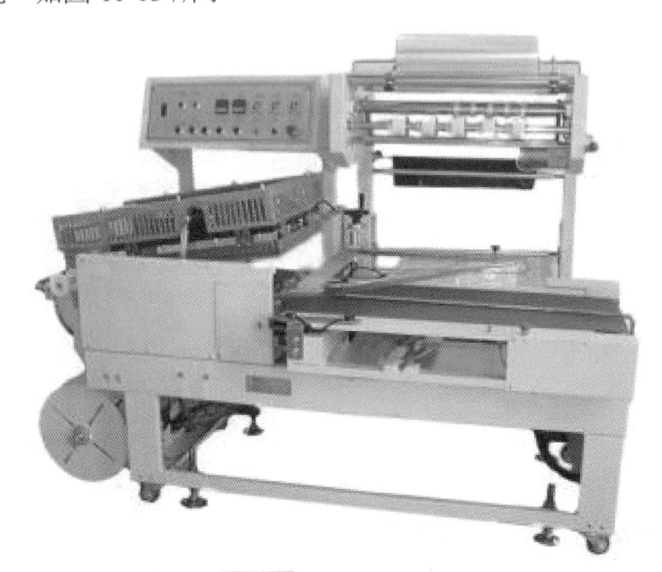

圖 11-13　熱收縮包裝機

二、流通加工的包裝材料

流通加工中常用的包裝材料有包裝紙箱及紙盤、封箱膠帶和熱收縮膜三種。

（一）包裝紙箱及紙盤

包裝紙箱及紙盤大多由瓦楞紙板摺疊裝訂而成。瓦楞紙板由內部的波浪形的楞盒上、下表紙構成，其構造可以增加紙板強度，同時又具有質輕、緩衝的優點，見圖 11-14。

圖 11-14　瓦楞紙板

以楞的種類來說，瓦楞紙板可分爲 A、B、C、E 型：

1. A 型瓦楞紙板高而寬、富彈性、具較佳緩衝性能、耐壓強度高，適用於容易破碎的產品。

2. B 型瓦楞紙板低而密、耐平壓強度高，但使用多層堆疊時，強度則較差，適用於本身有支撐力的產品，如飲料、酒類、食品罐頭等。
3. C 型瓦楞紙板其厚度介於 A 型及 B 型之間。
4. E 型瓦楞紙板的厚度最薄，耐平壓強度最佳，可以取代硬紙板，常使用於產品的內包裝盒。

根據使用目的及對象，可以設計出各種不同的紙箱形式，一般在流通加工中常見的有 A 型紙箱、裹包式紙箱及紙盤式紙箱三種，如圖 11-15、圖 11-16 和圖 11-17 所示。

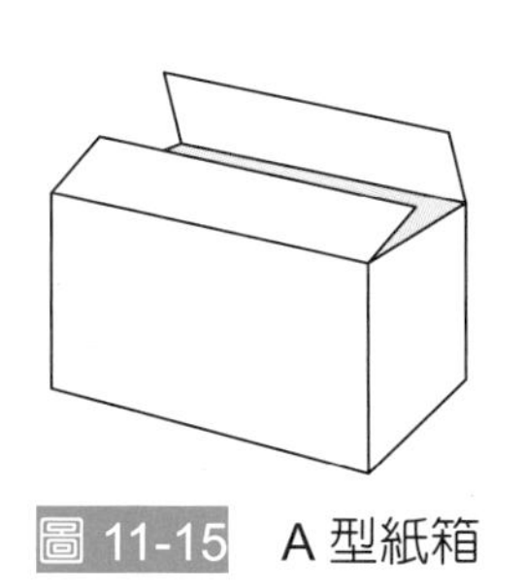
圖 11-15 A 型紙箱

圖 11-16 裹包式紙箱

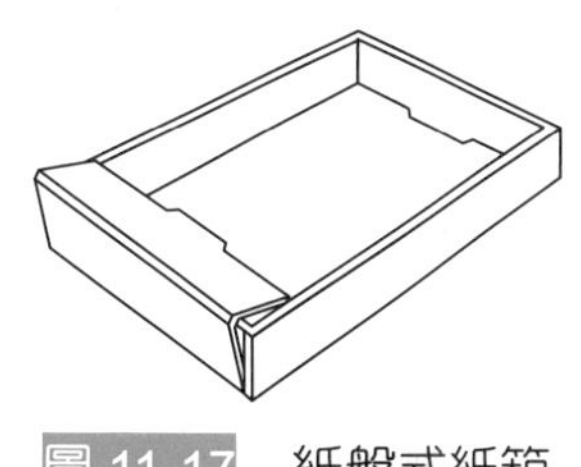
圖 11-17 紙盤式紙箱

在流通加工中，A 型紙箱的作業比較簡單，只需把底部或是頂部的膠帶切開即可。當流通加工完成後，再把紙箱封好，是一種可以多次重複使用的紙箱。

（二）封箱膠帶

封箱膠帶在功能上來說，可分爲兩種：一種爲感壓性膠帶，是目前使用最普遍的膠帶，只要輕輕一壓就會黏住；另一種是再濕性膠帶，適合於低溫或有水分的場合使用，使用時必須把膠的地方潤濕才能黏住。封箱膠帶如圖 11-18 所示。

圖 11-18 封箱膠帶

若按膠帶的材質分類，則有牛皮紙、皺紋紙、壓紋 PVC、硬質 PVC、OPP 薄膜、PET 薄膜、布及複合材料等。再按膠的材質分類，有油性橡膠、水性壓克力膠、熱熔膠及油性壓克力膠等。

從以上的說明可知，膠袋的種類特性不勝枚舉，因此在使用時，必須選擇適合需求的膠帶，如先考慮包裝紙箱的類別、重量及使用環境等因素，再做經濟上的考慮，以確定膠帶的種類及規格。

（三）熱收縮膜

1. 若按熱收縮膜（見圖 11-19）的原料分類，則可分為：① PVC 膜（見圖 11-20），其收縮溫度為 66℃～ 149℃；② PP 膜，其收縮溫度範圍在 190℃以上；③ LDPE 膜，其收縮溫度為 88℃～ 149℃。

圖 11-19　熱收縮膜

圖 11-20　PVC 熱收縮膜

2. 若按熱收縮膜的材料特性分類，則可分為：① PVC 膜，其透明度較佳；② LDPE 膜，受熱時僅變軟，必須冷卻後才會收縮，收縮強度相當大，可以承受較大、較重的貨品，但其透明度較差；③ PP 膜，其透明度佳，耐用及抗氣候性佳，但必須有較高的熱度，因此易產生材質變脆、破裂的現象。

11-4 流通加工的規劃與管理

組織流通加工的方法和組織運輸、交易等方法區別較大，許多方面類似於生產組織和管理。因此，流通加工的管理需要特殊的規劃與管理。

一、流通加工規劃

（一）流通加工可行性分析

流通加工只是生產加工製造的一種補充形式，是否需要進行流通加工應進行認眞的可行性分析。

1. 研究是否可以延續生產過程或改造生產方式，使之充分與需求銜接。在技術不斷進步的情況下，原來難以實現的多品種靈活生產線在已經可以實現，因此，無須設置流通加工來銜接。只有在生產過程確實不能滿足需求或經濟效益不好的前提下才可考慮設置流通加工。
2. 充分考慮技術進步的因素，研究是否可通過包裝的加工，是在運輸技術水準較低情況下所需要進行的加工。因此，如果開拓無包裝的運輸技術，則可以不進行此種加工。

總之，流通加工雖然有許多優越性，但畢竟造成了產需之間的中間環節，也存在許多降低效益的因素。因此，即使在技術上可行，也還要研究效益問題。要進行效益對比以及加工中心本身投資回收的計算等。

（二）人員規劃

流通加工中需要人員最多的地方是各主要作業環節，下面只對這部分人員規劃做分析，其他管理人員可按實際需要做適當安排，如果規模不大，只需一個主管來負責組織協調作業。

1. 了解流通加工作業內容

在進行人員規劃時首先要知道要做哪些工作，即作業內容，它決定了工作崗位，有了崗位才可以有目的地爲其配置人員。流通加工的主要作業內容有改包裝、貼標籤、外包加工、包裝驗收、加工計價等。有些作業內容可以將作業流程再細分爲各個作業環節，如改包裝可以再分爲拆包裝、取出貨品、貨品組合、重新包裝等。置於在實際作業中是否有必要劃分得如此細緻，應根據作業規模及其他實際情況做調整。

2. 分析各作業內容的作業量

這項工作主要是分析流通加工作業量的歷史紀錄並進行需求預測。

3. 確定人員需求量

例如，某流通加工中心月加工某產品 10,000 件，每件標準工時 30 分鐘，該中心每天工作 8 小時，每月工作 30 天，員工出勤率爲 75%，中心直接人工占全部員工的 70%，則該中心需要人數爲：

$$需要人數 = \frac{10,000 \times 0.5}{8 \times 30 \times 0.75 \times 0.7} = 39.68 \approx 40（人）$$

4. 考慮人員編制

一般流通加工作業人員的類別有三種：

(1) 編制人員（Compiler）：即根據崗位職務編制的全職工作人員，存在與公司的長期合約。這類員工全職工作，具有固定的崗位職責。

(2) 定期契約人員（Term Contract Staff）：即根據定期契約進行工作的人員，如物流中心的外包配送人員等。

(3) 臨時工（Temporary Worker）：即爲了應付物流中心高峰作業需要而臨時招募的人員，這些人員大多以時或以件計酬，或者通過勞務公司調配人手。

（三）資訊規劃

由於流通加工基本上是物流中心內部的作業，因此其資訊傳輸也比較簡單，主要是和倉庫之間的資訊傳輸。另外，由於加工材料的購置和廢品處置等需要，和財務之間也有一定的資訊傳輸，如圖 11-21 所示。

圖 11-21　流通加工的資訊傳輸關係圖

在此，需要特別注意的是：擁有貨品所有權的物流配送中心必須按銷售需要對在庫貨品進行流通加工。對於這種流通加工，在進行改包裝或組合包裝時，爲了保證庫存和儲位的準確性，應先以出貨的形式提取貨品，加工完畢後，貨品再以進貨的形式進入倉庫存放。但實際操作中，一些物流配送中心常常直接把需要加工的貨品搬運到流通加工區加工，同時修改儲位資訊，加工完畢後再放回儲位，並記錄儲位資訊。

從表面上看，進出儲位都做了登記，但是貨品的本質雖然沒變，從儲存管理的觀點看，改包裝或組合包裝前是一種貨品，之後卻是另一種貨品，這樣庫存中改包裝前的貨品有紀錄，改包裝後的貨品卻沒有紀錄。相反地，儲位上改包裝前的貨品沒有資訊紀錄，改包裝後的貨品有紀錄，造成不一致。久而久之，難以查清，最後積重難返。

（四）貨品規劃

1. 貨品包裝

包裝是指爲在流通過程中保護產品、方便儲運、促進銷售，按一定技術而採用的容器、輔助物等的總體名稱，也指爲了達到上述目的而採用容器、材料和輔助物的過程中使用一定技術方法等的操作活動。

貨品包裝通常分爲兩類，一類是爲了促進市場銷售而包裝，以吸引消費者的注意力，稱爲商業包裝；另一類是爲了物流運輸而包裝，稱爲工業包裝。工業包裝以方便裝卸、存儲、保管爲目的，又有內包裝和外包裝之分。

2. 貨品成組化

成組化設計是提高物流中心運作效率的重要因素，是物流管理中的一項重要任務。從經驗來看，按照標準訂單數量包裝貨物有助於提高裝運的生產率。例如：捲菸 10 包一條、50 條一箱、啤酒 12 瓶一打，訂貨時以箱爲單位等。

在進行貨物裝運時，爲了能夠最大限度地使用裝載空間而採用一些器具，使得運輸工具既能放下若干箱貨物，又能較好地利用運輸工具的空間的包裝，稱爲成組化包裝。成組化包裝後的貨物單位稱爲單位荷載，這樣，貨物的物流包裝標準化，用於裝卸的時間可以降到最低點，採用單位荷載形式既方便了運輸與保管作業，又可以大大降低貨損。

貨品成組化包裝通常使用的器具形式分爲三種：

(1) 剛性容器（Rigid Container）

通常用來盛放成盒、成包、成箱的貨物以及粉末狀、顆粒狀、甚至液體貨物。這些容器可採用金屬材料，也可採用木材、硬塑料等。

(2) 棧板

不屬於容器，貨物放置其上，可起到成組的效果。操作時可以整盤搬運、存儲，提高作業效率。由於棧板（Pallet）本身的特點，其堆垛的穩定性不夠。爲了提高作業安全性，需要採取一些其他的包裝措施。

(3) 集裝箱

是另外一種成組化包裝，屬於特殊的剛性容器。集裝箱化包裝是一種更大規模的包裝方式，大至汽車，小至捲菸，均可通過集裝箱（Container）來進行包裝。

3. 注意事項

進行貨品規劃時，要注意以下事項：

首先在進行貨品包裝時，要了解貨物本身的特性以及運輸和存儲環境條件，要考慮到包裝的保護性、裝卸性、作業性、便利性、標誌性以及經濟性。

其次，在物流中心進行貨品流通加工時，要考慮到動線規劃的問題，如流通加工區的選定，原品材料通過什麼搬運方式經過什麼路徑進入流通加工區，包裝加工好的貨品存放在什麼位置等。這些因素均應以作業動線的流暢為前提，應在保證物流中心作業狀況正常的前提下，選擇適合實際情況的方法。

再次，要考慮到經過加工後的貨品庫存數量與品項的變化。這一點是尤其需要引起注意的一個問題。如聯合包裝，A 與 B 是各自獨立的兩個品項，當通過加工後，A 和 B 合併成為品項 C。這時就要考慮到 A、B 兩種貨品品項的減少以及 C 品項的增加。實際過程中的加工可能比這個例子更為複雜，但是只要充分考慮到庫存變化這個因素，就能避免引起差異。

最後，還要考慮時間性的問題。除了要考慮庫存的變化外，還要注意加工貨品的時間性要求，要在盡量縮短加工時間的前提下保證供貨的及時性。

（五）場地規劃

流通加工在整個流程中的位置決定了流通加工區應該與揀貨區以及分貨集貨區相鄰，這樣才能使得物流動線流暢且搬運距離較短。如果物流中心在入庫前的流通加工作業較多的話，還要考慮離進貨暫存區較近。

流通加工區內部布置宜採用直線型動線，因為各種加工作業可能同時進行，所以可以劃分各種作業的作業區，避免相互干擾，在各自的作業區內再以工序流程放置機器，如圖 11-22 和圖 11-23 所示。

圖 11-22 流通加工區動線

未加工貨品暫存區	設備 1	設備 2	作業區 1	設備 3	設備 4	完工貨品暫存區
			作業區 2			
			作業區 3			
			作業區 4			

圖 11-23 流通加工區內部布置

（六）設備規劃

流通加工常用的設備有貼標機、封箱機、拆箱機、熱收縮包裝機、剪板機、標籤列印機等。在選購這些設備時通常要考慮以下幾個因素：

1. 是否有替代方案

要完成流通加工的作業，有些機器是必需的，如標籤列印機、熱收縮包裝機等，沒有它們不可能完成這些作業；而有些機器是可選的，如貼標機、拆箱機等，這些作業可由機器來完成，也可由人工來完成。因此，在選購類似設備時要綜合考慮作業規模、作業效率、作業成本、設備價格等因素，如果作業規模較小且人力成本較低，可以考慮少買或不買這類機器，多用人工來完成。

2. 設備是否標準化

採用標準化的設備，可以節省購置成本和安裝時間，減少保養費用，不需儲存太多的備用零件，保養人員更易熟悉設備性能。標準化設備若能被有效地使用，通常可以適合不同產品的加工流程，其適用範圍較廣，可以減少重複購置費用，避免因產業環境改變而使設備很快過時或失去效用。但標準化設備也有一個缺點，即當產品生產量很大、具有一定經濟規模或產品具有很高的獨特性的時候，標準化設備難於適用，這時常常需要採用專業化的設備。對於一般物流配送中心的流通加工來講，由於其加工作業較簡單，規模也不太大，選擇標準化設備是比較合適的。

3. 人機介面的考慮

選擇設備時，機器的可操作性、需要的技術水準和操作介面是否有好也是需要考慮的因素。在可選擇的前提下，一般選擇可操作性好、操作簡單、介面友好、需要技術水準低的設備。

4. 購買還是租賃設備

當需要的設備種類和數量都定下來後，接下來就是如何添置的問題，通常有兩種方式，一種是購買全新或半新的設備，另一種是租用或租賃設備。要採用哪一種還需考慮實際情況和經濟成本後再做決定。例如，如果這項作業的需求是長久性的，可以購買設備，否則可以租用設備。

5. 確定設備需求數量

設備需求數量可以按下面的公式來計算：

$$設備需求數量 = \frac{單位時間加工需求量}{單位時間該設備的產量}$$

二、流通加工的管理重點

流通加工是在流通領域中進行的輔助性加工，從某種意義來講，它不僅是生產過程的延續，也是生產本身或生產工藝在流通領域的延續。這個延續可能有正、反兩方面的作用，即一方面可能有效地起到完善生產加工的作用；另一方面，各種不合理的流通加工會產生抵消效益的副效應。流通加工管理的要點是排除可能出現的各種不合理現象。控制不合理流通加工，可從以下幾點開始著手。

（一）流通加工地點的設置

即流通加工地點的分布，是使整個流通加工是否能有效的重要因素。流通加工的地點可以接近需求地，也可以接近生產地。

1. 需求地

一般而言，爲銜接單品種大批量生產與多樣化需求的流通加工，加工地設置在需求地區，才能實現大批量的幹線運輸與多品種末端流通的物流優勢。如果將流通加工地設置在生產地區，就會出現以下不合理現象。

第一，產品需求多樣化時，會出現多品種、小批量的產品由產地向需求地的長距離運輸。

第二，在生產地增加一個流通加工環節，將增加近距離運輸、裝卸、儲存等一系列物流活動。所以，在這種情況下，不如由原生產單位完成這種加工而不設置專門的流通加工環節。

2. 生產地

爲方便物流的流通，加工環節應設在產出地，設置在進入流通環節之前。如果將其設置在消費地，不但不能解決物流問題，而且在流通中又增加了一個中轉環節，因而也是不合理的。

即使流通加工地點的選擇是正確的，也還存在流通加工在小地域範圍的正確選址問題，如果選擇不當，仍會出現不合理現象。這種不合理現象主要表現在交通不便，流通加工與生產企業或客戶之間的距離較遠，流通加工點的投資過高（如受選址的地價影響），加工點周圍環境條件不良等。

（二）流通加工方式的選擇

流通加工方式包括流通加工對象、流通加工工藝、流通加工計數、流通加工程度等方面。流通加工方式的選擇實際上是確定流通加工與生產加工之間的合理分工。流通加工不是對生產加工的代替，而是一種補充和完善。如果流通加工方式選擇不當，就會出現與生產奪利的現象；本來應由生產加工完成的，卻錯誤地由流通加工完成；本來應由流通加工完成的，卻錯誤地由生產過程去完成，這些都會造成整個物流效率的下降和成本的增加。

一般來說，工藝複雜、技術裝備要求較高，或可以由生產過程延續或輕易解決的產品加工都不宜再設置流通加工，尤其不宜與生產過程爭奪技術要求較高、效益較高的最終生產環節，更不宜利用一個時期的市場壓力使生產者變成初級加工者或前期加工者，而使流通企業完成裝配或最終形成產品的加工。

流通加工方式不當，不但不能有效解決產品的品種、規格、品質、包裝等問題，而且流通加工服務客戶、方便物流的作用也不能發揮，反而會增加流通環節，降低了流通的效率。

（三）流通加工成本的管理

流通加工之所以能夠有生命力，其主要優勢是從生產支出和服務客戶的綜合角度出發，一些產品的加工工作在流通環節完成會帶來更高的產出投入比，因而對整個供應鏈效率的提高有著重要的作用。如果流通加工成本過高，則不能實現以較低投入實現更高使用價值的目的。因此，流通加工成本是流通加工管理的重點內容之一。

物流 Express

Yahoo AI 自動化物流中心　打造智慧倉儲

Yahoo 奇摩自動化倉儲物流中心
圖片來源：TechNews

Yahoo 奇摩母公司 Verizon Media 看好臺灣整體電商市場發展，投入數億元經費，2017 年開始規劃全新 AI 自動化物流中心，經過一年半的建置期，於 10 月 1 日剛啓用的 Yahoo 奇摩購物中心位在桃園大溪的自動化倉儲物流中心運作方式，其中藉由「穿梭式自動倉儲」（Shuttle Rack）與人工智慧自動化儲揀系統與自動入庫，並且藉由「以物就人」作業方式，讓出貨包裝、標貼作業流程更有效率，最後再透過自動化配送系統使貨品能以分流形式寄送到消費者手中。

Yahoo 奇摩電商營運管理事業部資深總監林佩儀表示，這次 Yahoo 與漢錸科技、新竹物流、工研院合作，為 Yahoo 奇摩購物中心所銷售的衆多商品建置一座新的倉庫，由漢錸科技負責自動化設備，新竹物流負責倉庫整體營運，工研院則協助系統串接 AI 軟體技術。

這座物流中心的總樓地板面積達 8,400 坪，目前，穿梭式自動倉儲占了四分之一的面積，配有上萬個物流箱，目測估算約達 1.5 萬個，Yahoo 表示，這個儲量規模是臺灣業界之冠。這是全臺首座導入 AI 高密度動態儲揀決策技術的物流中心，也擁有目前業界最高儲量的穿梭式自動倉儲（Shuttle Rack）。

至於運送時間及產能的成長方面，林佩儀指出，引進自動倉儲後，原本單筆訂單透過人工揀貨須花上 30 分鐘的出貨時間，現在則縮減到了 10 分鐘，而這項倉儲總計能在運量高峰期多準備十倍的產能。

而因應 AI 的引進，Yahoo 奇摩購物中心也針對物流運送的 SOP，做了大幅度的調整。Yahoo 奇摩電子商務營運管理部物流服務資深經理柳伯龍解釋，穿梭式自動倉儲有數萬個儲存格，AI 系統會事先依據某商品的熱賣程度，以及該商品與其他商品的關聯性，將它放置在合適的儲存格內。只要員工一刷訂單，穿梭式台車就會以最速路徑進行揀貨，送往包裝線。

柳伯龍也指出，以前進貨時員工都是自己找空的儲存格，把商品放上去後，自己把儲存格內放了哪樣產品記錄進電腦。有了 AI 來規劃各項產品的儲存位置，讓流程加快了許多。

而在揀貨階段，他們也透過 CAPS（電子標籤揀貨系統）協助提升揀貨準確率。這項系統中的每個儲物箱都裝有顯示螢幕和確認按鈕，提升了三成的揀貨準確率。柳伯龍指出，過去只要有新人進來，準確率就會浮動。但這項系統可說是「防呆設備」，直覺易懂，因此可降低作業難度。

到了包裝區域，啓用物流中心提高出貨效率的同時，也大幅提升同筆訂單併箱出貨的機會。由於過去有 2 座倉庫，消費者下單多款商品可能分別從不同倉庫出貨，需要更多包材；現在從同一倉庫揀貨、封箱，可大量減少包材。物流中心也採取無紙化作業，過去使用紙本揀貨單，現在則以手持式 PDA 來揀貨。最後再經過掃描區域分配到四個出貨分流道上，等著貨運公司打理、運上貨車。

整體來說， 這座自動化倉儲內有 80% 的商品是「以物就人」。 但穿梭式自動倉儲受限於體積與重量，大材積的商品目前仍舊以傳統的儲貨方式，放在大型棧板上待揀貨人員取貨。但目前整個自動化倉儲包含人工揀貨部分，也都採用 PDA（個人數位助理），全面無紙化。

對於 Yahoo 奇摩購物中心來說，從傳統倉儲轉向自動化倉儲的物流策略可說是跨進了非常大的一步。Yahoo 奇摩電商在臺多年，如今 AI 自動化物流中心全面投入營運，為購物中心注入一劑強心針，這也是 Yahoo 奇摩電商歷年在台最大規模的單一投資計畫。

參考資料：

1. 下單到出貨 10 分鐘搞定！ Yahoo 以 AI 自動化物流中心提升效率、減少包材，科技新報，2019/11/12。
2. 陳冠榮，Yahoo AI 自動化物流中心亮相，從消費者下單到物流出貨最快 10 分鐘，科技新報，2019/11/ 12。
3. 黃郁芸，Yahoo 奇摩新一代自動化物流中心作業流程大公開：入庫到出貨全程靠 AI 優化，10 分鐘就可出貨，iThome，2019/11/11。

問題討論

1. Yahoo 引進自動化倉儲的目的為何？
2. Yahoo 引進自動化倉儲成功的關鍵因素為何？

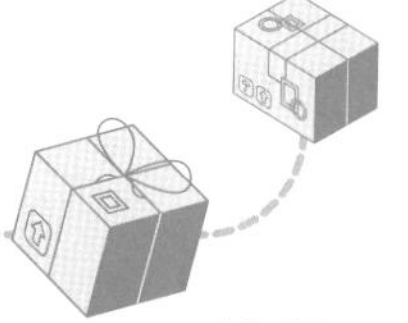

1. 何謂流通加工？按照流通加工對象的性質，可分爲哪幾種？
2. 流通加工與生產加工的差異？
3. 依作業流程的時間點不同，流通加工作業的方式可分爲哪幾種？
4. 流通加工作業可以分成哪些？
5. 流通加工中常見的設備有哪些？
6. 流通加工中常用的包裝材料有哪些？
7. 流通加工規劃時應注意哪些事項？

12 物流資訊

知識要點

12-1 物流資訊概念
12-2 物流資訊技術
12-3 物流資訊系統
12-4 雲端運算與雲物流

物流前線

共享經濟商機無限！新創公司 GoGoVan

物流 Express

亞洲一號「硬科技」推動物流行業變革

物流前線

共享經濟商機無限！新創公司 GoGoVan

共享經濟風潮席捲全球！香港貨運快遞商 GoGoVan 高高科技有限公司（以下簡稱 GoGoVan）自 2013 年 6 月創立，透過「資源共享」的概念整合運輸物流業務，讓人力閒置問題被有效解決，顛覆傳統物流產業模式。2014 年 10 月正式進軍臺灣，以 O2O 的商業模式結合快遞服務，創立臺灣第一個全民機車快遞 APP 貨運物流平台。

新視野新科技 發展臺灣在地化機車快遞

臺灣貨車快遞業受限於法令規定，須具有營業牌照，GoGoVan 臺灣總經理許文忠看準臺灣擁有超過 1,500 萬輛的機車，密度世界第一，順勢轉往機車快遞發展。此外，初期成立 3 個月內，即突破 3,000 名司機加入 GoGoVan 團隊，平均 1 個月以 1,000 名司機的速度成長。總經理許文忠表示執業至今已有 3 萬 3 千名司機註冊且完成受訓，並已在 2015 年達到收支平衡，營運範圍由原本預計的大臺北地區，快速擴展至全臺服務，共享經濟經營策略功不可沒。

共享經濟在臺灣帶來了政策管理面與新創服務之間的衝突，但這樣的經濟體系讓任何人、任何公司都有額外創造營收的可能，許總經理希望透過與傳統物流業者合作，形成一個更綿密、更便利的快遞網路。

圖片來源：GoGoVan 官網

成功整合臺灣大小物流業者的力量，落實共享經濟物流策略，成功拓展到臺灣各個地區，讓更多交通工具，像是貨車、單車等一起納入配送的行列，即能創造更多的工作機會，善盡企業社會責任，發揮更強大的載運功能。期盼能在政府政策的帶領下，對新創產業有更明確的規定及配套措施，一起攜手打造臺灣科技物流平台的新面貌，是許總經理的最大目標。

參考資料：

1. 黃敏惠，物流媒合共享經濟新平臺 創造行動式就業機會，臺灣勞工季刊第 52 期，2017/12。
2. 共度科技，共享經濟商機無限！新創公司 GoGoVan 用 WorkDo 輕鬆完成物流人員出缺勤管理，2018/04/09。

問題討論

1. GoGoVan 在臺灣的關鍵因素為何？
2. 試說明共享經濟對物流行業可能的影響為何？

12-1 物流資訊概念

物流與資訊之間有著密不可分的關係，物流憑藉資訊的作用才能由一般的活動變成系統化活動。如果物流作業過程中沒有資訊的參與，那麼物流活動就變成一個單向的運營活動，只有在物流過程中有了反饋的物流有關資訊，物流活動才能變成輸入、轉換、輸出以及資訊反饋等功能在內的有反饋作用的現代物流系統。

一、物流資訊的定義

物流資訊（Logistics Information）是物流活動中各個環節生成的資訊，一般伴隨物料供應、生產製造到銷售的物流活動而產生，與物流活動中的運輸、倉儲、配送等各種職能有機結合一起，是整個物流活動順利進行不可缺少的重要組成部分。

因此，物流資訊是反映物流各種活動內容的知識、資料、圖像、數據、文件的總稱。以狹義的概念來看，物流資訊是指物流活動（如倉儲、運輸、包裝、加工等）有關的資訊；以廣義的概念來看，還應該包含與物流活動相關的活動（如採購、生產和銷售）相關的資訊。

二、物流資訊的功能

物流資訊在物流活動中具有十分重要的作用，通過物流資訊的收集、傳遞、存儲、處理、輸出等，成為決策依據，對整個物流活動起指揮、協調、支持和保障作用，其主要表現如下。

（一）溝通聯繫

物流系統是由多部門、多行業及多企業共同結合而成的大的經濟系統，系統內部依靠物流資訊建立起多維的聯繫，通過各種指令、計畫、文件、數據、報表、憑證、廣告、商情等物流資訊，建立起各種縱向和橫向的聯繫，溝通生產商、銷售商、物流服務商以及消費者等。因此，物流資訊是溝通物流活動各環節之間聯繫的橋梁。

（二）管理控制

依靠物流資訊及其反饋可以引導供應鏈結構的變動和物流布局的優化，協調物資結構，協調人、財、物等物流資源的配置，促進物流資源的整合和合理使用等。用資訊化代替傳統的手工作業，實現物流運行、服務品質和成本等的管理控制。

（三）輔助決策

物流資訊是制訂決策方案的重要基礎和關鍵依據，物流管理決策過程的本身就是對物流資訊進行深加工的過程，是對物流活動的發展變化規律性認識的過程。物流資訊可以協助物流管理者鑑別、評估物流戰略和策略的可選方案，如車輛調度、庫存管理、設施選址、資源選擇、流程設計等均是在物流資訊的幫助下才能作出的科學決策。

（四）價值增值

資訊本身是有價值的，而在物流領域中，流通資訊在實現其使用價值的同時，其自身的價值又呈現增長的趨勢，即物流資訊本身具有增值特徵。另一方面，物流資訊是影響物流的重要因素，它把物流的各個要素有機地連接起來，以形成現實的生產力和創造出更高的社會生產力。

三、物流資訊技術

物流資訊技術是現代資訊技術在物流各個作業環節中的綜合應用（見圖 12-1），是現代物流區別傳統物流的根本標誌，也是物流技術中發展最快的領域，尤其是計算機網路技術的廣泛應用使物流資訊技術達到了較高的應用水準。

運用於物流各環節中的資訊技術，根據物流的功能以及特點，包括計算機技術、網絡技術、資訊分類編碼技術、條碼（Bar code）技術、射頻識別技術、電子數據交換技術、全球定位系統（GPS）、地理資訊系統（GIS）等。可以將常用的物流資訊技術分為基礎資訊技術、資訊採集技術、資料交換技術、地理分析與動態追蹤技術四大類。

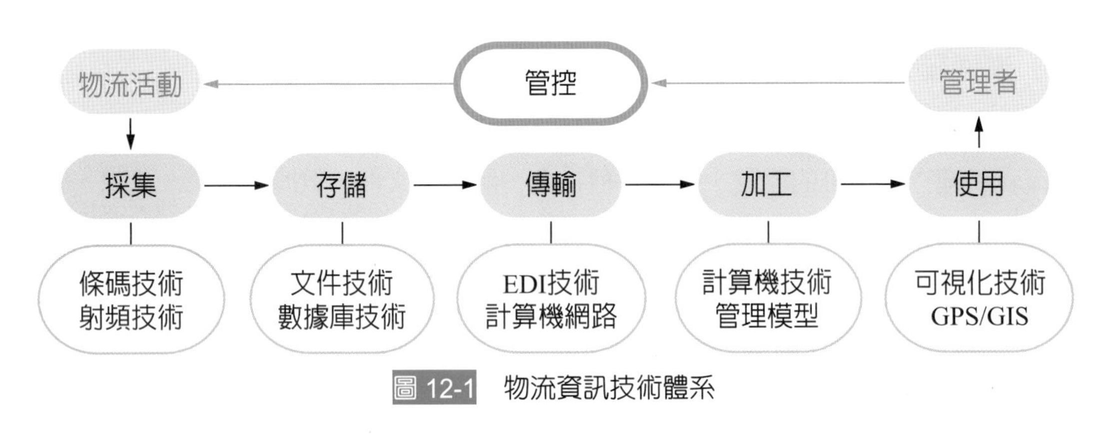

圖 12-1 物流資訊技術體系

（一）基礎資訊技術

物流基礎資訊技術（Basic Information Technology）作爲現代資訊技術的重要組成部分，本質上都屬於資訊技術範疇，只是因爲資訊技術應用於物流領域而使其在表現形式和具體內容上存在一些特性，所以物流資訊技術首先包括計算機技術、網絡技術、數據庫技術以及資訊安全等基礎技術。

（二）資訊採集技術

資訊採集（Information Collection Technology）就是把原始數據如何收集輸入資訊系統，其核心技術是自動識別技術。自動識別技術是資訊數據自動識讀、自動輸入計算機的重要方法和手段，是以計算機技術和通信技術的發展爲基礎的綜合性科學技術，目的在於能夠快速、準確地將現場龐大的數據有效地登錄到計算機系統的數據庫中，從而加快物流、資金流、資訊流的速度，明顯提高商家的經濟效益和客戶服務水準。

（三）資料交換技術

物流中的資料交換（Electronic Data Interchange）主要依靠網絡通信和電子資料交換兩種方式。電子資料交換（Electronic Data Interchange，EDI）是指通過電子方式，採用標準化的格式，利用計算機網絡進行結構化資料的傳輸和交換。

（四）地理分析與動態追蹤技術

隨著互聯網的發展和通信技術的進步，跨平台、組件化的地理資訊系統（GIS）和全球定位系統（GPS）技術的逐步成熟，基於 GIS/GPS 的應用將構造具有競爭力的透明物流企業。互聯網的 GIS/GPS 技術在現代物流及供應鏈管理領域有著廣闊的應用前景，對於物流企業優化資源配置、提高市場競爭力，將起到積極的促進作用。

12-2 物流資訊技術

一、自動識別技術

（一）自動識別技術的含義

自動識別技術（Automatic Identification Technology, AIDT）是將資訊數據自動識讀、自動輸入計算機的重要方法和手段，它是以計算機技術和通信技術爲基礎的綜合性科學技術。自動識別技術近幾十年在全球範圍內得到迅猛發展，初步形成了一個包括條形碼、磁識別、光學字符識別、射頻、生物識別及圖像識別等，結合計算機、光、機電、通信技術爲一體的高技術學科。

（二）自動識別技術的種類

按照國際自動識別技術的分類標準，可以將自動識別技術依照數據採集技術的不同和特別技術、磁識別技術和光學字符識別技術等形式。其中，在物流中廣泛應用的是條碼技術和射頻識別技術。

二、條碼

（一）條碼的相關概念

條碼（Bar Code）是由一組規則排列的條、空及其對應字符組成的標記，用以表示一定的資訊。條碼通常用來對物品進行標識，這個物品可以是用來進行交易的一個貿易項目，如一瓶啤酒或一箱可樂，也可以是一個物流單位，如一個棧板。

所謂對物品的標識，就是首先給某一物品設計一個代碼，然後以條碼的形式將這個代碼表示出來，而且標識在物品上，以便識讀設備通過掃描識讀條碼符號而對該物品進行識別。

（二）條碼的特點

在自動識別技術中，條碼技術具有如下特點：

1. 應用簡單

條碼應用簡單，無論是條碼的製作還是識別都可以高效完成，沒有複雜的操作，因此使用非常廣泛。

2. 資訊採集速度快

條碼技術屬於自動識別技術，可以一次性地讀取條碼所表示的所有數據，普通計算機鍵盤的錄入速度是 200 字符 / 分鐘，而利用條碼掃描錄入資訊的速度是鍵盤錄入的 20 倍。

3. 可靠性高

鍵盤錄入數據，誤碼率爲三百分之一；利用光學字符識別技術，誤碼率約爲萬分之一；而採用條形碼掃描錄入方式，誤碼率僅有百萬分之一。

4. 靈活、實用

條碼符號作爲一種識別手段可以單獨使用，也可以和有關設備組成識別系統實現自動化識別，還可和其他控制設備聯繫起來實現整個系統的自動化管理。同時，在沒有自動識別設備時，也可實現手工鍵盤輸入。

5. 成本低

條碼自動識別系統所涉及的識別符號成本以及設備成本都非常低。特別是條碼符號，即使是一次性使用，也不會帶來多少附加成本，尤其是在大批量印刷的情況下。這一特點使得條碼技術在某些應用領域有著無可比擬的優勢。再者，條碼符號識讀設備的結構簡單、成本低廉、操作容易，適用於眾多的領域和工作場合。

6. 資訊存儲量大

利用傳統的一維條碼一次可採集幾十位字符的資訊，二維條碼更可以攜帶數千個字符的資訊，並有一定的自動糾錯能力。

（三）條碼的分類

條碼分爲商品條碼和物流條碼，其中，商品條碼以直接向消費者銷售的商品爲對象，是以單個商品爲單位適用的條碼，由 13 位數字碼及相應的條碼符號組成；物流條碼是以物流過程中的商品爲對象，以集合包裝商品爲單位適用的條碼，由 14 位數字碼及相應的條碼符號組成。

商品條碼和物流條碼都屬於一維碼。一維條碼又稱線性條碼，我們通常把那些只在一個方向（一般是水準方向）表達資訊的條碼叫作一維條碼（簡稱一維碼），如掛號信、特快專遞上的條碼，如圖 12-2 所示。在水準和垂直方向的二維空間存儲資訊的條碼稱爲二維條碼（簡稱二維碼），如圖 12-3 所示。

圖 12-2　一維條碼

圖 12-3　二維條碼

條碼按照不同的分類方法、不同的編碼規則可以分成許多種，通常的分類方法有以下 4 種。

1. 按照維數來分：可分爲一維條碼、二維條碼。
2. 按用途來分：一維可以分爲商品條碼（包括EAN碼和UPC碼）、存儲條碼（交叉25碼、ITF-14條碼和ITF-6條碼）、物流條碼（包括128碼、ITF碼、39碼、庫德巴碼）等。
3. 二維條碼按結構來分：可分爲行排式二維條碼（PDF417、Code 49、Code 16K等）、矩陣式二維條碼（QR Code、Data Matrix、Maxi code、Code One等）。
4. 按碼制來分：可分爲UPC碼、EAN-13碼、EAN-8碼、ITF-14、ITF-16、EAN/UCC-128碼、39碼和庫德巴碼等。

（四）二維條碼

二維條碼技術是在一維條碼無法滿足實際應用需求的前提下產生的。因爲受資訊容量的限制，一維條碼通常是對物品的標識，而不是對物品的描述。所謂對物品的標識，就是給某物品分配一個代碼，代碼以條碼的形式標識在物品上，用來標識該物品以便自動掃描設備的識讀，代碼或一維條碼本身不表示該產品的描述性資訊。

目前常用的二維條碼主要的碼制有PDF417碼、49碼、16K碼、Data Matrix和MaxiCode等。其中以PDF417碼應用範圍最廣，從生產、運貨、行銷到存貨管理都很適合，故PDF417碼特別適用於流通業者；MaxiCode通常用於郵包的自動分類和追蹤；Data Matrix碼則特別適用於小零件的標識（見圖12-4）。

圖 12-4 二維條碼

（五）二維條碼的特點

二維條碼具有條碼技術的一些共性：每種碼制有其特定的字符集，每個字符占有一定的寬度，具有一定的校驗功能等，同時還具有以下特點。

1. 資訊容量大：根據不同的條空比例每平方英寸可以容納 250 ～ 1,100 個字符，比普通條碼資訊容量約高幾十倍。
2. 容錯能力強：二維條碼因穿孔、污損等引起局部損壞時，照樣可以正確得到識讀，毀損面積達 50% 仍可恢復資訊，比普通條碼譯碼錯誤率低很多，誤碼率不超過 1/10,000,000。
3. 引入加密措施：引入加密措施後保密性、防僞性好。
4. 印刷多樣：二維條碼不僅可以在白紙上印刷黑字，還可以進行彩色印刷，而且印刷機器和印刷對象都不受限制，印刷方便。
5. 可影印及傳真：二維條碼經傳真和影印後仍然可以使用，而一維條碼在經過傳真和影印後機器就無法進行識讀。一維條碼與二維條碼比較見表 12-1。

表 12-1　一維條碼與二維條碼比較

項目／條碼類型	一維條碼	二維條碼
條碼密度與容量	密度低，容量小	密度高，容量大
錯誤校驗及糾錯能力	有校驗碼進行錯誤校驗，但沒有錯誤糾正能力	有錯誤檢驗及錯誤糾正能力，並可根據實際應用設置不同的安全等級
垂直方向的資訊	不存儲資訊，垂直方向的高度是爲了識讀方便，並彌補印刷缺陷或局部損壞	攜帶資訊，因對印刷缺陷或局部損壞等可以錯誤糾正機制恢復資訊
主要用途	主要用於對物品的標識	用於對物品的描述
資訊網絡與數據庫依賴性	多數場合須依賴資訊網絡與數據庫	可不依賴資訊網絡與數據庫而單獨應用
識讀設備	可用線掃描器（如光筆、線型 CCD、雷射掃描槍）識讀	堆疊式可用型線掃描器的多次掃描，或可用圖像掃描儀識讀；矩陣式則僅能用圖像掃描儀識讀

（六）條碼識別裝置和設備

條碼自動識別系統是由掃描器（閱讀器）、編碼器、計算機等映見系統和系統程式、應用軟體等程式系統組成。其中應用程式具有掃描器輸出訊號的測量、條碼碼制及掃瞄方向的識別、邏輯判斷，以及閱讀器與計算機之間的通訊等功能。

條碼閱讀器的種類較多，可以適用於不同的作業要求、環境和場合。條碼讀碼器有：光筆條碼掃描器、手持式條碼掃描器、台式條碼自動掃描器、雷射自動掃描器、卡式條碼閱讀器、便攜式條碼閱讀器（見圖 12-5）。

光筆條碼掃描器

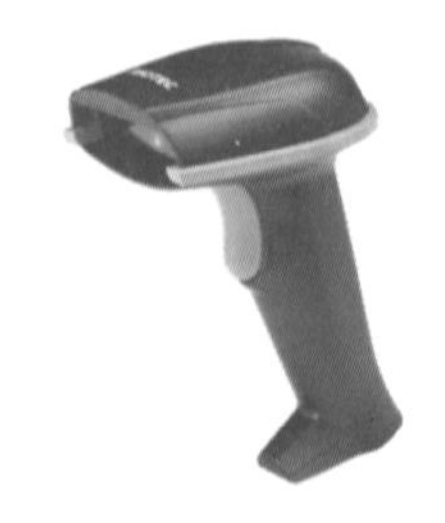

手持式條碼掃描器

台式條碼自動掃描器

雷射自動掃描器

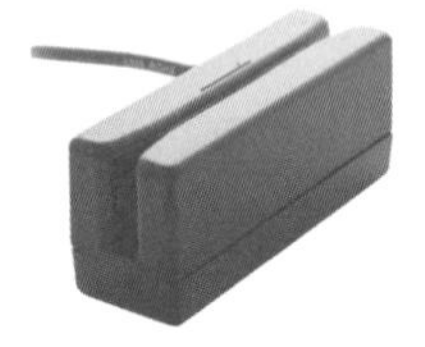

卡式條碼閱讀器

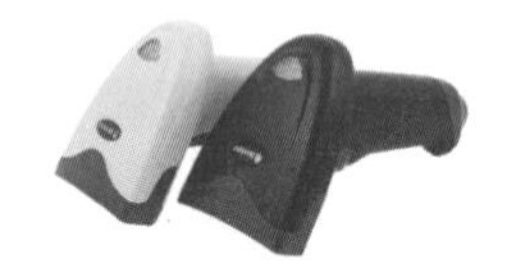

便攜式條碼閱讀器

圖 12-5　條碼閱讀器

（七）條碼在物流中的應用

條碼在物流中有較爲廣泛的應用，主要在以下幾方面。

1. 銷售訊息系統（POS 系統）

在商品上貼上條碼就能快速、準確地利用計算機進行銷售和配送功能。其過程爲，對銷售商品進行結算時，通過光電掃描儀讀取並將訊息輸入計算機，然後輸進收款機，收款後開出收據，同時，通過計算機處理，掌握進、銷、存的數據。

2. 庫存系統

在庫存物資上應用條碼技術，尤其是規格包裝、集裝、棧板貨物上，入庫時自動掃描並輸入計算機，由計算機處理後形成庫存的訊息，並輸出入庫區位、貨架、貨位的指令，出庫程序則和 POS 系統條碼應用一樣。

3. 分貨揀選系統

在配送方式和倉庫出貨時，採用分貨、挑選方式，需要快速處理大量的貨物，利用條碼技術便可自動進行分戶挑選，並實現有關的管理。其過程如下：

一個配送中心接到若干個配送訂貨要求，將若干訂貨匯總，每一品種匯總成批後，按批發出所在條碼的揀貨標籤，檢貨人員到庫中將標籤貼於每件商品上自動分挑機分貨，分貨機終端的掃描器對處於運動狀態分貨機上的貨物進行掃描，一是確認所挑出貨物是否正確，另一方面識讀條碼上用戶標記，指示商品在確定的分支分流，到達個用戶的配送貨位，完成分貨挑選作業。

三、射頻識別技術

射頻識別（Radio Frequency Identification, RFID）技術的基本原理是利用空間電磁感應或者電磁傳播進行通信，以達到自動識別目標資訊的目的，其作用是利用無線射頻方式進行非接觸雙向通信，以達到識別和交換數據的目的。

RFID 識別系統的基本工作方法是採用黏貼、插放、植入、封裝等方法將 RFID 標籤（如圖 12-6）與被識別對象形成一個整體單元，利用專用的 RFID 閱讀器接近被識別對象，當距離達到可識別範圍時，兩者之間採用無線通信方式進行數據的相互傳輸，可以將標籤內的存儲數據通過閱讀器解碼後傳遞給控制用計算機，便於後期的處理分析。

圖 12-6　RFID 標籤

由於網路科技的進步，未來這種射頻的新科技有可能將取代原本磁卡和條碼的功能。

（一）RFID 工作原理

射頻識別系統的工作方式爲：系統使用了射頻識別標籤來減少存貨的搬運和距離。物流中心的每個存貨單元都貼有一塊射頻識別標籤，射頻識別標籤通過天線每隔幾秒或每隔幾小時就傳送一次資訊，這些天線在庫存內的安裝間隔爲 10 ～ 50 米，貼附於存貨單元的充電標籤按規定的時間間隔發送射頻。操作者利用手持無線終端接收有用資訊，辨識幾米範圍的存貨的位置，無線終端將該標籤所在的商品的資訊實時傳送到物流中心的網絡計算機上，自動輸入中心數據庫。物流中心管理者可識別特定時間內所有存貨的位置。RFID 工作原理如圖 12-7 所示。

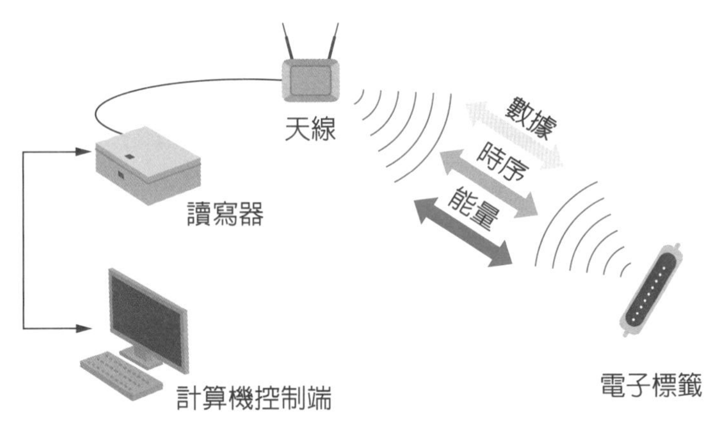

圖 12-7　RFID 工作原理

（二）RFID 的特點

射頻技術利用無線電波對記錄媒體進行讀寫。射頻識別的距離可達幾十公分至幾公尺，且根據讀寫的方式不同，可以輸入數千字節的資訊，同時，還具有極高的保密性。射頻識別技術適用的領域爲物料追蹤、運載工具和貨架識別等要求非接觸數據採集和交換的場合，要求頻繁改變數據內容的場合尤爲適用。

1. 適用範圍廣

射頻識別技術屬於無接觸式識別，最大識別距離可以達到幾十公尺，使用方便，同時可以識別高速運動物體。射頻識別採用無線電波來傳遞資訊，因此不受非金屬障礙物影響，沒有傳輸屏障，具有非常廣泛的使用範圍。

2. 識別效率高

射頻識別技術的識別時間比條形碼的識別時間短，而且可以同時識別多個標籤，實現同步操作。

3. 體積小

射頻識別技術的標籤可以製作得很小，有的只有幾公分，且形狀不受限制，這並不影響識別效果。

4. 可靠性高

射頻屬於非接觸式識別，損耗小，還可以很好地進行封裝，射頻識別設備可使用幾十年，而且對外界環境干擾不敏感。

5. 儲存量大

目前的射頻標籤的儲存量以兆字節爲基本單位，且可以更新，適合數據容量大且資訊需要變更的情況下使用。其存儲的資訊可以包含製造商、產品批號、序列號和其他如成分、尺碼、重量、生產日期、產地以及物流作業資訊。

6. 準確性好

射頻識別設備的資訊讀取精度高，誤差小，減少了人工作業造成的錯誤率。

7. 安全性好

資訊的安全性與隱私權的保護問題是自動識別系統必須要考慮的。由於在非接觸的條件下，可以對標籤中的數據進行讀取，因此，RFID 技術的安全性以及個人隱私權的保護問題備受關注，射頻標籤的存儲資訊可以進行保密，難以僞造，提高了系統的安全性。

（三）RFID 在物流的應用

RFID 在物流諸多環節上發揮了重大的作用，它主要的一些應用如下。

1. 零售環節

RFID 可以改進零售商的庫存管理，實現適時補貨，有效追蹤運輸與庫存，提高效率，減少出錯。同時，智慧標籤能夠對某些具有時效性的商品的有效期限進行監控；商店還能利用 RFID 系統在付款台實現自動掃描和計費，取代人工收款方式。

2. 存儲環節

在倉庫裡，射頻技術最廣泛的使用是存取貨物與庫存盤點，它能用來實現自動化的存貨和取貨等操作。在整個倉庫管理中，能夠將供應鏈計畫系統制定的收貨計畫、取貨計畫和裝運計畫等與射頻識別技術相結合，高效地完成各種業務操作，如指定堆放區域、上架／取貨與補貨等。

這樣，不僅增強了作業的準確性和快捷性，提高了服務品質，降低了成本，節省了勞動力（8%～35%）和庫存空間，同時減少了整個物流中商品誤置、送錯、偷竊、損害和庫存、出貨錯誤等造成的損耗。

3. 運輸環節

在運輸管理中，在運輸的貨物和車輛通過在其上的 RFID 標籤實現追蹤。例如，將標籤貼在集裝箱和裝備上，通過射頻識別來完成設備與追蹤控制。RFID 接收轉發裝置通常安裝在運輸線的一些檢查點上（如門柱上、橋墩旁等）以及倉庫、車站、碼頭和機場等關鍵地點。接收裝置收到 RFID 標籤資訊後，連同接收地的位置資訊上傳至通訊衛星，再由衛星傳送給運輸調度中心，送入數據庫中。

4. 配送／分銷環節

在配送環節，採用射頻技術能大大加快配送的速度，提高揀選與分發過程的效率與準確度，並能減少人工，降低配送成本。

四、資訊交換技術

（一）EDI 的定義

電子資料交換（Electronic Data Interchange, EDI）是指按照統一規定的一套通用標準格式，將標準的經濟資訊通過通訊網路傳輸，在貿易伙伴的電子計算機系統之間進行數據交換和自動處理。它是一種利用計算機進行商務處理的新方法。EDI 是將貿易、運輸、保險、銀行和海關等行業的資訊，用一種國際公認的標準格式，通過技監通訊網路，使各有關部門、公司與企業之間進行數據交換與處理，並以完成貿易爲中心的全部業務過程。

（二）物流 EDI 的概念

EDI 最初由美國企業應用在企業間的訂單業務活動中，其後 EDI 的應用範圍從訂貨業務向其他的業務擴展，如 POS 銷售資訊傳輸業務、庫存管理業務、發貨送貨資訊和支付資訊的傳輸業務等。近年 EDI 在物流中廣泛應用，被稱爲物流 EDI。

所謂物流 EDI 是指貨主、承運業主以及其他相關的單位之間，通過 EDI 系統進行物流數據交換，並以此爲基礎實施物流作業活動的方法。物流 EDI 參與單位有貨主（如生產廠家、貿易商、批發商、零售商等）、承運業主（如獨立的物流承運企業等）、實際運送貨物的交通運輸企業（如鐵路企業、水運企業、航空企業、公路運輸企業等）、協助單位（如政府有關部門、金融企業等）和其他的物流相關單位（如倉庫業者、專業報送業者等），如圖 12-8 所示。

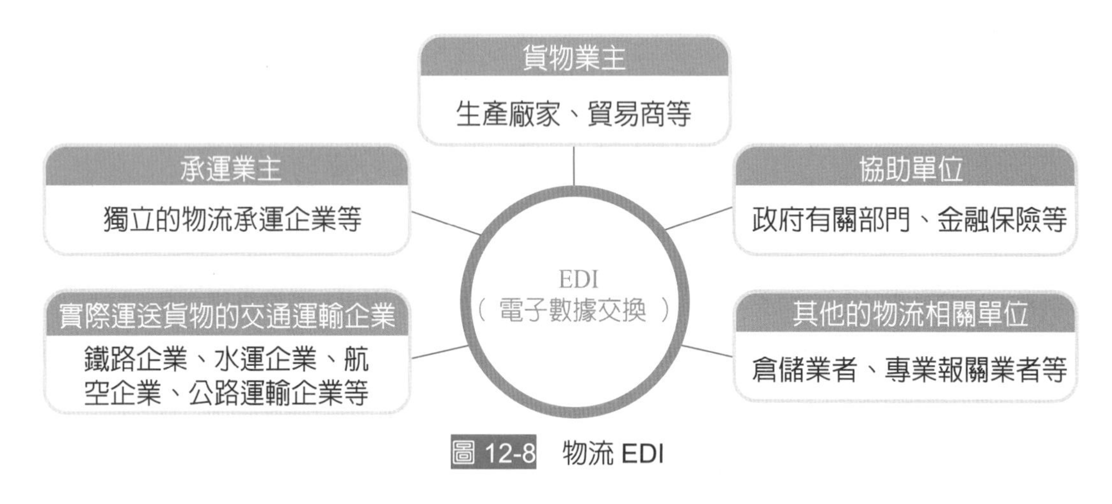

圖 12-8　物流 EDI

1. EDI 的特點

作爲企業自動化管理的工具之一，EDI 通過計算機將商務文件如訂單、發票、貨運單、報關單等，按統一的標準，編製成計算機能夠識別和處理的數據格式，在計算機之間進行傳輸。它具有以下幾個方面的特點。

(1) 單證格式化：EDI 傳輸的是企業間格式化的數據，而非信件、公函等非格式化的文件。

(2) 報文標準化：EDI 傳輸的報文符合國際標準或行業標準，國際 EDI 標準是 UN / EDIFACT。

(3) 處理自動化：數據交換的模式是「機對機」以及「應用對應用」，不需要人工干預。

(4) 程式結構化：EDI 系統由五個模塊組成：用戶介面模塊、內部電子數據處理接口模塊、報文生成與處理模塊、標準報文格式轉換模塊和通信模塊。

(5) 運作規範化：任何一個成熟、成功的 EDI 系統，均有相應的規範化環境做基礎。

(6) 通訊保密化：EDI 系統必須考慮安全保密功能，並具有法律效力。

2. EDI 系統的應用

EDI 適用於需要大量地處理日常表、單證業務且對業務操作具有嚴格規範要求的企事業單位之間，物流並通過 EDI 系統可處理如下所述的物流單證。

(1) 運輸單證

包括海運提單、託運單、多式聯運單據、陸運單、空運單、裝貨清單、載貨清單、集裝箱單和到貨通知書等。

(2) 商業單證

包括訂單、發票、裝箱單、重量單、尺碼單和裝船通知等。

(3) 海關單證

包括進出口貨物報關單、海關轉運報關單、船舶進出港貨物報關單和海關發票等。

(4) 商檢單證

包括出、入境通關單，各種檢驗檢疫證書等。

(5) 其他單證

由於與物流企業的相關單位眾多，他們之間都是依靠往來的單據作爲貨物移動和物權轉移的憑證，這些行業特徵正好符合 EDI 的使用要求，所以物流 EDI 得到快速發展和應用。專業物流企業服務對象和相關單位包括貨主、承運業主、運輸貨的交通運輸企業以及協助單位和相關單位，他們之間相互傳遞著各類的單證，如採購單、詢價單、訂單、提單、發票、裝船通知、到貨通知、交貨單等，通過快速、正確和安全地被傳遞，物流 EDI 就可以滿足物流鏈上的各項要求。

五、地理分析與動態追蹤技術

（一）GPS 的概念

全球定位系統（Global Positioning System, GPS）是利用空中衛星對地面目標進行精確導航與定位，以達到全天候、高準確度地追蹤地面目標移動軌跡的目的，它具有在海、陸、空進行全方位實時三維導航與定位的能力。美國從 20 世紀 70 年代開始研製 GPS，歷時 20 年，耗資 200 億美元，於 1994 年全面建成。

全球衛星定位系統是通過衛星對地面上運行的車輛、船舶進行測定並精確定位。在車輛船舶或其他運輸工具設備上配置信標裝置，就可以接收衛星發射信號，置於衛星的監測之下，通過接收裝置就可以確認精確的定位位置。

GPS 的技術基礎是衛星導航定位技術，具備全球性、全天候等特點。它主要包括三大組成部分：全球衛星系統、實時監控體系、資訊接收體系。功能主要包括：導航、測量和授時，可以在全球範圍內，爲用戶提供準確性高、全天候實時監控數據，以及所需的定位資訊。GPS 具有全球全天候定位、定位精度高、觀測時間短、測站間無須通視、儀器操作簡便、可提供全球統一的三維地心坐標、應用廣泛等特點。

一般而言，物流 GPS 系統包括 GPS 調度中心和貨車兩個部分。GPS 調度中心裝有物流 GPS 管理程式，借助安裝在車輛上的硬體設施，該程式對車輛運輸過程中的位置、里程、速度、線路、周邊環境、路況等資訊進行採集，實時同步到互聯網，從而實現對運輸時效和運輸安全的可視化管控。

總體上看，GPS 的廣泛應用，促進了物流行業的發展，其應用的場景有：

1. 貨物追蹤

通過 GPS 和電子地圖系統，可以實時了解車輛位置和貨物狀況，眞正實現在線監控，隨時了解到貨物的運動狀態資訊及貨物運達目的地的整個過程，避免貨物發出後知情困難的被動局面，提高貨物的安全性。對於客戶來說，準確掌握貨物移動的資訊和到達時間，可提前安排生產計畫、銷售計畫等。

2. 車輛調度、優選與配載

根據車輛 GPS 的在途資訊反饋，車輛未返回車隊前即做好待命計畫，由特定區域的配送中心統一合理地對該區域內所有車輛做出快速地調度，提前下達運輸任務，減少等待時間、加快車輛周轉，以提高重載率、降低物流運營成本。另外，可以實現車輛優選，根據系統預先設定的條件判斷車輛中哪些是可調用的。在系統提供可調用車輛的同時，根據最優化原則，在可能被調用的車輛中選擇最合適的車輛。

3. 報警援救

在物流運輸過程中有可能發生一些意外的情況。當發生故障或其他意外情況時，GPS 系統可以及時地反映發生事故的地點，調度中心會盡可能地採取相應的措施來挽回和降低損失，增加運輸的安全和應變能力。

總之，GPS 系統的投入使用，有利於物流公司加強在途運輸車輛的管理，有利於車輛調度、優選與配載，有利於加強車輛安全管理、降低物流運輸成本。

（二）地理資訊系統

地理資訊系統（Geographical Information System, GIS）是以地理空間數據庫為基礎，在計算機軟硬體的支持下，運用系統工程和資訊科學的理論，科學管理和綜合分析具有空間內涵的地理數據，以提供管理、決策等所需資訊的技術系統。簡單地說，GIS 就是綜合處理和分析地理空間數據的一種技術系統。

物流活動中，大約有 80% 的資訊和地理位置有關，如配送中心位置的選擇、配送點的布局、配送路徑優化、配送車量的實時監控與調度和配送服務品質的提升等。GIS 主要由兩部分組成：一是地層的電子地圖；二是資料庫，用來存放地圖上特定的點、線、面相關的數據。物流系統中的點、線、面都可看作空間實體，可用空間數據來表達，空間數據講述的是現實世界各種現象的三大基本特徵：空間、時間和專題。

空間特徵是地理資訊系統或者說是空間資訊系統所獨有的，是指地理現象和過程所在的位置、形狀和大小等幾何特徵，以及與相鄰地理現象和過程的空間關係；時間特徵是指空間數據隨時間的變化而變化的情況；專題特徵也指空間現象或空間目標的屬性特徵，它是指除了時間和空間特徵以外的空間現象的其他特徵。

（三）GIS 技術的應用

GIS 應用於物流分析，主要是指利用 GIS 強大的地理數據功能來完善物流分析技術。國外公司已經開發出利用 GIS 為物流分析提供專門的工具軟體。完整的 GIS 物流分析軟體，集成了車輛路線模型、網絡物流模型、分配集合模型和設施定位模型等。

1. 車輛路線模型

車輛路線模型用於解決一個起始點、多個終點的貨物運輸終，如何降低物流作業費用，並保證服務品質的問題，包括決定使用多少輛車，每輛車的行駛路線等。

2. 網絡物流模型

網絡物流模型用於解決尋求最有效的分配貨物路徑問題，也就是物流網點布局問題。如，將貨物從 N 個倉庫運到 M 個商店，每個商店都有固定的需求量，因此需要確定由哪個倉庫提貨送給哪個商店，使得運輸成本最小。

3. 分配集合模型

分配集合模型可以根據各個要素的相似點把同一層上的所有或部分要素分為幾個組用以解決確定服務範圍和銷售市場範圍等問題。如，某一公司要設立 X 個分銷點，要求這些分銷點要覆蓋某一地區，而且要使每個分銷點的顧客數目大致相等。

4. 設施定位模型

設施定位模型用於確定一個或多個設施的位置。在物流系統中，倉庫和運輸線共同組成了物流網絡，倉庫處於網絡的節點上，節點決定著線路，如何根據供需的實際需要並結合經濟效益等原則，在既定區域內設立多少個倉庫、每個倉庫的位置、每個倉庫的規模，以及倉庫之間的物流關係等，運用此模型均能很容易地得到解決。

12-3 物流資訊系統

一、物流資訊系統概述

物流資訊系統（Logistics Information System）是以使用者為主，利用計算機硬體、軟體、網絡資訊設備及其他辦公設備，進行物流資訊的收集、傳輸、加工、儲存、更新和維護，以提高物流企業效益和效率為目的，支持物流企業高層決策、中層控制、基層運作的集成化的人機系統。

物流資訊系統是企業資訊系統的基礎，它利用資訊技術對物流中的各種資訊進行實時、集中、統一管理，使資訊流在商流、物流、資金流等中發揮作用，及時反饋市場、客戶和物品的動態資訊，為客戶提供實時的資訊服務。

二、物流資訊系統的構成

物流資訊系統一般由訂單管理系統、電子訂貨系統、倉儲管理系統、運輸管理系統、配送管理系統、最後一哩路系統等構成。

（一）訂單管理系統

訂單管理系統（Order Management System, OMS）是指接受客戶訂單資訊，或者倉儲管理系統發來的訂單資訊，根據訂單資訊對訂單生產、運輸、配送、庫存等物流作業進行計畫與配置，並確定交互日期的系統。

訂單管理的流程包括訂單傳遞→訂單處理→揀貨與組合→訂貨交付。訂單傳遞是指從顧客訂貨或發送訂單到銷售方獲得訂單這一段時間內進行的業務活動，一般通過郵件、電話、傳真機和專業的管理系統進行資訊的傳遞；收到訂單資訊後，需要對訂單進行處理，包括檢查訂單完整性和準確性，檢查買方的購買能力、將訂單輸入系統、紀錄交易、確定庫存位置及安排外向運輸等。

（二）電子訂貨系統

1. EOS 的定義

電子訂貨系統（Electronic Ordering System, EOS）的功能：使用計算機將各種訂貨資訊通過網絡系統傳遞給批發商或供應商，完成從訂貨、接單、處理、供貨、結算等全過程計算機處理。

EOS 將批發、零售商場所發生的訂貨數據輸入計算機，通過計算機通訊網路連接的方式將資料傳輸至總公司、批發商、商品供貨商或製造商處。EOS 能處理從新商品資料的說明直到會計結算等所有商品交易過程中的作業，涵蓋了整個物流業務流程。在寸土寸金的情況下，零售業已沒有許多空間用於存放貨物，在要求供貨商及時補足售出商品的數量且不能有缺貨的前提下，必須採用 EOS 系統。

2. EOS 的特點

電子訂貨系統在零售商和供應商之間建立起了一條高速通道，使雙方的資訊及時得到溝通，訂貨過程的週期大大縮短，既保障了商品的及時供應，又加速了資金的周轉，實現了零庫存戰略。EOS 具有如下特點：

(1) 商業企業內部計算機網絡應用功能完善，能及時產生訂貨資訊。

(2) POS 與 EOS 高度結合、產生高品質的資訊。

(3) 滿足零售商和供應商之間的資訊傳遞。

(4) 通過網絡傳輸資訊訂貨。

(5) 資訊傳遞及時、準確。

(6) 形成許多零售商和供應商之間的整體運作系統。

3. EOS 系統的組成

電子訂貨系統的構成內容包括訂貨系統、通訊網路系統和接單計算機系統（見圖 12-9）。EOS 系統可以分爲 4 個部分：

(1) 供應商：商品的製造者或供應者（生產商、批發商）。

(2) 零售商：商品的銷售者或需求者。

(3) 網絡：用於傳遞訂貨資訊（訂單、發貨單、收貨單、發票等）。

(4) 計算機系統：用於產生和處理訂貨資訊。

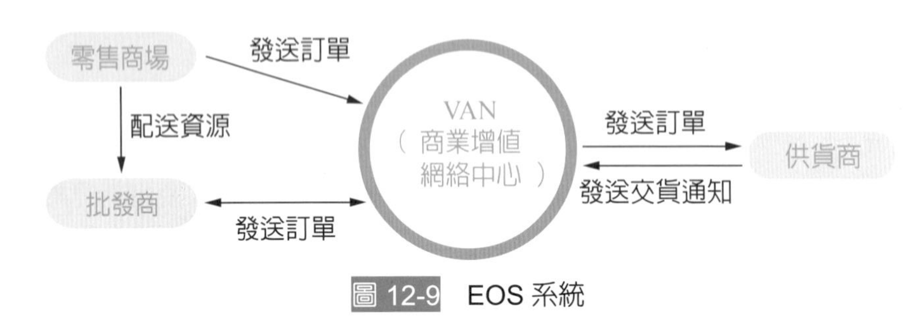

圖 12-9　EOS 系統

4. EOS 系統在企業物流管理中的作用

(1) 提高訂單的處理效率：縮短從接到訂單到發出訂貨的時間，縮短訂貨商品的交貨期，減少商品訂單的出錯率，節省人工費。

(2) 減少企業的庫存水準：提高企業的庫存管理效率，同時也能防止商品，特別是暢銷商品缺貨現象的出現。

(3) 有利於調整商品生產和銷售計畫：對於生產廠家和批發商來說，通過分析零售商的商品訂貨資訊，能準確判斷暢銷商品和滯銷商品。

(4) 有利於提高物流資訊系統的效率：使各個業務資訊子系統之間的數據交換更加便利和迅速，豐富企業的經營資訊。

（三）倉儲管理系統

倉庫管理系統（Warehouse Management System, WMS）的功能模塊根據不同企業的不同業務和倉儲情況，其功能也有些不同，但一般都包含以下功能模組：倉庫資訊、貨品資訊、設備資訊、客戶資訊、入庫資訊、出庫資訊、加薪資訊等的管理。而倉儲管理系統主要包括基本資訊管理、入庫管理、出庫管理、盤點管理、庫存管理、系統資訊管理和資料統計分析等模組。

透過倉儲管理系統，能夠按照倉儲運作的業務規則，對資訊、資源、行爲、存貨和分銷進行更完善的管理，使得最大化滿足有效產出和精確性的要求。它可以給用戶帶來效益，主要表現如下：

1. 資料採集及時、過程精準管理、全自動化智能導向，提高工作效率。
2. 庫位精確定位管理、狀態全面監控，充分利用有限倉庫空間。
3. 貨品上架和下架，全智能按先進先出自動分配上下架庫位，避免人爲錯誤。
4. 實時掌控庫存情況，合理保持和控制企業庫存。
5. 通過對批次資訊的自動採集，實現了對產品生產或銷售過程的可追溯性。
6. 對整個倉儲作業流程進行優化，並有效銜接前端的運輸活動和後端的運輸與配送活動，提升倉內運營和整體物流作業效率。

（四）運輸管理系統

1. 運輸管理系統的定義

運輸管理系統（Transportation Management System, TMS），是指利用計算機網路等現代資訊技術，對運輸計畫、運輸工具、運送人員及運輸過程的追蹤、調度指揮等管理業務進行有效管理的人機系統。

2. 運輸管理系統的功能

TMS 根據運輸公司業務的不同其功能模塊也有所不同，大多數軟體開發商也開發了相應的可選功能模塊以滿足不同業務的需求，整體而言，TMS 的功能模組如圖 12-10 所示。

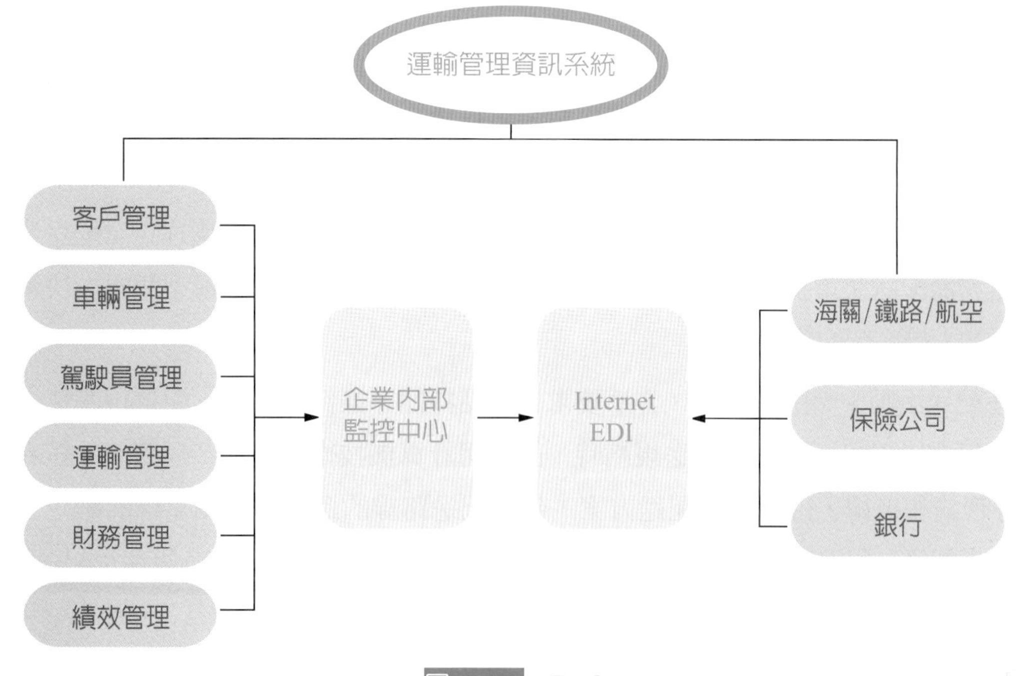

圖 12-10　TMS

(1) 客戶管理：實現訂單處理、合約管理、客戶查詢管理和投訴理賠管理功能。

(2) 車輛管理：幫助管理人員對運輸車輛資訊進行日常管理維護，隨時了解車輛的運行狀況，確保在運輸任務下達時，有車輛可供調配。

(3) 駕駛員管理：對駕駛員的個人資訊和工作狀況進行管理。

(4) 運輸管理：對運輸過程的業務資訊進行管理，主要包括運輸計畫安排、運輸方式選擇和運輸路線優化 3 個環節。

(5) 財務管理：對運輸中產生的財務資訊進行管理，如運輸價格、人員成本、運費、過橋費的統計，可生成費用結算報表和費用明細的列表。

(6) 績效管理：對駕駛員、運輸部門、企業效益等的綜合分析，輔助高層管理者對業務管理和經營事務進行控制、優化和決策。

(7) 海關 / 鐵路 / 航空系統對接管理：運輸部門與相關單位的聯繫資訊的管理，通過與海關部門的對接，爲外貿交易提供系統的報關服務，方便了客戶，也擴大了企業的業務。

(8) 保險公司和銀行對接管理：主要是金融部門的銜接資訊管理，如爲貨物、車輛和員工提供保險業務，通過與銀行接口實現網上支付和結算業務。

（五）配送管理系統

配送乃是根據訂單的要求，結合庫存的情況，制定經濟可靠的配送計畫，對貨物進行相關的補貨、揀貨、分貨和送貨等作業，將貨物及時準確地送到客戶手中。配送處理業務流程圖如圖 12-11 所示。

配送管理系統（Distribution Management System, DMS），是指處理企業配送業務，爲制定物流配送決策提供資訊，給決策者提供一個分析問題、構造模型和模擬決策過程及效果的人機系統的集成。

在配送活動中，由於路況、客戶要求、商品特性等條件的限制，配送規劃往往是一個極其複雜的工程。在制定配送規劃時，應採用計算機技術、圖論、運籌學、統計學、GIS 等理論和技術，得出最佳配送方案，包括配送路線的選擇、使用車輛的確定、裝載貨物的搭配等。配送管理系統向各配送點提供配送資訊，根據訂貨查詢庫存及配送能力，發出配送指令、結算指令及發貨通知。

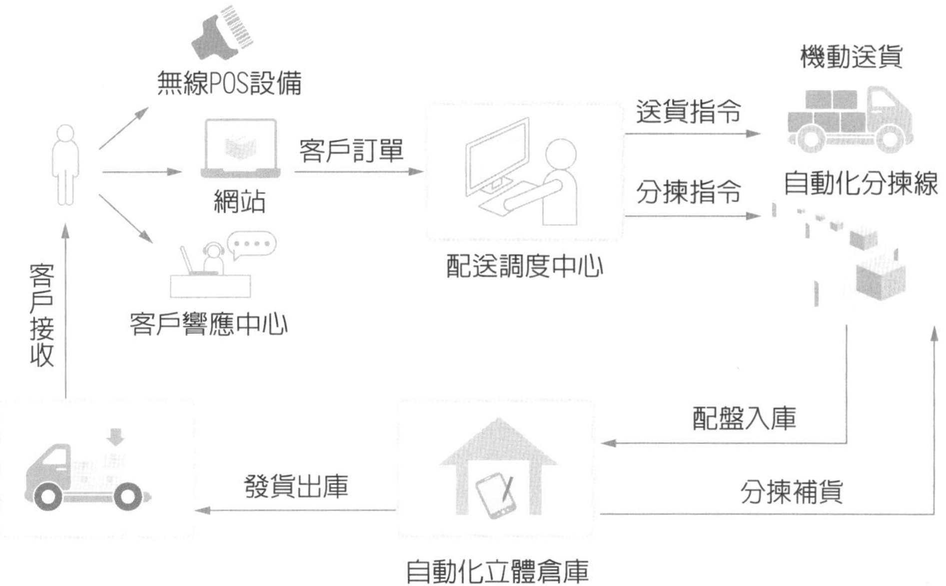

圖 12-11 配送處理業務流程圖

（六）最後一哩路系統

最後一哩路系統（Last Mile System, LMS）是面向終端環節的包裹收發管理的系統，包括寄件系統和收件系統。

寄件系統的功能包括訂單接收、寄件資訊錄入、列印電子面單、實名認證、資訊查詢、文件列印。

包裹收件的功能包括了包裹入庫、包裹出庫、包裹退回、包裹查詢、數據預測、投訴處理等。

12-4 雲端運算與雲物流

一、雲端運算的概念

（一）雲端運算的定義

雲端運算（Cloud Computing）是基於互聯網相關服務的增加，使用和交付模式，通常涉及通過互聯網來提供動態易擴展且經常是虛擬化的資源。雲是網路、互聯網的一種比喻。過去在圖中往往用雲來表示電信網，後來也用來表示互聯網和底層基礎設施的抽象。狹義雲端運算指 IT 基礎設施的交付和使用模式，指通過網路以按需、易擴展的方式獲得所需服務。這種服務可以是 IT 和軟體、互聯網相關，也可以是其他服務。它意味著運算能力也可作爲一種商品通過互聯網進行流通。

提供資源的網路稱爲「雲」。「雲」中的資源在使用者看來是可以無限擴展的，而且可以隨時獲取，按需使用，隨時擴展，按使用付費。這種特性經常被稱爲像水、電一樣使用 IT 基礎設施。通過使計算分散在大量的分散式計算機上，而非本地計算機或遠程服務器中，企業數據中心的運行將與互聯網更相似。這使得企業能夠將資源切換到需要的應用上，根據需求訪問計算機和存儲系統。

（二）雲端運算的類型

1. 私有雲

私有雲（Private Clouds）是爲某一個客戶單獨使用而構建的，提供對數據、安全性和服務品質的最有效控制。該客戶擁有基礎設施，並可以控制自此基礎設施上部署應用程式的方式。私有雲可部署在企業數據中心的防火牆內，也可以將它們部署在一個安全的主機托管場所。

私有雲極大地保障了安全，目前有些企業已經開始構建自己的私有雲。私有雲可由公司自己的 IT 機構建設，也可由雲提供商建設。

2. 公有雲

公有雲（Public Clouds）通常指第三方提供，一般可通過 Internet 使用，成本低廉甚至免費。它能夠以低廉的價格，給最終用戶提供有吸引力的服務，創造新的業務價值。公有雲作爲一個支撐平台，還能夠整合上游的服務（如增值業務、廣告）提供者和下游最終用戶，打造新的價值和生態系統。

3. 混合雲

混合雲（Hybrid Cloud）是目標架構中公有雲、私有雲以及公眾雲的結合。爲了安全和便於控制，有的企業資訊不能放置在公有雲上，這樣應用雲端運算的企業將會使用混合雲模式。將選擇同時使用公有雲和私有雲，有些也會同時建立公眾雲。

4. 移動雲

移動雲（Mobile Cloud）是把虛擬技術應用於手機和平板，適用於用移動 3G 設備終端（平板或手機）來使用企業應用系統資源，它是雲端運算移動虛擬化中非常重要的一部分。

隨著企業各種業務系統的擴展以及移動辦公人數和地點的增加，如在分支機構、家裡、咖啡室、出差旅途中、酒店，人們用手機遠程接入內網辦公。因爲手機操作系統及其計算、存儲、數據處理能力、3G 頻寬和流量資費的限制，針對某些企業應用（如 OA），需要對其某些功能裁剪，或跨平台開發，而且要求其最佳的性能、最高的安全性和最卓越的用戶體驗。

5. 行業雲

行業雲（Industry Cloud）由行業內或某個區域內起主導作用或者掌握關鍵資源的組織建立和維護，以公開或者半公開的方式，向行業內部或相關組織和公眾提供有償或無償服務的雲平台。

雲端運算包括以下幾個層次的服務：

1. 基礎設施即服務

是指消費者通過 Internet 可以從完善的計算機基礎設施中獲得服務。例如：硬體服務器租用。

2. 平台即服務

實際上是指將軟體研發的平台作爲一種服務，以 SaaS 的模式提交給用戶。因此，PaaS 也是 SaaS 模式的一種應用。但是，PaaS 的出現可以加快 SaaS 的發展，尤其是加快 SaaS 應用的開發速度，如軟體的個性化定制開發。

3. 軟體即服務

是一種通過 Internet 提供軟體的模式，用戶無須購買軟體，乃是由軟體廠商（SaaS 服務提供商）將應用軟體統一部署在自己的服務器上，客戶可以根據自己的需求，通過互聯網向廠商訂購所需的應用軟體服務，按訂購的服務多少和時間長短向廠商支付費用，並通過互聯網獲得廠商提供的服務。用戶不用再購買軟體，而改以租用軟體來管理企業經營活動。

二、雲物流

（一）基本概念

隨著物聯網、雲端運算、大數據等技術的成熟和普及，越來越多的新興技術與傳統產業融合發展，爲現代物流發展帶來了新的契機，而雲物流模式正是在雲技術基礎上逐漸發展起來的新型物流商業模式。

雲物流（Cloud Logistics）是指基於雲端運算應用模式的物流平台服務。在雲平台上，所有的物流公司、代理服務商、設備製造商、行業協會、管理機構、行業媒體、法律結構等都集中雲整合成資源池，各個資源相互展示和互動，按需求交流，達成意向，從而降低成本、提高效率。

雲物流中的 SaaS 服務模式融合現代物流的理念和先進的資訊、物流技術，實現供應鏈上物流一體化的作業管理系統。整個系統可由訂單管理、倉儲管理、貨運管理、帳務管理、統計分析等模塊有機組合而成，對運輸、倉儲作業的全過程進行電子化操作和服務追蹤；客戶可通過網上客戶服務系統實現遠程貨物管理，並可與製造企業的 ERP 系統實現無縫連接，如圖 12-2。

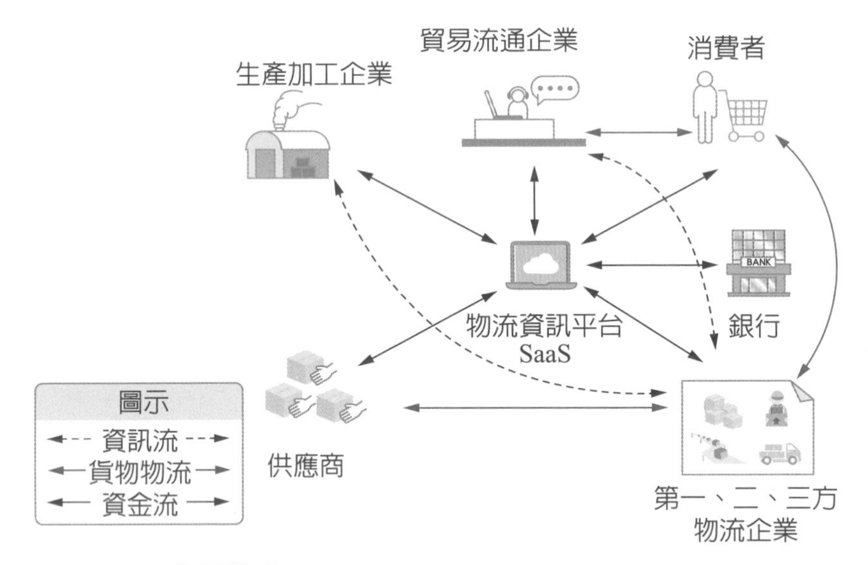

圖 12-12　雲物流的 SaaS 物流應用服務模式

與傳統的物流資訊系統相比，基於 SaaS 模式的物流資訊系統主要有以下幾個點：

1. 技術更新速度快

物流企業不用專門招聘或者培訓專業技術人才使用軟體，就能最快使用到最先進的技術，獲取最新的資源，獲得最佳的解決方案，最大限度滿足和作企業及客戶等對物流資訊源源不斷的需求。

2. 節省軟體購置的一次性投入

企業租賃使用 SaaS 提供商提供的軟體服務，不用一次性投入巨額資金，能夠緩解資金不足。

3. 物流資訊的全程在線

傳統的物流管理軟體屬於企業內部系統，難以實現整個供應鏈流程的全程在線。例如：貨主企業選擇將運輸業務外包給物流公司，而物流公司把運輸業務外包給運輸承運商，然後承運商又會選擇層層外包，整個運輸流程資訊處於「斷層」狀態。相反，SaaS 物流資訊系統可以有效對接傳統的管理軟體，將各方納入到「雲端」進行統一管理，貨物狀態始終處於各方的監控之下。

（二）與傳統物流的比較

相比傳統物流模式，雲物流在倉儲方式、管理方式、物流裝備和技術要求等方面均存在較大的不同，如表 12-2 所示。傳統物流注重倉內商品安全，倉儲內作業以人工為主，主要用於管理庫存數量倉儲商品單一、物流效率低、在裝備、技術方面、貨物分揀與裝配以人工為主，大型貨物需要機械化機器幫助，缺乏軟體系統與硬體裝備協同作業。

表 12-2　雲物流與傳統物流模式相比

	雲物流	傳統物流
倉儲特性	主要服務電子商務，倉儲產品種類多、數量多、物流效率高	倉儲商品單一，針對大型貨物，流通時間長，物流效率低
管理方式	要用精細化管理方式，注重倉內運作效率、依靠現代計算機管理技術，管理效果更高	傳統物流注重倉內商品安全，倉儲內作業以人工為主，主要用於管理庫存數量
裝備與技術	物流設備自動化，包括：自動分揀機、巷道堆垛起重機，分揀效率高，採用資訊化軟體經營，包括：RFID 條碼資訊化整理，WMS 倉儲管理系統等	貨物分揀與裝配以人工為主，大型貨物需要機械化機器等待，缺乏軟體系統為硬體裝備協同作業

雲物流主要服務電子商務，倉儲產品種類多、數量多、物流效率高。採用精細化管理方式，注重倉內運作效率。依靠現代計算機管理技術，管理效果更高。在雲物流模式中，雲端運算、大數據、雲倉儲、物聯網等新興互聯網技術相互融合，各種物流要素和資源在雲技術、大數據、物聯網等技術的協助下按需交流，使資源配置達到最優，起到降低物流成本、提高物流作業效率的作用。

（三）雲物流的優點

雲物流具有以下優點：

1. 物流資源的資訊集成

雲物流充分考慮物流業務運作體系和管理模式未來的發展趨勢，實現行業內各類企業以及物流企業相互之間兼容、共享的資訊交互。

2. 物流金融服務的集成

雲物流可以提高企業一體化的服務水準，提高企業的競爭能力，可以降低企業的融資成本、提高企業的業務規模、增加高附加值的服務功能、擴大企業的經營利潤。

3. 流程管理資訊的集成

雲物流強化庫存分析、客戶及訂單分析、成本分析、貨物轉接分析、準確率分析、及時率分析，實現預算、核算與結算的一體化。

4. 多種資訊技術的集成

雲物流積極採用 GPS、GIS 等資訊技術，實現電子識別、實時監控、數據採集及傳輸等綜合資訊處理功能。

物流 Express

亞洲一號「硬科技」推動物流行業變革

東莞亞洲一號
圖片來源：億歐

5 年 25 座亞洲一號，軟硬實力兼具推動大灣區建設

從 2014 年京東物流上海亞洲一號落地到東莞亞洲一號全面投用，京東物流在全國範圍內佈局的亞洲一號智慧物流園區達到 25 座，可以輕鬆處理億級訂單。伴隨著東莞亞洲一號的啓用，大灣區網購配送效率和商品的轉運效率將全面提升。

從規模上看，東莞亞洲一號是目前已知的亞洲地區最大的一體化智慧物流中心。建築面積近 50 萬平米，相當於兩座鳥巢的面積；園區道路總長為 20 公里，相當於沿杭州西湖跑兩圈；22 公里長的分揀運輸系統，相當於港珠澳大橋跨海橋架的總長度；分揀滑道超過 800 個，相當於珠江水系的支流數量，自動立體倉庫可同時存儲超過 2,000 萬件中件商品，這些驚人的資料量聚成了一個規模宏大的智慧物流倉儲中心，保障京東物流運營體系在大灣區地區發揮更大的價值。

圖片來源：億歐

從技術層面看，東莞亞洲一號已實現倉儲、分揀、運輸、全供應鏈環節無人化。東莞亞洲一號的倉庫管理系統、倉庫控制系統、分揀和配送系統等整個資訊系統均由京東自主開發，擁有自主智慧財產權。

經過數次技術升級，其智慧化程度更高，訂單處理能力達到傳統倉庫的 5 倍以上，單日訂單處理能力可達 160 萬件。還有 78 台高達 22 米的立體堆垛機自動化存取搬運，數以百計的機器人在智慧倉各自工作、無人 AGV 搬運調度完成搬運、避讓、優先任務執行等工作。

目前，亞洲一號已經面向大灣區企業全面開放，並與京東物流智慧倉群、全供應鏈服務能力與當地一小時交通網連成一體，讓大灣區的商品流通更加順暢，供應鏈服務更加高效，進一步助力社會物流成本降低，有效推動大灣區的建設發展。

東莞亞洲一號成「中樞神經」，24 小時達輻射一億多人口

無論從占地面積、大型成套設備、萬級 SKU 帶來的工作量、管理成本、運營成本，東莞亞洲一號都是一個巨大的工程，據東莞亞洲一號工作人員表示，東莞亞洲一號有著數十億的投入。如此巨大的投入，對京東物流的生態版圖與消費者都有著不同尋常的意義。

對京東物流而言，東莞亞洲一號的全面投用，拓展了京東物流的智慧基礎設施的生態圈，成為京東整個供應鏈生態體系的「中樞神經」。

一方面，東莞所在的粵港澳大灣區是大家電、小家電、手機、筆記本、電腦、衛浴馬桶等商品最大的製造基地之一；另一方面，粵港澳大灣區是中國經濟發展最強勁、消費者購買力最強、電商市場最活躍的商圈，占全國經濟總量 12%，對高品質的物流服務有著強烈要求。而以處理中件商品為核心的東莞亞洲一號，將與處理小件商品的九龍亞洲一號、處理大件商品的黃埔亞洲一號組成智慧倉群，每日處理大、中、小件單量可以達到近 250 萬單，為高品質的物流服務提供了保障。

大型交叉帶分揀系統

圖片來源：億歐

而對消費者而言，最直觀的體現是用戶體驗、成本和效率得到提升。據京東工作人員表示，物流的各個階段都是一場掐表賽跑，內部代號「211」，也就是兩個 11 點，上午十一點前下單當日達，晚上十一點前下單次日達，而「211」時間目標來自京東電商大資料的峰值。

總而言之，隨著京東亞洲一號的升級，未來的商品將實現更高效、便捷的配送，一方面對消費者來說提高了用戶體驗與效率，另一方對於京東來說也可以實現使用者畫像的大資料精准分析和計算，幫助京東物流實現定價策略、採購計畫制定、庫存管理等供應鏈各層面的優化，以及加快全球供應鏈的佈局。

京東無人機送貨
圖片來源：億歐

參考資料：李騰，亞洲一號在莞佈局，「硬科技」推動物流行業變革，億歐，2019/12/18。

問題討論

1. 亞洲一號的成功關鍵因素為何？
2. 京東引進亞洲一號之目的為何？

1. 物流資訊的功能爲何？
2. 何謂物流資訊技術？包含哪些技術？
3. 何謂自動識別技術？包含哪些技術？
4. 何謂二維條碼？一維條碼與二維條碼有何差異？
5. 何謂 RFID ？其特點爲何？
6. 何謂 EDI ？其特點爲何？
7. 何謂 GPS ？何謂 GIS ？
8. 何謂物流資訊系統？物流資訊系統的構成爲何？
9. 何謂 EOS ？其特點爲何？
10. 何謂 WMS ？何謂 TMS ？
11. 何謂 DMS ？何謂 LMS ？
12. 何謂雲端運算？其特點爲何？
13. 何謂雲物流？與傳統物流有何不同？

第四篇：當代物流

13 跨境電商與物流

知識要點

13-1 跨境電商概述

13-2 跨境電商物流概述

13-3 跨境電商物流作業

13-4 海外倉

物流前線

國際物流的獨角獸企業—Flexport

物流 Express

全球買賣—菜鳥網絡正全面實現 72 小時全球送貨

物流前線

國際物流的獨角獸企業—Flexport

圖片來源：Flexport

成立六年時間，全球知名科技型貨運代理公司 Flexport（飛捷博）於 2019 年 2 月估值突破 32 億美元，成為 2019 年第一名的獨角獸企業，投資者包括了軟銀願景、順豐、DST 等一些系列知名基金。航運界，幾乎沒有人不知道 Flexport。

跨境物流由於涉及進出口國兩地的運輸，運輸鏈條冗長，手續十分繁雜，需要由其中涉及的角色共同協作完成—包括發貨人、收貨人、運力方（拖車 / 船公司 / 航空公司）、碼頭、海關，以及在其中為收發貨人提供代理服務的貨代、報關行等等。其中，貨代是承接收發貨人需求、串聯各環節的連接方，會提供墊資、手續代辦、訂艙 / 車等一系列服務。

相對於傳統貨代，Flexport 針對行業痛點，運用 SaaS（Software as a Service）技術打造資訊平臺以改變資訊傳遞的單鏈條和單向性。Flexport 在國際物流領域中，利用數位技術將極不穩定的運輸鏈條變得可視、可控，並能夠為客戶提供等同于個人發快遞的服務體驗。

Flexport 企業及產品簡介

Flexport 在 2013 年成立於美國矽谷，是一家提供全方位海陸空服務的科技貨運代理公司，被成為貨運業的「Uber」，提供自動化貨運和追蹤服務，被譽為「貨代領域的獨角獸」。公司以 SaaS 線上系統為核心技術手段，將國際貨運、代運的環節全部在一個數位平臺上，實現全程電子化、視覺化，提升貨運效率，為客戶提供海陸空貨運、報關及貨物保險等透明化服務，對傳統貨代運營模式進行了根本性的顛覆。

參考資料：科技驅動的現代國際物流—Flexport | 獨角獸研究院專欄，2020/2/14。

問題討論

1. Flexport 在國際物流中，提供的服務為何？
2. Flexport 如何成為獨角獸企業？

13-1 跨境電商概述

一、跨境電商之定義

所謂的跨境電子商務（跨境電商，Cross-Border Electronic Ecommerce），指的就是消費者和賣家在不同的關境（海關關稅法適用的領域，有時與國境一致，有時則否，例如一個國家有不同的經濟特區適用不同國稅。）透過電子商務平台完成交易、支付結算與國際物流送貨的一種國際商業活動。因為近年來網路的發達而日益蓬勃，是國際貿易的一種型態。

一般而言跨境電商的運作模式如圖 13-1，與一般傳統國際貿易運作模式有明顯之差異。跨境電商跳脫了部分中間媒介的環節，像是批發商、零售商等，商品得以直接銷售予消費者，製造商也能直接與消費者聯繫。

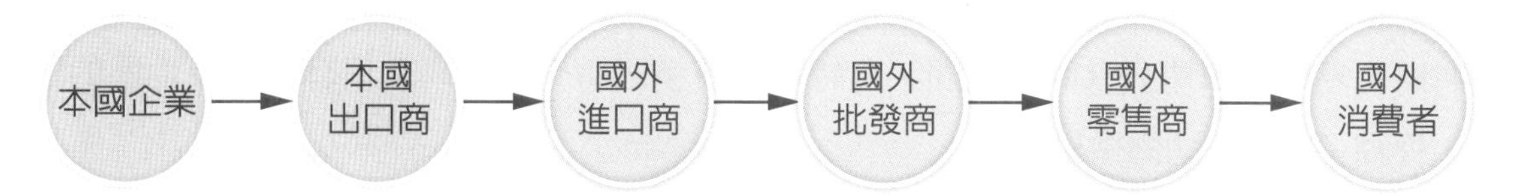

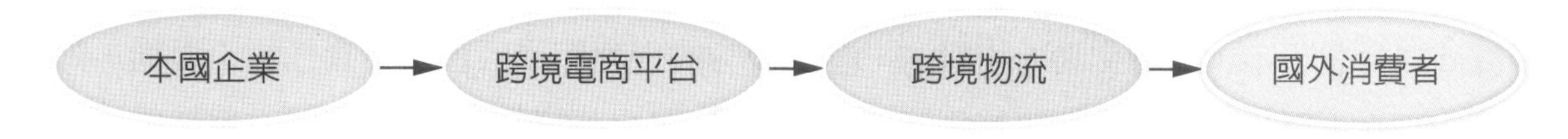

圖 13-1　傳統國際貿易與跨境電商運作差異

因此在定義跨境電子商務時，把電子商務（E-Commerce）相關的產業也都涵蓋在裡面，包含物流配送、金流服務等，並將跨境電子商務分為狹義以及廣義兩類，以下分別說明。

（一）狹義

跨境電商實際上基本等同於跨境零售。跨境零售指的是分屬於不同關境的交易主體，藉助電腦網路達成交易、進行支付結算，並採用快件、小包等行郵的方式通過跨境物流將商品送達消費者手中的交易過程。

（二）廣義

跨境電商基本等同於外貿電商，是指分屬不同關境的交易主體，通過電子商務的手段將傳統進出口貿易中的展示、洽談和成交環節電子化，並透過跨境物流送達商品、完成交易的一種國際商業活動。

二、跨境電商的特點

跨境電子商務與傳統交易模式兩者之間存在著極大的不同之處，跨境電子商務可以透過專門平台達成交易，透過網路虛擬世界營造出來的空間，讓境外的國家也可以透過此平台完成交易，是國際商業活動的一大特色，而跨境電子商務所擁有的特點將分爲六大類，爲全球性、匿名性、即時性、無形性、無紙化及快速演進。其內容如下：

（一）全球性

隨著網路系統的方便，給予了無國界之分，網路用戶不需要考慮國界，只要具備了一定的技術與手段，在任何時候、任何地方都可以進入網路得取訊息及資訊，相互聯繫進行交易。但對全球化網路系統建立起來的電子交易活動進行課稅有相當之困難度，因爲有時交易時不單單只有兩國之間，有時還會有多國轉介、交易，沒有國界及地區的限制，模糊了國家確切的徵稅權力。

（二）匿名性

電子交易很難辨識用戶確切的位置與眞實身分，人們可以享受莫大的自由，不用暴露地理位置也不會影響交易。相對的，隱匿身分的便利即導致自由與責任的不對稱，對於商品上也衍生出許多的法律管制問題，但由於部分交易難以取得買賣雙方用戶確切資訊，而稅務機關掌握納稅人財務訊息之難度增加，跨國納稅人的所得申報額也降低。

（三）即時性

網路的世代，證明了網路傳輸並沒有時間及地區的局限，相對於傳統交易上，省去了層層關卡，交易活動可能隨時進行、隨時終止、隨時變動，使得買賣雙方都不再有任何時間困擾。

（四）無形性

傳統商業交易以實物爲主，在電子交易中卻發展出許多的無形商品，像是線上諮詢服務或是數位化商品，也就是所謂的電子勞務，新型的商品模式衍生出了無形的產品特質，但也因為無形性的特性，整個交易過程在網路上瞬間完成，稅務機關很難控制和檢查銷售商品的交易活動，令稅務核查人員亦無法準確地計算銷售金額和利潤，帶給稅務機關稽核上的困難。

（五）無紙化

網際網路的世代取代過去紙上交易，透過電子商務來進行用戶溝通、交易資訊交流、大數據分析等，較過去的紙上交易快速，更容易達到即時性的交易。如今社會不斷提倡著環保概念，此項無紙化的特性也在落實著愛護地球的概念，但現行稅務法條還是有許多都是以有紙交易為法條訂定原則，使得有著許多法律上的局限及漏洞。

三、跨境電商的模式分類

跨境電商可以按照不同的維度進行分類，其分類標準包括進出口方向、商業模式、平台服務類型和平台營運模式，如表 13-1 所示。

表 13-1 跨境電商的模式分類

劃分標準	劃分類型
按進出口方向劃分	1. 進口跨境電商 2. 出口跨境電商
按商業模式劃分	1. B2B 的跨境電商 2. B2C 的跨境電商 3. C2C 的跨境電商
按平台服務類型劃分	1. 資訊服務平台 2. 在線交易平台
按平台營運模式劃分	1. 第三方電子商務交易服務平台 2. 自營型平台 3. 外貿電子商務代營運服務商

（一）按進出口方向劃分

按照進出口方向的不同，跨境電商可以分為進口跨境電商和出口跨境電商。

進口跨境電商是指境外企業借助跨境電商平台與境內企業或個人買家達成交易，然後通過跨境物流將商品送至境內，完成交易的商業活動。進口跨境電商的傳統模式就是海淘，即境內買家在電子商務網站上購買境外的商品，然後境外企業通過直郵或轉達的方式將商品運送至境內買家手中的購物方式。進口跨境電商代表電商平台如天貓國際等。

出口跨境電商是指境內企業借助跨境電商平台與境外企業或個人買家達成交易，然後通過跨境物流將商品送至境外，完成交易的商業活動。出口跨境電商代表電商平台有全球速賣通、eBay、阿里巴巴國際站等。

（二）按商業模式劃分

按照商業模式的不同，跨境電商分爲 B2B、B2C 和 C2C 三種模式，如表 13-2 所示。

表 13-2 不同商業模式的跨境電商企業的特點及其業內代表

商業模式	特點	企業代表
B2B	企業與企業之間通過互聯網進行商品、服務及資訊的交換	阿里巴巴國際站
B2C	分屬不同關境的企業直接面向個人消費者，在線銷售商品和服務，它面對的最終客戶爲個人消費者，以網路零售的方式售賣商品	全球速賣通、亞馬遜
C2C	面對的最終客戶爲個人消費者，商家也是個人賣家。由個人賣家發布售賣的商品和服務的資訊、價格等內容，個人消費者進行篩選，最終通過電子商務平台達成交易，進行支付結算，個人賣家通過跨境物流將商品送達個人消費者手中，完成交易	eBay、全球速賣通

（三）按平台服務類型劃分

按平台所提供服務的不同，跨境電商平台可以分爲資訊服務平台和在線交易平台兩類，二者的特點及其業內代表如表 13-3 所示。

表 13-3 不同平台服務類型的跨境電商平台的特點

平台類型	特點
資訊服務平台	爲境內外會員提供網路行銷平台，傳遞供應商或採購商等的商品或服務資訊，促使買賣雙方完成交易
在線交易平台	不僅提供商品、服務等多方面資訊展示，還可以讓用戶通過線上平台完成搜索、諮詢、對比、下單、支付、物流和評價等全購物鏈環節

（四）按平台營運模式劃分

根據平台營運模式的不同，跨境電商平台可以分爲第三方電子商務交易服務平台、自營型平台和外貿電子商務代營運服務商，三種平台的特點及其業內代表如表 13-4 所示。

表 13-4　不同平台營運模式的跨境電商平台的特點及其業內代表

平台類型	特點	營利模式
第三方電子商務交易服務平台	通過搭建線上交易平台，並整合物流、支付、營運等服務資源，吸引商家入駐，為其提供跨境電商交易服務	以收取商家佣金及增值服務佣金作為主要營利模式
自營型平台	通過搭建線上平台，平台方整合供應商資源，以較低的進價採購商品，然後以較高的售價出售商品	以賺取商品差價作為主要營利模式
外貿電子商務代營運服務商	為外貿企業提供一站式電子商務解決方案，並能幫助外貿企業建立定制的個性化電子商務平台	以賺取企業支付的服務費用作為主要營利模式

四、跨境電商與傳統電子商務之差異

傳統電子商務是境內貿易，而跨境電商是境內與境外間的貿易，二者在貿易環節、適用規則、交易主體及面臨的風險等方面存在區別。

（一）業務環節不同

與傳統電子商務相比，跨境電商的業務環節要更加複雜，它需要經過海關通關、檢驗檢疫、外匯結算、出口退稅、進口退稅等環節，而傳統電子商務無須經過這些環節。

在貨物運輸環節中，跨境電商通過郵政小包、專線物流等跨境物流將貨物運送出境、入境。因為路途遙遠，所以貨物從售出到送至買家手中需要花費更長時間，並且貨物在派送過程中發生損壞的機率很大。傳統電子商務發生在境內，貨物的運送路途、時間較短，貨物損壞的機率較小。

（二）適用規則不同

傳統電子商務一般需要遵守電子商務平台的規則，以及本地區電子商務行業的相關法規，而跨境電商需要遵守的規則更多、更細、更複雜。

首先，很多人是借助第三方平台開展跨境電商業務的，所以們首先需要遵守各個電子商務平台的規則；其次，跨境電商涉及不同國家和地區之間的貿易往來，需要以國際通用的貿易協定或雙邊貿易協定為基礎；最後，跨境電商具有很強的政策、規則敏感性，從事該行業的人員需要及時了解國際貿易體系、規則、進出口管理制度，以及關稅細則、政策的變化，對國際貿易形勢也應該有深入且全面的了解。

（三）交易主體不同

傳統電子商務的交易主體一般在境內，交易發生在境內企業和境內企業、境內企業和境內個人或境內個人和境內個人之間。跨境電商的交易主體一般在不同的關境內，交易發生在境內企業和境外企業、境內企業和境外個人或者境內個人和境外個人之間。

跨境電商的交易主體遍及全球，他們有著不同的文化背景、生活習俗和消費習慣，所以從事跨境電商行業的人員需要對境外廣告推廣行銷、目標市場人群的消費習慣、境外商品分銷體系、目標市場的品牌認知等有深入的了解，要有「當地化／本土化」思維。由此可知，與傳統電子商務相比，跨境電商的營運難度更高。

（四）面臨的風險不同

跨境電商的整個交易流程涉及倉儲管理、跨境物流、國際貨款支付和結算等各個環節，面臨著供貨風險、運輸風險、匯率風險及法律法規風險等各類風險。而傳統電子商務與跨境電商相比面臨的風險相對較少。

五、跨境電商與傳統國際貿易之差異

與傳統國際貿易相比，跨境電商交易擁有更高的效率，各國和地區的消費者對跨境電商的接納程度越來越高，而對傳統國際貿易而言，電子商務化是一條新的出路。

與傳統國際貿易相比，跨境電商擁有極大的優勢，跨境電商與傳統國際貿易的對比如表 13-5 所示。

表 13-5 跨境電商與傳統國際貿易的對比

貿易形式 / 對比項目	傳統國際貿易	跨境電商
交易主體交流方式	面對面，直接接觸	通過互聯網平台交易、間接接觸
運作模式	基於商務合約的運作模式	需借助互聯網電子商務平台
訂單類型	大批量、少批次、訂單及中、週期長	小批量、多批次、訂單分散、週期相對較短
價格、利潤率	價格高，利潤率相對較低	價格實惠，利潤率高
商品類目	商品類目少，更新速度慢	商品類目多，更新速度快
規模、增長速度	市場規模大，但由於受地域限制，增長速度相對緩慢	面向全球市場，規模大，增長速度快
交易環節	複雜（生產商 → 貿易商 → 進口商 → 批發商 → 零售商 → 消費者），涉及的中間商較多	簡單（生產商 → 零售商 → 消費者，或生產商 → 消費者），涉及的中間商較少
支付	電匯、信用卡等	電匯、信用卡、互聯網第三方支付等，支付方式更加多樣
物流運輸	通過空運、集裝箱海運、鐵路運輸完成	通過郵政小包、專線物流、海外倉等進行運輸
爭端處理	擁有健全的爭議處理機制	爭議處理不暢，效率低

13-2 跨境電商物流概述

一、跨境電商物流的概念

跨境電商物流是跨境電商流程能夠實現的重要載體，是在兩個或兩個以上國家／地區之間進行的物流服務，分為輸出地物流、國際物流、輸入地物流與配送三部分，涉及清關、檢驗檢疫等複雜流程。跨境電商的發展離不開物流業的支持，從某種程度上來說，跨境電商的物流發展程度決定了跨境電商的發展程度。由於電商環境下人們的交易主要依靠網路進行，此時作為線下主要活動主體的物流配送就顯得十分重要，它直接關係到電商交易能否順利完成，能否獲得消費者的認可。

二、跨境電商物流的風險

跨境電商物流運輸時間長、距離遠，增加了通關、商檢、退稅結匯、海外倉儲等環節，同時各國國情有所差異，愛國主義、風土人情及物流設施有明顯區別，這些因素都極大程度地提高了跨境電商物流風險產生的可能性，同時也對跨境電商物流服務品質及效率方面提出了更高要求。

（一）物流時效風險

物流時效風險在於跨境電商貿易中的不確定因素較境內貿易明顯增多，導致跨境物流的週期長、效率低，在訂單處理、運輸、配送及清關過程中均出現延遲現象。一方面是因爲跨境交易中各國國情差異較大，物流基礎設施有所差異，造成跨境物流工作無法高效展開；另一方面是因爲電商活動跨境開展導致物流環節增多、供應鏈長度增加，再加上貨物需要在海關部門完成報關、商檢及通關等活動，使跨境物流活動的週期較長。

（二）物流資訊風險

跨境電商資訊風險體現在即時追蹤能力及資訊安全兩方面。一方面，物流資訊在傳遞過程中可能出現資訊錯誤或難以實現即時追蹤的情況，跨境商品出現貨物破損或貨物丟失，以致商品無法按時、安全地到達境外消費者手中；另一方面，跨境電商物流依託於網路技術而發展，而網路自身存在一定的安全隱患，甚至會遭受惡意攻擊，可能出現資訊和數據的洩漏、交換延遲等現象。

（三）物流損耗風險

物流損耗在國內外業界都是普遍存在且難以解決的問題，而跨境電商貿易中的物流損耗情況更爲嚴重。其原因主要分爲客觀原因及主觀原因兩方面：客觀原因在於不可抗力因素的產生，如自然災害、惡劣天氣、政治衝突及設施設備故障等；主觀原因則在於跨境電商的特點及人爲因素兩方面。

物流損耗風險主要體現在貨物破損、貨物丟失及退換貨等方面。貨物破損主要存在於包裝、裝卸、庫存及運輸環節中，不恰當的物流行爲將導致貨物包裝破損以及包裝破損後的貨損貨差情況產生，使商品無法進行正常銷售及二次銷售。

（四）物流成本風險

跨境物流涉及多種運輸方式及物流節點，對貨物的包裝技術、存儲條件、退換貨流程等方面提出了更高的要求，增加了物流過程中的包裝、庫存及運輸等方面的物流成本，跨境物流成本風險即來源於此。

（五）環境風險

跨境電商物流的環境風險是指外部環境的不確定性對跨境電商物流產生的風險，包括不可抗力、經濟環境、政策環境及行業環境等四個方面。

不可抗力風險主要來源於自然災害和戰爭，指由於火災、洪澇、地震等自然災害以及戰爭的發生，在人員、貨物、財產等方面將造成重大損失。

經濟環境方面，其風險主要源於國際市場複雜多變，市場經濟波動以及匯率、利率變動較國內貿易更爲明顯，跨境貿易活動中應更爲關注宏觀經濟市場的變動情況。

政策環境風險主要體現在國家針對跨境電商物流領域所制定、推行的政策是否有利，以及國家爲其發展所建設的物流基礎設施水準的高低。行業環境也影響著跨境電商物流的發展，行業市場的需求波動情況、增長速度、競爭程度以及發展前景等因素都制約著跨境物流活動的開展。

三、跨境電商物流企業主要類型

在跨境電商物流發展的成長初期，對於涉獵跨境電商物流企業範疇的物流企業來說，不僅擴大了企業的業務範圍，提升了企業對潛在市場的佔有率，同時也刺激了跨境電商物流市場的發展。儘管跨境電商物流發展相對較晚，但其企業類型並不是雜亂無章的，而是根據電商交易的發展進行區分的，現將其歸納如下：

1. 傳統零售企業通過發展跨境電商業務，自有的業務量足以支撐跨境物流的需求，紛紛成立跨境物流網絡，代表企業有沃爾瑪等。
2. 傳統交通運輸業、郵政業的企業順應跨境電商市場的需求，紛紛增加跨境物流業務，代表企業馬士基等。
3. 大型製造企業或傳統行業的大型企業憑藉原有的物流資源，一般隸屬於集團的物流公司或物流職能部門，伴隨自身跨境電商市場的擴張，開始涉足跨境物流業務，代表企業有大陸的海爾物流等。

4. 傳統電商企業隨著跨境電商業務的擴張，刺激了跨境物流的需求，在國內市場自建了物流體系，並嚐到自建物流帶來的優勢，隨之將其擴散到跨境物流市場，自建跨境物流網絡，代表企業有京東物流、阿里巴巴菜鳥網絡、亞馬遜物流等。
5. 傳統快遞企業不願錯失跨境物流市場，紛紛介入跨境物流業務，代表企業有 UPS、FedEx、順豐速達等。
6. 新興的跨境物流企業，成立之初就專注於跨境物流市場，代表企業有俄速通、俄羅斯物流公司 SPSR、巴西物流公司 Intelipost 及 Loggi 等。

四、跨境電商物流的類型

（一）郵政小包

郵政小包（Postal Packet）主要通過萬國郵政聯盟（UPU）來郵寄包裹，以個人郵包的形式來發送。萬國郵政聯盟成員之間的低成本結算，使得郵政小包的物流成本非常低廉，具有很強的價格競爭優勢，一般按克（g）收費，2,000 g 以內的包裹基本以函件的價格結算，這大大提高了跨境電商產品綜合售價的優勢。萬國郵政聯盟成員之間的海關清關便利，使得郵政包裹的清關能力比其他商業快遞要強，產生關稅或者退回的比例相對要小。萬國郵政聯盟成員之間強大的網路覆蓋也使得郵政包裹送無不達，目前郵政網絡覆蓋全球 220 個國家 / 地區，比其他任何物流管道的網絡覆蓋都要廣。郵政小包本身所具有的價格便宜、清關方便、覆蓋面廣等特點，使其成爲跨境電商的主要物流配送模式。

（二）商業快遞

商業快遞（Commercial Express）四大巨頭，即 UPS、FedEx、DHL 和 TNT 等四個實力強大的跨國快遞公司。商業快遞優勢明顯，高效、安全、專業、服務可靠，清關能力較強，能夠全程追蹤並提供即時資訊服務和門到門服務。商業快遞的缺點有清關產品受限，像一些仿牌、含電等特殊類的商品基本不能走快遞管道，因此商業快遞在跨境電商物流中只佔據很小一部分市場份額，同時價格昂貴始終是它的短處，可供海外消費者選擇的快遞公司少。

（三）專線物流

專線物流（Professional Logistics）主要有跨境電商平台海外專線和第三方物流企業海外專線兩種，大多設置了出口倉庫，在倉庫完成物品的理、揀、配和包裝，採取航空集中托運方式，根據貨物流向，統一訂購飛機艙位，統一分揀、統一發貨，在目的國／地區使用郵政系統投遞貨物的方式。

專線物流主要依託於發件國／地區與收件國／地區的業務量規模，在此前提下，業內使用量普遍的專業物流包括美國專線、西班牙專線、澳大利亞專線、俄羅斯專線、中東專線、南美專線、南非專線等。

（四）海外倉

海外倉（Overseas Warehouse）即海外建倉，是指在境外獨立或合作建設、租賃倉庫，貨物就近存儲，買家線上訂購，商家線下從當地倉庫發貨，通過自營和外包兩種形式進行經營管理，滿足電商企業的實際需求。貨物在買家下訂單之前就已經運往海外倉庫，這樣可以避開貨物運輸的高峰時間，選擇成本較低的運輸方式，節約了物流成本，而在爲買家配送的過程中，快速安全的物流也能夠獲取買家的滿意，從而提升跨境電商企業的競爭力。

相對於傳統國際物流配送時間長、配送成本高、包裹安全缺陷、商品退換難、海關障礙多等問題，海外倉在很大程度上能夠解決上述問題，成爲強勢發展的物流模式。

（五）其他物流管道

其他代表性的物流管道還有電商平台自營物流和倉儲集貨服務。如亞馬遜將自身平台開放給平台上的賣家，將其庫存納入自身全球物流網絡，爲其提供包括倉儲、揀貨、打包、配送、收款、客服與退貨處理的一條龍式物流服務，從中收取服務費用。倉儲集貨服務類似郵局的信件處理方式，集腋成裘，當到達同一城市或地區的訂單積累到一定量後再集中裝運發貨，到達目的地分發中心後再各自派送。

每種物流類型各有利弊，優劣各不相同。郵政小包費用較低、手續簡便、網絡覆蓋廣、清關能力強，但是速度最慢、風險最高。商業快遞的優勢和劣勢都很明顯，速度快、作業規範、物流追蹤能力強，但價格高昂。專線物流經濟實惠，價格向郵政小包看齊，速度時效與商業快遞相差不大，全程有資訊追蹤服務、性價比非常高。海外倉離終端市場最近、交貨速度最快、風險最低、費用也較低，能夠給市場提供非常豐富的產品，給客戶提供最好的售後服務和最佳的購物體驗，但目的地國／地區的倉儲營運成本高，初期投資大。

五、跨境電商物流的特徵

隨著跨境電商的高速發展，也衍生適應跨境電商需求的各種類型的跨境電商物流服務。根據物流功能的不同，我們可以把跨境電商物流劃分爲很多類型，其中郵政小包、商業快遞、專線物流、海外倉是跨境電商企業選擇的主要物流類型。不同於傳統物流，跨境電商物流強調以下特徵。

1. 物流速度反應快速化

跨境電商要求供應鏈上下游對物流配送需求的反應速度要非常迅速，因此整個跨境電商物流前置時間和配送時間間隔越來越短，商品周轉和物流配送時效越來越快。

2. 物流功能的集成化

跨境電商將物流與供應鏈的各個環節進行集成，包括物流管道與產品管道的集成、各種類型的物流管道之間的集成、物流環節與物流功能的集成等。

3. 物流作業的規範化

跨境電商物流強調作業流程的標準化，包括物流訂單處理模板的選擇、物流管道的管理標準制定等操作，使複雜的物流作業流程變得簡單、可量化、可考核。

4. 物流資訊的電子化

跨境電商物流強調訂單處理、資訊處理的系統化和電子化，用 ERP（Enterprise Resource Planning，企業資源計畫）資訊系統功能完成標準化的物流訂單處理和物流倉儲管理。通過 ERP 資訊系統對物流管道的成本、時效、安全性進行關鍵績效指標考核，以及對物流倉儲管理過程中的庫存積壓、產品延遲到貨、物流配送不及時等進行有效的風險控制。

13-3 跨境電商物流作業

一、跨境電商物流作業流程

不同的跨境電商模式又產生了不同的跨境電商物流作業流程。從整體上看，跨境電商物流的運作流程表現爲當賣家接到訂單後，安排相應的物流企業，進行輸出地海關與商檢、國際貨運、輸入地海關與商檢等活動，隨後進入輸入地物流，直到商品配送到買家手中。

無論是跨境出口電商業務，還是跨境進口電商業務，按照商品流動方向看，都會涉及輸出、國際運輸與輸入環節。因此，跨境電商物流作業流程又細分為輸入地物流作業流程、國際段物流作業流程和輸入地物流作業流程，各物流環節都具有各自的作業流程與核心節點。

（一）輸出地物流作業流程

根據跨境商品流動方向，首先涉及輸出地物流環節，主要從供應商到跨境電商企業再到海關組織，如圖 13-2 所示。其中，關鍵節點表現為供應商的倉儲環節、商品從供應商到跨境電商企業的物流運輸環節、跨境電商企業所屬的倉儲與分揀環節、商品從跨境電商企業到海關分揀中心的物流運輸環節、商品在海關的報關與報檢環節，以及商品在海關分揀中心的分揀環節等。跨境電商物流與國內電商物流最大的差異在於跨境，成交商品需要通過海關進出境，商品進出境的方式決定了跨境物流的作業方式和複雜程度。

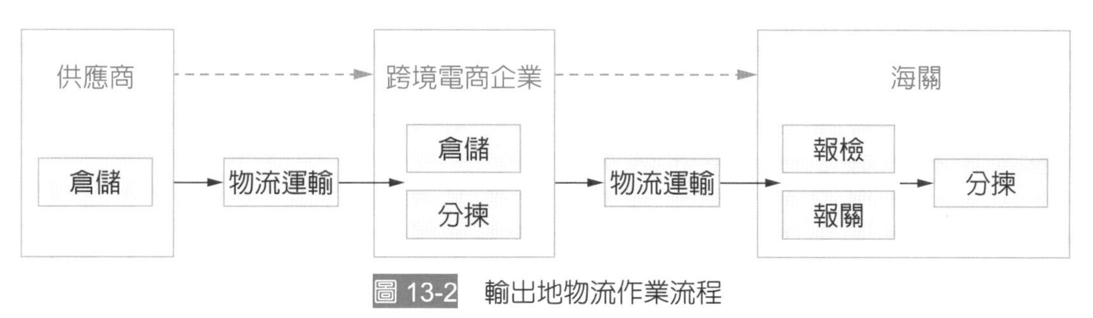

圖 13-2 輸出地物流作業流程

（二）國際段物流作業流程

商品完成輸出地物流作業環節後，會通過海陸、陸路或機場口岸出境，然後進入國際段物流作業環節。根據跨境商品交易涉及國家的不同，國際段物流作業會涉及不同的運輸方式，主要有航海運輸、航空運輸、公路運輸、鐵路運輸，抑或國際多式聯運等。當商品通過國際運輸抵達輸入地海關時，跨境電商企業還需要進行商品的報關與報檢工作，以便商品能夠通過輸入地海關，如圖 13-3 所示。

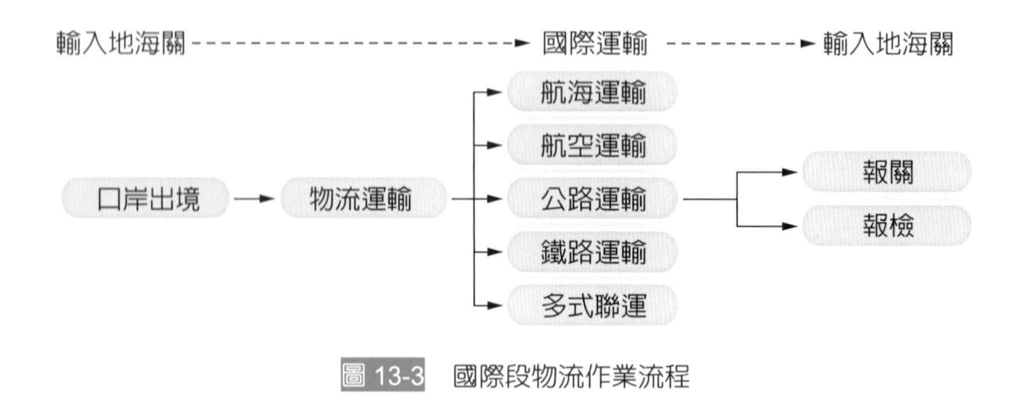

圖 13-3　國際段物流作業流程

(三) 輸入地物流作業流程

商品通過輸入地海關後，會在海關分揀中心先進行商品分揀，再運輸到輸入地物流承運企業的倉儲中心，然後根據購買商品的消費者具體所在地進行分揀、物流運輸等。與國內電商物流作業流程相似，跨境電商物流也有配送環節，將商品運送到消費者手中，從而完成跨境電商物流所有運作流程。

這些物流作業均在消費者所在國境內實現並完成，相對於跨境電商企業所在國而言，該部分也稱爲輸入地物流，如圖 13-4 所示。

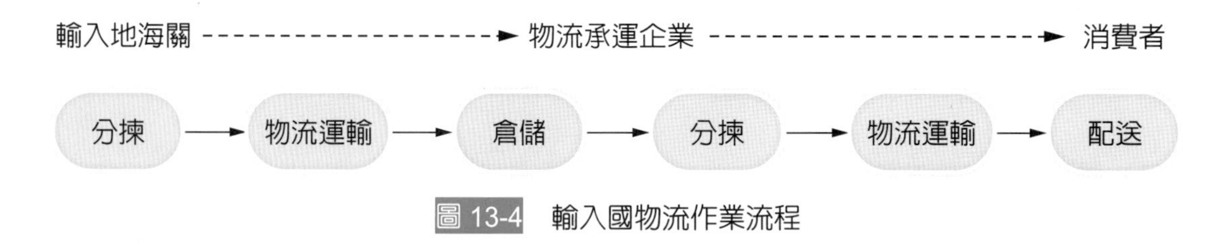

圖 13-4　輸入國物流作業流程

二、跨境電商物流主要作業

從縱向角度上來說，跨境電商物流是一條完整的供應鏈，涉及物品的採購、入庫、倉儲保管、包裝運輸，到物品的配送、中轉等環節，中間還有支付、報關、商檢、售後物流等，形成了相當完整的跨境物流網絡體系；從橫向發展上來說，跨境電商物流包括賣家所在地的物流、出境海關和商檢、國際物流、入境海關和商檢、買家所在地的物流、配送等作業。

(一) 集貨

集貨是指企業將分散的、小批量的貨物集中在一起，經過集貨中心處理，將原來不容易進行批量運輸的貨物，形成批量運輸的起點，從而實現大批量、高效率、低成本、高速度的快遞運作。因此，集貨是運輸和配送的基礎工作。

（二）倉儲

狹義的倉儲可以描述爲靜態倉儲，是指在倉庫等相關場所實現對各種物品的儲存與保管，可形象地比喻爲儲存水的水池。廣義的倉儲除了具備最基本的物品保管和儲存功能外，還包括物品在倉庫期間的分揀組合、裝卸搬運、流通加工等各項增值服務，是一種過程性的動態倉儲，可形象地比喻爲流動的江河。

倉儲不僅僅是爲了滿足貨主繼續運輸的需要，而且還對貨主在生產、交換、流通、消費等各個物流環節中產生作用。高品質、高效率的倉儲對保障跨境電商物流的品質和效率起著至關重要的作用。

（三）分揀

分揀是將物品按品種、出入庫先後順序進行分門別類地堆放的作業。分揀是完善送貨、支持送貨的準備性工作，是不同配送企業在送貨時提高自身經濟效益的必然延伸，有配送分揀和寄遞分揀兩種形式。

1. 配送分揀

配送分揀是指物流配送中心依據顧客的訂單要求貨配送計畫，迅速、準確地將商品從其儲位或其他區位揀取出來，並按一定的方式進行分類、集中的作業過程。配送分揀通常有訂單別揀取、批量揀取及複合揀取三種方式。

2. 寄遞分揀

寄遞分揀是郵政企業與快遞企業在郵件（快件）內部處理過程中的一項重要工序，即分揀人員根據郵件（快件）封面上所書寫的遞紙，按本企業內部自我編列的分揀路由（即路向），逐漸分入相關格口或碼堆的過程。

（四）通關

通關即結關、清關，是指進出口貨物和轉運貨物，進出入一國海關關境或國境必須辦理的海關規定手續。只有在辦理海關申報、查驗、徵稅、放行等手續後，貨物才能放行，放行完畢稱爲通關。同樣，載運進出口貨物的各種運輸工具進出境或轉運，也均需向海關申報，辦理海關手續，得到海關的放行許可。貨物在結關期間，不論是進口、出口或轉運，都是處在海關監管之下，不准自由流通。

（五）國際運輸

國際運輸指用一種或多種運輸工具，把貨物從一個國家／地區的某一地點運到另一國家／地區的某一地點的運輸。國際運輸的方式很多，包括國際陸路（公路、鐵路）運輸、國際海洋運輸、國際航空運輸或是多式聯運等。

（六）商檢

商檢即商品檢驗（Commodity Inspection），是指商品的產方、買方或者第三方在一定條件下，借助於某種手段和方法，按照合約、標準或國內外有關法律、法規、慣例，對商品的品質、規格、重量、包裝、安全及衛生等方面進行檢查，並做出合格與否或通過驗收與否的判定，或爲維護買賣雙方合法權益，避免或解決各種風險損失和責任劃分的爭議，便於商品交接結算而出具各種有關證書的業務活動。

商品檢驗是國際貿易發展的產物，它隨著國際貿易的發展成爲商品買賣的一個重要環節和買賣合約不可缺少的一項內容。商品檢驗體現不同國家對進出口商品實施品質管制，通過這種管制，從而在出口商品生產、銷售和進口商品按既定條件採購等方面發揮積極作用。

（七）配送

物流企業通過運輸解決商品在生產地點和需求地點之間的空間距離問題，從而創造商品的空間效益，實現其使用價值，以滿足社會需要。配送是由運輸衍生出來的功能，隨著配送的發展，它包括了物流的所有職能，成爲物流的一個縮影，體現了物流、資金流和資訊流的集成。

配送的流程可描述如下：配送是根據客戶訂貨的要求，在貨物集結地的配送中心按照貨物種類、規格、品種搭配、數量、時間、送貨地點等要求，進行分揀、配貨、裝卸、車輛調度和路線安排等一系列作業，最終將貨物運送給客戶的一種特殊的送貨形式。

此外，末端配送就是俗稱的「最後一哩路」配送問題，在跨境電商物流體系中屬於最後一個環節，是直接接觸到消費者的環節。由於末端配送的服務範圍較爲廣泛、需求具有較大的隨機性、價值的附加價值較小等，因此，末端配送是跨境電商物流體系中最難控制的環節，也是最容易引起消費者不滿的環節。由於各個客戶對配送的要求會有差異，因此末端配送問題呈現出不同的表現形式。

13-4 海外倉

一、海外倉概述

跨境電商主要由產品的資訊流、物流及資金流業務組成，其中資訊流和資金流業務均已得到較好發展，但跨境物流還存在諸多問題。由於跨境物流涉及較多環節，且面對各國／地區不同的物流供應商和海關，其時效性、成本、丟件及退換貨等問題一直難以得到有效解決，嚴重影響消費者的購物體驗和跨境電商的發展。而海外倉這種新型的跨境物流模式的出現，很好地解決了跨境直郵中存在的問題。

所謂海外倉，即通過在商品進口國／地區境內選址設置倉儲地點並是先將貨物批量出口至進口國／地區境內倉庫，一旦目標市場國家／地區的消費者下單，即可從相應海外倉發貨，從而實現物流的本土化，避免複雜的跨境物流及通關手續，最大限度地提高跨境物流效率，解決丟件率高、退換貨難等問題。

目前，參與海外倉建設的企業主要是大型跨境電商從業企業、第三方跨境電商平台和跨境物流企業。

二、海外倉作業流程

一般而言，海外倉的作業流程可以分爲三部分：頭程運輸（Head Transport）、倉儲管理以及本地配送（Local Delivery）（也稱尾程配送）。

（一）頭程運輸

一般國內出口跨境電商企業在未接收到國外客戶訂單之前，就通過傳統的運輸方式，將商品提前運送到海外倉去，其中包括集中式報關、個性化加工等額外的增值服務。這些商品通過批量處理，提高了管理精準度和作業效率，節約了大量時間、運輸成本及管理成本。

（二）倉儲管理

倉儲管理（Warehouse Management）不僅是單純地存儲商品，還會對海外倉的商品進行精細科學的分類存儲，以便商品出庫時更加高效、方便。此外，倉儲管理還能提供訂單管理服務，可根據訂單及時發貨，也可根據訂單的數量預測下一季度或某個相似時間段的商品銷售數量，還可將海外倉當地季節、節日等因素及時反映給跨境電商企業，以便跨境電商企業及時倉儲合適數量的商品。這可以避免缺貨情況的出現或者庫存量過多的壓力，從而減少跨境電商企業的倉儲成本，提高海外倉的利用率。

（三）本地配送

境外消費者通過跨境電商平台下單，跨境電商企業收到客戶的訂單資訊之後發送給海外倉管理系統，由海外倉出庫商品發貨。這就使得跨境電商的購買行爲轉換爲境內銷售行爲，縮短了跨境電商所在國到目標市場的距離，減少了客戶從下單到接收商品的時間，無須經歷漫長的等待。同時，海外倉也成爲跨境電商企業展現自身商品的一個窗口，吸引消費者，使得消費者更加了解遠在境外的跨境電商企業，從而提高了跨境電商企業的知名度，增加消費者重複購買行爲。

海外倉的運作流程如圖 13-5 所示。在境內，賣家或賣家供應商通過自提送貨或集貨理貨的方式把商品運送至頭程倉，頭程倉根據商品的特性和數量辦理拚箱或整箱的運輸，然後由跨境電商企業或貨運代理公司辦理訂艙報關及退稅手續，將商品送到目的國／地區。辦理完入境清關、繳稅等手續之後，將商品運送至海外倉，海外倉對貨物即時入庫上架，進行精準分類、安全有效的倉儲管理。

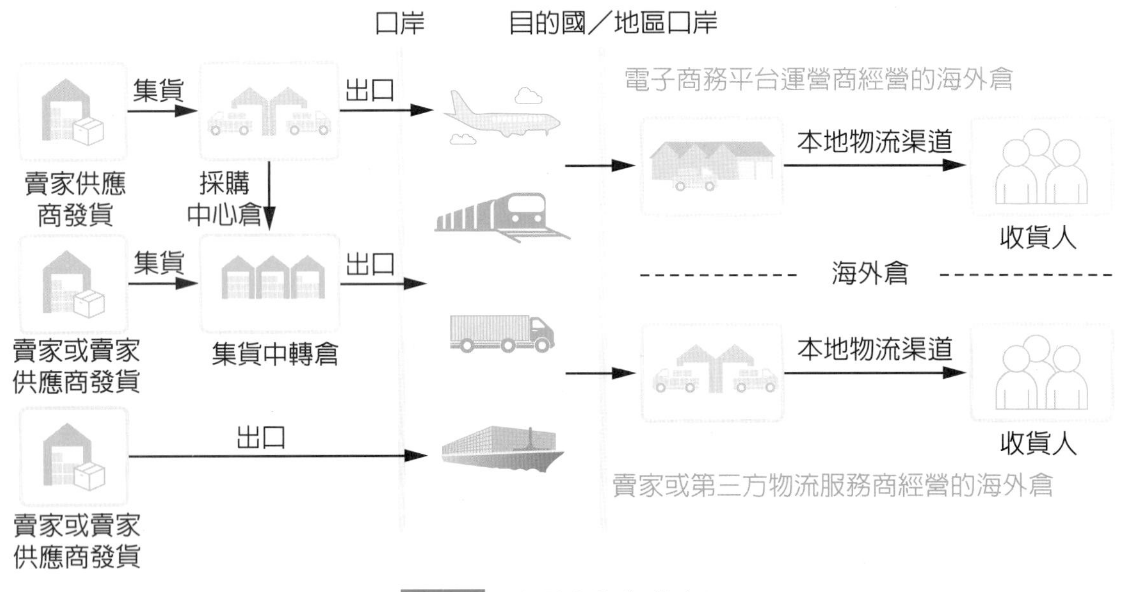

圖 13-5 海外倉的作業流程

例如境外的買家通過 eBay、Amazon 或其他跨境電商平台購買商品（即下單），跨境電商企業上傳訂單至海外倉管理系統，倉庫管理人員及時履行訂單，揀貨商品出庫進行海外本地配送，將商品送到消費者手中。此外，海外倉還可以履行退換貨、補貨管理等增值服務。頭程運輸、倉儲管理以及本地配送這三個流程並不是獨立運轉的，而是由海外倉管理系統對整個流程進行全局掌控。

三、海外倉優缺點

（一）海外倉對企業的優點

1. 提高物流運輸效率，降低成本

海外倉爲跨境電商企業節省了一大筆物流運輸開支。無論是何種海外倉營運模式，都使得跨境電商企業在境外有一個貨物的暫時過渡點，解決了傳統物流運輸慢、成本高的難題。通過海外倉，跨境電商企業無須在客戶下單之後再從境內發送商品，而是可以提前將貨物批量打包發送至目的國／地區，也無須在商品的熱銷期被迫支付更高額的運輸成本，批量運輸、提前備貨都有效提高了貨物的運輸效率，節省了成本。

2. 擴充出口企業的銷售品類

傳統物流模式對某些商品種類存在種種限制，比如小件、廉價的商品根本就承擔不了高額的物流成本，因此跨境電商企業也不會銷售此類難以營利的商品。通過海外倉，跨境電商企業可以根據客戶以往需求預測今後的商品銷售量，提前將商品打包批量發送至海外倉，這樣以前受到限制的商品種類也可以發送至目標市場，與此同時又減少了運輸費用。對於傳統物流難以運輸存儲的商品，海外倉提供了存儲條件和地點，極大方便了跨境電商企業的商品運輸和存儲。

3. 促進跨境電商品牌化建設和企業開拓海外市場

跨境電商的發展促進了傳統外貌行業的轉型升級，但是品牌效應遠不及國外企業。在國際上，知名的跨境電商企業品牌建設較爲欠缺，品牌也是跨境電商企業競爭的一個重要方面。

（二）海外倉對消費者的優點

傳統的外貿行業使得貨物的運輸時間長達幾個月，一般的國際物流模式如郵政、快遞公司等不僅送貨時間長，消費者還須承擔高額的運輸費。在以前，消費者若要退換貨，手續繁雜，消耗時間長，費用高，極不划算。

但是海外倉可以與本地購物一樣，實現本地配送，消費者很快就能收到商品，而且由於海外倉的頭程運輸採用的是批量發貨方式，極大地減少了運輸成本，所以消費者承擔的運輸費用分攤下來也會減少，消費者可以用更少的價格、更快的速度獲得滿意的商品。如果消費者想要退貨或者換貨，可以反饋給跨境電商平台，跨境電商企業可以即時與海外倉聯繫爲消費者提供服務，消費者也無須經歷漫長的等待。海外倉還可以主動適應當地的文化、習慣等特點，提供上門安裝和維修等服務。海外倉還能爲消費者提供更多的海外商品，突破傳統單件和小包快遞在體積、重量方面的限制，極大地提高了消費者的滿意度。

（三）海外倉使用缺點

1. 海外倉使用成本高昂

海外商主要集中在跨境電商零售出口訂單較多的國家／地區，如美國、英國、德國、法國、澳大利亞、俄羅斯等，而這些國家／地區的勞動力及倉庫租金成本普遍偏高。

此外，出口跨境電商企業在國外租用倉庫還得繳納高額的保證金，從而進一步推高了海外倉的成本。一般情況下，在美國租用一個 3,000 平方公尺左右的倉庫，一年的費用就要上百萬美元。最終，這些費用都將會以入倉費、倉儲管理費和訂單處理費的形式轉移到海外倉的使用者身上，而且貨物一旦從海外倉發出還得支付當地的快遞費。

2. 海外倉整體營運水準和技術水準較低

海外倉中存放的貨物數量多、品類複雜，管理難度較大，每批貨物進倉之後需要經過分揀、歸類、貼條碼和入庫等多個流程。海外倉使用先進的倉儲設備和專業管理系統，可以實現高度的自動化，有效降低失誤率，但費用較高，且後期需要不斷對設備和軟體系統進行更新和升級。

3. 海外倉庫存難以控制

使用海外倉的先決條件是出口跨境電商企業將在售的或者即將銷售的產品以出口的形式批量運輸至海外倉，這就意味著企業必須對出口至海外倉的產品及數量事先做出預判。對於在售產品，企業可以根據以往的銷售數據進行判斷；而對於將售產品，企業只能憑藉自身經驗。由於缺少爆款產品、穩定的銷售數據以及庫存管理經驗，中小型出口跨境電商企業對產品庫存的準確預判非常困難。一旦使用海外倉，企業不僅要面對各種庫存管理問題，而且商品的批量出口也將進一步增加企業的庫存成本和風險。

4. 海外倉滯銷商品難以處理

海外倉的操作是出口跨境電商企業提前把貨物儲存在倉庫，縮短了商品的運輸時間，降低了物流成本，但是，有庫存就會存在貨物積壓的風險。

面對滯銷商品，大型出口跨境電商企業一般可以通過自身在海外的銷售管道低價將其以最快的速度消化掉，而中小型出口跨境電商企業因爲缺少銷售管道，如何處理滯銷品變成了一個難題。常見的解決方法有兩種：一種是低價拋售，企業能減少一部分損失，但是商品如何行銷、銷售週期長短都具有很大的不確定性，此時仍需要向海外倉支付倉儲費和處理費，低價拋售所得收入是否能彌補該費用尚未可知；另一種方式是銷毀貨物，企業僅需支付銷毀費，無須再支付其他費用，但需要注意目的國／地區對於貨物銷毀的法律政策，此種情況下企業的損失較大。因此，滯銷商品的有效處理成了一個亟待解決的問題。

5. 出口跨境電商企業規模小且訂單分散

大部分中小型跨境電商企業的月銷售額甚至不足 2 萬美元，且存在訂單量小、出口區域分散、出口產品利潤率低等情況，加之出口產品類型和國家／地區的多樣化，都大大增加了企業海外倉使用的難度。

四、海外倉的模式

得益於出口跨境電商交易規模的快速增長，近幾年，市場對海外倉的需求日益旺盛。目前，市場上的海外倉分爲三種模式，即自建海外倉、跨境電商平台海外倉和第三方海外倉。

（一）自建海外倉

自建海外倉是指賣家在境外自行建立倉儲，僅爲自身銷售的商品提供倉儲、配送等物流服務，並由賣家負責頭程運輸、通關、報關、海外倉管理、揀貨、終端配送等一系列工作。

自建海外倉的優點主要表現在以下兩個方面。

1. 靈活性強

賣家可以根據自身情況自主確定海外倉的地址、規模、經營模式，無須考慮海外倉對商品種類、體積等方面的限制。

此外，賣家可以自行對海外倉進行管理，自行掌握海外倉的發貨速度，酌情區分加急件、慢件，提升買家購物體驗。對於退回海外倉的商品，賣家可以自行決定哪些適合銷毀，哪些可以再售等。

2. 利於本土化經營

由於跨境電商的全球性特點，一些境外買家可能會對跨境電商企業提供的商品存在疑慮。如果賣家在目標市場建立了海外倉，就會給當地的買家傳遞一個信號，那就是這個賣家經營實力較強，這樣有利於提升買家對賣家的信任度。

在海外倉的營運管理中，賣家可以雇用當地員工負責海外倉的供應鏈管理、商品銷售、客戶服務等工作，這是因爲他們更加了解當地的法律、文化和人們的溝通習慣，能夠給買家帶來更好的服務。賣家可以利用海外倉更好地開展本土化經營，提升自身品牌在當地的影響力和市場佔有率。

此外，賣家可以及時、清楚地發現當地市場的需求變化，以開發符合當地市場需求的商品，制定符合當地市場特色的經營策略。凡事都有兩面性，雖然自建海外倉擁有一定的優勢，但也存在一定的缺點，主要表現在以下三個方面。

1. 成本較高

賣家自建海外倉需要在境外租賃倉庫和雇用員工，還需要搭建或租賃境外倉儲管理系統，而境外人力成本普遍較高，倉庫租賃費用也較高，而且搭建或租賃境外倉儲管理系統也需要花費一定的資金，因此自建海外倉的成本較高。

2. 經營管理要求較高

自建海外倉涉及當地的清關政策、稅收制度、勞工政策、倉儲國際化營運等，這就要求賣家不僅要了解海外倉所在地的政治環境、經濟環境、文化習俗、法律環境、雇用勞工政策等，還要了解當地的基礎設施建設水準、資訊技術水準、服務水準等。

此外，賣家還需要組建境外倉儲管理團隊，由於文化差異較大，對海外倉管理人員的管理也是賣家面臨的一大挑戰。在境外建立海外倉，就像在境外創建並營運一家公司一樣，賣家需要面臨境外經營的政治風險、經濟風險等多種風險。

3. 倉儲面積彈性小

倉庫租用的面積比較固定，彈性小。如果賣家租用的倉儲面積太大，出貨量達不到一定的規模，就會形成浪費；而如果賣家租用的倉儲面積太小，在進行大型促銷活動時又容易面臨倉儲空間不足的情況。

（二）跨境電商平台海外倉

爲了提高自身競爭力，爲賣家和買家提供更好的服務，一些跨境電商平台建立了海外倉，阿里巴巴集團的全球速賣通和亞馬遜就是其中的代表。

1. 全球速賣通海外倉

全球速賣通海外倉是全球速賣通平台和菜鳥打造的重點項目，分爲官方倉、認證倉和商家倉承諾達三種類型。

2. FBA

亞馬遜物流（Fullfillment By Amazon，FBA）是亞馬遜爲賣家提供的包括倉儲、揀貨打包、派送、收款、客服與退貨處理等各項服務在內的一站式物流服務。使用 FBA 的賣家可以將其庫存中的部分商品或全部商品運送到亞馬遜的倉庫中，由亞馬遜代理銷售，並負責商品配送和相關的客戶服務等工作。如果出現退貨問題，FBA 也能幫助賣家進行處理。

（三）第三方海外倉

第三方海外倉是指由第三方企業（多爲物流服務商）建立並營運的境外倉儲，它可以爲賣家提供清關、報檢、倉儲管理、商品分揀、終端配送等服務。也就是說，整個海外倉的營運與管理都由第三方企業負責，賣家可以通過租賃的方式獲得第三方海外倉的服務。

第三方海外倉的特點主要表現在以下四個方面。

1. 節省賣家建倉成本

對於賣家來說，租賃第三方海外倉有利於減少營運管理海外倉的人工成本，從而降低賣家的營運投入。

2. 降低海外倉營運風險

租賃第三方海外倉可以幫助賣家規避法律法規、行業政策、稅收政策，以及境外人員管理等環節帶來的風險，從而降低海外倉的營運風險。

第三方海外倉的營運與管理完全由第三方企業負責，所以第三方企業的物流覆蓋範圍、物流節點、境外倉儲選址、海外倉服務與管理水準等將會直接影響賣家境外倉儲的服務水準和境外倉儲戰略所形成的經濟效益。但如果賣家在選擇第三方海外倉時出現失誤，不僅會給買家帶來不良的購物體驗，給賣家的品牌造成負面影響，還會影響賣家的經營效益。

3. 可選擇的範圍較廣

FBA 倉對商品的尺寸、重量、類別有一定的限制，比較適合存儲體積小、利潤高、品質好的商品。而第三方海外倉的數量較多，賣家可選擇的範圍較廣，賣家可以根據某類商品的特點挑選能夠接受此類商品的第三方海外倉。因此，即使是體積大、重量大的商品，也能找到合適的第三方海外倉。

4. 適用範圍廣

第三方海外倉向所有的跨境電商賣家開放。此外，第三方海外倉還具有中轉的作用，如果賣家同時使用第三方海外倉和 FBA 倉，在銷售旺季可以直接從第三方海外倉向 FBA 倉發貨，節省發貨時間。

雖然第三方海外倉存在諸多優勢，但其缺點也是不容忽視的。例如，第三方海外倉無法爲賣家提供商品推廣服務，需要賣家通過各類推廣工具增加商品和店鋪的曝光率；第三方海外倉不能提供售後與投訴服務，無法消除買家留下的中差評；此外，將商品放在海外倉可能會存在一定的潛在安全風險。

五、選擇海外倉的策略

海外倉不僅能爲賣家提供強大的物流支持，還能爲買家提供更好的購物體驗。因此，在當前的跨境電商行業中，海外倉的作用越來越突出。賣家只有選擇適合自己的海外倉模式，才能充分發揮海外倉的優勢，借助海外倉提高自身競爭力，否則不恰當的海外倉模式只會增加賣家的營運成本和營運風險。

賣家在選擇海外倉模式時，需要考慮以下因素：

（一）商品特徵

FBA、第三方海外倉均對商品的種類、體積、重量有所限制，尤其是 FBA，對商品的限制較爲嚴格，如果商品的種類、體積、重量不符合要求，就無法使用 FBA。而自建海外倉在入庫商品的選擇上更具靈活性，賣家可以根據商品的特點建立與其相符的海外倉。因此，賣家在選擇海外倉模式之前，需要詳細了解自己商品的特徵，以及各類海外倉對商品體積、重量的要求，然後選擇合適的海外倉模式。

（二）海外倉服務能力

在海外倉的頭程運輸中，FBA 不爲賣家提供清關服務；部分第三方海外倉可以爲賣家提供清關服務，有的還可以提供頭程運輸、退稅服務。在商品入庫階段，FBA 不爲賣家提供商品整理和貼標籤服務，需要賣家在前期自行做好這些工作；而第三方海外倉則可以爲賣家提供商品整理和貼標籤服務。

自建海外倉則需要賣家自力更生，全權負責頭程運輸、清關、商品入庫前整理、貼標籤等一系列工作。賣家在選擇海外倉模式時，要考慮自身是否對這些服務有需求，並謹愼衡量這些服務的成本效益。

（三）賣家的物流營運戰略

不同的賣家所採取的物流營運戰略不同，如果賣家選擇海外倉只是爲了提高商品在境外市場的銷量，提升經營效益，而不打算將海外倉物流體系納入自身經營範圍，就可以選擇使用跨境電商平台的海外倉或者第三方海外倉。

如果賣家選擇海外倉是爲了提高品牌知名度和滲透率，以更好地實施本土化營運戰略，或者計畫構建屬於自己的海外倉物流體系，就可以選擇自建海外倉模式。

（四）賣家的規模和實力

對於賣家來說，無論是自建海外倉，還是租用第三方海外倉，或使用跨境電商平台的海外倉，都需要承擔相應的風險。賣家在選擇海外倉模式時，要充分考慮自身的發展規模、實力及風險承擔能力。

一般來說，自建海外倉的成本較高，並對賣家的經營管理能力要求較高，所以選擇自建海外倉的賣家需要具備較高的資金實力和經營管理能力。

與自建海外倉相比，跨境電商平台海外倉、第三方海外倉的使用成本較低，賣家無須具備海外倉管理方面的人才和經驗。此外，跨境電商平台的海外倉不僅能爲賣家提供商品存儲、終端配送等服務，還能爲賣家提供專業的客戶服務，幫助賣家提升買家購物體驗。賣家使用跨境電商平台的海外倉還能享受跨境電商平台的流量傾斜，提高商品的曝光率。對於剛開始涉足跨境電商的賣家來說，使用跨境電商平台海外倉是不錯的選擇。

海外倉模式的優劣勢對比如表 13-6 所示。

表 13-6　不同海外倉模式的優劣勢對比

模式	優勢	劣勢
自建海外倉	1. 有利於樹立品牌形象，進行本土化營運 2. 賣家可以根據目標市場選擇建倉地址，量身打造個性化海外倉 3. 靈活性較強，不會受到商品類型、存放時間等條件的限制	1. 前期需投入大量資本，對從業人員的要求較高 2. 面臨當地的政治、經濟、法律等宏觀條件的制約 3. 不確定因素導致經營風險較高
第三方海外倉	1. 提供有效的專業化服務 2. 選品範圍比亞馬遜 FBA 廣泛 3. 同一批次貨物存放在同一海外倉，方便管理	1. 服務品質、倉儲地址依賴於第三方 2. 起步較晚，服務品質良莠不齊，難以選擇合適的物流服務商
跨境電商平台海外倉（亞馬遜 FBA 海外倉）	1. 會爲賣家提供各類輔助服務，降低賣家的廣告宣傳費用 2. 操作簡單 3. 覆蓋範圍廣，可以提供更多選擇	1. 對入倉商品有嚴格規定 2. 亞馬遜設置默認分倉，會對賣家的同一批商品發送到不同的倉庫 3. 其前提是賣家必須在亞馬遜平台上進行產品銷售

物流 Express

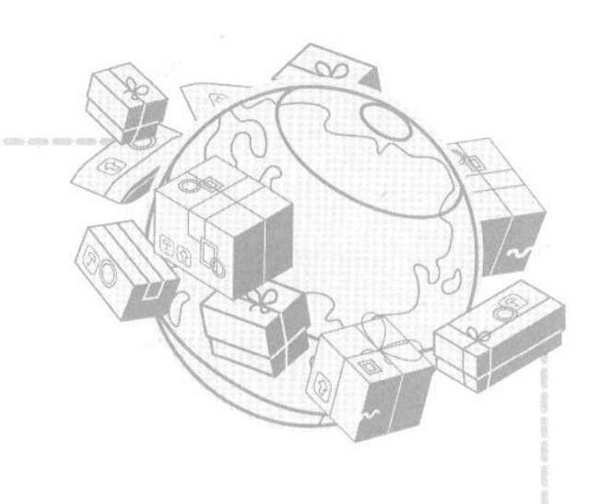

全球買賣─菜鳥網絡正全面實現 72 小時全球送貨

阿里集團全球化戰略中，菜鳥網絡是「全球運」戰略的踐行者。目前，菜鳥網絡已做到「貨通全球」，服務覆蓋 224 個國家及地區。東南亞是阿里全球化的重點市場，菜鳥網絡負責承接區內天貓國際、天貓海外及速賣通的進出口物流業務；同時，在阿里集團收購 Lazada 以及首個 eWTP 試點落地馬來西亞後，菜鳥網絡正向東南亞物流合作夥伴進行技術賦能。菜鳥網絡和阿里系投資的物流合作夥伴 Lazada、新郵路、遞四方等共同構建了鏈接中國和東南亞的物流網路。目前菜鳥網絡在東南亞的物流倉庫超過 16 個，覆蓋新加坡、馬來西亞、泰國、越南、菲律賓、印度等東南亞重要區域。

一、跨境出口

目前，菜鳥網絡開設馬德里、巴黎、莫斯科等幾大海外倉，將貨物布到離當地消費者最近的區域，全面實現 72 小時送達計畫，其中西班牙、俄羅斯都已有大量當日送達案例。

其流程如圖 13-6 所示，國內商家備貨打包，自送貨由菜鳥合作夥伴攬收至菜鳥國內驗貨倉集貨，以快遞、空運、陸運、鐵運、海運等國際運輸方式運送到相應海外倉港口，清關後送至菜鳥海外倉入庫，菜鳥為速賣通賣家提供海外倉倉儲和配送服務，賣家綁定速賣通商品及菜鳥貨品後，平台交易訂單自動流轉到菜鳥海外倉，由菜鳥海外倉完成揀貨、打包、出庫蹦由菜鳥指定配送商配送至買家手中。

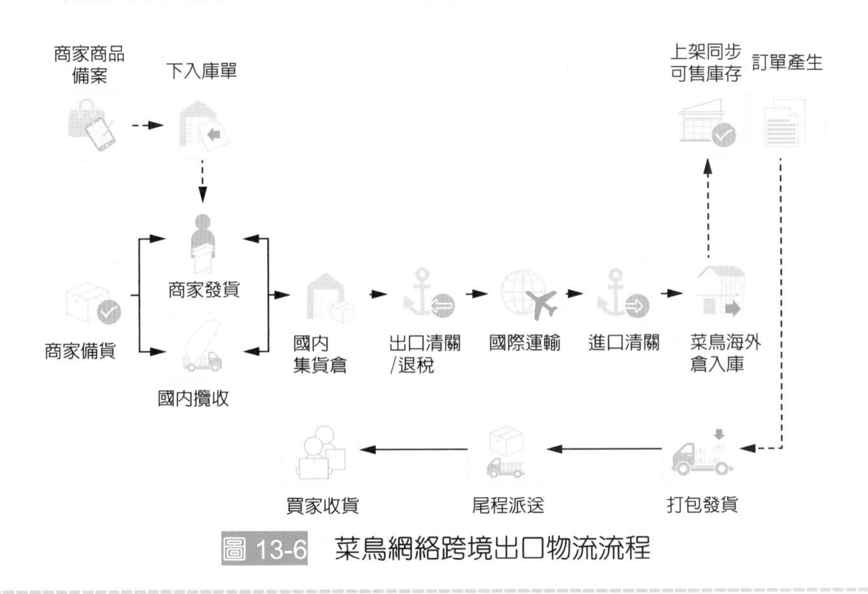

圖 13-6 菜鳥網絡跨境出口物流流程

二、跨境進口

跨境進口方面，菜鳥網絡通過鏈接建立在海外的 GFC 倉和國內的保稅倉，為國內消費者提供優質的跨境物流服務。

GFC 全稱為 Global Fulfillment Center，即全球訂單履約中心。商家將貨物提前儲存至菜鳥設在全球各地的 GFC 倉，消費者在電商平台的訂單會直接流轉至 GFC，GFC 倉迅速安排貨物分揀、出庫，最後通過一套簡化的流程送至國內。同一件進口商品，GFC 的配送時間大概在 5 天左右，而直郵模式則平均需要兩周。

菜鳥網絡 GFC 倉可以讓消費者的訂單直接下發到海外 GFC 倉庫內，由 GFC 為商家提供備貨、揀貨、發貨、庫存管理和其他庫內增值服務，降低商家的發貨成本和出錯概率。由於整合了消費者的交易、支付和物流資訊，GFC 的貨品在入境清關時，也無須消費者另外提供身份資訊，進一步簡化了跨境購物流程。

目前，全球共十大 GFC，其中香港、雪梨的 GFC 運行已超過一年，各項表現較為成熟。大量澳新、日韓商品都被提前存放至兩地倉庫，在消費者下單後，直接從 GFC 發貨，大大縮短了遞送時間。

圖 13-7　菜鳥保稅倉物流服務流程

菜鳥網絡啓動了進口超級大倉，該園區位於寧波慈溪，是全國第一個專業服務於跨境進口商品的超級倉庫園區，也是全國最先進的跨境商品倉庫園區之一。它具備了全程冷鏈能力，設施包括冷凍倉、冰鮮倉和恆溫倉，全面滿足全球生鮮、凍品、特殊食品的存儲和配送需求。

以巧克力倉儲為例，商家以往採用的是存放在辦公室、專設空調等方法，甚至在夏天直接歇業。而將巧克力儲存在恆溫倉，可直接設置巧克力最為適宜的存放條建，完全避免了高溫導致的變質問題。現在，諸如瑞士蓮、厲德等高端巧克力品牌均已入駐菜鳥網絡超級大倉，並統一由此發貨。

全球溯源計畫商品的正品保障一直是消費者購買跨境商品最大的關注點。天貓國際與菜鳥網絡通過對物流資訊的查驗上傳，使消費者在訂單頁面變能查閱到商品原產國、裝運港、進口口岸、保稅倉，以及海關申報、檢驗檢疫申報等全鏈路的物流和監管資訊。2018 年 2 月 27 日，菜鳥網絡聯合天貓國際宣布：已經啓用區塊鏈技術追蹤、上傳、查證跨境進口商品的物流全鏈路資訊。應用區塊鏈技術追蹤的資訊涵蓋了生產、運輸、通關、報檢、第三方檢驗等商品進口全流程，將給每個跨境進口商品打造獨一無二的「身分證」，供消費者查詢驗證。這項計畫已經覆蓋了上海、深圳、廣州、杭州、天津、寧波、重慶、福州、鄭州等地，已經有超過 50 個國家的 30,000 種進口商品支持基於區塊鏈技術的物流鏈路查詢。

問題討論

1. 以菜鳥網絡為例，談談海外倉模式相比國際快遞和跨境專線物流，其優勢體現在哪裡？
2. 就跨境進口而言，菜鳥網絡通過 GFC 倉和保稅倉兩種方式運作跨境進口物流，兩種模式的流程分別是什麼？如果將這兩種模式比較，你認為哪種好？談談你的觀點。
3. 菜鳥網絡是如何解決商品溯源問題的？菜鳥網絡將區塊鏈技術應用到物流鏈路查詢，查閱相關資料，談談什麼是區塊鏈？區塊鏈技術運用到商品溯源，優勢在哪裡？

1. 何謂跨境電商？與傳統國際貿易差異爲何？
2. 跨境電商的特點爲何？
3. 跨境電商與傳統電子商務之差異爲何？
4. 跨境電商物流的風險有哪些？
5. 跨境電商物流的類型有哪些？
6. 跨境電商物流的特徵有哪些？
7. 跨境電商物流主要作業爲何？
8. 何謂海外倉？海外倉的運作流程可以分爲哪三部分？
9. 海外倉對企業的優點及缺點？
10. 請列出海外倉分爲哪些模式，並分析其優劣勢對比。
11. 賣家在選擇海外倉模式時，需要考慮因素有哪些？

第四篇：當代物流

14 新零售與物流

知識要點

14-1 新零售概述

14-2 最後一哩物流

14-3 衆包物流

14-4 即時物流

物流前線

前置倉　新零售的關鍵因素？

物流 Express

新零售典範　盒馬鮮生

物流前線

前置倉　新零售的關鍵因素？

圖片來源：商業新知

前置倉作為近年零售行業較為熱門的倉配模式，是電商與超市為了讓貨物離消費者更近、提高配送效率，推出的一種倉儲解決方案，這種模式也為流通供應鏈的升級與創新提供了新思路。前置倉是供應鏈末端最靠近消費者的一個節點，整合優化供應鏈上游品牌商資源，服務供應鏈終端消費者，以主打生鮮商品為主的前置倉在不斷地實踐探索下，也使得流通供應鏈創新升級，呈現出架構優化、長度變短、可視度更強、隨需應變等諸多特點。

以每日優鮮為例，每日優鮮店是實踐前置倉最早的生鮮電商企業，目前已在 20 多個城市建成 1,000 多個前置倉，其中北京 300 多個，通過精簡品類，實現了供應鏈原產地直採。此類前置倉沒有線下店面的銷售功能，對選址要求偏低，租金成本較低，具備快速批量複製性的特點，當前置倉數量足夠多時，可以具備掌控供應鏈的話語權。

參考資料：供應鏈視角下的前置倉研究，商業新知，2019/11/14。

問題討論

1. 前置倉的關鍵成功因素有那些？
2. 前置倉在新零售，扮演的角色為何？

14-1 新零售概述

一、新零售概念

新零售（New Retail），是馬雲在 2016 年全球智慧物流峰會上提出的。所謂「新零售」，其主要是「以消費者體驗爲中心的數據驅動的泛零售形態」，其核心價值是最大程度地提升全社會流通零售業運轉效率。

具體而言，新零售是企業以互聯網爲依托，通過運用大數據、人工智慧等先進技術手段，對商品的生產、流通與銷售過程進行升級改造，進而重塑業態結構與生態圈，並對線上服務、線下體驗以及現代物流進行深度融合的零售新模式，如圖 14-1 所示。

物流
消滅庫存減少囤貨量
將用戶與產品研發生產拉近
融合
重構
新零售
線上
雲平台/
電子商務平台
線下
銷售門市或
生產商

圖 14-1 新零售定義

新零售模式不僅給零售業帶來了新技術、新設備，更引入了新思維、新理念，將會對零售業及物流、製造、服務等關聯產業產生深遠影響，給人們的日常生活及工作帶來諸多便利。新零售的代表企業如表 14-1 所示。

表 14-1 新零售的代表企業

新零售業者	代表企業	項目	新零售模式特點
線上企業拓展線下業務	亞馬遜 阿里巴巴（中國）	Amazon Go 盒馬鮮生	1. 技術和數據優勢 2. 布局線下，掌握終端入口資源 3. 線上 + 線下互動，增強客戶黏性 4. 供應鏈平台化支持線下業務
傳統線下零售企業往線上走	永輝超市（中國） 沃爾瑪	永輝超級物種 沃爾瑪 O2O	1. 線下 SKU 品類管理、網路終端和強大的供應商資源 2. 依托既有線下入口，將線下消費者引流至線上，消費者體驗升級 3. 借助第三方供應鏈

資料來源：德勤研究

二、新零售的內涵

新零售就是通過大數據和互聯網，重新構建人、貨、場三個商業組成要素而形成的一種新的商業業態，如圖 14-2 所示。

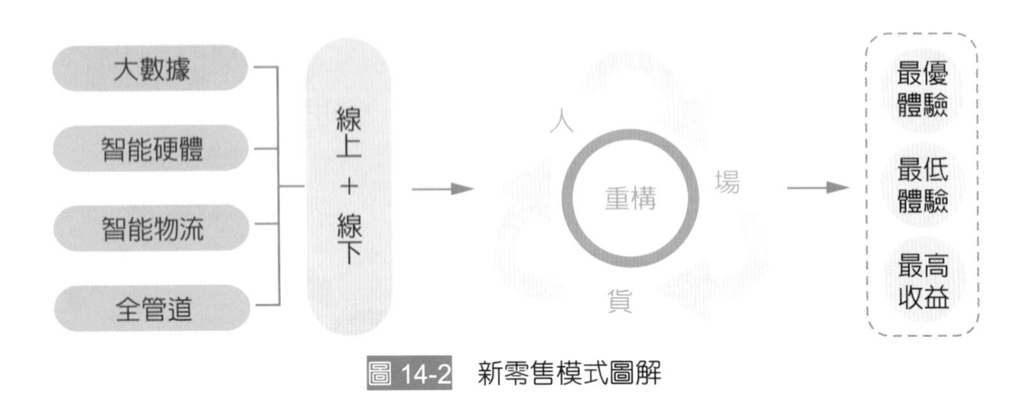

圖 14-2　新零售模式圖解

未來消費需求將多樣化、個性化，並快速迭代，將產生大量小眾的細分市場。消費需求是決定零售銷售的一個重要因素，消費需求的變化成為零售行業發展的持續驅動力。在新零售時代，目標用戶不只是一個消費群體，而是精確到每一個用戶，甚至實現「一個人、一個產品、一個策略」。在新零售行業中，「人一貨一場」傳統零售方式也發生了很大的變化。

（一）人

在未來，零售行業的發展不僅是滿足消費需求，還需要實現用戶的克隆。用戶克隆是指對用戶進行全息畫像，從一個用戶的數據挖掘，到目標用戶群的資訊集合。用戶不再是單獨的個人，而是各項數據的集合體。

用戶的全息畫像不僅能幫助企業更好地了解用戶需求，還能調整企業的生產和銷售，實現產銷一體化。數據賦能從商品的生產開始，在生產的同時就已經鎖定了目標用戶，並通過價值傳遞的零售管道，持續激發用戶的消費欲望。

（二）貨

隨著經濟不斷發展，用戶的消費觀念不再是只滿足於獲得商品的使用價值，而是更關注消費過程中的情感體驗，滿足自己的情感、社交等方面的需求。新零售企業要打造以用戶為中心的商業邏輯，形成「IP＋用戶＋商品」的社會化鏈接，實現產品智財權（Intellectual Property, IP）化。

IP能賦予商品更多的價值內涵，聚集在這個IP背後的用戶是一群具有共同價值認知的人群，企業通過IP的「激發」，能促進轉化率、購買頻率、客單價的提升。

（三）場

無論是在什麼地方消費，百貨公司、商場、大便利店還是網路商店……各種智慧設備都能將場景變成絕佳的購物場景。

用戶的數據通過數據化工具，即時上傳到雲端，實現線上和線下、虛擬和現實的融合。這能減少地域、時段、店鋪對用戶購買的限制和內容形式，及種類和數量對商品銷售場景的限制。

三、新零售概念

新零售與傳統零售、電子商務既有區別又有聯繫，要深刻理解新零售的內涵，還需要對幾組相近的概念進行辨析。

（一）新零售與傳統零售

新零售，顧名思義，就是與傳統零售不同的一種新的零售模式。其價值在於最大程度提升全社會零售業的運轉效率，建立一個以用戶體驗爲中心的數據驅動的泛零售型態。

1. 新零售與傳統零售的聯繫

首先，新零售是在傳統線上零售方式及線下零售方式基礎上的升級與突破，兩者在營運模式中，各個節點都會涉及資訊流、物流、資金流，兩種模式下，商品都需要通過製造商的各種連接到達零售商，然後通過物流到達用戶。無論是傳統零售還是新零售，追求的目標都是進一步加強製造商、供應商、銷售商等之間的協同作用，最終降低成本，以實現利潤最大化。

其次，在用戶層面。從提供的商品與服務來看，新零售並沒有發生什麼實質性的變化，企業銷售的商品種類沒有發生變化，只是商品到達用戶手中的方式和管道發生了變化。

2. 新零售與傳統零售的不同

(1) 理念不同

傳統零售企業的經營思想一般比較保守，企業不希望打破傳統思維，有可能導致企業滿足現狀，故步自封。

傳統零售企業向新零售企業轉型，需要高層管理者具備顛覆性的管理理念和新思維，中層管理者具有線上線下融合的包容心態，基層人員具有求知精神。

(2) 通路不同

傳統零售通路比較固定，限於分銷商、線下店舖等。

新零售強調全通路的概念，用戶購物通路從單一通路到多通路，是一種「全通路零售」。全通路零售是指企業利用最新的技術，整合資訊流、資金流、物流，用一切可能的方式來吸引用戶。

中國的盒馬鮮生就是將資訊流、資金流、物流三流合體。用戶可以從盒馬鮮生的 APP 上看自己要買的海鮮，或者在線下的盒馬鮮生店看實物、看價格並和導購員交流，這是資訊流；用戶通過線上支付，啓動資金流；盒馬鮮生把海鮮等商品運到店鋪，用戶在店裡購買帶回家或通過 APP 下單收到盒馬鮮生的商品，這是物流。

(3) 用戶體驗不同

傳統的線下零售用戶的購物場景是到店、拿貨、付款、走人，線上零售的場景是瀏覽、加入購物車、付款、收包裹。

新零售得益於商業模式、技術系統、營運方式、供應鏈等外部條件賦能，新零售購物場景多樣化，包括店鋪現貨購、獨立 APP 購、店中店視屏購、通訊軟體等，給用戶帶來的不只物質消費的享受，而是整個購物體驗的提升。

(4) 技術基礎不同

傳統零售集中在 PC 互聯網時代，流量高度中心化，企業即使擁有搭建網店的技術能力和營運能力也無法成功，電子商務的業務只能依靠平台。

新零售集中在移動互聯網時代，企業可以利用大數據、雲計算等技術，整合線上碎片化流量及實體門店自帶的流量，構建自己的新零售體系（見圖 14-3）。

總之，新零售的發展，需要企業從理念、通路、技術等各個方面進行轉變。

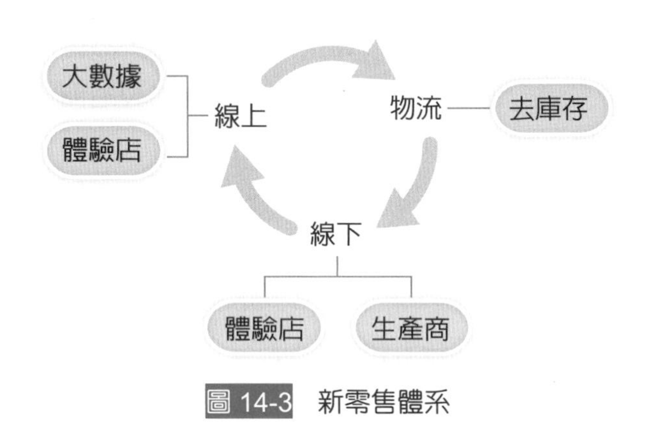

圖 14-3 新零售體系

（二）新零售與傳統電商

很多人認爲傳統電商就是新零售，其實這個說法並不準確。新零售通過對商品的生產、流通與銷售過程進行升級改造，重塑業態結構，並對線上服務、線下體驗及現代物流進行了深度融合。

因此，新零售本質上是對人、貨、場三者的重構，通過科技手段讓零售行業獲得新的活力。新零售與傳統電商既有聯繫，也有區別。以下著重講述新零售與傳統電商的聯繫和區別。

1. 新零售與傳統電商的聯繫

新零售的誕生離不開傳統電商的發展。傳統電商通常集中在線上的服務和銷售，給用戶提供了一種前所未有的購物體驗。隨著用戶需求的升級，單純的線上消費已不能滿足用戶的需求，於是伴隨著資訊技術的發展，新零售應運而生。

從傳統電商到新零售，是一個從「場—貨—人」到「人—貨—場」的轉變過程，即企業從研發商品去尋找用戶的過程，轉變成根據用戶的需求對應生產符合用戶喜好的商品，並爲用戶提供體驗場所的過程。

也正因爲有了傳統電商前期的營運經驗，新零售的線下布局才得以順利開展。例如，傳統電商的推薦機制就是利用大數據整合而成，而新零售在傳統電商運用大數據的基礎上，將整合出來的用戶需求轉移到線下，通過技術打造線下消費場景作爲新零售的流量入口。

2. 新零售與傳統電商的區別

(1) 角度不同

傳統電商企業向用戶展示商品的形式主要是商品圖片、文字甚至影片。然而，在這樣的商品展示形式下，用戶對商品的理解仍然不夠清晰和全面，很多用戶仍會遇到購買的商品與實際需求不符的情況。最大的問題之一是頁面顯示和用戶體驗之間仍然存在很大的差距。顯然，傳統電商的商品展示形式已經不能滿足用戶購買商品的需求。

新零售不僅要照顧到傳統零售用戶的需求，還要承擔起滿足用戶消費升級的任務。這一特點使得新零售必須從多個角度實現自我完善，才能承擔起未來發展的責任。例如，基於商家的傳統商品展示形式將逐漸被基於用戶的商品展示形式所取代。每一次商品展示都是用戶進行商品體驗後的眞實反映。這種展示形式無疑比傳統的展示形式更加生動、直觀。在用戶體驗過程中，新零售將增加新的技術，讓用戶的體驗更眞實。用戶在新零售時代不僅是內容的接收者，還是內容的生產者和承擔者。

(2) 平台干預程度不同

傳統電商如阿里巴巴、京東等互聯網巨頭爲企業提供了一個銷售商品的平台，它們沒有太多的干預。這種發展模式最終導致很多商品無法被平台管控，最終用戶可能遭遇品質、服務等一系列的問題。

新零售的另一個特點是平台深度干預。在新零售模式下，平台已經深入到商品的生產、運輸、銷售和使用中，在這些環節中，傳統的電子商務平台已經開始與線下門店聯繫起來，線下門店被視爲體驗線上商品的供應站，使許多線上用戶在線下門店獲得更加全面的體驗。

除了線下體驗外，新零售還可以依賴傳統線下門店的優勢，爲用戶提供服務。用戶購買到劣質商品後不再只能通過網上途徑維權。在新零售模式下，用戶在購買到劣質商品後，可以直接到線下門店換貨，這樣的模式更受用戶的歡迎。

平台深度干預的新零售模式結合了網上購物的便利性和離線服務的即時性，給用戶帶來了與傳統電商完全不同的體驗。此外，用戶還可以使用傳統電商訂單模式進行網上交易，在最近的線下門店取貨，這種深層次的干預模式最終使新的零售成爲線上和線下的連接器。

(3) 用戶體驗不同

傳統電商平台只起到引導商家的作用，不涉及其他業務。這使得傳統電商平台只能停留在轉移的層面，若遇到用戶維權、退換商品時，需要找到賣家才能解決。這種模式不僅造成了大量的資源浪費，而且使許多傳統電商平台對商家的管控能力較弱。

新零售平台承擔的已不再只是分流的作用，更多的任務是提升用戶體驗。當流量紅利逐漸消失時，單純的引流很難引發購買行爲。只有在引導用戶的基礎上，通過增加平台功能，滿足用戶的新需求，才能眞正適應新零售時代的到來。

四、O2O

（一）定義

O2O 是最近幾年來互聯網行業中出現頻率最高的熱詞之一。從廣義上講，O2O 是指通過線上行銷推廣的方式，將消費者從線上平台引流到線下實體店，即 Online to Offline；或通過線下行銷推廣的方式，將消費者從線下轉移到線上，即 Offline to Online，在整個過程中不完全強調要通過線上支付環節完成交易。

一個標準的 O2O 的交易流程如圖 14-4 所示。

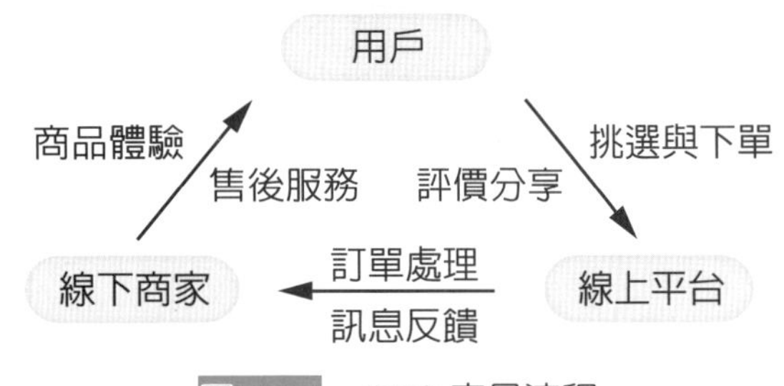

圖 14-4 O2O 交易流程

1. 線上平台（網站、APP 等）通過與線下商家洽談，就某項活動的活動時間、折扣、人數等達成協議。
2. 線上平台通過各種通路向用戶推薦該項活動，用戶在線付款給平台，獲得平台提供的「憑證」。
3. 用戶持憑證到線下商家直接享受相關服務。
4. 服務完畢，線上平台與線下商家進行結算，同時保留一定比例的費用作爲服務佣金。

（二）O2O 的模式

O2O 模式是指在線上的商家店舖行銷產品，消費者在線上店舖購買產品，從而提高商家的線下店舖經營和產品消費。此模式又稱「離線商務模式」。根據線上線下的先後關係，又可以分爲線上到線下、線下到線上、線下到線上到線下、線上到線下到線上 4 種行銷模式。

O2O 應用到現實生活中，其模式並非那麼簡單。具體分析如圖 14-5 所示。

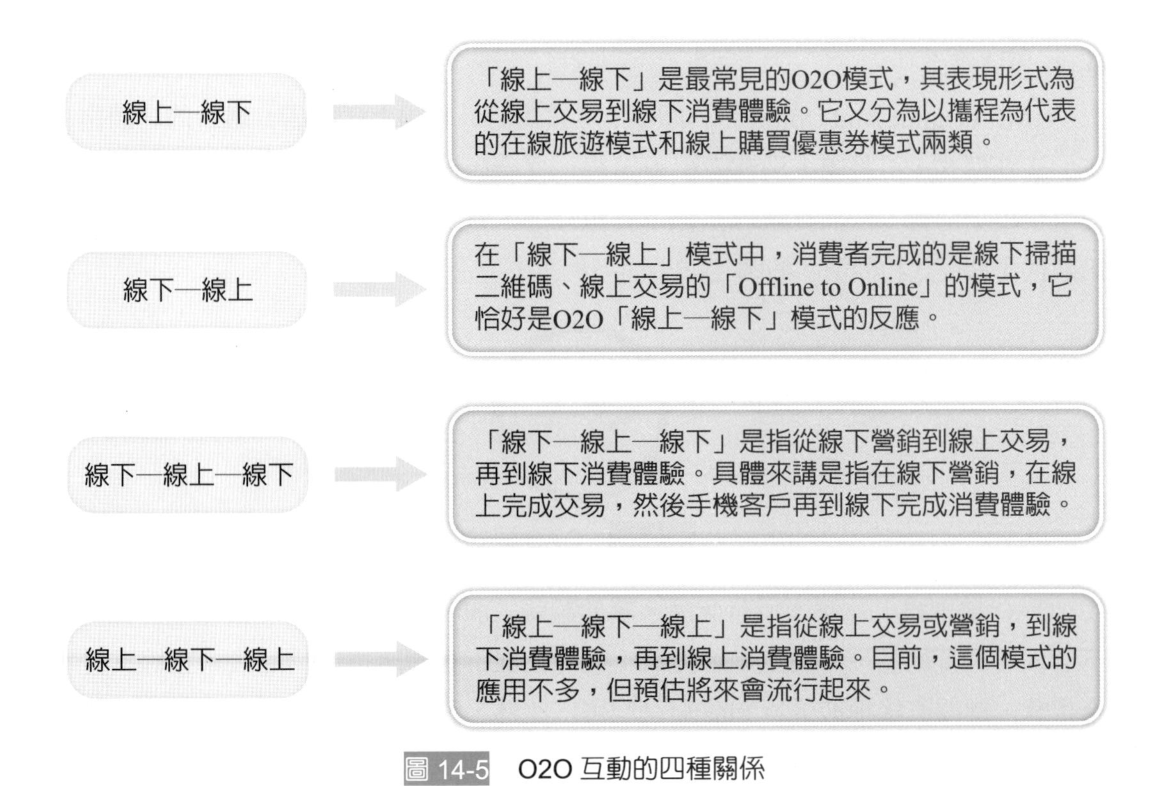

圖 14-5 O2O 互動的四種關係

（三）O2O 與 B2C、C2C 及團購的區別

B2C、C2C 是指在線支付，購買的商品通過物流公司給顧客；O2O 是指在線上支付並購買線下的商品、服務，再到線下享受服務。O2O 是網路上的商城，團購是低折扣的臨時性促銷。圖 14-6 爲 O2O 與團購及 B2C / C2C 之間的關係。

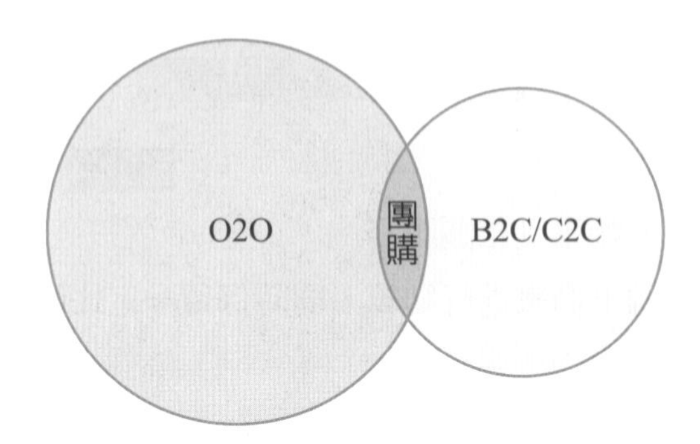

圖 14-6　O2O 與團購及 B2C/C2C 之間的關係

O2O 與 B2B、B2C、C2C 的最大區別爲，O2O 是將用戶從線上引到線下消費和體驗服務，而其他三種模式是將線下的用戶帶到線上消費，用戶購買的商品通過物流配送到用戶手中。

（四）OAO 模式

1. OAO 模式概念

OAO（Online And Offline），即線下（實體店）和線上（網店）融合的一體化「雙店」經營模式，可將線上消費者引導至線下實體店消費，也可將線下實體店的消費者吸引至線上消費，從而實現線上線下資源互通、資訊互聯、相互增值，這是實體商業第四代交易模式和標準。如圖 14-7 所示。

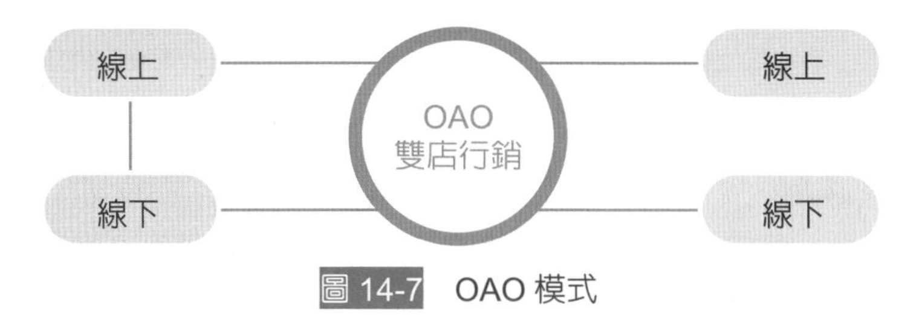

圖 14-7　OAO 模式

OAO 結合線上及線下所有商品，屬於體驗式服務。消費者既可在線上付款，到線下店內看眞實物品，再決定是否提取；又可在線下實體店選中物品後，在線支付 / 現金付款，選擇直接提取或貨物流配送均可。此外，它還特設有商品售後服務，給消費者多重保障，在 O2O 基礎上，加大了實體店以及售後服務，這本就是商業及社會發展

的基本規律。

2. OAO 模式本質

OAO 的本質就是以實體商業爲核心，通過人網互動、人機互通和移動互聯等打通線上網店和線下實體店資訊通道，實現「雙店」融合、資訊共享，從而拓寬消費通路、擴大消費群體，完善經營模式、提高經濟效益。

OAO 並非只是線上線下通路的簡單拼接，而是企業全線資源的重塑與再造。這種雙店模式，其實就是通過人機交互、人網交互，實現實體商業線上線下資訊融合、交易融合、結算融合和用戶融合，達到線上網店和線下實體店的整體融合，使消費者無論線上還是線下都能獲得一致的資訊，都能下單購買、交易和支付，甚至實現線上線下查詢、購買、交易、支付的「交叉融合」。例如用戶在線上網店下單或下載優惠憑證後，可先到線下實體店內查看真實商品後，再通過近場支付的方式使用優惠憑證和支付購買。

14-2 最後一哩物流

一、「最後一哩物流」的概述

隨著電子商務的興起，人們的購物和消費方式發生了很大的轉變，越來越多的消費者加入網購的行列，網購已經成爲生活中的重要組成部分。因爲網購數量增加，所產生的包裹需要有效的物流服務，特別是末端物流服務來支撐。作爲物流快遞業的最後一個環節，「最後一哩物流（Last Mile Delivery）」是直面消費者的重要環節，其營運效率和管理水準的高低，極大地影響著消費者的體驗。

最後一哩路，在中國大陸常稱「最後一公里（Last Kilometer）」，是指長途跋涉過程中完成的最後一段路程，之後引申爲一項工作的過程中最後而且關鍵性的一個步驟。「最後一哩物流」，指的是貨物從供貨人到收貨人手中的整個物流流程中的最後一個環節。目前對這一概念尚無明確界定，一個比較常用的術語是「末端物流」。從供應鏈角度看，「最後一哩物流」是供應鏈物流活動的末端環節，也是直接和客戶面對面接觸的環節，其本質是物流服務鏈的末端配送。

末端物流是指送達給消費者的物流，是以滿足配送環節的終端（客戶）爲直接目的的物流活動。這類活動是以消費者的興趣爲轉移。隨著經濟活動越來越以消費者的需要爲中心，「用戶第一」的基本觀念深入人心，這種觀念在物流活動中也得到反映，因此末端物流越來越受到重視。

客戶對末端物流服務體驗的期望有四：

1. 時效更高：下單即可以上門收件，派送越來越快，時效可以從次日變成次晨甚至即日，同時也期望零擔類時效像快遞時效看齊。
2. 時間更準：收派時間窗由小時級別向分鐘級別縮減，誤差更小，給客戶更多自由度安排自己的時間。
3. 方式更活：更加習慣於外賣式的「懶人服務」，無論貨物大小或重量，都希望免費接送，上門收貨，送貨上樓。
4. 服務智慧化：能夠學習客戶的收派習慣和服務偏好，收派過程可視化，可根據客戶需求靈活變更和調整服務。

「最後一哩物流」雖然只是整個供應鏈物流流程中的一個環節，但也不可忽視其重要性。電商只有在最後一哩路的配送中才有機會與客戶進行面對面的接觸，才能了解客戶的需求，是客戶體驗的重要環節。因此，最後一哩物流的效率與品質在很大程度上決定了網購用戶的滿意度。

（一）物流配送「最後一哩路」的特徵

1. 配送物品：配送批量小、品種多、頻率高

隨著經濟的發展和城鎮居民消費水準的提高，消費者對產品的需求已由少品種、大批量、少頻次向多品種、小批量、多頻次轉變。特別是電子商務 B2C 與 C2C 模式的日益發展，使訂單碎片化趨勢越來越明顯，與此相對應的城市配送也呈現出批量小、品種多、頻率高的特點。

2. 配送流程：物流節點多，配送系統複雜

物流主要服務於商貿企業和居民消費者，其配送服務對象包括各大電商、中小超市、大賣場、便利店、批發市場、百貨商場以及社區家庭、辦公大樓、高校等各種需求主體，物流節點較多。同時，由於終端消費者的配送服務需求廣泛分布在城市各個地方，城市道路網路繁雜，以及「最後一哩路」道路瓶頸等因素的制約，使得配送系統更加複雜。

（二）物流配送「最後一哩路」的問題

1. 須配送貨物品類衆多

包括快遞配送、餐飲配送以及出現以蔬菜水果、蛋糕鮮花、藥品等本地生活服務配送等多種類型，配送時的具體要求不同，提高了配送難度。

2. 配送過程中環境複雜

例如陰雨天、夜間配送能力受限，貨物容易損壞或丟失；配送時塞車，配送人員爲了保證速度選擇違反交通規則，會增加公共交通負擔。在一些相對落後的地方，還存在基礎設施建設不完善，道路崎嶇、交通不便等問題。

3. 配送路徑複雜

目前配送主要依賴配送員人力作業，在配送路徑設計時並未多加考慮，存在重複交叉、配送網路分布、配送車輛選型不夠合理的問題，交付環節的等待導致配送耗時長、配送資源浪費，極大地影響了「最後一哩路」的效率。

4. 配送末端場景越發複雜

城市社區、商業區、辦公區、公寓住宅樓、酒店等都成爲了貨物配送最後一哩路可能發生的場景，不同場景面臨可能有不同的規定和限制，增加了配送員的交貨難度，也增加了送貨成本。

5. 消費者對配送要求多樣

消費者購物頻率增加，購物的隨機性也在提升，要求配送更快響應。基於不同的末端分布式配送場景，消費者對配送的方式也產生了諸多不同的要求和喜好，呈現出個性化的需求。

顧客在電子商務平台購物時希望自主選擇配送時間，根據自身需求選擇提貨地點，甚至可以要求交付時提供不同服務。同時，實施交付的時候也有可能出現一些臨時的特殊情況，比如希望二次配送、放在指定地點等，在這個過程中就可能產生無法與配送人員匹配時間而導致無法及時配送、貨物遺失等問題。

6. 配送人員服務水準不一

配送中要求將每一件貨物都安全交付至客戶手中，對配送人員極具責任心和耐心，有著極高的專業度。但目前來說，配送人員工作量大（平均工作效率爲 100 單 / 日 / 人）、工作時間長（每月平均 27 天，每天平均 11 個小時），很難保證在配送每一個包裹的過程中都保持同樣的送貨品質。同時，由於配送員薪資和送貨量掛勾，配送員在送貨時都希望在一定的時間內完成較多的投遞任務。爲了壓縮包裹投遞時間，很多時候配送員並沒有做到送貨上門，而是讓顧客下樓取貨或者直接將包裹放在物業，這也可能影響配送品質，導致客戶的不滿。

二、「最後一哩路」的配送模式

最後一哩路是新零售模式下的重要節點，電子商務在城市已經發展多年，城市最後一哩物流相對比較成熟，這主要得益於城市人口居住相對集中，經濟發展水準高，交通便利，方便管理。有下列方式解決最後一哩路難題，實現更快速的配送。

（一）店倉一體化

店倉一體化是指，店面集中展示、倉儲、分揀配送爲一體，透過引入自動化物流設備、電子標籤和終端配送提高配送效率，滿足客戶現場及線上業務快速體驗。如圖 14-8 所示。門店貨架即爲線上虛擬貨架提升消費者體驗，保證 5 公里 30 分鐘急送服務。

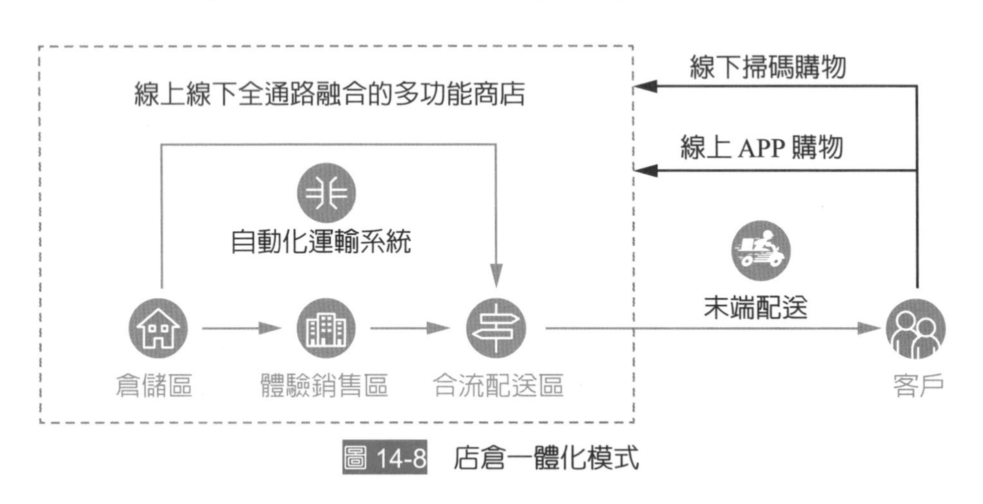

圖 14-8 店倉一體化模式

店倉一體化借助 OAO 模式，節約倉儲成本，提高客戶體驗。但另一方面，該模式對倉儲面積要求大。

（二）社區倉／微倉

社區倉／微倉（Social Warehouse）（微型倉庫）指的是一種倉儲前置的手段。舉例來說，生鮮行業長期存在著損耗嚴重、產品非標準化、冷鏈物流成本居高不下以及高頻低價等問題，而物流問題是其中關鍵。

布局微倉（前置倉）已經成爲生鮮電商行業提高配送效率、降低成本的一種重要措施。

例如在中國的每日優鮮，根據訂單密度在商圈和社區建立前置倉，將冷庫鋪設到社區中，以保證商品到達消費者時間在 2 小時之內，同時降低採購成本和交付成本，單筆訂單的履約成本可以降低約三分之一。

（三）智慧快遞櫃

智慧快遞自提櫃（Smart Express Cabinet）是一種用智慧機器節省人力資源的辦法。這種方式在人流量密集的地方比較有效果，比如多數社區和辦公大樓，但在一些基礎設施較落後的地區則難以輻射帶動。

智慧快遞自提櫃的好處是可以打通快遞最後 100 公尺，提供 24 小時自由存取服務，最大化地滿足消費者對時間自由度的需求。用戶通過智慧自提櫃無需與配送員直接接觸，收發快件時間自由安排，快遞配送員也能避免長時間的等待和二次配送，而能有效提高配送效率，是目前末端配送最有效的替代方案。

自提櫃雖好，但由於自身占用外部空間較大，存儲空間和存儲量比較固定，無法滿足高效這種巨大快遞量的需求。同時對於長、大、異形的包裹也無能爲力，所以它並不能十分完美的解決快遞最後一哩路的問題，但確實能解決一大部分主流需求。

另外，配送員是否要徵得消費者同意才能把快遞放到快遞櫃也是一個比較突出的問題。而且快遞櫃是實體產品，涉及後期維護，也是一個不容忽視的問題。

（四）快遞自提點

在快遞最後一哩路的物品配送中，傳統的到府配送模式由於等待時間長，用戶不在家以及二次配送等情況，配送員的配送效率在很大程度上被削弱。

自提點可以有效整合社區中的用戶群體，在一定程度上削弱配送員到府的配送比例，原有的配送員配送時間將被用戶自行收快遞所取代，進而降低配送員的配送時間，滿足高數量的貨物配送。

目前針對快遞自提點（Express Delivery Point）的建立方式，主要包括商家加盟和企業自己設立兩種方案，其中商家加盟多數情況下爲社區中的便利商店等通過加盟的方式成立，其代表爲中國的菜鳥驛站、中國的京東自提點。另一類則主要是企業自己出資，在人口密集的區域設立自提點，代表爲京東自提點和順豐到家。

（五）衆包物流

眾包物流（Crowdsourcing Logistics）主要用於解決快遞業務激增情況下城市配送人員不足的問題，但由於未從根本上解決人口紅利下降的難題，未來快速發展存在較大不確定性。

發件人通過手機 APP 發布寄件訂單，軟體根據發件人輸入訂單資訊自動核算快遞費用，平台註冊的自由配送員再根據自己的路線進行「搶單」並獲得報酬。這是類似於「Uber」的模式，就是利用社會閒置人員和資源進行配送服務，將這些資源和配送點連接起來，能夠提高配送效率。

這種模式的好處是能夠降低同城市配送企業的固定資產投資（輕資產），降低企業固定成本，其缺點是存在個人資訊洩漏、服務品質低下，客戶接受度低等問題。

（六）無人機

「無人配送是指應用現代化的無人機、無人車、無人船進行貨物的配送，旨在提高運輸效率、降低運輸成本。」其中無人機配送呼聲最高，也是解決偏鄉最後一哩路問題的突破點之一。

無人機配送具有配送速度快、配送成本低和配送條件要求低的特點，能很好的拓展物流配送的活動空間，對於解決「最後一哩路」瓶頸具有巨大優勢。但無人機前期研發投入過大，在正式全面應用上仍存在不少限制，比如電池續航時間短，負載重量有限。另外，天氣、機械故障、駭客技術威脅、法律法規限制以及公眾憂慮等都是其限制因素。

（七）便利商店代收點

社區便利商店有很多，其本身營利模式比較單一，增加快遞收寄服務，可以增加一些分成收入，同時也能引流，帶動其他產品銷售。代收模式的優點是存取方便，可以滿足客戶的不同需求。業務種類多，人工服務易於溝通，可存放各種異形包裹。

但其缺點也是顯而易見的，便利商店這種模式雖沒有過多限制，但有一定的風險，在新地點也有難度，另外選擇口碑好，長期穩定的店家也較爲關鍵，服務費也不能過高。

最後，「最後一哩路」是直接關係到消費者和配送方切身利益的事情，可以說是全社會普遍關心的問題。至於哪種模式最優，則需要物流企業綜合分析，在平衡成本與服務這兩者中找到突破點。

三、無人配送

（一）定義

無人配送是指物品流通環節中沒有或是少量人工參與，用機器替代人工或者人機協作的配送方式，達到提高效率、減少成本的目的；其需求場景眾多，包括快遞、外送、B2C 零售、超商便利、生鮮宅配、餐廳／ KTV 配送、C2C 配送需求等。

根據目前無人配送可實現場景的距離範圍，可分爲三類：

1. **10 ～ 100 公尺**：酒店、辦公大樓、商場等場景。該範圍多爲室內環境，人員流動大、環境相對多變，對機器人的性能要求較高。
2. **100 ～ 1,000 公尺**：社區、園區等場景。該範圍多爲室外環境，相比於室內環境，光線強度變化較大，環境複雜度更高、路況更複雜。
3. **1,000 公尺以上**：符合自動駕駛場景等室外環境。

14-3 衆包物流

衆包（Crowdsourcing）與共享經濟的概念關係密切，它的一個重要元素是共享多餘和剩餘資產。衆包是指把以前傳統上由一家代理商或一家公司負責的活動外包給群衆，務求在這經濟體中的成員，無論個人抑或公司，都能將資源分配到所需的地方而不造成浪費。

衆包物流（Crowdsourcing in Logistics）就是基於互聯網平台將應該分配給專職配送員的配送工作轉包給企業之外的非專業群體來做。衆包物流通俗來講就是把原本由配送員承擔的配送工作，轉交給企業外的大衆群體來完成。圖 14-9 說明了通過衆包物流平台進行送貨的過程。

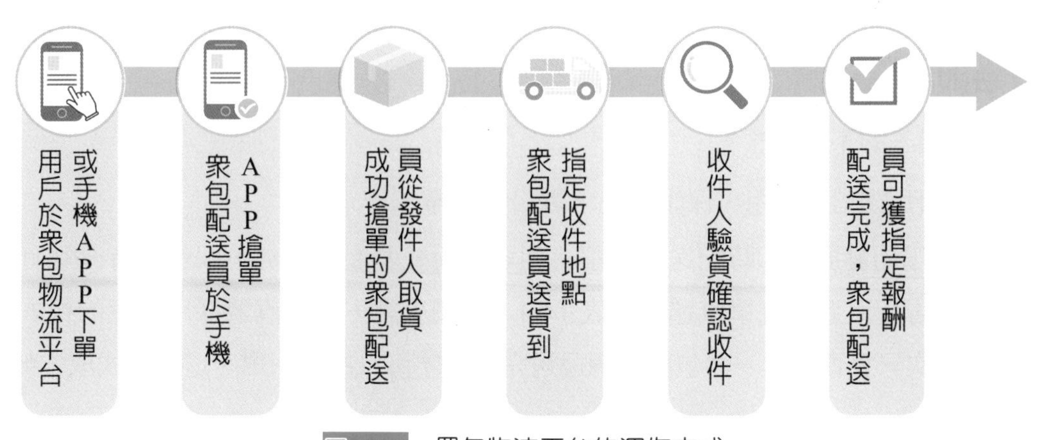

圖 14-9 衆包物流平台的運作方式

眾包物流作爲一種新興的第三方配送模式，其主要流程是由各類 O2O 業者發單、配送員搶單後，將貨物送到消費者手中的配送形式，能夠有效提升外賣等企業的配送能力和服務水準。眾包物流的本質其實就是「互聯網＋物流」。在這種模式下，人們只需一部智慧手機，完成註冊、接單、配送，即可按完成訂單數量獲得酬勞。以中國爲例，目前眾包物流類型如表 14-2。

表 14-2　眾包物流的主要類型

模式	類型	商品和服務	運送範圍	頻率	時效性
B2C	服務本地生活服務平台	鮮花、外賣、生鮮	本地	中高頻	高
	電商自建	外賣、書籍、電子產品	不限	不限	中高
C2C	普通用戶即時配送	不限種類	本地	不限	中高
	代買代送	不限種類	本地	不限	高

眾包物流的優缺點如下：

1. 優點

(1) 流動員工靈活性高。

(2) 節省成本。間接成本及物流成本較低。

(3) 滿足不斷增長的電子商務物流業務的需求。

(4) 緩解交通擁堵及空氣汙染問題。

(5) 提供社區就業機會。

2. 缺點

(1) 安全問題。

(2) 隱私問題。

(3) 法律問題。

(4) 兼職員工的不確定性。

(5) 其他費用如培訓費用、保證費用、訴訟費用等。

隨著市場的發展，即時配送平台都有朝眾包模式發展的趨勢，眾包即時直遞有兩種主要模式：專程直遞與併單直遞，如表 14-3。具體來說，專程直遞採用專車的模式，一個配送員一次只負責遞送一件包裹，待遞送完成後才可以接下一單，這種模式成本較高，客單價也較高，以中國爲例，通常是人民幣 16 元起步價，因此其服務對象偏向中高端，對服務體驗更敏感，代表的中國企業有閃送和人人快遞。

併單直遞採用的是拚車模式，根據投遞時間和路線，可以一次投遞多個包裹，其主要服務對象是外送和新零售，客單價相對較低，對服務價格更爲敏感，代表的中國企業有新達達、點我達、餓了麼、百度騎手等。

表 14-3　眾包物流的模式

	主要用戶	投遞距離	客單價	代表企業
專程直遞（專車模式）	銀行等高端商務客戶；個人客戶	短中長皆有，同城均可	較高，人民幣 16 元起步	閃送，人人快遞
併單直遞（拚車模式）	外賣，新零售	短距離，3 公里商圈範圍內	較低，人民幣 3～5 元	新達達，點我達

資料來源：物流沙龍，平安證券研究所

14-4　即時物流

一、即時物流的定義

即時物流（Real Time Logistics, RTL），又稱爲實時物流，是指透過使用最新資訊與現代物流技術來積極的消除物流業務流程中的管理與執行的延遲，從而提高企業反應速度與競爭力，提升物流企業服務水準的當代物流理念。它體現了企業的物流業務能力。

即時物流是順應新經濟變革的當代物流理念，與現代物流理念區別在於，即時物流不僅關注物流系統成本，更關注整體商務系統的反應速度與價值；不僅是簡單地追求生產、採購、行銷系統中的物流管理與執行的協同與一體化運作，更強調與企業商務系統的融合，形成以供應鏈爲核心的商務大系統中的物流反應與執行速度，使商流、資訊流、物流、資金流四流合一，眞正實現企業追求「即時」的理想目標。

即時物流在餐飲外賣等行業有所涉及。不同於傳統物流方式，即時物流的核心特點在於即時性，滿足用戶提出的極速、準時的配送要求。目前，即時物流指無中間倉儲，直接門到門的即時送達服務，以同城市、小件領域切入，拓展到生鮮、超市配送領域，在逐步擴展到更爲廣泛的快遞末端領域。因此，現以 B 端商戶，如餐飲、超市類物品配送爲主，未來將擴展到 C 端用戶。

即時物流業務中，外送配送作爲發展起點表現優秀。除此之外，即時物流業務也包括零售 O2O 訂單、電商訂單、2C 業務等，其中，來自電商的訂單實際上與電商自建物流和快遞業物相重合，2C 業務也與快遞和跑腿業務相重合。即時物流與其他物流領域交叉重合，如圖 14-10 所示。

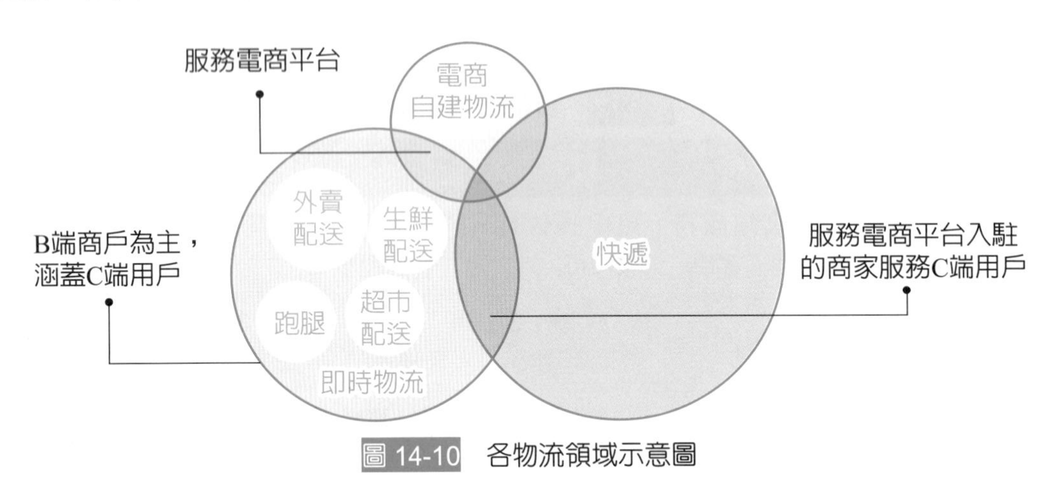

圖 14-10　各物流領域示意圖

隨著客戶即時需求和即時物流的發展，行業內各企業會愈加重視對配送員的運營和人文關懷，既爲配送員提供更好的支持和幫助，也爲消費者提升了運力服務水準。

二、即時物流的定義

（一）即時物流 1.0

指貨物不經過倉儲和中轉而直接性的端到端送達，且送達時效爲兩小時以內的物流服務。

（二）即時物流 2.0

指基於數據，通過實時全局調度的方式以匹配實時需求與實時運力的配送服務。兩者差異在於：

1. 此前，門到門即爲極速送達，極速送達一定是基於數據且靠技術驅動，而點對點或多點對多點都是基於實現路徑和表述方式實現。
2. 即時物流需要實時全局調度、實時運力匹配及實時需求滿足。

因此在現階段，即時物流行業產生了更多業務場景的需求和更豐富多元極速送達的場景。

三、即時配送的定義

即時配送（Real Time Distribution）是因 O2O 而生的物流產物，是用戶通過網路平台下單，平台安排線下配送的一種新興的物流形式。即時配送的貨物不經過倉儲和中轉，直接是端到端的送達服務，即時配送與傳統快遞最大的區別在於本地性和時效性。

即時配送的服務優勢就是短距離即時投遞，強調一定空間範圍內的時效性，為現代人生活需求提供人性化的升級服務；即時配送對貨物配送的時效要求高於快遞，大多數要求發貨後在幾個小時內或當日內送達，當然價格也高於快遞，如圖 14-11 所示。

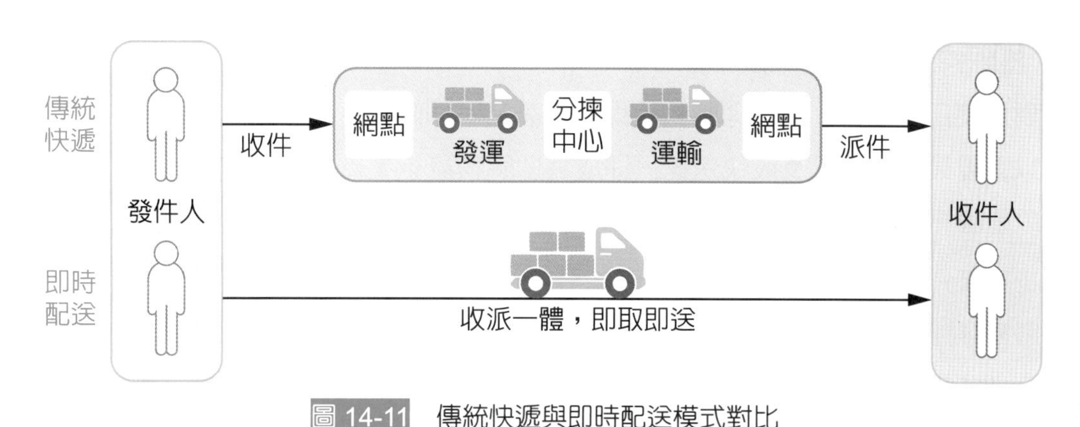

圖 14-11　傳統快遞與即時配送模式對比

資料來源：雙壹諮詢，平安證券研究所

四、即時配送的特點

目前，即時配送行業都是由平台型企業在做。與傳統物流行業相比，即時配送在業務發生場景、配送距離、配送時效、運營模式等方面都具有極大的特殊性。

（一）配送範圍小

首先，其業務主要發生在外送、跑腿、生鮮、超市配送等場景，配送範圍都屬於同城市配送；距離多發生在 5 公里範圍內，其配送距離短，主要圍繞在消費者身邊。

（二）高時效與低連續

其次，體現其即時性，對業務有高時效的要求，以分鐘來計算時效標準，一般從下單到訂單完成都在 1 ～ 2 小時內，而配送時效約在 20 分鐘至 1 小時。

同時，從訂單源頭看，多屬 B2C 的平台性訂單，外賣訂單又占絕對比例。而 C 端訂單量小且分散性強，穩定性不足。由於受外賣訂單的影響，全天的訂單量分布存在明顯的波峰波谷，具有高時間集中度。

（三）點對點，無需路網效應

即時配送是點對點的直線配送運營模式，不中轉是其主要特點，不存在路網效能與規模效應。目前即時配送人力以眾包模式爲主，其承載工具基本上都是兩輪電動車，靈活性強，成本也更低。

外送平台是出現最早的即時配送平台。外送的出現極大的方便了人們的生活，最初外送是以電話送餐、店面配送的形式出現的。隨著技術進步、智慧手機和互聯網的普及，外送產業也更新換代，孕育出在線外送、第三方配送的新外送形式。

五、即時物流的運用技術

對於使用者而言，選用即時物流即代表著其有即時送達的需求，因此，如何匹配配送員以實現最快接單以及最快送達，即成爲即時物流企業需達成的首要技術目標以及首要用戶體驗。而運用的技術包括：

1. 即時訂單分配技術，以使訂單得以正確分發。
2. 訂單智慧打包技術，以確保配送效率的提升從而實現成本節省。

在即時物流行業，技術的進步多是爲了提升運輸效率，利用大數據分析實現路線、人員配置、運輸網路的優化，從而提高整體行業的能力和效率。

六、即時配送的商業模式

2014 年中國大陸生鮮超市品類加入即時配送市場以來，商業模式正從「輕」模式向「重」模式進行演變。「輕」模式包括代跑腿模式和「外送」模式，其中代跑腿模式下，商家不入駐平台，消費者直接發送制定需求；外送模式下，商家加入駐平台，但不提供門店庫存數據和門店實時價格數據。「重」模式是指前置倉模式，前置倉又分爲純前置倉和店內前置倉，前置倉模式下，商家和平台打通商品庫存、價格等數據。

（一）代跑腿模式

代跑腿模式最初主要是「外送」模式，屬於「輕」模式。代跑腿模式下，商家不入駐平台，平台僅接收用戶訂單並派單給專人進行配送。爲保障充足、靈活的人力，平台多依社會閒置人力資源，採取眾包模式。

目前代跑腿模式主要適用於直送個人文件，或代買香菸、小眾商品等。眾包物流的輕模式使得「跑腿代購」業務前期投入成本較低，且易於快速推廣，但同時也存在著運營效率、服務水準難以管控的弊端。

（二）外送模式

「外送」模式是指商家入駐平台，並向平台提供部分商品資訊，用戶下單後商家備貨，由配送員到店取貨並完成配送的模式，這一模式最典型的場景即餐飲外送的配送，但也涉及超市品類。

「外送」模式下，超市的庫存、商品實時價格等資訊不與平台方共享，並且不涉及實體商超動線的重新設計。這導致揀貨速度慢、缺貨嚴重、客戶體驗差。

（三）前置倉模式

新零售的核心就是線上線下的融合，結合線上和線下購物的優點，增強用戶的購物體驗，挖掘零售行業新的增長動力。如今，傳統的大賣場、社區便利商店、電商都是零售行業的參與者，也都是新零售的積極布局者。對於新零售的發展而言，很重要的一個概念就是前置倉。

所謂前置倉，就是在企業倉儲的物流系統中距離門市最近、最前置的倉儲物流基地，是在中心倉、城市倉之下的第三級倉儲物流，也是實施倉配一體化的關鍵環節，其後就涉及到 2B、2C 的「最後一哩路」配送。

1. 純前置倉模式

純前置倉模式如圖 14-12，即線上平台在以城市爲中心建立分選中心的基礎上，在社區最後一哩路的範圍部署前置倉。純前置倉模式以配送生鮮產品爲主，通過更加靠近用戶的小型倉儲布局，實現了冷鏈配送的分段運輸、降維擴散，最大程度保證配送效率，提升用戶體驗，從而提升用戶再購率。

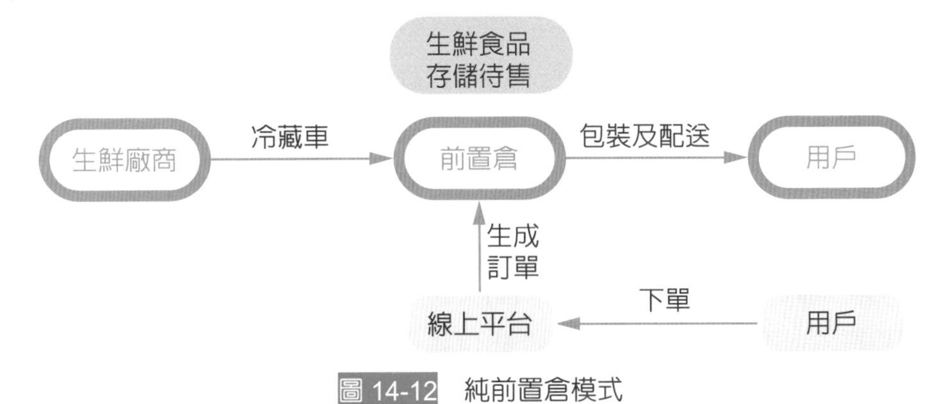

圖 14-12 純前置倉模式

資料來源：中國華泰證券研究所

前置倉作爲冷鏈配送模式的一大創新，解決了冷鏈物流「最後一哩路」的兩大難點：配送效率和產品品質。傳統冷鏈物流服務採用「中心倉」或「泡沫箱＋冰袋」模式。「中心倉」及產品從商家城市中心倉通過冷鏈車直接發貨至用戶，但由於冷鏈車在城市的通行往往受到交通管制，且城市人口密度和規模大，訂單數量多，因此該模式難以滿足用戶對響應速度的要求。「泡沫箱＋冰袋」則將產品以保溫裝置打包，通過常溫物流體系進行配送，但該模式難以保證生鮮產品的最終品質。而純前置倉模式則是通過冷鏈車提前將產品送至前置倉存儲，在用戶下單後重新包裹並配送。這樣的營運模式能夠最大程度的保證配送效率和產品品質。

2. 店內前置倉模式

店內前置倉模式，即倉店一體化，成爲了新零售浪潮下電商與線下實體店融合的一大探索。店內前置倉主要包括兩類運作模式：

(1) 存量門市

指的是線上平台與現有商店合作，商店入駐平台，將線上高頻商品集中放置於店內前置倉，並提供門市庫存數據，解決虛擬庫存缺貨的問題以及外送模式下商品揀貨慢的問題。

(2) 增量門市

即新建門市，倉市合一，打通線上、線下數據。存量門市的優勢在於借助了原有超市的店面及設施，改造成本低，同時提高了原有超市的坪效，而增量門店則通過自建自營的重模式運營，實現全時、全通路、數字化運營，並以場景聚焦、體驗消費爲獲客手段，線下引流線上。

3. 純前置倉與店內前置倉之比較

純前置倉和店內前置倉各有優劣，店內前置倉的優點，一是在於倉店一體化，線下能爲線上引流；二是超市具有高頻特點，在綜合商業體中具有引流性質，同時門店面積相對較大，往往能獲得很低的租金；三是傳統超市店內往往存在冗餘面積，店內前置倉模式可以提高整個門店的坪效；四是店內前置倉模式下，店即是倉，補貨頻率低、成本低，而純前置倉模式下沒有門店支持，需要上游高頻、及時補貨，才能更好地滿足用戶需求。兩種前置倉之比較如表 14-4。

表 14-4 不同前置倉之差異

	純前置倉	店內前置倉
線下導流能力	僅倉無店，無法打造實體消費場景，導流能力弱	倉即是店，滿足用戶情感性消費需求，導流能力強
租金	布局於社區範圍內，租金高	借助現有超市、門市壓低租金
補貨成本	每倉容量小，需高頻、及時補貨，補貨成本高	補貨頻率低
與現有商超的磨合	不需要	需要
對現有門店運營能力的依賴	較低	較高

（四）前置倉的優缺點

1. 前置倉的優點

(1) 配送即時性

隨著生活節奏加快，時間成本隨之提高，人們對配送服務的即時性訴求也愈來愈高。前置倉模式可以使商品配送更加即時快速，消費者下單後，從最近的倉庫發貨，可以在短時間內將商品送到顧客手中。

(2) 儲存品質高

前置倉是在中心倉和用戶之間設置的小規模倉庫，發揮專業化的倉儲配送功能。倉庫內設置貨物保鮮的專門技術，同時各個工作人員會不斷檢查巡視貨物的品質，即時查貨、驗貨和補貨。相較於傳統倉庫和線下門店，其產品新鮮度和品質更有保證。

(3) 履單成本低

履單成本由兩部分組成，一是倉內揀貨和打包成本，二是配送成本。倉庫面積比較小，倉內的揀貨、打包成本也相對比較低。一個前置倉覆蓋一公里左右，配送距離短，使得配送成本和整體履單成本都比較低。

(4) 管理難度低

前置倉主要發揮倉配功能，商品只供應線上通路，不用兼顧線下。而中國的盒馬鮮生這種店倉結合的快遞模式，商品必然在線上和線下同時銷售，庫存管理難度增加，對系統的要求也會增加，既要有 ERP 銷售功能，也要有庫存管理功能。由於前置倉只供應線上銷售通路，商品的管理難度及系統的複雜度會降低。

(5) 可擴張性強

前置倉由於只提供線上服務，因此在選址時不需要選擇商業核心地段，使用城市一定範圍內閒置地區即可；同時由於不用將商品一一陳列，相同空間內可以存放更多商品。相對於店倉一體化和單店運營等模式來說，前置倉選址更容易，固定投入更少，容易實現低成本的快速擴張。

2. 前置倉的缺點

(1) 盈利較難

由於前置倉僅提供線上服務，因此其收入來源只有線上銷售量，每天必須要達到固定單量才能分攤其固定成本，實現收支平衡，超過固定單量才算盈利。而店倉一體化則不存在這樣的問題，即使線上單量少一點，只要線下門店的生意好，也可以達到平衡。

(2) 引流成本高

相較於店倉一體化營運模式通過線下體驗店，或者平台模式通過平台本身積累的大量流量吸引顧客，前置倉模式通過地推引流讓消費者安裝 APP 和線上推廣，需要付出大量成本。流量的流失率和活躍度是一個動態變化的過程，可能需要不斷投入資金去拉新用戶並保持顧客黏性，費用比較高。

(3) 損耗性較高

前期啓動階段要保證顧客體驗，需要保持較高的商品豐富度。而生鮮商品很容易損耗，部分商品只能銷售一天，在前期新單量不高的情況下，商品的損耗會很高。

（五）物流模式

即時配送的訂單往往在 12 時左右和 18 時左右爲尖峰，在 9 時和 15 時爲離峰，而自建團隊的人員出勤時間一般是固定的，人力分布較爲穩定。隨著即時配送市場的發展，訂單量大幅增加，在午高峰和晚高峰很可能出現人力不足的情況，影響配送時效和用戶體驗，在訂單回落至波谷時，又會產生人力過剩，造成資源的浪費。

基於人力和訂單波動不匹配的情況，目前的即時配送物流團隊通常會將自建、加盟 / 代理、眾包三種方式結合起來，以實現資源的靈活調配。

1. 自營配送（Self-Delivery）

是指即時物流配送的各個環節由平台自身籌建並組織管理的配送形式。

2. 加盟模式（Affiliate Mode）

可以在低成本的情況下，迅速拓展服務種類，但是對加盟店的管理也會增加成本。

3. 衆包模式（Crowdsourcing Model）

是依據共享經濟的邏輯獨立發展起來的即時快遞服務，簡單來說這種模式就是搭建一個平台，讓閒散的勞動力自由支配時間，兼職從事快遞工作取得報酬，平台從其中獲得抽成。這種模式是利用社會的物流資源內進行配送，商家用人但不用養人，模式較爲輕便，便於在城市快速擴張和降低成本。這三種模式各有優劣如表 14-5 所示。

表 14-5　即時配送運作模式比較

	平台自建	加盟／代理	衆包
特徵	自己組件配送團隊，承擔全部成本和管理責任	通過加盟商管理末端，平台不直接管理配送員	利用社會人力，平台不直接承擔人力成本
使用場景	1. 平台資金充裕 2. 訂單密集 3. 服務品質要求高 4. 平台發展初期	1. 訂單分布呈現區域性特點 2. 鄉村 3. 平台發展擴張期	1. 訂單分散 2. 訂單規模龐大 3. 平台發展擴張期
優勢	1. 垂直管理，執行力強 2. 人員相對穩定，服務品質較高	節約成本，間接管理	1. 成本相對較低 2. 人力規模大 3. 響應即時，迅速
劣勢	1. 運營成本較高 2. 擴張速度有限	人力掌握在加盟商	1. 技術難度大 2. 需要訂單密集做基礎 3. 可控性不強，配送品質監管難

資料來源：艾瑞諮詢、平安證券研究所

物流 Express

新零售典範　盒馬鮮生

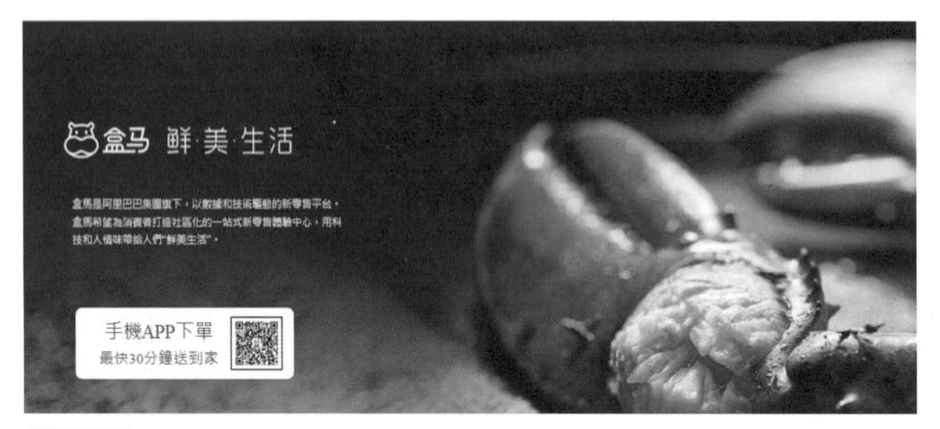

圖 14-13　盒馬鮮生提供用戶以 APP 下單，3 公里範圍內，30 分鐘送貨上門

圖片來源：盒馬鮮生官網

盒馬鮮生的第一間門店於 2016 年 1 月在上海金橋國際商業廣場開業，由於創新的模式取得成功，盒馬鮮生就將此模式一直複製，截至 2020 年 3 月，盒馬門市數量超過 220 家門店。

盒馬鮮生是阿里巴巴旗下生鮮食品公司，打出「新零售」旗號，運用大數據、人工智慧等先進技術手段，對商品的生產、流通與銷售過程進行升級改造。除了賣場零售外，盒馬鮮生還提供消費者可到店購買，也可以在盒馬 APP 下單。而盒馬最大的特點之一就是快速配送：門店附近 3 公里範圍內，30 分鐘送貨上門。透過零售、揀貨合一的方式，結合「線上線下」販售，壓低成本。

阿里巴巴創辦人馬雲 2016 年曾在雲棲大會上發下豪語：「未來 10 年、20 年，沒有電子商務一說，只有新零售。」簡言之，盒馬鮮生就是一家「生鮮食品超市 + 餐飲 + 電商 + 物流配送」多業態集合體；也可說是阿里巴巴提出「新零售」概念之後，首個展現於市場，重構人、貨、場的最佳例子。

到底盒馬鮮生是一間食品雜貨店，還是一間超級市場呢？相信這些名字都不足以清晰點出盒馬鮮生所提供給消費者的體驗。

盒馬鮮生以「生鮮電商」為切入口，採用「線上店商 + 線下門店」的經營模式，通過對於傳統線下零售的改造，將線下運營打造成為「生鮮超市 + 餐飲體驗 + 線上業務倉儲配送」的功能集合體。

盒馬鮮生的創新點主要在於：

1. 零售 + 餐飲的結合，將生鮮以往單純的產品消費過渡到體驗消費，增加產品附加值的同時，提升了客戶的留店時間和轉化率。
2. 線上訂單門店配送，通過電子標籤、自動化合流區提升分揀效率，門店覆蓋增強配送實時性，並可與實體零售分攤倉儲成本。
3. 線上線下全電子支付，用戶自選取貨方式（線上或線下下單皆可選擇自提或配送），權業務流程的貨控 + 數據貨取。

線上店商的線下延展、線下零售的傳統改造，並將二者有機的結合起來，盒馬鮮生走出了生鮮店商的 OAO（Online and Offline）商業模式的新路子。

盒馬鮮生這種「餐飲體驗 + 超市零售 + 基於門店店商配送」的商業模式展現了強大競爭力。生鮮超市零售與餐飲的結合，使得所購生鮮可在餐飲區直接加工，提升生鮮轉化率的同時帶動線下客流增長；線上訂單通過門店的自動化物流體系實現配送。盒馬鮮生通過電子標籤、自動化合流區等新技術實現效率提升。由於店商共享了線下門店倉儲配送體系，倉儲成本更低，且通過門店配送，周邊客戶的時效性也更強。

未來新零售發展還將繼續，盒馬鮮生也僅是其中一種成功模式，未來隨著新零售和新物流的雙向提升，我們將期待更多創新模式的誕生。

圖 14-14 盒馬鮮生的供應鏈與物流模式

參考資料：盒馬「新零售」模式全體驗 新鮮食品 30 分鐘送達府上，阿里足跡，2017/07/17。

問題討論

1. 盒馬鮮生有何特點？
2. 盒馬鮮生的運作模式，在臺灣是否可行？為什麼？

1. 何謂新零售？與傳統零售的不同處有哪些？與傳統電商的區別有哪些？
2. 零售行業的四個發展階段爲何？
3. 何謂 O2O ？ O2O 的模式有哪些？
4. 何謂末端物流？客戶對末端物流服務的體驗有哪些？
5. 何謂最後一哩路？物流配送「最後一哩路」的特徵爲何？「最後一哩物流」的配送模式爲何？
6. 何謂眾包物流？其優缺點爲何？主要類型及模式有哪些？

第四篇：當代物流

15 智慧物流

知識要點

15-1 智慧物流概念

15-2 物聯網與物流

15-3 大數據與物流

15-4 區塊鏈與物流

物流前線

區塊鏈催生「物流業」新時代誕生

物流 Express

菜鳥智能物流科技　迎雙十一全球狂歡節

物流前線

區塊鏈催生「物流業」新時代誕生

IONE 艾旺科技 www.ioneit.com

首頁 企業簡介 產品介紹 企業解決方案 新聞動態 最新活動 加入我們

圖片來源：艾旺科技官網

曾任職物流協會理事長的艾旺科技董事長陳立武，看到了物流業依賴傳統紙本單據的作業模式。因此，他建立了全臺第一物流區塊鏈平台，讓物流業無紙化，希望協助臺灣物流業彎道超車。

透過物流區塊鏈平台，艾旺科技主要能夠解決的問題有三個：物流作業無紙化、數據整合於單一平台，以及透過同步帳本解決資料竄改問題。

區塊鏈平台將拓展物流生態系，業者轉型需加快腳步

現階段艾旺科技能做到的，還只是物流區塊鏈的一小部分。陳立武表示，等到越來越多的物流數據都上鏈後，累積起來的大數據就可以從單純的物流資訊，轉變成有商業價值的資訊，更進一步地提升物流供應鏈的效率。

參考資料：蔣曜宇，不可竄改數據、不再浪費用紙，臺灣物流業為何要上區塊鏈？，數位時代，2019/08/22。

問題討論

1. 區塊鏈在艾旺科技能解決物流作業的什麼問題？
2. 物流業者應該採用何種心態來面對區塊鏈？

15-1 智慧物流概念

一、起源與定義

（一）智慧物流的定義

隨著物聯網的發展，物流也自然朝向智慧化的方向發展。雖然智慧物流（Smart Logistics）一詞在物流業已被廣泛談論，對它的闡述和解釋也是多種多樣、見仁見智，但還只是停留在智慧物流系統這層次上。而實際上智慧物流應該是一個體系，它是智慧型社會的一個重要基礎。

智慧物流的概念由 2010 年 IBM 發布的《智慧未來供應鏈》研究報告中提出的智慧供應鏈概念延伸而來。智慧物流是以資訊化為依託並廣泛應用物聯網、人工智慧、大數據、雲計算等技術工具，在物流價值鏈上的七項基本環節（運輸、倉儲、包裝、裝卸搬運、流通加工、配送、資訊服務）實現系統感知和數據採集的現代綜合智慧型物流系統。

智慧物流可以簡單地理解為在物流系統中採用物聯網、大數據、雲計算和人工智慧等先進技術，使得整個物流系統運作如同在人的大腦指揮下實時收集並處理資訊，做出最優決策、實現最優布局，物流系統中各組成單元能實現高品質、高效率、低成本的分工、協同，如圖 15-1。

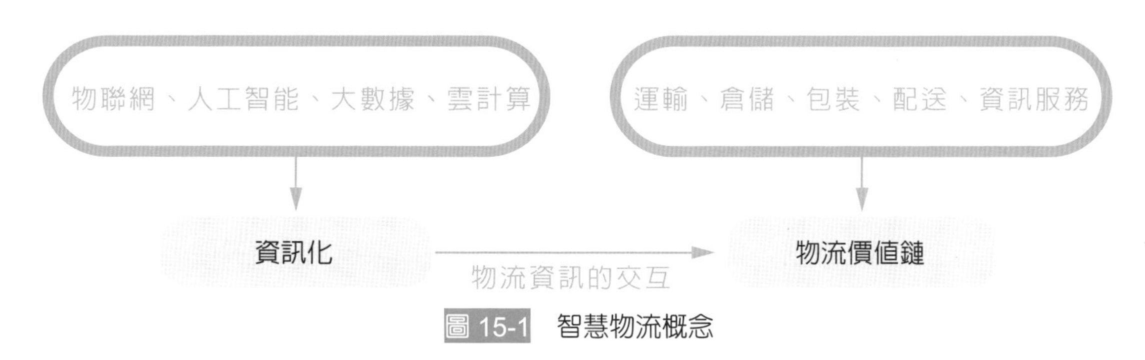

圖 15-1 智慧物流概念

智慧物流以智慧化和集成化的管理方式對物流自動化裝備、智慧化系統進行控制，以軟硬體結合的方式實現智慧物流的自動感知識別、物流服務可追溯、物流管理智慧化決策等功能，從而提高物流系統分析決策和智慧執行的能力以及整個物流系統的智慧化、自動化水準。

（二）智慧物流的發展

目前智慧物流行業發展迅猛，包括政策環境持續改善、物流互聯網逐步形成、物流大數據得以應用、物流雲服務強化保障、協同共享助推模式創新，人工智慧正在起步。

智慧物流是在物聯網（Internet of Things, IoT）、大數據、互聯網（Internet）和雲計算等發展背景上，爲滿足自身發展的內在要求而產生的物流智慧化結果。物流行業發展先後經歷了機械化（Mechanization）、自動化（Automation）階段，目前已發展到智慧化階段，如圖 15-2。

智慧物流產業的發展		
機械化	自動化	智慧化
1970 ~1989 年：研製第一代倉儲機器人，堆垛機、動力車、傳送帶、叉車、舉重設備等出現；輸送機和分揀機系統出現；引進德國西馬格(SIEMAG)全套物流自動化技術。	1990-2016 年：組合式貨架、AGV 誕生；引入西門子PLC控制技術自動存取系統、電子掃描儀、條形碼等技術手段出現全自動控制系統開始廣泛應用ERP/WMS系統廣泛應用。	2016年至今：機器人、AGV、無人機、貨到人技術開始出現；物聯網、雲計算、大數據、人工智能等技術興起，智慧物流開始逐步呈現快速發展的態勢。

圖 15-2　智慧物流產業的發展

（三）智慧物流發展的驅動因素

1. 新需求

近 10 年來，電子商務、新零售、C2M 等各種新型商業模式快速發展，同時消費者需求也從單一化、標準化向差異化、個性化轉變。這些變化對物流服務提出了更高的要求。

(1) 電子商務發展：

行業爆發式增長的業務量，要求物流行業具備更高的包裹處理效率，以及更低的配送成本。2018 年中國網路零售額超過 9 萬億元人民幣，已躍升成爲全球第一大網路零售大國。移動互聯網、社交電子商務、共享經濟等新模式的不斷發展，推動電子商務行業的高品質發展與創新。

(2) 新零售興起：

新零售是指企業以互聯網為依托，通過運用大數據、人工智慧等先進技術手段，對線上服務、線下體驗以及現代物流進行深度融合的零售新模式。這一模式下，企業將產生諸多智慧物流需求，如利用消費者數據合理優化庫存布局，實現零庫存、利用高效網路妥善解決可能產生的逆向物流等。

(3) C2M 興起：

C2M 由用戶需求驅動生產製造，去除所有中間流通加價環節，連接設計師、製造商，為用戶提供頂級品質、平民價格、個性化且專屬的商品。這一模式下，消費者訴求將直達製造商，個性化訂製成為潮流，對物流的即時響應、訂製化匹配能力有更高的要求。

2. 新技術

物流業的發展經歷了人工生產、機械化、自動化再到智慧化的歷程。人工生產的比例逐漸降低，物流作業過程中的設備和設施逐步自動化，但總體上與美國、德國等西方國家相比差距較大。工業 4.0 強調利用物聯訊息系統將生產中的供應、製造、銷售訊息數據化、智慧化，最後達到快速、有效、個性化的產品供應。對於物流科技而言，就要整合傳統和新興科技，以互聯網、大數據、雲計算、物聯網等現代訊息技術提升物流智慧化程度，增強供應鏈柔性。

（四）智慧物流的特徵

與傳統物流相比，彈性化、社會化和智慧化是智慧物流的典型特徵。

1. 彈性化

彈性化（Flexibility）本來是為實現生產領域「以顧客為中心」的理念而提出的，即眞正地根據消費者需求的變化來靈活調節生產工藝。物流的發展也是如此，必須按照客戶的需要提供高度可靠的、特殊的、額外的服務，「以顧客為中心」服務的內容將不斷增多，其重要性也將不斷增強，如果沒有智慧物流系統，不可能達到彈性化的目的。

2. 社會化

隨著物流設施的國際化、物流技術的全球化和物流服務的全面化，物流活動並不僅僅侷限於一個企業、一個區域或一個國家。為實現貨物國際性的流動和交換，以促進區域經濟的發展和世界資源優化配置，一個社會化（Socialization）的智慧物流體系正在逐漸形成。構建智慧物流體系對於降低商品流通成本將起到決定性的作用，並成爲智慧型社會發展的基礎。

3. 一體化

智慧物流活動既包括企業內部生產過程中的全部物流活動，也包括企業與企業、企業與個人之間的全部物流活動。智慧物流的一體化（Integration）是指智慧物流活動的整體化和系統化，它是以智慧物流管理爲核心，將物流過程中運輸、存儲、包裝、裝卸等諸環節集合成一體化系統，以最低的成本向客戶提供最滿意的物流服務。

4. 智慧化

智慧化（Intellectual）是物流發展的必然趨勢，是智慧物流的典型特徵，它貫穿於物流活動的全過程，隨著人工智慧技術、自動化技術、通信技術的發展，智慧物流的智慧化程度將不斷提高。智慧物流不僅僅限於處理庫存水準的確定、運輸道路的選擇、自動追蹤的控制、自動分揀的運行、物流配送中心的管理等問題，隨著時代的發展，它將不斷地被賦予新的內容。

二、智慧物流的基本功能與作用

（一）智慧物流的基本功能

1. 感知功能

感知功能是指運用各種先進技術能夠獲取運輸、倉儲、包裝、裝卸搬運、流通加工、配送、訊息服務等各個環節的大量訊息，實現實時數據收集、使各方能準確掌握貨物、車輛和倉庫等訊息，初步實現感知智慧。

2. 規整功能

規整功能，是把感知之後採集的訊息通過網路傳輸到數據中心，進行數據歸檔，建立強大的數據庫，並對各類數據按要求進行規整，實現數據的聯繫性、開放性及動態性，並通過對數據和流程的標準化，推進跨網路的系統整合，實現規整智慧。

3. 智慧分析功能

智慧分析功能是指運用智慧模擬器模型等手段分析物流問題。根據問題提出假設，並在實踐過程中不斷驗證問題，發現新問題，做到理論實踐相結合。在運行中，系統會自行調用原有的經驗數據，隨時發現物流作業活動中的漏洞或者薄弱環節，從而實現發現智慧。

4. 優化決策功能

優化決策功能是指結合特定需要，根據不同的情況評估成本、時間、品質、服務、碳排放和其他標準，評估基於概率的風險，進行預測分析，協同制訂決策，提出最合理有效的解決方案，使作出的決策更加的準確、科學，從而實現創新智慧。

5. 系統支持功能

系統支持功能體現在智慧物流並不是各個環節各自獨立，毫不相關的物流系統，而是每個環節都能相互聯繫、互通有無、共享數據、優化資源配置的系統，能夠爲物流各個環節提供最強大的系統支持，使得各環節協作、協調、協同。

6. 自動修正功能

自動修正功能是指在前面各個功能的基礎上，按照最有效的解決方案，系統自動遵循最快捷有效的路線運行。並在發現問題後自動修正，並且備用在案，方便日後查詢。

7. 即時反饋功能

物流系統是一個實時更新的系統。反饋是實現系統修正、系統完善不可少的環節。反饋貫穿於智慧物流系統的每一個環節，爲物流相關作業者了解物流運行情況，及時解決系統問題提供強大的保障。

（二）智慧物流的主要作用

1. 降低物流成本，提高企業利潤

智慧物流能大大降低製造業、物流業等各行業的成本，顯著提升企業的利潤。智慧物流的關鍵技術，諸如物體標識及標識追蹤、無線定位等新型訊息技術應用，能夠有效實現物流的智慧調度管理、整合物流核心業務流程，加強物流管理的合理化，降低物流消耗，從而降低物流成本，減少流通費用，增加利潤。

2. 加速物流產業的發展，成爲物流業的訊息技術支撐

智慧物流的建設，將加速當地物流產業的發展，集倉儲、運輸、配送、訊息服務等多功能於一體，打破行業限制，協調部門利益，實現集約化高效經營，優化社會物流資源配置。同時，將物流企業整合在一起，將過去分散於多處的物流資源進行集中處理，可以發揮整體優勢和規模優勢，實現傳統物流企業的現代化、專業化和互補性。此外，物流企業還可以共享基礎設施、配套服務和訊息，降低運營成本和費用支出，獲得規模效益。

3. 為企業生產、採購和銷售系統的智慧融合打下基礎

隨著 RFID 技術與傳感器網路的普及，物與物的互聯互通將為企業的物流系統、生產系統、採購系統與銷售系統的智慧融合打下基礎，而網路的融合必將產生智慧生產與智慧供應鏈的融合，企業物流完全智慧地融入企業經營之中，打破工序、流程界限，打造智慧企業。

4. 使消費者節約成本，輕鬆、放心地購物

智慧物流通過提供貨物源頭自助查詢和追蹤等多種服務，尤其是對食品類貨物的源頭查詢，能夠讓消費者買得放心、吃得放心，從而增強消費者的購買信心，促進消費。

5. 提高政府部門工作效率

智慧物流可全方位、全程監管商品的生產、運輸、銷售，在大大節省相關政府部門的工作壓力的同時，使監管更徹底、更透明。通過計算機和網路的應用，政府部門的工作效率將大大提高。

總體而言，智慧物流功能體系包括識別感知、決策、定位追溯三大模塊，這些功能模塊是智慧物流的重要組成部分，如圖 15-3。

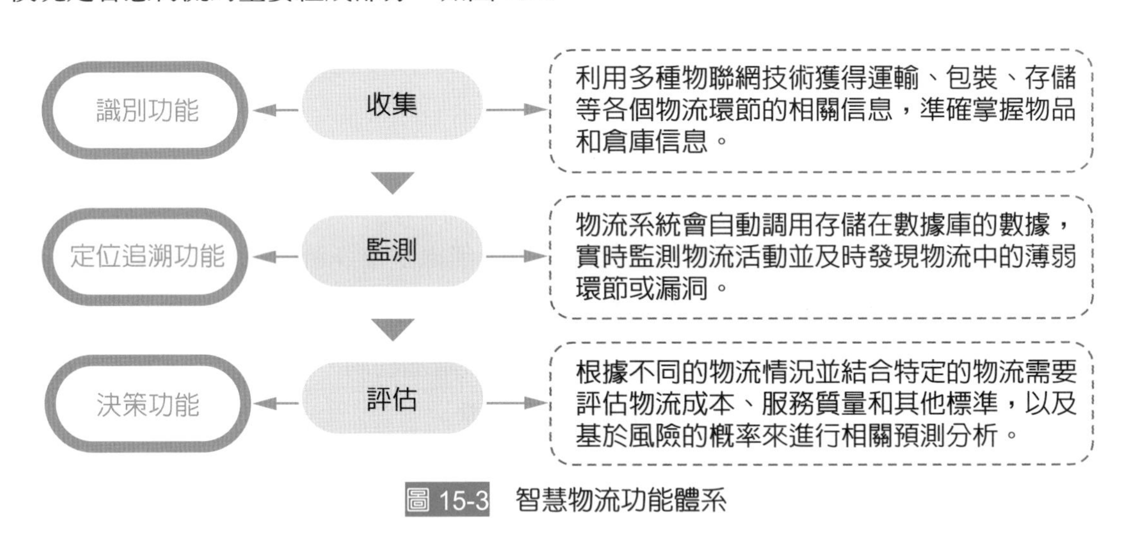

圖 15-3 智慧物流功能體系

智慧物流基於大數據、雲計算、智慧感應等一系列現代科技，實現了物流服務的實時化、可控化和便捷化管理，有助於物流產業鏈的優化升級，因此，完善智慧物流發展規劃，加快智慧物流基礎設施建設促進傳統物流向智慧物流轉型升級具有重要的意義。

三、智慧物流的技術架構與內容

（一）智慧物流的技術架構

發展智慧物流，是指通過智慧硬體、物聯網、大數據等智慧化技術與手段，提高物流系統分析決策和智慧執行的能力，提升整個物流系統的智慧化、自動化水準。智慧物流集多種服務功能於一體，體現了現代經濟運作特點的需求，強調訊息流與物質流快速、高效、通暢地運轉，從而實現降低社會成本、提高生產效率、整合社會資源的目的。

其中，流程層面是指智慧物流三大主戰場——倉儲、運輸及配送，運作層面是指支撐物流三大環節高效運轉的智慧物流訊息系統、關鍵技術以及需求預測；應用層面是指智慧物流與其他產業深度融合的實踐結果，如智慧製造與智慧物流、新零售與智慧物流等，如圖 15-4。

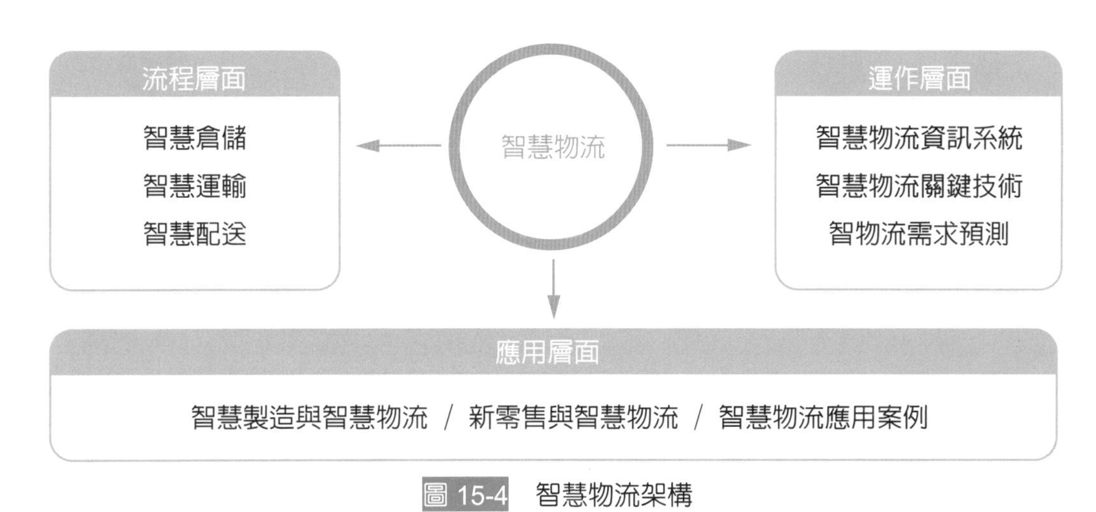

圖 15-4 智慧物流架構

（二）智慧物流技術的內容

智慧物流發展多年，最初以物聯網技術來改革，導入機器人、大數據分析、自動化技術等，但隨著 AI 進步，智慧物流也開始導入相關技術，從倉儲、配送到宅配等全方位升級，物流已不再是成本單位，更是增進創新的重要關鍵。

根據領先企業現況及物流行業發展趨勢，因此對智慧物流技術從現在與未來的應用場景，描繪出智慧物流技術的架構及其主要內容，如圖 15-5（德勤，2017）。

智慧物流主要包括以下 5 項技術：

1. 倉內技術

主要有機器人與自動化分揀、可穿戴設備、無人駕駛堆高機、貨車識別四類技術，當前機器人與自動化分揀技術已相對成熟，得到廣泛應用，可穿戴設備目前大部分處於研發階段，其中智慧眼鏡技術進展較快。

2. 幹線技術

幹線運輸主要是無人駕駛卡車技術。無人駕駛卡車將改變幹線物流現有格局，目前尚處於研發階段，但已取得階段性成果，正在進行商用化前測試。

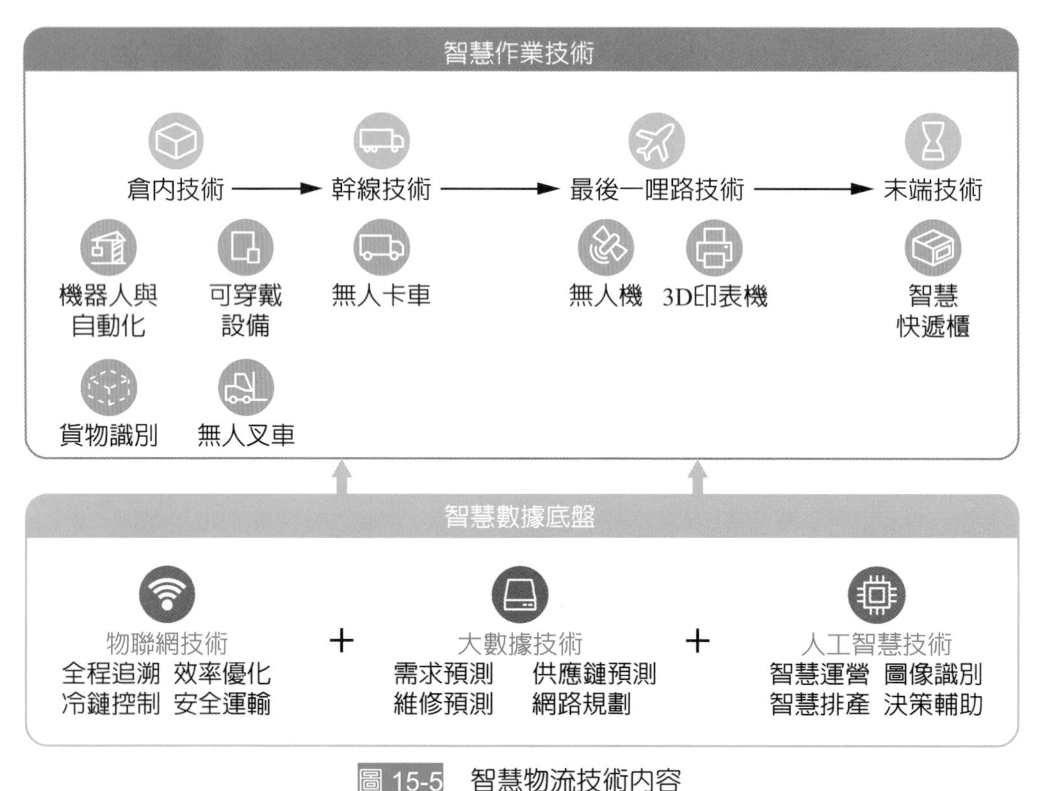

圖 15-5 智慧物流技術內容

3. 「最後一哩路」技術

「最後一哩路」相關技術主要包括無人機技術與 3D 列印技術兩大類。無人機技術相對成熟，目前包括中國的京東、順豐、DHL 等多家物流企業已開始進行商業測試，其具有靈活等特性，預計將成為特定區域未來末端配送重要方式。3D 技術尚處於研發階段，目前僅有亞馬遜、UPS 等針對其進行技術儲備。

4. 末端技術

末端新技術主要是智慧快遞櫃。目前已實現商用，是各方布局重點，但受限於成本與消費者使用習慣等問題，未來發展存在不確定性。

智慧快遞櫃技術較爲成熟，包括順豐爲首的蜂巢、菜鳥投資的速遞易等一批快遞櫃企業已經出現，但當前快遞櫃仍然面臨著使用成本高、便利性智慧化程度不足、使用率低、無法當面驗貨、營利模式單一等問題。

5. 智慧數據底盤技術

智慧數據底盤技術主要包括物聯網、大數據及人工智慧三大領域。物聯網與大數據分析目前已相對成熟，在電商運營中得到了一定應用，人工智慧相對還處於研發階段，是未來各家研發的重點。物聯網技術與大數據分析技術互爲依託，前者爲後者提供部分分析數據來源，後者將前者數據進行業務化，而人工智慧則是大數據分析的升級。三者都是未來智慧物流發展的重要方向，也是智慧物流能否進一步迭代升級的關鍵。

四、智慧物流產業鏈

（一）智慧物流產業鏈構成

智慧物流產業鏈主要分爲上、中、下游三個部分。上游爲設備提供商和軟體提供商，分別提供硬體設備（輸送機、分揀機、AGV、堆垛機、穿梭車、堆高機等）和相應的軟體系統（WMS、WCS 系統等）；中游是智慧物流系統集成商，根據行業的應用特點使用多種設備和軟體，設計智慧倉儲物流系統；下游是應用智慧物流系統的各個行業，包括汽車、零售、電商、冷鏈等諸多行業，如圖 15-6。

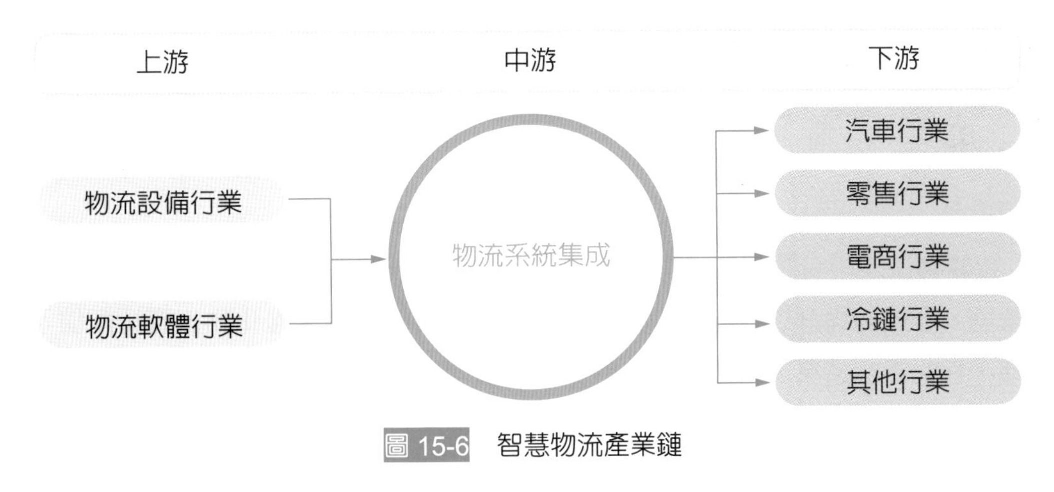

圖 15-6　智慧物流產業鏈

來源：睿獸分析

智慧物流行業圍繞物聯網、人工智慧、大數據、區塊鏈等底層技術已經形成一套相對完整的產業鏈。基礎設施、物流科技、物流企業、物流平台構成了整個智慧物流的產業鏈。其中，物流科技與物流企業在產業生態之中處於核心地位，產業圖譜如圖 15-7：

圖 15-7　智慧物流產業圖譜

智慧物流產業鏈核心環節主要包括以下三個方面：

1. 基礎運作

智慧物流可以運用感知識別和定位追蹤技術進行物品資訊數據的獲取，通過對物品檔案、客戶需求、商品庫存等資訊數據進行大數據挖掘和處理，實現物流智慧化的運作能力。

2. 物流平台

智慧物流雲平台將運輸、倉儲、配送、貨運代理、金融等業務模塊的優勢資源進行彙總，形成基礎靜態資源池；同時利用現代互聯網技術，優化物流資源配置及動態管理，為生產製造業、物流業、金融業、商貿業及政府機構等提供一體化的物流服務與供應鏈解決方案。

3. 產業群落

智慧物流通過數據產品開發，將大數據運用到生產製造、物流、金融、商貿等多個產業群落裡。在政府、協會等的政策扶持下，智慧物流通過物流資源整合，滿足生產製造群的市場需求，保障金融機構群的投資融資順利進行，促進商貿企業群交易流通高效運轉，最終構建起多產業群協同發展的可持續生態圈。

（二）智慧物流產業價值鏈

智慧物流價值鏈將互聯網技術、智慧感應技術、雲計算、大數據等技術相融合，從而形成更具有效率的新型物流業。智慧物流價值鏈具有五個主體（客戶、零散車主、物流車隊、物流企業、供應鏈企業）與四大平台（供應鏈平台、物流管理平台、物流電商平台、客戶服務平台），如圖 15-8。

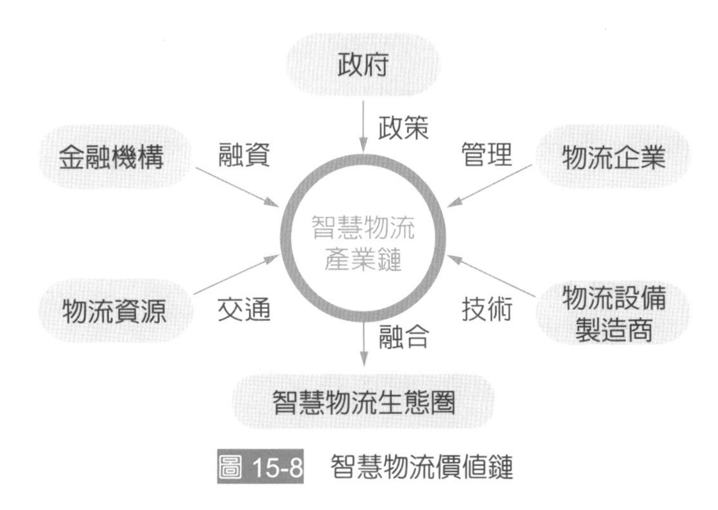

圖 15-8　智慧物流價值鏈

智慧物流通過互聯網技術聯繫整個價值鏈上製造、採購、電子商務、配送、倉儲等物流環節，以實現高服務低成本。同時，智慧物流可以爲供應商、生產商、消費者提供運輸、倉儲、包裝、配送等全方位的資訊服務，以降低營運風險。

智慧物流的新態勢朝著共享經濟、自動化、服務高效化和成本低廉化方向發展。大數據、人工智慧、區塊鏈等新興科技正重新定義資訊與數據的傳遞方式，深刻影響物流業務鏈的各環節。這些科技手段不僅幫助物流行業降本增效，甚至影響業務的底層邏輯而重構行業價值鏈。技術已不再做爲行業的副產品存在，而是不斷反向創造需求與價值，成爲行業發展的新動能。

15-2　物聯網與物流

一、物聯網概念

物聯網的英文名稱爲「Internet of Things」，簡稱 IoT。物聯網的定義非常廣泛，目前並無較精確的定義。現在較爲普遍的理解是「物物相聯」的網際網路，是通過各類傳感裝置、RFID 技術、視頻識別技術、紅外感應器、全球定位系統、雷射掃描儀等資訊傳感設備，按約定的協議，根據需要實現物品互聯互通的網路連接，進行資訊交換和通信，以實現智慧化識別、定位、追蹤、監控和管理的智慧網路系統。

在物聯網環境中，一個合法的用戶可以在任何時間、任何地點對任何資源和服務進行低成本訪問。可將物聯網能夠提供服務的特點總結為 7A 服務，即「Anyone, Anytime, Anywhere, Affordable, Access to Anything by Authorized」。圖 15-9 為物聯網能夠提供服務的特點示意圖。

圖 15-9　物聯網提供服務的特點

二、互聯網與物聯網的關係

互聯網又稱網際網路（Internet），是由計算機連接而成的全球網路，即廣域網、局域網及個人電腦按照一定的通信協議組成的國際計算機通信網路。物聯網可以說是互聯網的升級版，物聯網就是物物相聯的互聯網，它的核心和基礎仍然是互聯網。那麼物聯網和互聯網有哪些區別呢？物聯網時代和互聯網時代又有那些不同之處呢？

（一）互聯網是物聯網的基礎

通俗地說，物聯網是「傳感網＋互聯網」，是互聯網的延伸與擴展。它把人與人之間的互聯互通擴大到人與物、物與物之間的互聯、互通。可以說互聯網是物聯網的核心與基礎。而物聯網是為「物」而生，主要是為了管理「物」，讓「物」自主地交換資訊，服務於人。

既然如此，那麼物聯網就要讓「物」具備智慧，物聯網的眞正實現比互聯網的實現更難。另外，從技術的進化上講，從人的互聯到「物」的互聯，是一種自然的遞進，本質上互聯網和物聯網都是人類智慧的物化而已，人的智慧對自然界的影響才是資訊化進程的根本原因。

（二）互聯網和物聯網終端連接方式不同

互聯網用戶通過終端系統的服務器、台式計算機、便攜式計算機、iPad、智慧手機等終端訪問互聯網資源，如發送和接收電子郵件、閱讀新聞、讀寫部落格或網路文章，通過網路電話通信，在網路上買賣股票、基金，進行網路理財，訂機票和酒店。

物聯網中的傳感器節點需要通過無線傳感器網路的匯聚節點接入互聯網；RFID 射頻芯片通過讀寫器與控制計算機連接，再通過控制節點的計算機接入互聯網。因此，由於互聯網和物聯網的應用系統不同，所以接入方式也不同。

（三）物聯網涉及的技術更深、範圍更廣

互聯網只是一種虛擬的交流，而物聯網實現的是實物之間的對話，物聯網應用的技術主要包括無線技術、互聯網、智慧芯片技術、軟體技術、人工智慧等，幾乎涵蓋了資訊通信技術的所有領域。

物聯網和互聯網比較如表 15-1 所示，互聯網到物聯網的發展如圖 15-10 所示。

表 15-1　物聯網和互聯網比較

項目	物聯網	互聯網
發展緣起	感測技術創新、雲端運算興起	計算機技術出現、資訊傳輸速度加快
發展過程	多重晶片技術平台化應用發展	技術的研究到人類技術共享使用
參與者	人與所有物質	人
骨幹網路	基本上可和網際網路共用，但必須有通訊協定、支援巨大的位址空間，可靠的低速率傳輸	可和物聯網共用
創新發展	科技生活無限想像，萬事萬物智慧化	網路內容和體驗的創新

資料來源：拓墣產業研究所

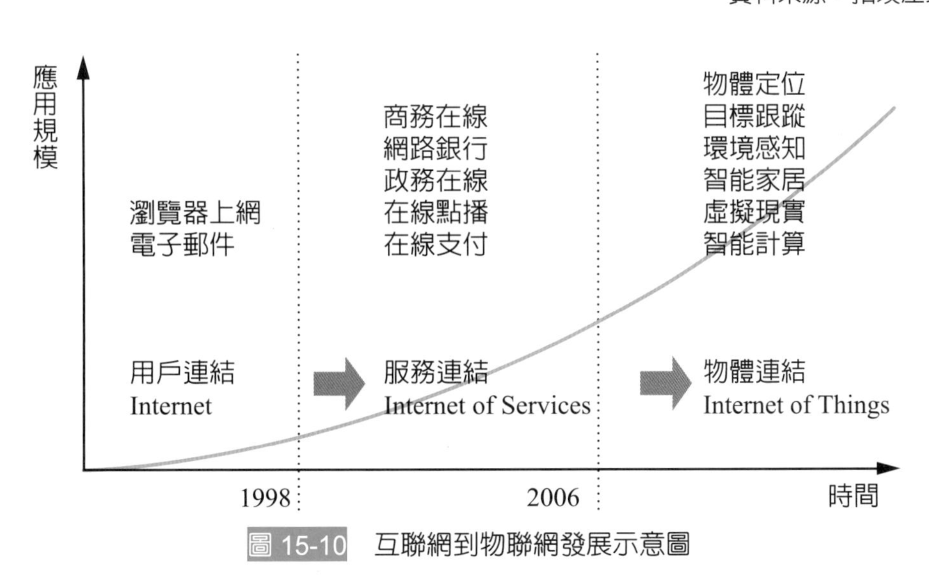

圖 15-10　互聯網到物聯網發展示意圖

三、物聯網的特徵

（一）物聯網技術的特徵

物聯網在互聯網基礎上進一步拓展而成，實現物與物、人與物之間的通信、數據傳輸，形成物與物、人與物相聯的互聯網。物聯網具有感知技術應用廣泛、資訊數據互聯、智慧化處理、應用領域廣泛等特點。

1. 感知技術應用廣泛

利用感知技術識別和採集物理資訊是物聯網的突出特徵，傳感器、定位系統、RFID 等多種感知技術在物聯網基層廣泛應用，實現數據採集多維化。物聯網按一定頻率週期性地採集環境資訊，不斷更新數據，實現數據採集實時化。

2. 資訊互聯性

物聯網的核心仍爲互聯網，通過有線傳輸和無線傳輸技術傳輸物理環境資訊，形成數據網路，實現物與物、人與物的資訊數據互通互聯。

3. 智慧化處理

在識別、採集、傳輸物體資訊後，物聯網還透過雲計算、邊緣計算等技術，對龐大數據進行智慧化處理和分析，並對相應物體進行智慧控制，滿足不同領域用戶需求。

4. 應用領域廣泛

物聯網已實際應用到家居、物流、交通、工業製造、能源、醫療、農業等領域，應用領域廣泛，並將進一步擴展。

（二）物聯網技術環境特徵

從技術環境來看，物聯網行業發展的內生動力正在不斷增強。連接技術不斷突破，NB-IoT、eMTC、Lora 等低功耗廣域網全球商用化進程不斷加強；物聯網平台迅速增長，服務支撐能力迅速提升；區塊鏈、邊緣計算、人工智慧等技術題材不斷注入物聯網，爲物聯網帶來新的創新活力。受技術和產業成熟度的綜合驅動，物聯網呈現「邊緣（Edge）的智慧化、連接的服務的平台化、廣泛化、數據的延伸化」等特點。

1. 邊緣的智慧化

各類終端持續向智慧化的方向發展，操作系統等促進終端軟硬體不斷結合不同類型的終端設備協作能力加強。邊緣計算（Edge Computing）爲終端設備之間的協作提供了重要支撐。

2. 服務的平台化

通用水準化和垂直專業化平台互相滲透，平台開放不斷提升，人工智慧技術不斷融合，基於平台的智慧化服務水準持續提升。

3. 連接的廣泛化

局域網、低功耗廣域網、第五代移動通信網路等陸續商用為物聯網提供廣泛連接能力，物聯網網路基礎設施迅速完善，互聯效率不斷提升。

4. 數據的延伸化

先聯網後增值的發展模式進一步清晰，新技術賦能物聯網不斷推進橫向跨行業、跨環節「數據流動」和縱向平台、邊緣「數據勢能」創新。

四、物聯網在物流領域的應用

物流是物聯網技術最重要的領域之一，物聯網技術是實現智慧物流的基礎。物流業作為國民經濟發展的支柱性產業，要進一步增長，滿足越來越高的物流需求，實現智慧物流，必須依賴於物聯網技術的全面應用。

在物流領域，物聯網將主要從可視化管理、自動化操作、物品品質追溯、智慧供應鏈構建四個方面應用發展。

（一）可視化物流管理

物聯網中，所有貨物、車輛、設備等均安裝 RFID 標籤。貨物運輸途中的主要監測點、以及公路、橋樑、隧道、建築等物體中均可安裝各種感應器。貨物存儲的庫房內，也將布置若干個讀寫設備。

庫管人員可以根據運輸途中及倉庫內感應器感應到的貨物資訊，輕易獲知任何一件貨物、車輛和設備的所在位置、存放地點、移動和保存情況，進行實時追蹤，實現更加智慧的可視化管理。

（二）自動化智慧操作

倉庫操作中的無人搬運物料、自動分揀、計算機控制堆垛機自動完成出入庫等操作，運輸過程中的貨車無人駕駛，高速路口無需人工直接電子識別的 ETC 技術，配送過程的無人配送車、無人機技術等。以上種種自動化智慧操作應用，基於物聯網中傳感及網路技術的發展，都已經逐步實現中。

（三）物品品質追溯管理

通過貨物上的標籤感應，可以獲知貨物品質是否發生改變。一方面，對於運輸過程中的責任判定、操作改進具有重要意義；另一方面，發貨方也可根據物品的動態追蹤和資訊獲取，即時召回不合格產品、降低退貨率、提高服務水準及消費者信賴度。

同時，對於消費者而言，可以根據產品標籤，掌握所購買物品及其廠商的資訊，並對有品質問題的物品進行責任追溯。

（四）智慧供應鏈構建

物聯網系統具有快速的資訊傳遞能力，能及時獲取缺貨資訊並傳遞給賣場的倉庫管理系統，經資訊匯總後傳遞給上一級分銷商或製造商。

即時準確的資訊傳遞，有利於上游供應商根據資訊，合理安排生產計畫，降低營運風險。在貨物調配環節，自動化技術也極大地加快了貨物揀貨、配送及分發的效率。對零售商而言，可以根據物聯網技術合理控制貨物倉儲數量，從而提高訂單供貨率，降低脫銷的可能性及庫存積壓的風險。

隨著具備高速率、廣覆蓋、低功耗、大連接、低成本等優勢特點的 NB-IOT + 5G 技術的發展，物聯網將開始飛躍式的發展。

15-3 大數據與物流

一、大數據的定義與特性

（一）大數據的定義

大數據（Big Data）又稱為「巨量資料」，指的是非常巨大又複雜的資訊量，龐大到無法在合理的時間內，用常規資料處理軟體或人力方式進行擷取（儲存）、管理（處理）、運算、分析成能解讀的情報，就稱為大數據。

如果傳統的資料庫系統不足以處理這種規模的資料，那麼就必須要有新的作法來處理，因此大數據的意涵不單單指資料量大，也包含儲存、處理及分析這些資料的科技。海量資料的影響層面普及各行各業，成為一種商業思維，可從數據中找到線索，察覺商業趨勢，預測未來，提升企業競爭力，創造無限商機。

（二）大數據的特性

IBM 提出了大數據 5V 的特性：

1. 資料量

過去的資料主要是交易紀錄，而大數據的資料可由交易、人與網站的各種互動與機器觀察記錄而成。不管是滑鼠點擊、簡訊、音樂、影片、網路搜尋、線上交易或機器觀察生成的資料，都能累積成龐大的數據。因此資料量（Volume）很容易就能達到數 TB（Tera Bytes，兆位元組），甚至上看 PB（Peta Bytes，千兆位元組）或 EB（Exabytes，百萬兆位元組）的等級。

2. 速度

資料的傳輸流動（Data Streaming）是連續且快速的，隨著越來越多的機器、網路使用者、社群網站、搜尋結果每秒都在成長，每天都在輸出更多的內容。面對資料產生的速度（Velocity），如何即時的儲存、處理與回應這些資料是一種挑戰，因此 Velocity 不只強調資料產生速度快，也強調時效性，必須在時效內處理資料產生回應。因此也有人認爲 Velocity 是「時效性」。

3. 多樣性

大數據的資料類型和資料來源非常多樣化（Variety），除了有傳統資料庫的結構化資料，還有網路上非結構化資料，例如：文字、電子郵件、網頁、社群互動資料、視訊、音樂、圖片等，這些非結構化的資料在儲存、處理與分析都比結構化資料困難，某些大數據的資料是來自於多個網站或資料庫，因此整合的困難度高。

4. 眞實性

大數據分析中應該過濾資料有偏差、僞造、異常的部分，防止這些資料損害到資料系統的完整跟正確性，進而影響決策。

5. 價值

大數據的眞正目標是產生應用價值（Value）。大數據分析的核心重點在預測，藉由這些巨量資料，利用適當的統計模式，預測事件發生的機率，並以高準確度的預測產生應用價值。前提是必須有大量的資料，做爲預測的基礎，而且資料量越大越好，資料越即時越好。

這個 5V 的特點，反映了大數據的資料特質和傳統資料最大的不同是資料來源多元、種類繁多，大多是非結構化資料，而且更新速度非常快，導致資料量大增。而要用大數據創造價值，不得不注意數據的眞實性，如圖 15-11 所示。

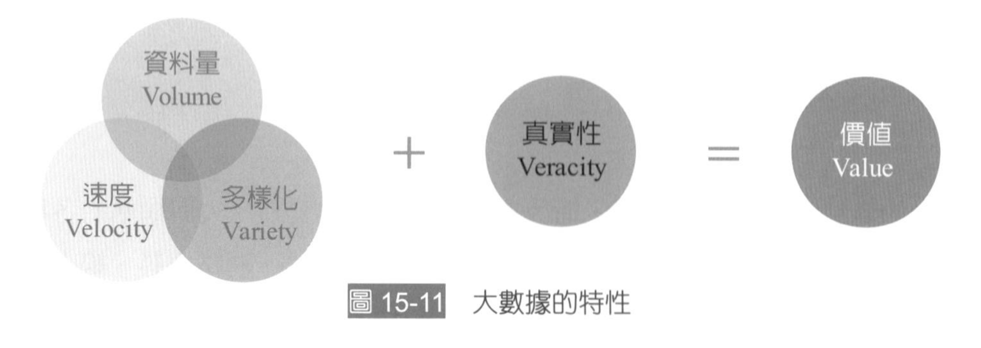

圖 15-11　大數據的特性

（三）大數據、數據分析和數據挖掘的區別

大數據（Big Data）、數據分析（Data Analysis）、數據挖掘（Data Mining）的區別是，大數據是網際網路的海量數據挖掘，而數據挖掘更多是針對內部企業行業小眾化的數據挖掘，數據分析就是進行做出針對性的分析和診斷，大數據需要分析的是趨勢和發展，數據挖掘主要發現的是問題和診斷：

1. 大數據

指無法在可承受的時間範圍內用常規軟體工具進行捕捉、管理和處理的數據集合，是需要新處理模式才能具有更強的決策力、洞察力和流程優化能力的海量、高增長率和多樣化的資訊資產。

2. 數據分析

是指用適當的統計分析方法對收集來的大量數據進行分析，提取有用資訊和形成結論而對數據加以詳細研究和概括總結的過程。這一過程也是品質管理體系的支持過程。在實務中，數據分析可幫助人們作出判斷，以便採取適當行動。

數據分析的數學基礎在 20 世紀早期就已確立，但直到計算機的出現才使得實際操作成為可能，並使得數據分析得以推廣。數據分析是數學與計算機科學相結合的產物。

3. 數據挖掘

又譯為資料探勘、數據採礦。它是資料庫知識發現（Knowledge-Discovery in Database, KDD）中的一個步驟。數據挖掘一般是指從大量的數據中通過算法搜索隱藏於其中資訊的過程。數據挖掘通常與計算機科學有關，並通過統計、在線分析處理、情報檢索、機器學習、專家系統（依靠過去的經驗法則）和模式識別等諸多方法來實現上述目標。

簡而言之：

1. 大數據是範圍比較廣的數據分析和數據挖掘。

2. 按照數據分析的流程來說，數據挖掘工作較數據分析工作較前端，二者又有重合的地方，數據挖掘側重數據的清洗和梳理。
3. 數據分析處於數據處理的最末端，是最後階段。
4. 數據分析和數據挖掘的分界、概念比較模糊。
5. 大數據概念更爲廣泛，是把創新的思維、資訊技術、統計學等等技術的綜合體，每個人限於學術背景、技術背景，概述皆不相同。

二、物流大數據的功用與應用

物流的大數據，即運輸、倉儲、搬運裝卸、包裝及流通加工等物流環節中涉及的數據、資訊等。通過大數據分析可以提高運輸與配送效率，減少物流成本，更有效地滿足客戶服務要求。

隨著物流大數據時代的到來，物流大數據技術可以通過建構數據中心，挖掘出隱藏在數據背後的資訊價值，從而爲企業提供有益的幫助，爲企業帶來利潤。面對海量數據，物流企業在不斷增加大數據方面投入的同時，不該僅僅把物流大數據看作是一種數據挖掘、數據分析的資訊技術，而應該把大數據看作是一項戰略資源，充分發揮物流大數據給物流企業帶來的發展優勢，在戰略規劃、商業模式和人力資本等方面做出全方位的部署。

（一）物流大數據的功用

物流大數據應用對於物流企業來講具有以下三個方面的重要功用。

1. 提高物流的智慧化水準

通過對物流數據的追蹤和分析，物流大數據應用可以根據情況爲物流企業做出智慧化的決策和建議。在物流決策中，大數據技術應用涉及競爭環境分析、物流供給與需求匹配、物流資源優化與配置等。

在競爭環境分析中，爲了達到利益的最大化，需要對競爭對手進行全面的分析，預測其行爲和動向，從而了解在某個區域或是在某個特殊時期，應該選擇的合作夥伴。

在物流供給與需求匹配方面，需要分析特定時期、特定區域的物流供給與需求情況，從而進行合理的配送管理。在物流資源優化與配置方面，主要涉及運輸資源、存儲資源等。物流市場有很強的動態性和隨機性，需要隨時分析市場變化情況，從海量的數據中提取當前的物流需求資訊，同時對已配置和將要配置的資源進行優化，從而實現對物流資源的合理利用。

2. 降低物流成本

由於交通運輸、倉儲設施、貨物包裝、流通加工和搬運等環節對資訊的交互和共享要求比較高，因此可以利用大數據技術優化配送路線、合理選擇物流中心地址、優化倉庫儲位，從而降低物流成本，提高物流效率。

3. 提高用戶服務水準

隨著網購人群的急劇膨脹，客戶越來越重視物流服務的體驗。通過對數據的挖掘和分析，以及合理地運用這些分析成果，物流企業可以爲客戶提供最好的服務，提供物流業務運作過程中商品配送的所有資訊，進一步鞏固和客戶之間的關係，增加客戶的信賴，培養客戶的黏性，避免客戶流失。

（二）物流大數據應用

針對物流行業的特性，大數據應用主要體現在車貨匹配、運輸路線優化、庫存預測、設備修理預測、供應鏈協同管理等方面。

1. 車貨匹配

通過對運輸能力進行大數據分析，公共運輸能力的標準化和專業的個性化需求之間可以產生良好的匹配，同時，結合企業的資訊系統也會全面整合與優化。通過對貨主、司機和任務的精準畫像，可實現智慧化定價，爲司機智慧推薦任務和根據任務要求指派配送司機等。

從客戶方面來講，大數據應用會根據任務要求，如車型、配送公里數、配送預計時長、附加服務等自動計算運力價格並匹配最符合要求的司機，司機接到任務後會按照客戶的要求進行高品質的服務。在司機方面，大數據應用可以根據司機的個人情況、服務品質、空閒時間爲他自動匹配合適的任務，並進行智慧化定價。基於大數據實現車貨高效匹配，不僅能減少空車帶來的損耗，還能減少污染。

2. 運輸路線優化

透過大數據，物流運輸效率得到大幅提升，大數據爲物流企業間搭建起溝通的橋樑，物流車輛行車路徑也將被最短化、最優化定製。

美國 UPS 公司使用大數據優化送貨路線，配送人員不需要自己思考配送路徑是否最優。UPS 採用大數據系統可實時分析 20 萬種可能路線，3 秒找出最佳路徑。

UPS 通過大數據分析，規定卡車不能左轉，所以，UPS 的司機會寧願繞個圈，也不往左轉。根據往年的數據顯示，因爲執行盡量避免左轉的政策，UPS 貨車在行駛路程減少 2.04 億的前提下，多送出了 350,000 件包裹。

3. 庫存預測

互聯網技術和商業模式的改變帶來了從生產者到顧客的供應管道改變。這樣的改變，從時間和空間兩個維度都為物流業創造新價值奠定了很好的基礎。大數據技術可優化庫存結構和降低庫存存儲成本。

運用大數據分析商品品類，系統會自動分解用來促銷和用來引流的商品，同時系統會自動根據以往的銷售數據進行建模和分析，以此判斷當前商品的安全庫存，並及時給出預警，而不再是根據往年的銷售情況來預測當前的庫存狀況。使用大數據技術可以降低庫存存貨，從而提高資金利用率。

4. 設備修理預測

美國 UPS 公司從 2000 年就開始使用預測性分析來檢測自己全美 60,000 輛車規模的車隊，這樣就能及時地進行防禦性的修理。如果車在路上拋錨，損失會非常大，因為那樣就需要再派一輛車，會造成延誤和再裝載的負擔，並消耗大量的人力、物力。

以往 UPS 每兩三年就會對車輛的零件進行定時更換，但此方法並不有效，因為有的零件並沒有什麼損壞就被更換。通過監測車輛的各個部位，UPS 如今只需更換需更換的零件，從而節省了好幾百萬美元。

5. 供應鏈協同管理

隨著供應鏈變得越來越複雜，使用大數據技術可以迅速地發揮數據的最大價值，集成企業所有的計畫和決策業務，包括需求預測、庫存計畫、資源配置、設備管理、管道優化、生產作業計畫、物料需求與採購計畫等，這將徹底改革企業市場邊界、業務組合、商業模式和運作模式等。

15-4 區塊鏈與物流

一、物流業發展面臨的問題

物流是建構互聯網經濟的重要基礎，隨著全球互聯網化的推進，物流行業的發展速度越來越快，對物流企業的需求也會越來越多樣化。但由於社會化物流的行業存在資訊不對稱、資訊兼容差、數據流轉不暢通等問題，導致社會化物流中的生產關係的信任成本越來越高，主要在以下四個方面：

（一）企業交互成本過高

企業的物流系統都是中心化的，爲了實現物流供應鏈上下游企業之間的數據共享與流轉，企業之間不得不通過接口對接。由於整個供應鏈的資訊流存在諸多信用交接環節，系統的對接工作將會十分繁重，即使通過現有技術實現數據的互通，也無法保證數據的眞實性和可靠性。

（二）商品的真實性無法完全保障

特別是食品和藥品，過去無論是國家的鼓勵還是企業的努力，都沒能充分解決商品溯源防僞的難題，無法保證商品供應鏈中的某一方能夠提供絕對眞實可靠的商品資訊。由於在整個物流過程中，涉及諸多利益相關者，不管選擇誰，都會有疑慮。

（三）物流徵信評價無標準

社會物流生態中存在大量的信用主體，包括個人、企業、物流設備，這三種不同類型的主體構成了整個物流生態，如何安全、有效的在這三者之間建構高信任的生產關係是目前諸多物流核心企業所面臨的痛點。如何確保一線物流業者爲消費者帶來高品質的服務及確保企業能夠承擔應有的社會責任及智慧設備能夠安全運轉，不被外來入侵者攻擊等，都存在不小的挑戰。

（四）小微企業融資難

物流供應鏈中的中小微企業，除了規模有限之外，企業的信用等級評級也普遍較低，甚至沒有信用評級，很難令投資者或者銀行信服，無法獲得貸款和融資服務。

二、區塊鏈概念

（一）區塊鏈的特點

區塊鏈是紀錄資訊和數據分布式數字帳本，該帳本儲存對等網路的多個參與者之間，使用加密簽名將新的交易添加到現有交易鏈中，形成安全、連續、不變的鏈式數據結構；從數據的角度來看，區塊鏈是一種不可能被更改的分布式數據。因此區塊鏈特徵包含：

1. 分布式（分散式）

區塊鏈系統內沒有中心化的硬體設備和管理機構，各節點之間的權利和義務近乎均等，每個節點都能獲得完整的數據拷貝，系統由多個節點共同維護。

2. 多節點共識

淘汰了中心管理員來審批結算交易的角色，各個節點之間無需相互信任，通過共識機制對入鏈數據進行驗證，數據內容和系統運作規則公開透明，節點之間通過技術手段自動實現信任關係。

3. 公開透明

通過共識機制，帳本和商業規則可以被所有人審閱，並可利用時間戳記（Timestamp）機制對用戶行爲進行追溯，保證了系統的公開透明。

4. 不可竄改

區塊鏈上的區塊只能新增、不能被替換，交易可以通過新增區塊的方式予以修改，但是區塊紀錄將永久保留。

（二）區塊鏈核心技術

區塊鏈並不是一項單一的技術創新，而是 P2P 網路技術、智慧合約、共識機制、鏈上腳本、密碼學等多種技術深度整合後實現的分布式帳本技術。區塊鏈主要涉及的核心技術有：

1. 分布式帳本

分布式帳本本質上是一種可以在多個網路節點、多個物理地址或者多個組織構成的網路中進行數據分享、同步和複製的去中心化數據存儲技術。

2. 共識機制

區塊鏈中必須設計一套制度來維護系統的運作順序與公平性，統一區塊鏈的版本，並獎勵提供資源維護區塊鏈的使用者，以及懲罰惡意的危害者。制度規定是由誰取得了一個區塊鏈的打包權（或稱記帳權），可以獲取打包這一個區塊的獎勵；又或者是誰意圖進行危害，就會獲得一定的懲罰，這就是共識機制（Consensus Mechanism）。

3. 智慧合約

智慧合約（Smart Contract）是運行在區塊鏈上的一段計算機程序，在一定條件滿足時，能夠自動強制的執行合約條款，實現「代碼即法律」的目標。

4. 密碼學

在區塊鏈中，也大量使用了現代資訊安全和密碼學的技術成果，主要包括哈希算法、對稱加密、非對稱加密、數字簽名、數字證書、同態加密、零知識證明等。

三、區塊鏈在物流的應用

（一）應用的概念

區塊鏈＋物聯網的技術結合爲物流行業創造了新的模式，以物聯網手段作爲數據抓手，一方面通過區塊鏈登記參與方關鍵節點數據，來保障數據的眞實性；另一方面利用智慧合約操作節點進行管控。

區塊鏈使整個業務的過程清晰透明，從而達到智慧高效、眞實可靠的倉庫控貨目的，以此可將原本在金融場景中風險較大、控制缺失的不動產資料轉換爲過程透明、控制風險相對較小的物品，如圖 15-12 是企業在物流與區塊鏈結合的一些方式。

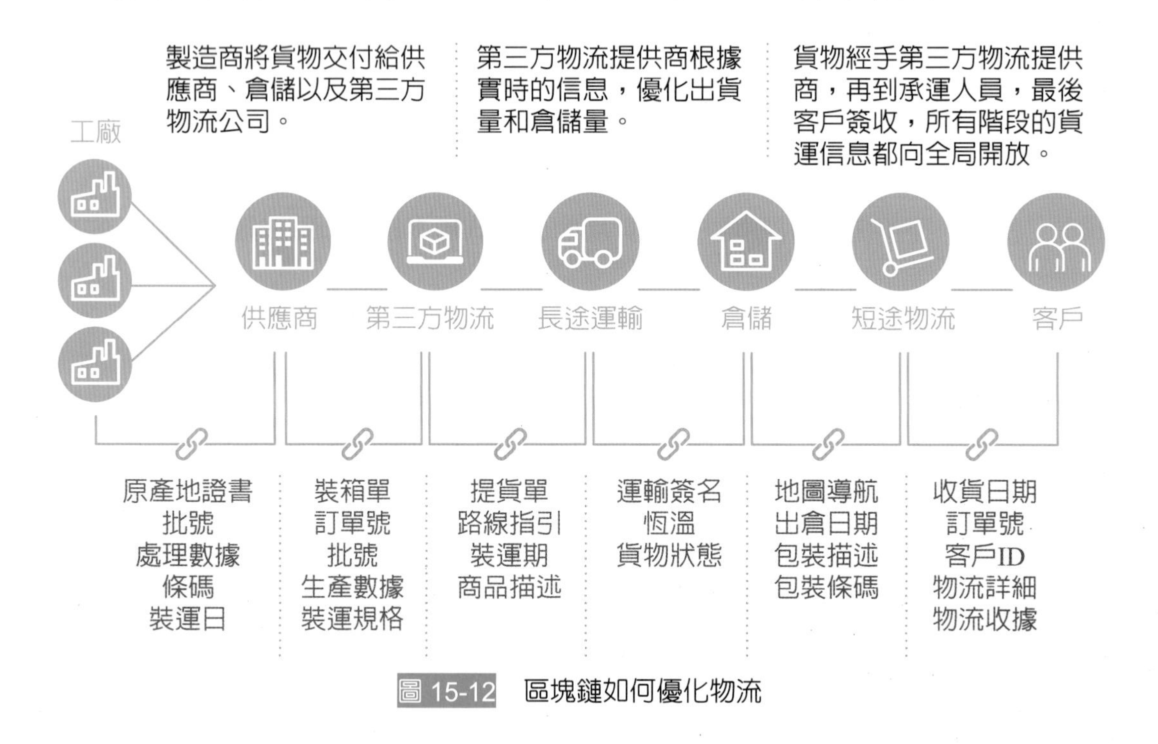

圖 15-12　區塊鏈如何優化物流

（二）應用範圍

物流企業可從四個方向去落實區塊鏈技術。區塊鏈在物流領域的應用探索可以追溯到 2015 年前後，主要集中在流程優化、物流追蹤、物流金融、物流徵信等方向，具體包括結算對帳、商品溯源、冷鏈運輸、電子發票、資產證券化等領域。

1. 流程優化

物流承運商和雇傭方之間的結算憑證是雙方結算的重要憑證，傳統紙本單據的營運成本高，效率低。通過區塊鏈和電子簽名技術可以實現運輸憑證簽收無紙化，將單據流轉及電子簽收過程寫入區塊鏈存證，實現承運過程中的資訊流與單據流一致，爲計費提供眞實準確的營運數據。在對帳環節，雙方將各自計費帳單上的關鍵資訊（貨量、金額、車型等）寫入區塊鏈，通過智慧合約完成自動對帳，同時將異常調帳過程上鏈，使整個對帳過程呈現高度智慧化且高度信任。

2. 物流追蹤

區塊鏈商品溯源平台通過物聯網和區塊鏈帳本技術實現商品從生產、加工、運輸、銷售等全流程的透明化。區塊鏈技術可以保證數據存放眞實可靠，物聯網技術則可保證數據在收集過程中眞實可信，消費者可透過商品上的溯源碼溯源商品資訊。

3. 物流徵信

可將區塊鏈上可信的交易數據，如：服務評分、配送時效、權威機構背書等資訊作爲輸入，通過行業標準評級算法，利用智慧合約自動計算物流企業／個人的徵信評級，將評級結果寫入區塊鏈，在有效保護數據隱私的基礎上實現有限度、可管控的信用數據共享和驗證，爲消費者提高信任的物流服務。

4. 物流金融

可依託於區塊鏈上可信的存證數據，如：徵信評級、應收帳款、固產／動產等，向金融機構證明交易的眞實性和票據的眞實性，幫助金融機構完善中小型企業的 KYC 畫像，解決中小型企業融資難的問題。銀監會可作爲監管節點參與到聯盟鏈中，提前預判並規避金融風險。

菜鳥智能物流科技　迎雙十一全球狂歡節

圖片來源：菜鳥網絡官網

菜鳥網絡是阿里巴巴集團旗下的物流業務，致力於實現集團在物流方面的願景：中國範圍内 24 小時送貨必達、全球範圍内 72 小時送貨必達。菜鳥網絡作為一個平台，致力搭建全國性的物流網路，運用物流合作夥伴的產能和能力，提供國内和國際的一站式物流服務及供應鏈管理解決方案，大規模實現商家和消費者的各種物流需求。

2017 年雙十一期間中國共產生 8.12 億個物流訂單，而菜鳥此時的技術足以處理更龐大的訂單運送。菜鳥在内地的機器人智能倉近期投入營運，並擴展了物聯網（IoT）系統，同時打造了更強大的末端配送服務網路。在跨境物流方面，菜鳥已預留大量集裝箱和包機，務求把包裹快速送達全球各地。菜鳥智能物流骨幹已全面提升，連接全球合共達 3,000 萬平方米的倉庫，以及超過 300 萬名物流從業人員。

菜鳥副總裁王文彬表示：「五年前雙十一訂單數量首次破億，當時完成 1 億個包裹的運送需時九天，而去年菜鳥只用了 2.8 天就完成了相同數量包裹的運送。消費者希望享受更快速、更優質的物流體驗，我們正為此不斷努力。今年我們希望藉助規模和科技方面的優勢，提供更快更好的服務體驗。」

物聯網、機器人和大數據助力物流科技升級

儘管物聯網、機器自動化等科技已廣泛應用於物流業，也帶來了普遍的效率提升，但菜鳥最近上線的機器人智能倉庫仍是行業的佼佼者。新的機器人智能倉庫座落於江蘇省無錫市的首個菜鳥物聯網未來園區，配備了 700 台自動導向車（AGV），是中國目前最大的機器人智能倉庫。

倉庫的物聯網技術可以自動指引 AGV 行駛和裝卸，系統也能為 AGV 規劃最快捷的路徑，互相避讓，自動配送貨物。目前智能倉庫處理的包裹數量比一般傳統倉庫多 50%。

菜鳥今年在物聯網技術領域的另一突破是雲端視頻監控系統「物流天眼」，菜鳥的六家物流夥伴德邦、中通、圓通、申通、百世、韻達將於今年雙十一採用該系統。

「物流天眼」連接內地各地貨物轉運中心的攝影鏡頭，結合計算機視覺技術和菜鳥的算法，這些攝像鏡頭就升級為智能物聯網裝置，幫助快遞公司識別閒置資源和物流過程中的異常情況，並將狀況實時推送給操作人員，迅速解決問題。

另外，菜鳥也利用大數據分析能力幫助中國 15 家主要的快遞公司做好準備迎接雙十一。利用數據更高效調配 20 萬個快遞網點內的人力和運力，務求做到物流效率最大化，避免網點包裹積壓和車輛擠塞，以及有效管理當地貨物庫存。

跨境和末端服務

除了科技，菜鳥的跨境物流能力與去年相比也顯著提升。為協助國際品牌提升運送效率，菜鳥和物流夥伴已在內地預留逾 100 萬平方公尺的保稅倉庫，總面積較去年增加逾 80%。商品於雙十一前預先儲存於接近消費者的倉庫，接獲訂單後即可付運，大大減省運送時間。

為服務全球速賣通和天貓海外的顧客，菜鳥安排了 51 班貨運包機運送包裹至西歐、俄羅斯、東南亞等地。同時，菜鳥還預留了約 1,000 個集裝箱，將商品經海運送遞至東南亞以及其他地區。

菜鳥今年的準備工作反映了物流需求在「新零售」時代的轉變。今年雙十一將首次有「門店發貨」服務，將貨品直接從商店送遞至顧客，最快只需數分鐘。280 多個城市將同步引入短程運送服務。

參考資料：菜鳥智能物流科技全面升級 迎天貓雙 11 全球狂歡節，2018/10/30。

問題討論

1. 菜鳥的智能物流科技運用了哪些智能科技？
2. 菜鳥運用的智能物流科技，提升了哪些效能？

1. 何謂智慧物流？智慧物流發展的驅動因素爲何？
2. 智慧物流的功能與作用爲何？
3. 智慧物流的技術架構爲何？智慧物流的技術爲何？
4. 智慧物流產業鏈構成爲何？
5. 何謂物聯網？又物聯網和網際網路之差異有哪些？
6. 物聯網的特徵爲何？其在物流領域的應用有哪些？
7. 大數據的定義與特性爲何？
8. 請列出大數據、數據分析和數據挖掘的區別。
9. 何謂物流大數據？其功用與應用爲何？
10. 何謂區塊鏈？其特點及應用範圍爲何？

第四篇：當代物流

16 物流科技

知識要點

16-1 物流科技概述
16-2 自動化立體倉庫
16-3 物流機器人
16-4 自動分揀系統

物流前線

物流媒合平台 Lalamove　晉升香港獨角獸行列

物流 Express

醫藥物流結合區塊鏈平台　醫療品質再升級

物流媒合平台 Lalamove 晉升香港獨角獸行列

香港物流媒合平台 Lalamove（啦啦快送）宣布完成 D 輪 3 億美元（約為新臺幣 90 億元）的融資，此輪資金將用於更深入中國與東南亞市場，並開啓印度等新市場拓展，以及企業版服務、汽車銷售等新業務的開發。

Lalamove 並沒有揭露估值，但根據《TechCrunch》的報導，此輪融資讓 Lalamove 躋身香港獨角獸之列，與專人急件快遞服務 GoGoVan、旅遊票券平台 Klook 等香港獨角獸前輩並列。

成為獨角獸的下一步：IPO？

Lalamove 於 2013 年由畢業於史丹佛大學的周勝馥創立，專注於物流與送貨服務。透過與 Uber 類似的共享經濟機制，讓有閒有車，想要賺外快的司機能夠加入送貨的行列。截至目前全球已經擁有 300 萬名註冊司機，並服務了超過 2,800 萬名用戶。

在拓展市場方面，Lalamove 近期也迅速進入馬來西亞、印度及印尼三個新市場，除了中國市場之外，Lalamove 已經在亞洲共 11 個城市營運。

紅杉資本全球執行合夥人沈南鵬則表示，Lalamove 的創辦人周勝馥是香港新一代創業家的典範。

周勝馥個人的故事相當傳奇，畢業於史丹佛經濟系，在迷上德州撲克後全心投入成為職業玩家，在 7 年的職業玩家生涯據傳賺得上千萬身家。在 2013 年 Uber 帶來的共享經濟熱潮中，投入 Lalamove 的創立。

Lalamove 完成最新一輪的融資，也讓周勝馥更有「籌碼」，目前看起來他並沒有完全「All-in」，Lalamove 也正積極拓展企業版服務、汽車銷售等新業務的開發。

參考資料：陳君毅，Lalamove 完成 D 輪 90 億元融資，晉升香港獨角獸行列，數位時代，2019/02/21。

問題討論

1. Lalamove 如何成為物流獨角獸？
2. 試問臺灣是否有類似 Lalamove 之企業？有何不同？是否有可能成為獨角獸企業？

16-1 物流科技概述

物流乃是指物資體從供應者向需求者的物理移動，它由一系列創造時間價值和空間價值的經濟活動組成，包括運輸、保管、配送、包裝、裝卸、流通加工及處理等多項基本活動，是這些活動的統一。

物流科技指在物流活動中所運用的各項技術手段。企業借助物流科技，通過資訊連通、資源共享和深度協同的作業流程，可以實現整個物流系統的自動化和智慧化，有效降低物流成本，提升物流效率。本章主要介紹新興物流技術在物流業的應用。

一、物流科技的演進

物流科技的發展先後經歷了人工化、機械化、自動化階段，目前已經發展到了智慧化階段，如表 16-1 所示。

表 16-1　物流科技發展歷程

時間	發展階段	發展歷程
1969 年以前	人工化	工人通過推、拉、抬、舉等人力運作方式或借助簡單工具進行產品的轉移與運送
1970 年～ 1989 年	機械化	第一代倉儲機器人、堆垛機、動力車、傳送帶、堆高機、機械舉重等設備出現；引進德國 SIEMAG 全套物流自動化技術系統，採用輸送機和分揀機系統
1990 年～ 2016 年	自動化	組合式貨架誕生；西門子 PLC 控制技術自動存取系統、電子掃描儀、條碼等技術得以應用；全自動控制系統及 ERP 和 WMS 等輔助系統被廣泛應用
2016 年～至今	智慧化	機器人、AGV、無人機送貨技術開始出現，物聯網、雲計算、大數據、人工智慧等新興技術開始應用於物流領域，支持物流運作

物流運作歷經了人工操作、機械化、自動化和智慧化發展歷程。

1. 機械化物流階段，倉儲機器人、堆高機、傳送帶、動力車等機械設備在物流領域廣泛運用，但機械設備只代替部分人力操作，真正的自動化物流並未實現。
2. 自動化物流階段已開始採用全套自動化物流系統，管理各物流環節，大幅降低人工干預程度，人力資源主要用於對自動化物流系統的維護與管理。

3. 智慧化物流階段，新興科技如物聯網、雲計算、人工智慧等開始應用於物流領域，為智慧化物流提供底層技術支持。其他物流應用科技產生協同效應，使物流各環節資訊共享，智慧物流系統自動安排資源配置，優化物流運作效率，極大程度上減少人工干預，節省人力成本。

物流的發展隨著科技的進步正發生日新月異的變化，在智慧物流這概念上，智慧化的物流設備可分四大類：

1. 智慧倉儲設備

從機械化的水準來看，以貨架、棧板、堆高機為代表的倉儲裝備和倉儲管理資訊系統在大中型倉儲企業的應用情況良好。從資訊化水準來看，倉儲資訊化正在向智慧倉儲與互聯網平台發展，條形碼、智慧標籤、無線射頻設備等自動識別技術、可視化及貨物追蹤系統、自動或者快速分揀技術的比例將持續提高。

2. 智慧分揀系統

智慧分揀系統（Smart Sorting System）一般由控制裝置、分類裝置、輸送裝置及分揀道口組成。從技術上來說，現代物流設備更注重在物流機械化、自動化上的投入，設備的分揀效率、柔性化越來越高。在物流裝備智慧化趨勢下，智慧分揀系統市場需求將不斷增長，未來發展空間巨大，值得期待。

3. 智慧運輸設備

智慧物流設備行業的快速增長，帶動輸送設備的轉型升級。目前各國已從傳統的機械運輸功能發展為自動化智慧輸送，從傳統堆高機搬運變為自動儲存，汽車、醫療、冶金、農業機械等下游行業的需求逐步提升。

4. 機器人作業系統

工業機器人技術和產業迅速發展，在生產中應用日益廣泛，已成為現代製造生產中重要的自動化裝備。在多種因素的引導下，工業機器人產業的發展速度將再次提速，現已步入歷史上的第二個繁榮發展期，或許將比第一次工業機器人浪潮還要劇烈。

此外，物流作業正在變得更加自動化和智慧化，自動化可以提高效率，智慧化可以滿足差異性、個性化需求增強供應鏈柔性。從商品的入庫、儲存、揀貨、分揀、出庫等一系列流程，都可以用相應的自動化設備或機器替代，可以顯著的減少成本費用，提高作業效率，如圖 16-1 所示。

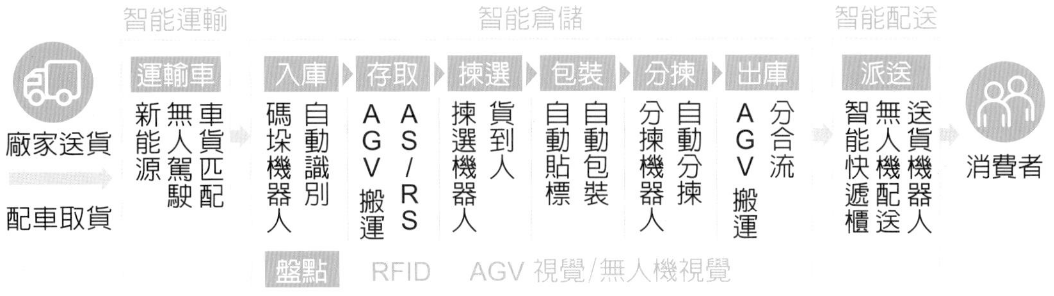

智能運輸 | 智能倉儲 | 智能配送

廠家送貨 / 配車取貨 → 運輸車：車貨匹配、無人駕駛、新能源 → 入庫：自動識別、碼垛機器人 → 存取：AS/RS、AGV搬運 → 揀選：貨到人、揀選機器人 → 包裝：自動包裝、自動貼標 → 分揀：自動分揀、分揀機器人 → 出庫：分合流、AGV搬運 → 派送：送貨機器人、無人機配送、智能快遞櫃 → 消費者

盤點：RFID　AGV 視覺/無人機視覺

圖 16-1　物流科技在物流作業流程中的應用

二、智慧倉儲

(一) 物流倉儲的發展

物流產業鏈中倉儲環節是智慧化需求較高的一環，隨著工業和經濟的發展，倉儲業的現代化要求也在不斷提升。

倉儲領域的發展可分為五個階段：人工倉儲階段、機械化倉儲階段、自動化倉儲階段、集成化倉儲階段和智慧自動化倉儲階段，如表 16-2。

表 16-2　物流倉儲的發展

階段	特點
人工倉儲	物料的輸送、存儲、管理和控制主要靠人工實現
機械化倉儲	以輸送車、堆垛機、升降機等設備代替人工
自動化倉儲	在機械化倉儲的基礎上引入了 AGV（自動導引小車）、自動貨架、自動立體倉庫、自動存取機器人、自動識別和自動分揀等先進設備系統
集成自動化倉儲	以集成系統為主要特徵，實現整個系統的有機協作
智慧自動化倉儲	運用軟體技術、互聯網技術、自動分揀技術、光導技術、射頻識別（RFID）、聲控技術對倉儲進行有效的計畫、執行和控制

1. 第一階段：人工倉儲階段

物資的輸送、存儲、管理和控制主要靠人工實現。其即時性和直觀性是明顯的優點。

人工倉儲技術在初期設備投資的經濟指標具有優越性。

2. 第二階段：機械化倉儲階段

物料可以通過各種各樣的傳帶，工業輸送車、機械手、吊車、堆垛機和升降機來移動和搬運，用貨架棧板和可移動貨架存儲物料，通過人工作業機械存取設備，螺旋機械制動和機械監視器等控制設備的運行。

機械化滿足了人們速度、精度、高度、重量、重複存取和搬運等要求。

3. 第三階段：自動化倉儲階段

50 年代末和 60 年代，相繼研製和採用了自動導引小車（AVG）、自動貨架、自動存取機器人、自動識別和自動分揀等系統。

70 年代和 80 年代，旋轉體式貨架、移動式貨架、巷道式堆垛機和其他搬運設備都加入了自動控制的行列。

隨著電腦技術的發展，工作重點轉向物資的控制和管理，要求即時，協調和一體化，電腦之間、資料獲取點之間、機械設備的控制器之間以及它們與主機電腦之間的通信可以及時地匯總資訊。

4. 第四階段：集成化倉儲階段

70 年代末和 80 年代，自動化技術被越來越多地用到生產和分配領域。在集成（整合）化系統中，整個系統的有機協作，使總體效益和生產的應變能力大大超過各部分獨立效益的總和。

集成化倉庫技術作爲電腦整合製造系統（CIMS）中物料存儲的中心受到人們的重視。

5. 第五階段：智慧化倉儲階段

在 90 年代後期及 21 世紀的若干年內，智慧化倉儲將是自動化技術的主要發展方向。

（二）智慧倉儲的定義

智慧倉儲是倉庫自動化的產物。與智慧家居類似，智慧倉儲可通過多種自動化和互聯技術實現。這些技術協同工作以提高倉庫的生產率和效率，最大限度地減少人工數量，同時減少錯誤。

在傳統倉庫中，我們通常會看到工人隨身攜帶清單，挑選產品，將產品裝入購物車，然後將它們運送到裝運碼頭；但在智慧倉庫中，訂單會自動收到，之後系統確認產品是否有庫存。然後將提貨清單發送到機器人推車，將訂購的產品放入容器中，再將它們交給工人進行下一步。

而智慧倉儲則完全解決了對人工的依賴問題，在智慧倉儲系統的說明下，自動接收、識別、分類、組織和提取貨物。最好的智慧倉儲解決方案幾乎可以自動完成從供應商到客戶的整個操作，並且錯誤最少。

智慧倉儲與傳統倉儲相比，如表 16-3 所示。從空間利用率、作業效率、人工成本等指標來看，優勢顯著，降本增效明顯，智慧倉儲將是未來的發展方向。

表 16-3 智慧倉儲與傳統倉儲比較

對比	智慧倉儲	傳統倉儲
空間利用率	充分利用倉庫的垂直空間	需占用大面積土地，空間利用率低
存儲量	遠遠大於普通的單層倉庫，節約 70% 以上的土地	單層倉庫
存儲形態	動態儲存：貨物在倉庫內能夠按需要自動存取	靜態儲存：只是貨物儲存的場所，保存貨物是其唯一的功能
作業效率	貨物在倉庫內按需要自動存取	主要依靠人力，貨物存取速度慢
人工成本	可以帶來 80% 左右勞動力成本的節約	人工成本高
環境要求	能適應黑暗、低溫、有毒等特殊環境的要求	受黑暗、低溫、有毒等特殊環境影響很大

（三）智慧倉儲的特點

1. 自動化、智慧化的廣泛應用

主要是指硬體部分如自動化立體倉庫系統、自動分揀設備、分揀機器人以及可穿戴設備，比如 VR，增強現實技術的應用；細分下去，自動化立體倉庫裡面又包括立體存儲系統、穿梭車等，分揀機器人主要如關節機器人、機械手、蜘蛛手的應用。

2. 互聯網 + 智慧倉儲設備

這部分偏重於軟體，主要是互聯網技術如大數據、雲計算、AI、深度學習、物聯網、機器視覺等廣泛的應用。利用這些資料和技術進行商品的銷售和預測，以及智慧庫存的調撥和對個人消費習慣的發掘，能夠實現根據個人的消費習慣進行精準的推銷。

3. 共用化

共用經濟的出現在倉儲領域是有體現的，如棧板、容器、堆高機等倉儲物流裝備的共用。此外還有倉庫的共用。

4. 海外化

隨著國內外消費升級，跨境進出口領域迎來發展新機遇，企業加速全球化海外佈局，跨境海外倉需求激增。

（四）智慧倉儲與無人倉儲

隨著「互聯網+」的興起，物聯網技術的應用，倉儲管理向自動化、智慧化發展，智慧倉儲成爲倉儲業發展的熱點。同時市面上各類無人倉儲技術如無人車、無人機、機器人等，還有無人倉庫如雨後春筍般出現在各企業視野中，這讓不少企業產生一種誤解：智慧倉儲就是無人倉儲。實際上，智慧倉儲並不能等同于無人化的倉儲。

無人倉儲簡單的理解就是沒有人的倉儲，是依靠智慧化物流系統應用集成，實現機器替代人工，全倉儲流程的無人化，達到降本增效的目標。京東的亞洲一號無人倉、阿里、亞馬遜的智慧無人倉庫都是具有代表性的無人倉庫。這些倉庫中，到處都是機器人和機械臂的身影，各種物聯網技術聯動交互。

而智慧倉儲是一種倉儲管理理念，是通過資訊化、物聯網和機電一體化共同實現的智慧物流，從而降低倉儲成本、提高運營效率、提升倉儲管理能力。比如市場上一些企業利用 RFID 射頻識別、網路通訊、資訊系統應用等資訊化技術，實現出入庫、移庫管理資訊自動採集、識別和管理，這就是一種智慧倉儲。無人倉儲只是智慧倉儲的一種方式，智慧倉儲的概念包含無人倉儲，所以說智慧倉儲不等於無人倉儲。

（五）智慧倉儲系統的構成

智慧倉儲系統是運用軟體技術、互聯網技術、自動分揀技術、光導技術、射頻識別（RFID）、聲控技術等先進的科技手段和設備對物品的進出庫、存儲、分揀、包裝、配送及其資訊進行有效的計畫、執行和控制的物流活動。主要包括：識別系統、搬運系統、儲存系統、分揀系統以及管理系統，如圖 16-2 所示。

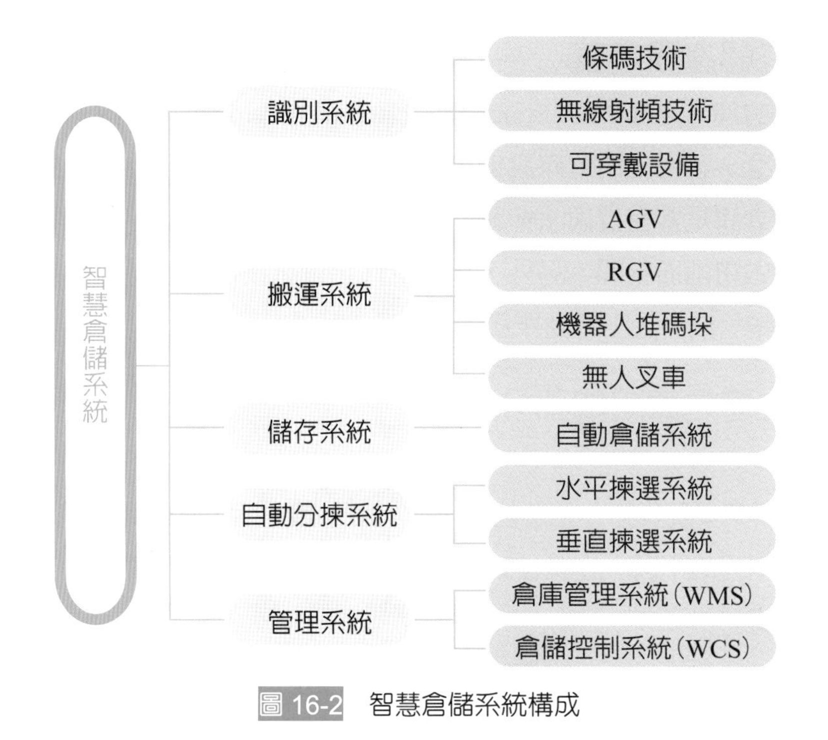

圖 16-2 智慧倉儲系統構成

16-2 自動化立體倉庫

近幾年物流業快速發展，自動化和資訊化程度不斷提高，物流資訊技術和自動化技術的各類智慧物流設備迅速發展，自動化立體倉庫就是其中頗具代表性的設備。

一般而言，倉儲分爲兩大類：

1. 立體倉庫

立體倉庫（Three-Dimensional Warehouse）的存取貨物使用的是堆垛機配合自動控制系統、自動輸送系統和倉庫管理軟體對物料進行全自動的存取，倉庫內部實現無人化操作，在電腦上輸入指令，堆垛機會按照指令要求存取指定位置的貨物，然後送到輸送系統。物料在進出時可以使用條碼掃描或者 RFID。這樣的立體倉庫一次性投資巨大，需要的人工卻可以大量的減少。

2. 平庫倉儲

所謂的平庫（Flat Warehouse），一般是配合堆高機，甚至人工進行貨物的存取，也可以使用條碼或者 RFID 配合進行進出庫作業。一次性投資較低，但是需要相當多的人力。從長遠來看，隨著土地和人工成本的不斷上升，自動化立體庫較傳統庫的優勢將日趨明顯。

一、自動化立體倉庫定義

自動化立體倉庫（Automatic Storage & Retrival System，簡稱 AS / RS），是物流倉儲中出現的新概念，利用立體倉庫設備可實現倉庫高層合理化、存取自動化、操作簡便化。自動化立體倉庫是當前技術水準較高的形式，透過高層貨架存儲貨物，提高空間利用率，大幅減少占用地面空間。另外，採用現代化資訊技術管理手段，通過智慧化管理提高倉庫存儲效率，減少人工手動作業，節省人力成本。

二、自動化立體倉庫組成部分

1. 高層貨架

通過立體貨架實現貨物存儲功能，充分利用立體空間，並起到支撐堆垛機的作用。根據貨物承載單元的不同，立體貨架又分為棧板貨架系統和周轉箱貨架系統。

2. 巷道堆垛起重機

巷道堆垛起重機是自動化立體倉庫的核心起重及運輸設備，在高層貨架的巷道內沿著軌道運行，實現取送貨物的功能。巷道式堆垛起重機主要分為單立柱堆垛機和雙立柱堆垛機。

3. 輸送系統

巷道式堆垛起重機只能在巷道內進行作業，而貨物存儲單元在巷道外的出入庫需要通過出入庫輸送系統完成。常見的輸送系統有傳輸帶、穿梭車（RGV）、自動導引車（AGV）、堆高機、拆碼垛機器人等，輸送系統與巷道式堆垛機對接，配合堆垛機完成貨物的搬運、運輸等作業。

4. 自動化控制系統

自動化控制系統（Automation Control System）是整個自動化立體倉庫系統設備執行的控制核心，向上聯接物流調度系統，接受物料的輸送指令；向下聯接輸送設備實現底層輸送設備的驅動、輸送物料的檢測與識別；完成物料輸送及過程控制資訊的傳遞。

5. 倉庫管理系統

倉庫管理系統（Warehouse Management System）對訂單、需求、出入庫、貨位、不合格品、庫存狀態等各類倉儲管理資訊的分析和管理。

6. 周邊設備

周邊輔助設備包括自動識別系統、自動分揀設備等等，其作用都是為了擴充自動化立體倉庫的功能，如可以擴展到分類、計量、包裝、分揀等功能。

三、自動化立體倉庫的功能

1. 收貨：倉庫從供應商或生產車間接受各種材料、半成品或成品，供生產或加工裝配之用。
2. 存貨：將卸下的貨物存放到自動化系統規定的位置。
3. 取貨：根據需求情況從庫房取得客戶所需的貨物，通常採取先入先出（FIFO）方式。
4. 發貨：將取出的貨物按照嚴格要求發往客戶。
5. 資訊查詢：能隨時查詢倉庫的有關資訊，包括庫存資訊，作業資訊及其他資訊。

自動化立體倉庫與傳統普通倉庫比較如表 16-4 所示。

表 16-4　自動化立體倉庫與傳統普通倉庫比較

對比項目	自動化立體倉庫	傳統普通倉庫
空間利用率	充分利用垂直空間，單位面積存儲量遠大於普通單層倉庫（一般為單層倉庫的 4 ～ 7 倍）	占地面積大、空間利用率低
儲存形態	1. 動態存儲：倉庫內貨物按需自動存取 2. 自動化物流：倉庫系統與其他生產環節系統相聯接，貨物可被倉庫自動輸送至下一道工序進行生產	靜態儲存：倉庫僅作為貨物的存儲場所，無法有效管理貨物
準確率	採用先進資訊技術，準確率高	資訊化程度低，容易出錯
管理水準	計算機智慧化管理，倉儲與其他生產環節緊密相連，有效降低庫存積壓	計算機應用程度低，倉儲與其他生產環節不相連，容易造成庫存積壓
可追溯性	採用條碼技術與資訊處理技術，準確追蹤貨物流向	以手工登記為主，數據準確性和及時性難以保證
對環境要求	可適應黑暗、低溫、有毒等特殊環境	受黑暗、低溫、有毒等特殊環境影響大
效率與成本	1. 高度機械化和自動化，出入庫速度快 2. 人工成本低	1. 主要依靠人力，貨物存取速度慢 2. 人工成本高

四、自動化立體倉庫的優點與缺點

（一）自動化立體倉庫的優點

1. 由於能充分利用倉庫的垂直空間，其單位面積存儲量遠遠大於普通的單層倉庫。
2. 倉庫作業全部實現機械化和自動化，一方面能大大節省人力，減少勞動力費用的支出，另一方面能大大提高作業效率。

3. 採用計算機進行倉儲管理，可以方便地做到「先進先出」，並可防止貨物自然老化、變質、生鏽，也能避免貨物的丟失。
4. 貨位集中，便於控制與管理，特別是使用電子計算機，不但能夠實現作業的自動控制，而且能夠進行資訊處理。
5. 能更好地適應黑暗、低溫、有毒等特殊環境的要求。例如，膠片廠把膠片捲軸存放在自動化立體倉庫里，在完全黑暗的條件下，通過計算機控制可以實現膠片捲軸的自動出入庫。
6. 採用棧板或貨箱存儲貨物，貨物的破損率顯著降低。

（二）自動化立體倉庫的缺點

1. 由於自動化立體倉庫的結構比較複雜，配套設備也比較多，所以需要的基建和設備的投資也比較大。
2. 貨架安裝精度要求高，施工比較困難，而且工期相應較長。
3. 存儲彈性小，難以應付高峰的需求。
4. 對可存儲的貨物品種有一定限制，需要單獨設立存儲系統用於存放長、大、笨重的貨物以及要求特殊保管條件的貨物。
5. 自動化立體倉庫的高架吊車、自動控制系統等都是技術含量極高的設備，維護要求高，因此必須依賴供應商，以便在系統出現故障時能得到及時的技術援助。這就增強了對供應商的依賴性。
6. 對建庫前的工藝設計要求高，在投產使用時要嚴格按照工藝作業。

16-3 物流機器人

一、無人搬運車

無人搬運車，又名自動引導車（Automatic Guided Vehicles, AGV），通常也稱為AGV 小車，指裝備有電磁或光學等自動導引裝置，能夠沿規定的導引路徑行駛，具有安全保護以及各種移載功能的運輸車，工業應用中不需駕駛員的搬運車，以可充電之蓄電池為其動力來源，如圖 16-3。

一般可通過電腦來控制其行進路線以及行為，或利用電磁軌道來設立其行進路線，電磁軌道黏貼於地板上，無人搬運車則依靠電磁軌道所帶來的訊息進行移動與動作。AGV 屬於輪式移動機器人（Wheeled Mobile Robot, WMR）的範疇。

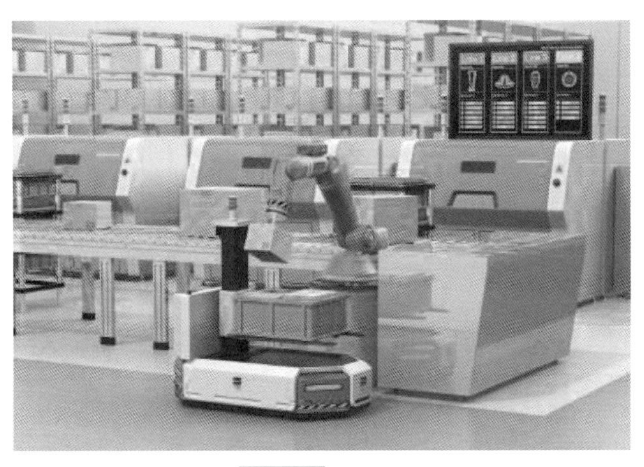

圖 16-3 AGV

AGV 小車作為自動裝卸、搬運設備，在立體倉庫中得到廣泛應用。由 AGV 小車組成的自動化物流系統，可以有效地連接倉庫外地生產環節，實現在正確時間將正確物料自動送達正確工位，使生產能力得到了大幅度的提升。

AGV 的種類

現 AVG 已經運用到各個行業當中，也研製出許多新的產品，目前大致分為三類：

1. 無人搬運車：主要完成簡單的搬運作業，代替人工完成簡單而重複性的搬運動作。
2. 無人牽引車：簡單的說就是牽引裝載貨物的平板車，只提供動力，不具有單獨運載功能。
3. 無人堆高機：基本功能與機械堆高機類似，只是一切動作由控制系統完成各種搬運任務。

二、機器人概述

機器人（Robot）是指具有感覺、思維、決策和動作功能的智慧機器，通常可以按照應用場景主要分為服務機器人和工業機器人兩種，如圖 16-4。

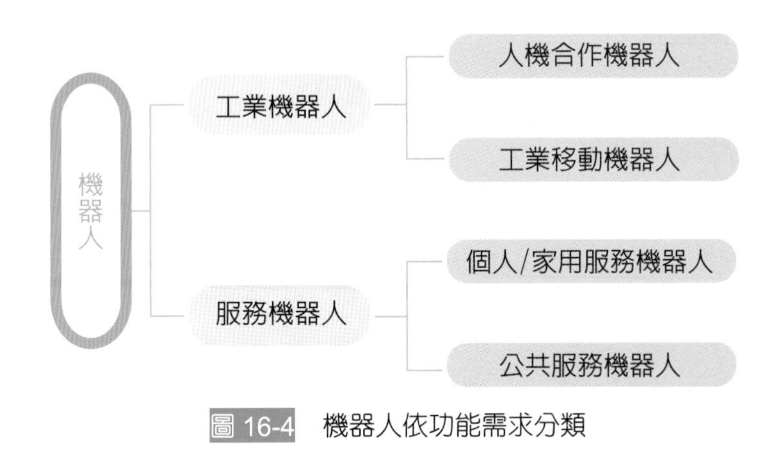

圖 16-4 機器人依功能需求分類

（一）工業機器人

誕生於 20 世紀 70 年代。機械臂是典型的工業機器人，靈活程度各有不同，應用於世界各地工廠。製造業的汽車、電／電子、金屬、塑料和化工、食品和飲料（降序排列）等垂直細分領域對工業機器人的應用最爲廣泛。

（二）服務機器人

誕生時間相對較晚，最近十年才迎來較爲迅速的發展。不同於工業機器人，服務機器人通常用於製造業以外的領域，對於人類來說主要起到輔助作用，而非完全取代。大部分服務機器人都裝有機輪，屬機動式或半機動式裝置；少數服務機器人安裝了機械臂，但不能像大部分工業機器人一樣運用機械臂開展較爲繁重的工作，這也並非專業服務機器人設計的初衷。

服務機器人目前主要應用於零售、酒店、醫療、物流（倉庫或訂單履行中心）行業。此外，部分服務機器人也應用於航空和國防、農業及拆遷行業。

隨著時間的推移，工業機器人和服務機器人以及商用機器人和消費機器人之間的差別越來越小。在智慧工廠運送汽車半成品的自動搬運車是專業服務機器人還是工業機器人？隨著企業賦予機器人更多先進能力（如揚聲器），機器人的定義也在不斷發生變化。

三、倉儲物流機器人

倉儲物流機器人作爲智慧物流的重要組成部分，順應了新時代的發展需求，成爲物流行業在解決高度依賴人工、業務高峰期分揀能力有限等瓶頸問題的突破口。

倉儲物流機器人屬於工業機器人的範疇，是指應用在倉儲環節，可通過接受指令或系統預先設置的程序，自動執行貨物轉移、搬運等操作的機器裝置，以下詳細說明機器人發展歷程與種類。

（一）機器人發展歷程

從意義上來看，機器人的發展經歷了三個階段：

1. 第一階段：程序控制機器人

該階段的機器人完全按照事先寫好的程序進行工作，能夠較好地模擬人的運動功能，對於機械性地重複工作有很好的取代性，但只能按照既定流程完成工作目標，無法靈活地適應變化的情況。

此外，由於缺乏感知環境的能力，它無法及時地識別異常情況並進行工作流程上的調整，從而可能導致不確定甚至危險事件的發生。

2. 第二階段：自適應機器人

通過傳感器裝置感知環境，並利用計算機進行控制是自適應機器人的主要特徵，它能隨著環境的變化而改變自己的行爲，雖然已經具有一些初級的智慧，能夠應對一定範圍內的環境變化，但還沒達到完全「自治」的程度，需要技術人員的協調工作。

3. 第三階段：智慧機器人

當前，機器人行業已經進入智慧化發展的初級階段。這一階段的機器人具有更類似於人的特徵，主要表現在三個方面：多樣的感知和交互能力、靈活的獨立決策能力以及一定的自我學習能力。

（二）倉儲物流機器人技術發展歷程

以下就分別以 AGV 爲例（如圖 16-5），來說明倉儲物流機器人的技術發展歷程。

圖 16-5　AGV 有效節省人工時間

1. 1.0 時代：導引技術—預定路徑

20 世紀 70 年代起，AGV 開始興起，那時的 AGV 顯然是程序控制機器人，只能沿著固定的導引路徑行駛，具體的導引技術包括磁條導引和磁點導引，其特點是要預設參照介質於事先規劃好的 AGV 行走路徑之上，或使參照介質與 AGV 行走路徑相關聯，AGV 在工作過程中通過讀取磁條或磁點來確認行走位置。

2. 2.0 時代：地標技術—預定路徑

2008 年，二維碼導航、RFID 導航、激光反射板導航技術等地標技術快速發展，以二維碼導航維基礎的 AGV 機器人不斷湧入市場。其中以 2012 年亞馬遜在各地倉庫大規模部署的Kiva最爲有名，依靠傳感器感知環境，具備自適應機器人的特徵，實現「貨找人、貨位找人」的模式，助力倉儲物流中心實現無人化作業。

3. 3.0時代：SLAM技術—未預路徑

近年來，無預設參照SLAM導航技術逐漸成熟，自主移動機器人AMR（Automatic Mobile Robot）應運而生，從某種意義上來說，它已經具備了第三階段智慧機器人靈活的獨立決策能力，不但能夠實現自主避障，還可以實現自主規劃路徑。

同步定位與地圖構建（Simultaneous Localization And Mapping, SLAM）技術是指運動物體根據傳感器的資訊，一邊計算自身位置，一邊構建環境地圖的過程，解決機器人等在未知環境下運動時的定位與地圖構建問題。目前SLAM導引技術主要有雷射雷達式、雷射掃描輪廓式、機器視覺式三大主流分支。其中雷射雷達式主要應用於室內環境下的無人駕駛車輛領域，雷射掃描輪廓式主要用於室內機器人產品，而機器視覺式相對於前兩者發展較慢，應用案例較少。

（三）倉儲物流機器人的種類

從作業環節和技術角度來分，倉儲物流領域使用的機器人主要有兩大類，一是移動類，主要用於搬運、分揀環節的輪式移動機器人，即無人搬運車，又稱爲自動導引車。二是操作類，主要是應用於物品碼垛、拆垛、分揀包裝等環節的工業機器人，如機械手、並聯機器人、協作（複合）機器人等。

根據應用場景的不同，倉儲物流機器人可分爲AGV機器人、碼垛機器人、分揀機器人、AMR機器人、RGV穿梭車等五大類：

1. AGV機器人

無人搬運車又稱爲自動引導車，是一種具備高性能的智慧化物流搬運設備，主要用於貨運的搬運和移動。AGV可分爲有軌和無軌道式引導車。顧名思義，有軌引導車需要鋪設軌道，只能沿著軌道移動。無軌引導車則無需借助軌道，可任意轉彎，靈活性及智慧化程度更高。自動引導車運用的核心技術包括傳感器技術、導航技術、伺服驅動技術、系統集成技術等。

2. 碼垛機器人

一種用來堆疊貨品或者執行裝箱、出貨等物流任務的機器設備。每台碼垛機器人攜帶獨立的機器人控制系統，能夠根據不同貨物，進行不同形狀的堆疊。碼垛機器人進行搬運重物作業的速度和品質遠遠高於人工，具有負重高、頻率高、靈活性高的優勢。按照運動座標形式分類，碼垛機器人可分爲直角座標式機器人、關節式機器人和極座標式機器人，如圖 16-6。

3. 分揀機器人

是一種可以快速進行貨物分揀的機器設備。分揀機器人可利用圖像識別系統分辨物品形狀，用機械手抓取物品，然後放到指定位置，實現貨物的快速分揀。分揀機器人運用的核心技術包括傳感器、物鏡、圖像識別系統、多功能機械手，如圖 16-7。

圖 16-6　碼垛機器人

圖 16-7　分揀機器人

4. AMR 機器人

自主移動機器人，AMR 是在傳統 AGV 之後發展起來的新一代具有智慧感知、自主移動能力的機器人技術，如圖 16-8。

AMR 是指可以智慧理解環境，並在其中自主移動的機器人。AMR 通過多模態傳感器（雷射雷達、攝像頭、超聲雷達等）對現場環境進行感知，利用智慧算法對感知數據進行解析，從而能夠形成對現場環境的理解，在此基礎上自主選擇最有效的方式和路徑執行任務。AMR 一般具備豐富的環境感知能力、基於現場的動態路徑規劃能力、靈活避障能力、全局定位能力等。

AMR 與 AGV 雖同爲自動搬運設備，但在許多重要方面有本質區別。差異最大的就是自主性（Autonomous vs. Automated），AGV 需要沿著預設的路線、依照預設的指令完成任務，在任務執行過程中無法根據現場環境的變化改變行爲；AMR 則具有環境感知和自主規劃的能力，能夠應對複雜的現場環境變化。

基於智慧感知、自主移動的能力，AMR 可以更加靈活地在倉庫或工廠等環境的各個位置之間靈活規劃路線，在高度動態的操作環境中，AMR 能夠更好地與人類合作執行任務，使工作流程更順效。

5. RGV 穿梭車

穿梭車是有軌道式車輛（Rail Guided Vehicle, RGV）的縮寫，又叫有軌道式搬運車，是一種智慧倉儲設備，可以配合堆高機、堆垛機、穿梭母車運行，實現自動化立體倉庫存取，適用於密集存儲貨架區域，具有運行速度快、靈活性強、操作簡單等特點，如圖 16-9。

圖 16-8　AMR 機器人

圖 16-9　RGV 穿梭車

（四）物流機器人的差異

物流機器人之間的差異，需從概念上看起。

AGV 是 Automated Guided Vehicle 的縮寫，意即「自動導引運輸車」。AGV 是裝備有電磁或光學等自動導引裝置，能夠沿規定的導引路徑行駛，具有安全保護以及各種移載功能的運輸車。

RGV 是有軌道式車輛 Rail Guided Vehicle 的英文縮寫，又叫有軌道式搬運車，RGV 小車可用于各類高密度儲存方式的倉庫，小車通道可設計任意長，提高整個倉庫儲存量，並且在操作時無需堆高機駛入巷道，使其安全性提高。利用堆高機無需進入巷道的優勢，配合小車在巷道中的快速運行，有效提高倉庫的運行效率。

IGV 是 Intelligent Guided Vehicle，即智慧型引導運輸車。和 AGV 相比較，IGV 柔性化程度更高，無需借助任何標記物行駛，並且路徑靈活多變，可根據實際生產需求靈活調度，規劃簡單，滿足絕大工廠的使用需求。相比 AGV，IGV 適合對柔性化要求更高的應用場景，例如 3C 電子製造等行業，但相對而言價格也較高。

AMR 是 Automated Mobile Robot，即「自主移動機器人」，與前兩者不同的是，AMR 可利用軟體對工廠內部繪製地圖或提前導入工廠建築物圖紙實現導航。該項功能相當於一輛裝載有 GPS 以及一套預裝地圖的汽車。當汽車設置人們的住處和工作地址後，便能根據地圖上的位置生成最便捷的路徑。當然，強大的功能使得其單機價格相比前兩者而言都要高，但 AMR 號稱無需進行廠內改造，如此算來，總體成本可能也並不會高多少。

上述可以看出，從自動化及智能化角度而言，RGV<AGV<IGV<AMR，RGV 是有軌運動，只能沿著軌道穿梭，AGV 導航有部分需要借助標識，例如磁條二維碼等。IGV 則並不需要借助任何標識行駛，而 AMR 除了可以自主導航以外，與前兩者最大的差異是，它本身具備強大的計算能力，可以通過感測器感知周圍環境並作出相應的決策。AGV 和 IGV 只是一個大型的執行器，一舉一動都依賴於中央控制系統的調度，AMR 則本身就具備一套系統。

四、倉儲物流機器人行業應用場景

倉儲物流機器人在智慧倉儲範圍有六大應用場景（見圖 16-10），具體可分爲入庫、存取、揀貨、包裝、分揀和出庫。

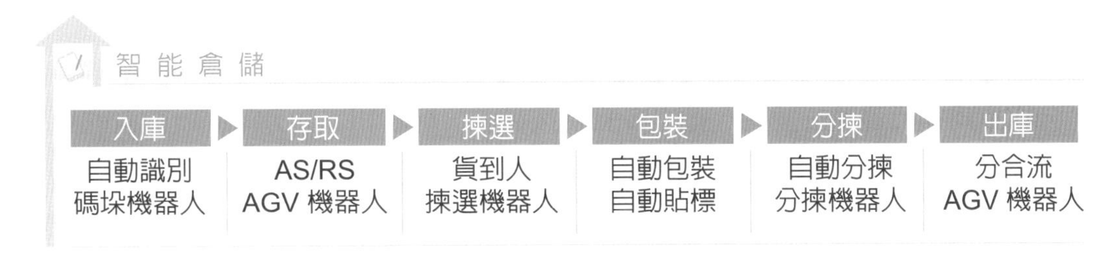

圖 16-10 倉儲物流機器人應用場景

來源：頭豹研究院編輯整理

1. **入庫**：當包裹到達倉庫，碼垛機器人將自動對其進行掃描並接收，再按照系統指令將包裹投入指定籠車。
2. **存取**：當存取貨資訊備傳達到倉庫系統時，AGV 機器人可將該包裹搬運至貨架上或將其所在貨架搬運至工作台，在這一過程中機器人可搭配多種載具以適應不同的應用場景。
3. **揀貨**：當接收到訂單資訊後，揀貨系統將指示 AGV 機器人按照最優路徑將包裹所在的貨架搬運至揀貨台，揀貨人員只需按照屏幕指示從指定貨位取出相應數量的包裹，實現「貨到人」揀貨。
4. **包裝**：近年來，爲提升包裹搬運精度、節省運力，倉儲物流機器人需要搬運更小的庫存單元而不是整個貨架，「訂單到人」的揀貨解決方案受到更多青睞。此後，工作台上的固定機械手將自動對包裹進行打包並貼上標籤。

5. 分揀：在分揀環節，分揀機器人能夠自動完成快速分揀，將包裹送到對應的出貨口。

6. 出庫：最終，AGV 機器人將出貨口的貨物袋移動到系統指定位置完成分合流。

16-4 自動分揀系統

商品在從生產廠家流向顧客的過程中，總是伴隨著商品數量和商品集合狀態的變化。因此，有必要將集裝化的貨物單元解體，重新分類，形成新的供貨單元。

一、揀貨與分揀的概念

揀貨和分揀，作爲整個倉儲運營系統中的重要環節，分揀和揀貨技術的發展日新月異。在物流中，它們代表的步驟與形式大不相同。

揀貨是倉儲配送中心的配貨人員按訂單要求的商品名、規格、型號、數量，將商品從存儲的貨架或貨垛中取出，搬運到理貨區的過程。分揀是揀貨作業完成後，將揀選出的商品按照不同的目的地，不同的配送路線進行分類、集中、等待裝車配載、送貨作業的流程。

分揀指爲進行運輸、配送，把很多貨物按品種、地點和單元分配到所設置的場地的作業。按照分揀手段的不同，可以將其分爲人工分揀、機械分揀和自動分揀三大類。

人工分揀基本上靠人力搬運，或者可以利用最簡單的器具和手推車等，這種分揀方式勞動強度非常大，但是效率卻非常低。

機械分揀大多指利用機械（如輸送機）爲主要的輸送工具，通過在各分揀位置配備作業人員進行分揀，這種分揀方式投資不多，也可以在一定程度上減輕勞動強度，提高效率。

自動分揀則是指從進入分揀系統到指定的位置，所有的作業均是按照人的指令自動完成的，因此，這種分揀方式的分揀處理能力相當強，分揀的貨物品種和數量也非常大。

二、分揀作業

分揀作業就是根據顧客的要求，迅速、準確地將貨物從其儲位揀取出來，並按照一定的方式進行分類、集中，等待配送裝貨的作業過程。在物流配送作業的各環節中，分揀作業是非常重要的一環，它是整個配送作業系統的核心。

分揀是一種複雜且工作量大的作業，是將需要配送的貨物準確迅速地集中起來，它主要包括行走和搬運、揀取、分類三個重要過程。

1. 行走和搬運

行走和搬運是指對要進行分揀的貨物進行裝卸、運送和工作人員或機械設備進行運動的過程。縮短行走和貨物運送距離，節約行走和搬運時間是提高分揀作業效率的關鍵之一。

2. 揀取

經過揀貨資訊確認核對後，利用人力或分揀設備準確地找到儲位，並對所需要的貨物和數量進行揀取作業。

3. 分類

分揀作業可分爲按照每個揀貨資訊進行分揀操作的單一分揀，和先匯總多個分揀資訊一起分揀，再按不同的客戶分貨的批量分揀。當進行批量分揀或兩種分揀方法組合操作時，就需要對貨物進行分類。貨物分類集中時間的快慢也是決定分揀作業效率高低的因素之一。

由此可見，「揀貨」作業與「分揀」作業是有很大不同的。分揀是把混在一起的物料分開；揀貨是從混在一起的物料中把需要的選取出來。

三、自動分揀系統概述

（一）自動分揀系統的定義

自動分揀系統（Automated Sorting System）是一種自動化分揀作業系統，它可以應用在物流中心批量揀貨後的二次分貨，其自動化程度要比電子標籤輔助揀貨系統高，只要將揀出的貨品按要求投入自動分揀系統，該系統就會自動按照客戶別將貨品分開，並從相應的道口排出。批量揀貨後，再用自動分揀機來分貨。

實際自動分揀系統上也是對揀貨數量的一種稽核，因此降低了揀貨的差錯率，提高了揀貨效率。全自動物流中心，因其揀貨方式都爲批量揀貨，所以會較多地選用自動分揀系統。另外，由於郵政系統匯集各類郵件後需要快速地發送到全國各地，因此非常適合選用自動分揀系統來進行郵件分類。

（二）自動分揀機

1. 概念

自動分揀機是自動分揀系統的一個主要設備。自動分揀機是按照預先設定的計算機指令對物品進行分揀，並將分揀出的物品送達指定位置的機械。自動分揀機一般由輸送機械部分、電器自動控制部分和計算機資訊系統聯網組合而成。它可以根據用戶的要求、場地情況，如菸品、藥品、貨物、物料等，按用戶、地名、品名進行自動分揀、裝箱、封箱的連續作業。隨著雷射掃描及計算機控制技術的發展，自動分揀機在物流配送中心的使用日益普遍。

2. 工作原理

自動分揀機工作原理爲被揀貨貨物經由各種方式，如人工搬運、機械搬運和自動化搬運等送入分揀系統，經合流後匯集到一條輸送機上。物品接受雷射掃描器對其條碼的掃描，或通過其他自動識別的方式，如光學文字讀取裝置、聲音識別輸入裝置等方式，將分揀資訊輸入計算機中央處理器中。計算機將所獲得的物流資訊與預先設定的資訊進行比較，將不同的被揀物品送到特定的分揀道口位置上，完成物品的分揀工作。分揀道口可暫時存放未被取走的物品。當分揀道口滿載時，由光電控制，阻止分揀物品進入分揀道口。

3. 自動分揀過程

自動分揀工作過程由收貨、合流、分揀和分流、分運四個階段組成。

(1) 收貨：物流配送中心每天接收成百上千家供應商透過各種運輸工具送來的成千上萬種商品，在貨物的外包裝上貼上標籤（包括商品品種、貨主、儲位或發送地點等），將這些商品運送到指定地點（如指定的貨架、加工區域、出貨站台等）。當貨物準備出庫時，標籤可以引導貨物流向指定的輸送機的分支上，以便集中發運。

(2) 合流：在自動分揀系統中，貨物由多條收貨機接收並進入分揀系統，合併於一條匯集輸送機上即合流。

(3) 分揀和分流：把貨物標籤上的資訊輸入到控制系統，當貨物到達分揀口時，由控制系統給自動分揀機發出指令，開動分支裝置，進行分揀和分流。

(4) 分運：分揀出來的貨物離開主輸送機，按配送地點的不同運送到不同的理貨區域或配送站台集中，以便裝車配送。

（三）自動分揀系統的優點

自動化分揀系統，具有以下的優點：

1. 分揀效率高，準確率高

相比人工作業的效率低、易出錯、貨物破損大等問題，自動分揀系統應用的最大優勢就是分揀效率高，分揀準確率高。一般而言，自動分揀系統，分揀效率超 4,000 件 / 小時，高速分流器系列，效率可達 8,000 件 / 小時，分揀準確率達 99.99%，破損率幾乎為 0。

2. 自動化控制，節省人力

自動分揀系統通過掃碼、輸送、分揀等裝置，對貨物進行分揀、輸送，代替人工進行面單識別、分揀、傳送。使用自動化分揀系統，可以節省 70% 以上的人工成本，同時可以優化各環節結構，把更多的人員安排到柔性化的工作，如人工集包、人工理貨等環節。

3. 數據存儲，可控管理

分揀系統在工作的時候可以存儲數據，而這些數據可以詳細記錄每個貨物的狀態。分揀數據可以清晰的知道貨物的狀態、單位之間分揀量、分揀成功率、分揀線路等情況。通過對數據的統計、分析，查找工作中的錯誤、不足，及時改正，避免再次出現類似問題。

4. 貨物安全，降低貨損丟失

使用自動分揀系統，減少人工對物品的接觸，提高貨物的安全度和完整度。自動分揀系統可以與傳送帶、裝卸車裝置連接，無需進行堆垛拆垛等重複性工作，貨物從卸車端直接進行輸送環節，經過分揀系統，再到傳送帶輸送至裝車環節。人工分揀，不僅需要大量人工進行裝卸車，還會增加堆垛碼貨、拆垛供貨等中間環節，增加了貨物損壞、丟失的風險。

（四）自動分揀系統的構成

自動分揀系統一般由控制裝置、分類裝置、輸送裝置及分揀道口組成。

1. 控制裝置

其作用是識別、接收和處理分揀訊號，根據分揀訊號的要求指示分類裝置按商品品種、送達地點或貨主的類別對商品進行自動分類。這些分揀需求可以通過不同方式，如可通過條碼掃描、色碼掃描、鍵盤輸入、品質（千克）檢測、語音識別、高度檢測及形狀識別等方式，輸入分揀控制系統中，系統則根據這些分揀信號的判斷，決定某一種產品該進入哪一個分揀道口。

2. 分類裝置

其作用是根據控制裝置發出的分揀指示運作，當具有相同分揀訊號的商品經過該裝置時，該裝置動作，改變同類商品在輸送裝置上的運行方向，並使它們進入其他輸送機或進入分揀道口。分類裝置的種類有很多，一般有推出式、浮出式、傾斜式和分支式幾種，不同的裝置對分揀貨物的包裝材料、包裝品質（千克）、包裝物底面的平滑程度等有不完全相同的要求。

3. 輸送裝置

主要組成部分是傳送袋或輸送機，其主要作用是使待分揀商品通過控制裝置、分類裝置，並輸送到裝置的兩側，裝置的兩側一般連接有若干分揀道口，使分好類的商品滑下主輸送機或主傳送帶以便進行後續作業。

4. 分揀道口

已分揀商品脫離主輸送機或主傳送機進入集貨區域的通道，一般由鋼帶、皮帶、滾筒等組成滑道，使商品從主輸送裝置滑向集貨站台，在那裏由工作人員將該分揀道口的所有商品集中，然後入庫儲存，或者組配裝車並進行配送作業。

以上四部分裝置通過電腦網路連結在一起，配合人工控制及相應的人工處理環節構成一個完整的自動分揀系統。

自動分揀機可分爲直線型分揀機（見圖 16-11）和環形分揀機（見圖 16-12）。直線型分揀機在分解目的地的數目相對較少（10 ～ 40 個）時比較經濟，而環形分揀機可提供比直線型分揀機更好的功能及靈活性，但是其成本要高於直線型分揀機。

自動分揀系統具有提高揀貨速度和效率、降低揀貨錯誤率、提高物流服務品質、解決人力不足的問題等優點，但不是每個物流中心都適合採用該系統。選用該系統時，需要考慮物流中心作業規模、物流中心存儲貨品特性、自動分揀系統佔用空間、分揀系統價格以及日常的預防保養和安全對策等方面的因素。

圖 16-11　直線型分揀機

圖 16-12　環形分揀機

醫藥物流結合區塊鏈平台　醫療品質再升級

臺灣第一個應用區塊鏈技術於醫療智慧物流案例，已於臺中榮民總醫院驗證成功。本次驗證場域以手術室相關物流為主，歷經超過一年努力，完成「訂單及交貨結算快速準確」、「供應鏈即時資訊」、「建立醫療器材追蹤追溯機制」、「確保運送品質」等應用，達到「訂購」、「生產」、「運送」、「交貨」零失誤目標。

為了確保醫療器材儲存、運輸與配送過程中的品質，我國衛生主管機關自 2011 年起推動藥品物流 GDP 規範，從藥品物流業者、承攬標示包裝之物流廠，逐步推廣至西藥製劑工廠及領有西藥藥品許可證之販賣業藥商，透過引進新科技，提升臺灣醫藥物流整體效率。

現行臺中榮民總醫院以電子方式發出訂單後，「供應商」與「物流商」均以紙本單據作業，耗費大量人力時間於確認訂單、彙整單據、人工結算，需投入大量人力時間、無法避免錯誤、不符合環保減紙趨勢。

為符合本項 GDP 規範，臺中榮民總醫院、資策會、艾旺公司與亞培公司共同研究應用「區塊鏈技術」於醫療智慧物流，並銜接美國 DSCSA（Drug Supply Chain Security Act：藥品供應鏈安全法案）等世界規範。

1. 訂單及交貨結算快速準確

臺中榮民總醫院於「智慧物流區塊鏈平台」發出訂單，「供應商」與「物流商」可立即接獲訂購資訊，於最短時間完成醫療器材準備，供應商出貨、物流商運送、醫院收貨等作業均在區塊鏈平台完成，並可自動與醫院訂購系統完成交貨勾稽，節省三方人力、時間與紙張，提高正確性。

2. 供應鏈即時資訊

「智慧物流區塊鏈平台」提供供應鏈即時透明資訊，「臺中榮民總醫院」、「供應商」、與「物流商」三方共享資訊，節省大量溝通確認時間，避免錯誤，供應商可提供醫院最即時正確之醫療物資，協助醫院提升醫療品質與確保病人安全。

3. 建立醫療器材追蹤追溯機制

「智慧物流區塊鏈平台」提供供應商與製造商「醫療器材追蹤追溯機制」，利用區塊鏈智能合約記錄「生產」、「交易」、「移轉與運輸」過程，使醫院可透過區塊鏈平台驗證醫療器材真實性與安全性，防止仿冒醫療器材流入醫療院所。

4. 確保運送品質

「智慧物流區塊鏈平台」提供物流商儲存運送過程中溫度、濕度和其他相關紀錄，利用區塊鏈智能合約紀錄資料不可竄改性，解決大量人工驗證審查機制，確保醫療器材運送過程符合規範。

應用區塊鏈技術，每月可節省供應商、物流商、與醫院超過 310 小時人力應用區塊鏈分散式帳本技術，可紀錄醫療器材生產品質與使用情形，透過資訊透通與連結，相關單位共享跨系統即時同步資訊，以安全、可驗證分散式方式，確保病人使用醫療器材安全無虞。

臺灣第一個應用區塊鏈技術於醫療智慧物流案例，已於臺中榮民總醫院驗證成功。

圖片來源：臺中榮總

如以每張藥品或衛材訂單可節省供應商、物流商、與醫院三方人力各五分鐘計算，臺中榮總現行每月訂單數量約 3,800 張，全面實施後每月預計可節省供應商、物流商、與醫院超過 310 小時工作人力，更可達到零失誤目標。

臺中榮總雖已驗證醫藥物流區塊鏈平臺的可行性，但目前僅與亞培公司合作，驗證手術室相關物流的採購流程，並正積極與醫藥物流商洽談合作。未來，臺中榮總該平臺將朝向更全面的醫藥物流發展，包括從院方採購的契約規範、採購合約，到藥品與醫療器材供應商的服務規範、出貨通知，再到物流運輸的出貨監控，以及院方驗收貨品的追蹤監控，到最後的對帳核銷等，都要在區塊鏈上完成。

參考資料：

1. 黃啓銘，臺灣醫藥物流區塊鏈平台首發 中榮秀成果，經濟日報，2019/12/26。
2. 玉女，中榮「醫藥物流區塊鏈平台」成果發表，臺灣電報，2019/12/26。
3. 李靜宜，臺中榮總發表全臺首個醫藥物流區塊鏈平臺，要建立藥品與醫療器材追蹤機制並確保運送品質，iThome，2019/12/27。

問題討論

1. 區塊鏈在物流有何重要性？
2. 如何讓物流業推行區塊鏈才會成功？

1. 何謂物流科技？物流科技演進的發展階段有哪些？
2. 智慧化的物流設備有哪些？
3. 物流倉儲的發展有哪些階段？
4. 智慧倉儲與傳統倉儲的差異？
5. 何謂智慧倉儲？其特點爲何？
6. 智慧倉儲的構成要素有哪些？
7. 何謂自動化立體倉庫？其組成部分爲何？與傳統倉庫的差異爲何？
8. 何謂 AGV ？
9. 請說明機器人的種類。
10. 請說明機器人發展的歷程。
11. 請說明倉儲物流機器人的發展歷程。
12. 請說明倉儲物流機器人的種類。
13. 倉儲物流機器人的應用場景有哪些？
14. 說明揀貨與分揀的差異爲何？分檢作業的內容包含哪些？
15. 何謂自動分檢系統？其優點爲何？構成的要素有哪些？

NOTE

第四篇：當代物流

17 冷鏈物流

知識要點

17-1 冷鏈物流概述
17-2 冷鏈物流的設備
17-3 冷鏈物流的管理
17-4 冷鏈物流的相關法規

物流前線

麥當勞御用物流—夏暉物流

物流 Express

冷凍食品、生鮮到疫苗都需要的最後一哩路

物流前線

麥當勞御用物流─夏暉物流

美國夏暉集團（HAVI Group），1974 年成立於美國芝加哥，為麥當勞分布全球幾千餘家的餐廳提供優質的冷鏈物流服務，是麥當勞食品供應鏈的重要成員之一。在與麥當勞幾十年的合作中，今天的夏暉已經成為一家綜合性的集團公司，麥當勞沒有把物流業務分包給不同的供應商，而始終使用夏暉物流，可以說夏暉物流是麥當勞的「御用」協力廠商物流公司。這種獨特的合作關係，不僅建立在忠誠的基礎上，更是因為夏暉能夠給麥當勞提供優質的冷鏈物流服務。

夏暉物流，於 1994 年開始深耕臺灣。在桃園南崁、彰化大城各設置一座大型的多溫層配銷中心，提供 24 小時 365 天全年無休的多溫層物流服務，以「多溫共配」的運銷方式，滿足客戶一張訂單、不同溫層產品的需求。為配送全臺麥當勞餐廳，夏暉物流平均每日出車 90 車次，單日運輸里程高達 1 萬 5 千公里，等同一年繞行地球 140 圈！

夏暉物流，一年繞行地球 140 圈！
圖片來源：臺灣麥當勞季報

夏暉物流建置的現代化低溫倉庫裡，冷凍的產品，例如炸雞、牛肉餅、薯條等，儲存在－18℃；奶蛋類、生菜等冷藏食品，則儲存在 1.1 ～ 4.4℃的環境（較法規要求的 7℃更嚴格），透過溫度監控設施 24 小時不間斷地紀錄、監控庫房情況，讓所有低溫產品受到妥善保護。特別值得一提的是，就連進貨或出貨時要經過的「碼頭」，溫度也維持在攝氏 7 度以下！

除此之外，物料配送更是大學問！為兼顧效率與原料品質，物流車空間分為冷凍、冷藏、常溫三區，透過「多溫共配」的設計，將餐廳需要的所有物資一次送達。當然，行車過程中依然持續監控溫度，抵達餐廳時，再由專人協助，以最有效率的方式將物料存放至餐廳的低溫庫房。

參考資料：

1. 臺灣麥當勞季報，物流車一年繞地球 140 圈 冷鏈控溫保食安，2018 年第二期。
2. 美國夏暉－百度百科。

問題討論

1. 如果麥當勞沒有夏暉物流，你覺得麥當勞的食品會不會有安全的疑慮？為什麼？
2. 試問夏暉物流的主要競爭優勢為何？如何繼續維持？

17-1 冷鏈物流概述

一、製冷

製冷（Refrigeration）是指用人工的方法使某一空間或物體冷卻，使其溫度降到低於周圍環境溫度，並保持這個低溫狀態的一門科學技術，它隨著人們對低溫條件的要求和社會生產力的提高而不斷發展。

生活中，製冷在食品冷加工、冷藏運輸、冷藏加工以及體育運動中製造人工冰場等方面得到廣泛應用，並在工業生產（爲生產環境提供必要的恆溫恆濕環境，對材料進行低溫處理等）、農牧業（對農作物種子進行低溫處理等）、在現代醫學（低溫冷凍骨髓和外周血幹細胞、手術中的低溫麻醉）、尖端科學領域（如新型材料、生物技術等的研究和開發）中，皆發揮了作用。

二、低溫食品

一般來說，溫度愈低則低溫商品的儲存時間愈長，溫度愈高低溫商品的儲存時間愈短，而溫度控制的正確與否，是低溫食品儲存時間長短的關鍵因素。冷藏食品及冷凍食品分別介紹如下，其它食品種類見表 17-1。

表 17-1 低溫食品分類與保存溫度

食品分類	保存溫度	相關產品	簡分
鮮食品	+18℃	便當、三明治、飯糰、涼麵、巧克力等	鮮食
冷藏食品	0℃～+7℃	生鮮蔬菜（葉菜類、裁切生鮮蔬菜）、果汁、牛乳、乳飲料。日配品（豆腐、乳製）、加工肉品（香腸、火腿）、鮮花等	冷藏
冰溫食品	－2℃～+2℃	畜肉品（牛、豬、羊肉）、禽肉品（雞、鴨肉）、水產品（鮮魚、貝）、刨冰等	
冷凍食品 冰品	－18℃以下	冷凍蔬菜、冷凍肉類、冷凍調理食品（水餃、包子、比薩）、冰淇淋等	冷凍
超低溫食品	－30℃以下	生魚片	

資料來源：國立臺灣海洋大學，低溫食品物流管理

1. 冷藏食品

是指儲存於 7℃以下至凍結點 0℃以上的食物，例如生鮮的蔬果、禽畜、水產品等。在冷藏溫度下，多數微生物及細菌已停止了活動，這些冷藏食品必須在指定的溫度帶內製造、儲運及銷售，以確保食物的品質及新鮮度。

2. 冷凍食品

是指溫度保持在 -18℃以下之食品。冷凍食品的中心溫度必須保持在 -18℃以下的原因，是使食品內所含水分中的 93% 以上凍結成冰，以減少食品因時間而產生腐敗、劣變情形，因此冷凍食品的保存期限可長達半年到一年，而不用添加任何防腐劑。

三、冷鏈

現實中對冷鏈（Cold Chain）與冷鏈物流的操作更趨向於日本對冷鏈的定義。日本將冷鏈發展爲一種管理體系，認爲「冷鏈是通過採用冷凍、冷藏、低溫儲藏等方法，使鮮活食品、原料保持新鮮狀態，由生產者流通至消費者的體系」。

冷鏈物流，也叫低溫物流（Low-Temperature Logistics），是一種特殊物流形式，其主要對象是易腐食品（包括原料及產品），又稱其爲易腐食品冷藏鏈（Perishable Food Cold Chain）。

冷鏈物流應遵循「3T」原則：產品最終品質取決於在冷鏈中的儲藏與流通的時間（Time）、溫度（Temperature）和產品耐藏性（Tolerance）。「3T」原則指出了冷藏食品品質保持所允許的時間和產品溫度之間存在的關係。由於冷藏食品在流通中因時間和溫度的變化而引起的品質降低的累積和不可逆性，因此，對不同的產品品種和不同的品質要求都有相應的產品控制和儲藏時間的技術經濟指標。

四、冷鏈物流的應用範圍

根據冷鏈物流適用的食品範圍的不同，可將冷鏈物流分爲：

（一）肉類冷鏈

從肉的冷藏保鮮程度可以將肉分爲熱鮮肉、冷卻分割肉和凍結分割肉三大類，這三類肉在整個物流操作過程中，有不同的方法和要求。設計者必須在了解這些方法與要求的基礎上，才能對整條物流鏈進行設計。

（二）水產品冷鏈

水產品種類可大致分爲鮮活水產品和乾製水產品，水產品流通過程中，除活魚運輸外，要用物理或化學方法延緩或抑制其腐敗變質，保持它的新鮮狀態和品質。保鮮的方法有低溫保鮮、電離輻射保鮮、化學保鮮、氣調保鮮等。其中使用最早、應用最廣的是低溫保鮮。

（三）蔬果冷鏈

蔬果採收之後，仍然是一個有生命的有機體，繼續進行一系列生理變化，然後蔬果會軟化、解體直至腐爛，我們爲了達到保鮮保質、延長供應期的目的，就必須對蔬果採摘後的環境條件進行有效的控制、調節。

（四）冷飲冷鏈

冷飲產品的市場消費特性決定了物流業務的展開必須配合產品的流通管道，對於物流部門來說，冷飲物流的設計重在物流配送網路的設計，又因爲相應的物流增值服務需求少，必須承擔生產廠家轉嫁的物流成本風險，收入隨需求增加，利潤卻逐漸降低。還得考慮淡季運輸資源的利用情況。

（五）乳製品冷鏈

乳製品冷鏈的品質要求很高。在物流上是完全的冷鏈系統。在我國，從原奶、生產到加工都在 24 小時內完成，整個物流過程都要求有低溫冷藏設備。此外，乳製品冷鏈的長度較短，流通半徑小。大部分液態奶產品以奶源爲中心 2 ～ 4 小時車程，而乳製品產品結構中以液態奶和奶粉爲主，奶酪、黃油、煉乳等深加工產品比例較低，從而限制了乳製品供應鏈的長度。故對於乳製品的物流配送體系的設計要求較高。

（六）速凍食品冷鏈

速凍食品是在 -25℃以下迅速結凍，然後在 -18℃或更低溫度條件下儲藏運輸、長期保存的一種新興食品，由於其加工的原料均爲新鮮食品，採用先進的設備，且加工有嚴格的工藝要求，速凍形成的冰晶小，可以最大限度地保持天然食品原有的新鮮程度、色澤、風味及營養成分。因此，速凍食品對於物流的要求重在溫度控制，即在 -18℃或更低溫度條件下來儲藏與運輸。

（七）藥品及特殊品冷鏈

藥品冷鏈物流具有批量小、批次多、安全條件要求苛刻的特點。藥品流通過程中涉及冷鏈問題的有兩大領域：一是藥品在製藥企業、批發藥企、零售藥店、醫院終端四大環節的冷鏈管理；二是藥品在第三方物流過程中的冷鏈管理問題。目前製藥企業、商業或零售藥局、醫院等，基本上都有自己的冷藏庫、冷藏車，因此藥品的在庫和短途配送過程中的冷藏管理水準跟過去相比，有了顯著提高。此外冷鏈作業的對象還包括生物製品和化工危險品等。

五、冷鏈物流的特性

冷鏈物流是一項複雜的系統工程，與常溫物流相比，冷鏈物流具有以下特徵：

（一）配送貨物易腐性

冷鏈物流配送的貨物通常是生鮮產品，即易腐性產品，運輸過程中多種原因會使貨物品質逐漸下降。

（二）時效性

易腐品生命週期短，運送時間決定品質，銷售商爲了達到較高的服務水準，在貨物到達銷售端時，往往會有時效性（Timeliness）的限制，限制傳送者必須在事先約定的時段內送達。

（三）裝備特殊性

爲維持產品適宜的低溫，運輸中需要防腐保質，需要採用特定的低溫運輸設備或保鮮設備等組織冷鏈物流。

（四）效率低、成本高

由於冷鏈基礎設施設備布局不合理，冷鏈產品生產商普遍規模較小、市場分散，而餐飲、超市等需求點也有同樣特點，增加了產品的流通環節，導致流通效率低，成本增加。

（五）各環節具有更高的組織協調性

冷鏈物流環節訊息不暢，缺乏透明度，造成無謂耽擱，使風險及成本增加。完善的冷鏈訊息系統，具有較高的組織、協調性，充分發揮有效的資訊導向作用，保證冷鏈食品流向的順暢。

六、冷鏈物流的流程

冷鏈物流需要在供應鏈管理理想的指導下進行，其效率和品質取決於商流和物流的對接及物流各環節的有效銜接。冷鏈物流的流程大體上可以分爲產地預冷、產地初加工、冷藏運輸與配送、冷藏銷售等。

一般而言，冷鏈物流的流程，如圖 17-1 所示。

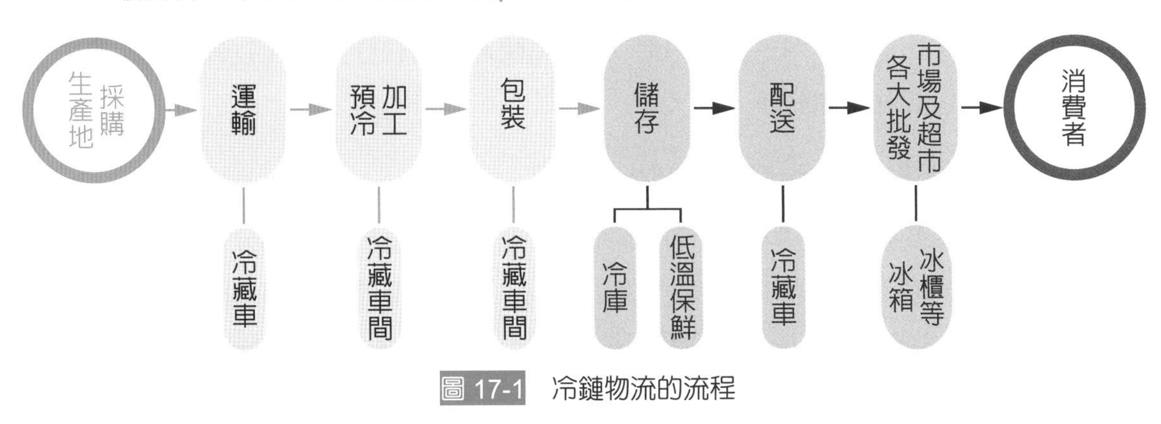

圖 17-1 冷鏈物流的流程

（一）產地預冷

預冷是指食品從初始溫度（30℃左右）迅速降至所需要的終點溫度（0 ～ 15℃）的過程，即在冷藏加工和運輸之前的冷卻過程。產地預冷的對象主要是蔬菜、水果等農產品。農產品在採摘後，儲存運輸前需要去除產品所帶的田間熱，即所謂的「預冷」，將其溫度降低到適宜的低溫。

（二）產地初加工

跟產地預冷同步的環節是產地初加工。產地初加工和產地預冷環節，需要在產地預冷庫進行，包括對肉禽類、魚類和蛋類的冷卻和凍結、對蔬果的預冷、對各種冷凍食品和奶製品的低溫加工等。在這個環節上主要涉及的冷鏈裝備有冷卻、凍結和速凍裝置。

農產品初加工是指對農產品一次性的不涉及農產品在成分改變的加工，即對收穫的各種農新產品進行去籽、淨化、分類、曬乾、剝皮或大批包裝以提供初級市場的服務活動，以及其他農新產品的初加工活動。例如蔬菜初加工，是將新鮮蔬菜通過清洗、挑選、切割、預冷、分級、包裝等簡單加工處理，製成淨菜、切割蔬菜。

（三）冷藏運輸與銷地儲存

產品從預冷庫經過冷藏運輸到銷地冷庫進行儲存，這一過程主要涉及鐵路冷藏車、冷藏汽車、冷藏船、冷藏集裝箱等低溫運輸工具和銷地冷藏倉庫等設施設備。在冷藏運輸過程中，溫度波動是引起食品品質下降的主要原因之一，所以運輸工具要具有良好性能，在保持規定溫度的同時，也要保持穩定的溫度，尤其是長途運輸。

（四）冷藏銷售

冷藏銷售主要包括批發和零售，是進入消費前的最後一個環節。隨著全國城市各類連鎖超市的快速發展，連鎖超市正在成爲冷鏈食品的主要銷售通路。在這些零售終端中，大量使用了冷藏陳列櫃和儲藏庫，因此逐漸成爲完整的食品冷鏈中不可或缺的重要環節。生鮮電商在近幾年也得到了快速的發展，商家和快遞公司往往通過在包裹裡加冰塊來解決最後一哩路的冷藏保鮮問題。

七、冷鏈商品溫度的檢驗與追蹤

冷鏈商品的流通管理也叫冷鏈管理。冷鏈管理非常重要的組成部分是對商品流通中的某一階段或全過程的溫度的檢驗、紀錄和追蹤。沒有溫度的檢驗和追蹤就不能保證冷鏈商品在流通的各環節都處於合格的溫度控制範圍，就不能即時發現冷鏈中存在的問題。冷鏈中溫度的檢驗與追蹤也是貨品交接中保證貨品品質的依據。

17-2 冷鏈物流的設備

冷鏈物流的主要設備有冷庫、低溫冰箱、普通冰箱、冷藏箱、冷藏包、冰排、冷櫃、冷藏車和蓄冷箱。

一、冷庫

（一）冷庫的含義

冷庫（Cold Storage）是用人工製冷的方法讓固定的空間達到規定的溫度便於儲藏物品的建築物，又稱冷藏庫，是加工儲存產品的場所。冷庫能擺脫氣候的影響，延長各種產品的儲存期限，以調節市場供應，如圖 17-2。

圖 17-2 冷庫

冷庫主要用於對食品、乳製品、肉類、水產禽類、蔬果、冷飲、花卉、綠植、茶葉、藥品、化工原料、電子儀表儀器等恆溫儲藏。

（二）冷庫的組成

冷庫主要由庫體、製冷系統、冷卻系統、控制系統和輔助系統五個部分組成。

1. 庫體

庫體主要保證儲藏物與外界隔熱、隔潮，並分隔各個工作區域，對於大型冷庫有冷加工間、預冷間、凍結間、冷藏間、製冰間、穿堂等。大型冷庫採用土建冷庫庫體，對於小型冷庫和溫度低於 -30°C 的冷庫，通常採用鋼框架和輕質預製的聚氨酯，或聚苯乙烯夾芯板材拼裝而成的裝配式冷庫庫體，而對於家用小型冷藏箱或冰箱則採用壓鑄成型的用聚氨酯填充隔熱的箱體。

2. 製冷系統

製冷系統（Cooling System）主要用於提供冷庫冷量，保證庫內溫度和溼度。根據冷庫溫度的不同，製冷系統也不同，通常冷庫溫度高於 -30°C，則使用單級壓縮製冷系統；冷庫溫度低於 -30°C，高於 -60°C，使用兩級壓縮製冷系統或複疊製冷系統；冷庫溫度低於 -80°C，一般要用複疊製冷系統。

3. 冷卻系統

冷卻系統主要用於冷卻製冷系統的散熱。空氣冷卻系統，製冷系統直接採用空氣冷卻，它具有系統簡單、操作方便的優點，適用於缺水的地區和小型冷庫。水冷卻系統，主要由冷卻塔、水泵、冷卻水管道組成，它具有冷卻效果好的優點，但是系統複雜、操作麻煩，要求對冷卻水系統要定期進行清洗，以保證冷卻水系統的傳熱效果。

冷卻水系統大部分用於大型冷庫，蒸發冷卻系統，是將製冷系統的冷凝器直接與冷卻塔結合，冷卻水直接噴淋到冷凝器上進行蒸發冷卻，冷卻效果好，但是系統複雜，要求冷凝器直接安裝在室外，所以系統的運行、維護保養工作要求高。

4. 控制系統

控制系統主要對冷庫溫度、溼度的控制和製冷系統、冷卻系統等的控制，保證冷庫安全、正常的運行。隨著技術的發展，目前計算機和網路技術已逐步應用到冷庫的控制中。

（三）冷庫的分類

按照冷庫服務的流通階段、形式、溫度範圍的不同，可以將冷庫分爲以下幾類。

1. 按照冷庫的使用性質分類

(1) 生產性冷庫：它是爲生產企業提供加工後產品的冷庫。

(2) 流通儲存性冷庫：它是用於批發、物流中心等流通環節的冷庫。

(3) 周轉性冷庫：它是位於港口、車站附近，做周轉用的冷庫。

(4) 零售端冷庫：它是用於大賣場、連鎖店臨時儲存，保證店面供應和運作的冷庫。

(5) 綜合性冷庫：它是配套於城市的綜合供應體系，提供加工、流通、儲存等綜合性服務的冷庫。

2. 按冷庫的設計溫度分類

(1) 高溫庫：一般設計溫度在 0°C 以上的冷藏庫房稱爲高溫庫，主要用於水果、蔬菜的加工和儲存。

(2) 低溫庫：一般設計溫度在 -15°C 以下的冷庫稱爲低溫庫，主要用於魚、肉、冰淇淋等產品的儲存。

3. 按冷庫的結構分類

(1) 混凝土結構冷庫：混凝土結構冷庫是目前我國存在形式最多的冷庫，既有單層結構，也有多層的樓式結構。混凝土結構冷庫由於牆體較厚，熱傳導性較差，所以庫內溫度容易保持在穩定狀態。

(2) 鋼架結構冷庫：這種冷庫爲單層形式，庫房構架及承重體爲鋼質結構，庫板爲彩色鋁合金聚苯乙烯或聚氨酯泡沫夾層結構。鋼構架冷庫建設速度快。外形美觀，並容易清潔。

(3) 其他結構冷庫：包括位於地下的覆蓋式冷庫和利用山洞修建的冷庫。這些冷庫在特定的條件下，有其自身的優點。

二、冷藏箱

1. 疫苗冷藏箱：疫苗冷藏箱（Freezer）是指爲保證疫苗從疫苗生產企業到接種單位運轉過程中的品質而裝備的儲存、運輸冷藏設施、設備，適用於醫用採樣、取樣，生物製劑冷藏低溫運輸，血液運輸等，如圖 17-3 所示。

圖 17-3　疫苗冷藏箱

2. 血液冷藏箱：血液冷藏箱主要用於防疫疫苗、試劑運輸保冷和血液製品的冷藏保溫。

3. 醫藥冷藏運輸箱：醫藥冷藏運輸箱是普通醫療藥物的保溫運輸工具。

4. 乾冰運輸箱：乾冰運輸箱廣泛應用於乾冰製造、儲存和配送等各個領域。

三、蓄冷箱（櫃）

蓄冷箱（櫃）（Cold Storage Box）（圖 17-4）由保溫箱體和蓄冷盒組成。保溫箱起保溫作用，蓄冷盒可以提供幾小時或幾十小時的冷源。它適用於速凍、冷藏食品、快餐、海鮮和水果等中長途及短途配送：生物、製藥、化工企業、疫苗、有特殊溫度要求的製劑或者產品運輸；空運需要冷凍、冷藏、保鮮的物品。

圖 17-4　蓄冷箱

四、冷藏運輸工具

冷藏運輸工具主要包括汽車（圖 17-5）、火車、輪船和飛機等。

圖 17-5　冷藏運輸工具（貨車）

五、其他冷鏈設備

其他冷鏈設備，如冰盒、冰袋、工業冷水機、氣調庫和車載冰箱等。

17-3　冷鏈物流的管理

一、冷鏈運輸

（一）冷鏈運輸的含義

冷鏈運輸（Cold Chain Transportation）指將易腐、易變質食品在低溫下，從一個地方完好地輸送到另一個地方的恆溫控制技術，是冷凍冷藏鏈條中必不可少的一個環節，由冷鏈運輸裝置來完成，如圖 17-6。

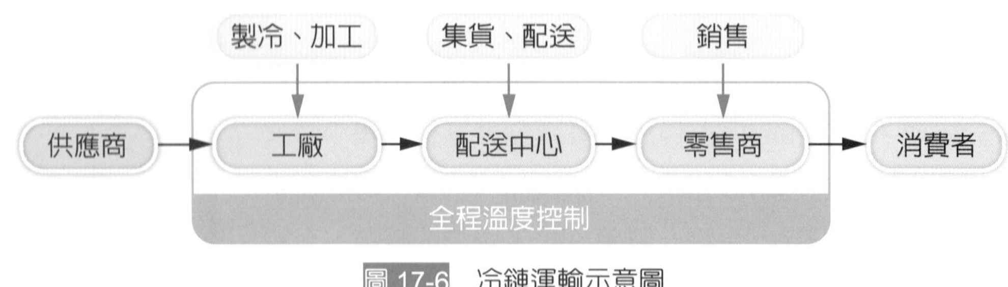

圖 17-6 冷鏈運輸示意圖

（二）冷鏈的運輸條件

在冷鏈運輸中應滿足食品儲藏條件的要求，並保持其穩定性。因此在冷鏈運輸過程中，必須控制載體內部的環境，使載體內的環境儘量與所運輸食品的最佳要求一致，載體內部各處溫度分佈要均勻，在運輸過程應儘量避免溫度波動，或降低溫度波動幅度和減少波動持續時間。因此冷鏈運輸應該滿足以下條件。

1. 具有良好的保冷、通風及必要保熱設備

易腐食品在進行低溫運輸前應將運輸工具的溫度調到事宜的儲藏溫度。冷藏運輸過程中，載體內指示有效的平衡環境傳入的熱負荷，維持產品的溫度不超過所要求保持的最高溫度。

爲維持這一低溫環境，運輸載體上應當具有適當的冷源，如乾冰、冰鹽混合物、碎冰、液氮或機械製冷系統。例如，蔬果類物品在運輸過程中，爲防止車內溫度上升，應即時排除熱氣，而且要有合理的空氣循環，使得冷量分佈均勻，保證各點的溫度均勻一致並保持穩定，最大溫差不超過 3°C。

2. 箱體應具有良好的隔熱效能

冷藏運輸工具的貨運應當具有良好的隔熱效能，以有效地減少外界傳入的熱量，避免車內溫度的波動和防止設備過早地老化。車輛或集裝箱的隔熱板外側應採用反射性材料，並保持其表面的清潔，以降低對輻射熱的吸收。

在車輛或集裝箱的使用期間應避免箱體結構部分的損壞，特別是箱體的邊和角，以保待隔熱層的氣密性，並且定期對冷藏門的密封條、跨式製冷機組的密封、排水洞和其他空洞等進行封阻，以防止因空氣滲而影響隔熱性能。

3. 可根據食品種類或環境變化進行溫度調節

具有良好的適用性，在遠距離的冷藏運輸過程中，食品可能會經過不同的環境外部溫度，比如從南方到北方，因此冷藏運輸的載體內部空間內必須有溫度檢測和控制裝置，以保持廂內的溫度。溫度檢測儀必須能夠準確連續地記錄貨物間的溫度，溫度控制器的精度要求高，爲 ±0.25°C，以滿足易腐食品在運輸過程中的冷藏工藝要求，防止食品溫度急遽波動，具有良好的適用性。

4. 製冷裝置所佔空間儘量小

在長途冷藏運輸過程中，爲減小單位貨物的運輸成本，冷藏運輸載體應具有承重大、有效容積大、自重輕的特點，以便在盡可能的空間內裝載盡可能多的貨物，因此要求製冷裝置空間盡量小。

（三）冷鏈運輸設備的要求

1. 具有良好的製冷、通風及必要的加熱設備，以保證食品運輸條件。
2. 運輸冷凍、冷卻食品的車、箱體應具有良好的隔熱性能，以減少外界環境對運輸過程條件的「干擾」。
3. 冷鏈運輸的車、船、箱等，應具有一定的通風換氣設備，並配備一定的裝卸器具，以實現合理裝卸，保證良好的儲運環境。
4. 冷鏈運輸設備應配有可靠、準確且方便操作的檢測、監視、記錄設備，並進行故障預報和事故報警。
5. 冷鏈運輸設備應具有承重大、有效容積大、自重小的特點，以及良好的適用性。

（四）冷鏈運輸方式及設備

1. 陸地冷藏運輸

(1) 卡車

一般是指一體式的卡車，其製冷箱體是固定在底盤上的。也可以是多功能麵包車，車廂後部與駕駛室分開並且進行絕熱處理以保持貨物溫度。

卡車的製冷系統分爲兩個大類：非獨立式（車驅動）和獨立式（自驅動）。非獨立式使用卡車的發動機來驅動製冷機組的壓縮機或者驅動發電機，透過發電機來驅動製冷機組的壓縮機；獨立式則有自帶的發動機，通常是柴油發動機，以此來獨立地驅動製冷系統，而無須借助車輛的發動機動力。

(2) 廂式掛車或拖車

拖車牽引的製冷拖車是另外一種運輸方式。與安裝在卡車上的獨立式機組相似，安裝在拖車車廂上的拖車機組尺寸更大，適應於需要更大製冷量的拖車箱體。拖車的製冷機組安裝在箱體的前端，調節的空氣通過拖車廂內頂部的風槽將冷空氣送到車廂的各個部位，並最終在壓差的作用下回到製冷機組。

跟卡車機組一樣，拖車機組中的頂部送風系統通常不能對貨物進行快速降溫，因此承運人要確保在裝貨前將貨物預冷到貨物所需的合適溫度。

(3) 鐵路冷藏集裝箱

拖車以及標準的冷藏集裝箱都可以被用作鐵路冷藏運輸。一種特殊的拖車，被設計成能與火車底盤相匹配，也可通過鐵路運輸，然後採用標準的公路拖頭將拖車拖至最終目的地，這些拖車採用與公路應用一樣的製冷機組，經常採用空氣懸掛系統。

(4) 鐵路冷藏車廂

鐵路冷藏火車車廂一般採用集成的自帶動力製冷機組。其送風系統和拖車的送風系統類似，製冷系統將冷空氣送到車廂的頂部，冷空氣流經貨物，從車廂底部返回。

與集裝箱類似，只要貨物的堆放合理，滿足氣流布局要求，一般都可以長距離運輸。通常用來運輸不易腐蝕的貨物，如柑橘、洋蔥和胡蘿蔔等。一般車廂都要求很好的氣密性，滿足氣調的要求。鐵路運輸方式具有大容量的特點，每節車廂一般最多可運輸113立方公尺、45噸的貨物。

2. 水上冷藏運輸

水上冷藏運輸主要有兩大類：一類是冷藏集裝箱，另一類是冷藏船。

(1) 冷藏集裝箱

冷藏集裝箱依靠電力驅動壓縮機，其電力由船上的發電機或便攜式發電機提供。當集裝箱到達碼頭之後，被轉運到底盤上，這些底盤一般都會裝有發電機組，即前文提到的發電機組。這樣，裝在底盤上的冷藏集裝箱就可以像拖車一樣，由拖頭牽引，在陸路繼續運輸。

(2) 冷藏船

冷藏船的貨艙爲冷藏艙，常隔成若干個艙室。每個艙室是一個獨立的封閉的裝貨空間。艙壁、艙門均爲氣密，並覆蓋有泡沫塑料、鋁板聚合物等隔熱材料，使相鄰艙室互不導熱，以滿足不同貨物對溫度的不同要求。冷藏艙的上下層甲板之間或甲板和艙底之間的高度較其他貨船的小，以防貨物堆積過高而壓壞下層貨物。冷藏船上有製冷裝置，包括製冷機組和各種管路。製冷機組一般由製冷壓縮機、驅動電動機和冷凝器組成。

3. 航空冷藏運輸

儘管成本高，溫控效果不盡如人意，運輸公司還是會選擇航空冷藏運輸作爲一種快速的運輸手段，通常用來運輸附加值較高，需要遠距離運輸或出口的易腐貨品，如鮮花及某些熱帶水果等。當採用空運時，爲適合飛機某些位置的特殊形狀，需將貨品裝入集裝器（ULD，也稱爲航空集裝箱）。一般的冷藏集裝器採用乾冰作爲冷媒，但乾冰作爲冷媒具有一定的局限性；如控溫精度不高、沒有加熱功能、需要特殊的加冰機站等。

二、冷鏈倉儲管理

冷鏈倉儲一般用於生鮮農產品、保鮮食品類，通過冷藏 / 凍庫對商品與物品的儲存與保管。在產品生產、流通過程中，因訂單前置或市場預測前置，而使產品、物品暫時存放。它是連結生產、供應、銷售的中轉站，對促進生產的提高效率起著重要的輔助作用。

冷庫中儲存的貨品一般是處於完成品階段的貨品。確保貨品在庫過程中的品質完好，並提高冷庫的運作效率是冷庫管理所追求的目標。冷庫倉儲管理一般應注意以下幾個方面。

（一）冷庫倉儲管理

1. 冷庫庫房的管理

冷庫與一般通用庫房不同，它的結構、使用性能都有特殊的要求。冷庫是用隔熱材料建築的低溫密封性庫房，具有怕潮、怕水、怕風、怕熱交換等特性。因此，在使用庫房時，應注意以下問題：

(1) 冷庫門要保持常閉狀態，物資出入庫時，要隨時關門。要儘量減少冷熱空氣的對流，經常出入庫物資的門要安裝空氣幕、塑料隔溫簾或快速門等裝置。要保持庫門的靈活，並盡可能安裝電動門，使庫門隨時保持關閉。

(2) 冷庫內各處（包括地面、牆面和頂棚）應無水、霜、冰，庫內的排管和冷風機要定期除霜、化霜。

(3) 沒有經過凍結的溫度過高的貨品不能入庫。這是因爲較高溫度的物資會造成庫內溫度急速回升，使庫溫波動過大。

(4) 冷庫庫房必須按規定用途使用，高、低溫庫不能混淆使用。在沒有物資存庫時，也應保持一定的溫度。

(5) 冷庫的地板有隔熱層，所以有嚴格的承重要求和保溫要求。不能將物資直接鋪放在庫房地板上凍結；拆垛時，不能用倒垛的方法；不能在地坪上摔擊。

(6) 要安裝自動通風或強制通風裝置。要保持地下通風暢通，並定期檢查地下通風道內有無結霜、堵塞和積水現象，檢查回風溫度是否符合要求，地下通風道周圍嚴禁堆放物資。

(7) 冷庫貨品的堆放要與牆、頂、燈、排管有一定距離，以便於檢查、盤點等作業。

(8) 冷庫內要有合理的走道，方便操作、運輸，並保證安全。

2. 冷庫物品的管理

冷庫中儲存的物品一般是處於完成品階段的物品。冷庫的物品管理一般應注意以下幾方面。

(1) 嚴格控制庫房溫度、濕度

一般冷庫的平均溫度升降幅度一晝夜不得超過 1℃，高溫庫房的溫度一晝夜升降幅度不得超過 0.5℃。爲了保證冷庫的溫度穩定，食品的入庫溫度一般不高於冷庫設定溫度 3 ℃以上，即在 –18 ℃的庫房中，物品的入庫溫度要達到 –15 ℃較爲合適。

(2) 降低物品乾耗

食品在冷加工和儲藏過程中，水分會蒸發，即食品的乾耗。乾耗不僅使食品乾枯、降低營養價値，而且會引起重量損失。一般應採取降低儲藏溫度、改進包裝、控制庫房濕度、用冰衣物覆蓋貨品等措施。

(3) 合理堆放冷庫中的物品

堆放要盡量緊密，以提高庫房利用率。不同類別的物品放在不同的地方，沒有包裝的物品不要和有包裝的物品存放在一起，味道差異比較大的物品不要放在一起。物品儘量不要放在風機、蒸發器下面，以免水滴在物品上。

(4) 定期檢查冷庫中的物品

如物品是否按照出入庫要求先進先出，是否因存放時間過長而發生品質變化，物品表面是否結冰、結霜等。

(5) 減少貨品搬動次數

冷庫中由於作業環境的關係，應盡量減少商品搬動的次數。搬動次數的增加會增加商品破損的機會，並且低溫環境下的人工作業會加大運作成本。可以採用整板出貨、整層出貨的方法減少人工搬動商品的機會。

3. 冷庫人員的管理

冷庫中的作業環境與其他倉庫中的作業環境有相當大的差別，所以冷庫中的作業人員管理也要引起足夠的重視，以下幾點須特別注意：

(1) 加強防護，避免凍傷

冷庫作業人員必須穿著符合要求的保溫工作服、保溫鞋、戴手套，要按規定時間限制庫內連續作業時間。一般冷庫連續作業不能超過 30 分鐘，作業人員身體的裸露部位不得接觸冷凍庫內的物品，包括貨物、排管、貨架、作業工具等。

(2) 防止人員缺氧窒息

冷藏庫內的植物和微生物的呼吸作用會使二氧化碳濃度增加或者使冷媒洩入庫內，使得庫內氧氣不足，造成人員窒息。人員在進入庫房前，須進行通風，排除氧氣不足問題。

(3) 避免人員被封閉在庫內

冷庫門在關閉之前一定要確認庫內沒有人員滯留，人員入庫應能看到懸掛的警示牌和逃生指示。冷庫應有逃生門，並要隨時保持正常使用狀態。

(4) 加強訓練，安全作業

冷庫作業人員要加強培訓，使每一個作業人員都了解冷庫的操作特點和要求。在冷庫中，作業人員不能隨意跑動、攀爬貨架，須注意操作事項等，要讓員工了解並遵照執行。

(5) 妥善使用設備

冷庫中所使用的設備和儀器必須有低溫運行性能。冷庫堆高機是特殊用途的堆高機，冷庫的燈也是專用燈。一般的塑膠棧板不能在冷庫中使用，而必須使用耐低溫的專用棧板。

（二）冷庫倉儲要求

冷庫是可以創造特定溫度和相對濕度的條件，能夠延長有機體的保鮮時間，在加工和儲存食品、工業原料、生物製品以及醫藥等領域有著特定用途的一種特殊的倉庫。冷庫的結構複雜、造價高、技術性強，對此類冷庫的使用、維修和管理，必須認眞執行有關的規章制度。

冷庫的合理使用和管理要求如下：

1. 冷庫內要保持清潔乾淨

地面、牆、頂側、門框上無積水、結霜、掛冰，隨有隨掃，特別是在作業後，應即時清潔。製冷設備、管壁上的結霜、結冰也應及時清除，以提高製冷功能。

2. 按貨物所需要的通風要求，進行通風換氣

其目的是爲了保持庫內合適的氧氣和濕度，冷庫一般採用機械通風的方式進行通風換氣，並要選擇合適的時機。

3. 爲減少冷耗，貨物出入庫作業應選擇在氣溫較低的時間進行

如早晨、傍晚、夜間。出入庫作業時，應集中倉庫內的作業力量，盡可能縮短作業時間。要使裝運車輛離庫門最近，縮短貨物露天搬運距離，防止隔車搬運。在貨物出入庫中出現庫溫升高較多時，應停止作業，封倉降溫。出入庫搬運應採用推車、堆高機、運輸帶等機械搬運，採取棧板等成組作業，提高作業速度。作業中不得將貨物散放在地坪上，避免貨物、貨盤衝擊地坪、內牆、冷管等，吊機懸掛重量不得超過設計負荷。

4. 庫內堆碼嚴格按照倉庫規章進行

應選擇合適貨位，將長期存儲的貨物存放在庫裡端，存期短的貨物存放在庫門附近，易升溫的貨物接近冷風口或排管附近放置。貨垛要求堆碼整齊、穩固、間距合適。貨垛不能堵塞或影響冷風的流動，避免出現冷風短路。堆碼完畢在垛頭上懸掛貨垛牌。

5. 冷庫必須注意合理使用倉容，提高倉庫利用率

要不斷總結改進堆垛方法，安全、合理地安排貨位和堆存高度，在樓板允許的負荷下，提高每立方公尺的堆垛數量，並且要求堆垛牢固整齊，便於盤點、檢查，進出倉方便，貨垛與牆壁和排管應保持距離。

（三）冷庫的衛生管理

冷庫衛生管理是一項重要工作，要嚴格執行國家頒布的衛生條例，盡可能減少微生物污染食品的機會，以保證食品的品質，延長冷藏期限。

1. 冷庫的環境衛生

食品進出庫時，都要與外界接觸，如果環境衛生不良，就會增加微生物污染食品的可能性，因而冷庫周圍的環境是十分重要的。冷庫四周不應有污水和垃圾，周圍的場地和走道應經常清掃，定期消毒，且垃圾箱和廁所應與庫房有一定的距離。

2. 庫房和工具設備的衛生與消毒

在庫房內，黴菌較細菌繁殖得更快，並極易傷害食品。因此，庫房應進行不定期的消毒。運輸用的手推車以及其他載貨設備也能成爲微生物污染食品的媒介，應經常進行清洗和消毒。

庫內冷藏的食品，不論是否有包裝，都要堆放在墊木上。墊木要刨光，並經常保持清潔。墊木、手推車以及其他設備，要定期在庫外沖洗、消毒。加工用的一切設備，如秤盤、掛勾、工作台等，在使用前後都應用清水沖洗乾淨，必要時還應用熱鹼水消毒。冷庫內的走道和樓梯要經常清掃，特別是在出入庫時，對地坪上的碎肉等殘留物要及時清掃，以免污染環境。

3. 冷庫室內的衛生與消毒

消毒方法有以下幾種：

(1) 噴灑：將消毒劑配製成符合濃度要求的溶液，用噴灑設備進行噴灑消毒。噴灑時要關閉門窗，等時間到時，再打開門窗通風，通風要徹底。

(2) 粉刷：將消毒劑配製成溶液對牆面進行粉刷。在粉刷前應將庫房內食品全部撤出，並清除地坪、牆和頂板上的冰霜。

(3) 紫外線消毒：一般用於設備和工作服的消毒。操作簡單、節省費用、效果良好。每立方公尺空間裝設功率 1W 的紫外線燈，每天照射 3 小時，對空氣消毒。

4. 冷庫工作人員的個人衛生

冷酷工作人員經常接觸多種食品，如不注意衛生，本身患有傳染病，就會成爲微生物和病菌的傳播者，因此對冷庫工作人員的個人衛生應嚴格要求。

(1) 要勤理髮、勤洗澡、勤洗工作服；工作前要勤洗手，經常保持個人衛生。

(2) 定期檢查身體，如發現患有傳染病，應立即進行治療並調換工作崗位；未痊癒時，不能進入庫房與食品接觸。

(3) 工作人員不應將工作服穿到食堂、廁所和庫房以外的場所。

通過以上方法對冷庫進行衛生管理，才能使冷庫達到合格的倉儲條件，使儲存商品符合衛生標準。

三、冷鏈包裝

（一）冷鏈包裝的概念

一般而言，冷鏈物流的包裝與普通包裝相比，有一些比較特殊的要求。一爲包裝容器耐低溫性能要優越，很多產品要求在 –18°C 的環境下運輸儲存，更有些肉製品以及藥品需要在 -35°C 的深冷庫儲存，普通材質無法承受；二爲食品級材料要求，因爲有些直接或者間接接觸食品與藥品，所以對包裝容器的材質要求也比較嚴格，一般要求達到食品級；部分容器爲網目型，以利於空氣流通、生鮮品呼吸作用順利進行等。

（二）冷鏈包裝材料的要求

由於冷凍條件下，包裝材料的效能與常溫下的性能有很大的不同，因此正確選用合適的包裝材料就成爲冷藏和冷凍包裝取得良好包裝效果的重要一環，用於冷凍食品的包裝材料需耐低溫、耐高溫、氣密性、耐油、能印刷等，因冷凍商品一般要經過冷卻、凍結、凍藏、解凍等程式，所以包裝材料必須具備以下特點：

1. 耐溫性

最能耐低溫的是紙，鋁箔在 –30°C 還能維持柔軟性；塑料則在 –30°C 還能維持柔軟性，但遇超低溫加液氮 –196°C，則材料要脆化。耐高溫件一般以能耐 100°C 的沸水 30 分鐘就可。

2. 透氣性

商品包裝有充氣包裝和眞空包裝兩類。這兩類包裝必須採用透氣性（Breathability）低的材料，因低透氣性材料能保持特殊香氣及防止乾燥。包裝材料經長期儲藏或流通，材料會老化，爲防止老化，可在材料中加防氧化劑或紫外線吸收劑，一般僅加防氧化劑。

3. 耐水性

包裝材料需能防止水分滲透。但不透水的包裝材料容易由於環境溫度的改變，在材料上凝結霧珠，使透明度降低，故使用這種材料時還須使環境溫度配合。

4. 耐光性

放在陳列櫃內的包裝食品受螢光燈照射後，材料的色彩會惡化，色彩的惡化會使商品價値下降，故包裝材料及印刷顏料必須耐光。冷凍食品常用包裝材料包括薄膜類、塑料類和紙類。

四、冷鏈流通加工

冷鏈流通泛指冷藏冷凍類物品在生產、儲藏運輸、銷售，到消費前的各個環節中，始終處於規定的低溫環境下，以保證物品品質和性能的一項系統工程。主要的冷鏈設備有：低溫冷庫、常溫冷庫、低溫冰箱、普通冰箱、冷藏車、疫苗運輸車、備用冰排等。

冷藏冷凍類物品加工中心是全程冷鏈物流體系中的一個環節，在考慮全程冷鏈物流時，通常也會將冷藏冷凍類物品加工中心一併納入考慮範圍，如肉類加工中心（包括豬肉、牛羊肉、禽肉類）、水產品加工中心、蔬果淨配菜類加工中心、乳製品及冰品類加工中心、烘焙類產品加工中心（如麵包廠）、連鎖餐飲的中央廚房等。

冷藏冷凍類物品加工中心在建造技術與設備使用方面，除了包括前述冷鏈物流中心的全部設備外，還有食品加工類設備及食品包裝類設備、清潔類設備、滅菌消毒類設備、潔淨類設備。

五、冷鏈配送

（一）冷鏈配送的要求

1. 溫度要求

食品預冷到事宜的儲藏溫度是易腐食品在低溫運輸之前要進行的預處理過程。將生鮮、易腐食品用冷藏運輸工具進行預冷，則存在許多缺點，如預冷成本成倍上升；運輸工具所提供的製冷能力有限，不能用來降低產品的溫度，只能有效地平衡環境傳入的熱負荷，維持產品的溫度不超過所要求保持的最高溫度。

因此易腐食品在運輸前應當採用專門的冷卻設備和凍結設備，將溫度降低到最佳儲藏溫度以下，然後進行冷藏運輸，有利於保持儲運食品的品質。

2. 濕度要求

運輸過程中，用能透過蒸汽的保護膜包裝或表面上並無任何保護膜包裝的食品，其表面不但有熱量散發出來，同時還有水分向外蒸發，造成失水乾燥。例如：水果、蔬菜中水分蒸發會導致其失去新鮮的外觀，出現明顯的萎縮現象，影響其柔嫩性和抗病性；肉類食品除導致重量減輕外，表面還會出現收縮硬化，形成乾燥膜，肉色也會發生變化；雞蛋會因水分蒸發造成氣室增大、重量減輕，蛋品品質下降。

因此只有控制車廂內的相對濕度大於食品的水分活度才是合理的；相對溼度過高或過低，對食品的品質及其穩定性都不利。在運輸過程中，含水量少、水分活動低的乾燥食品可在相對濕度低的車廂環境中儲存，以防止吸附水分；含水量充足、水分活度高的新鮮食品應在相對濕度較大的車廂環境中儲存，以防止水分散失。

3. 運輸工具的要求

運輸工具的品質影響到冷藏運輸品質，也就直接影響到冷藏貨物的品質，因而運輸工具是冷藏運輸環節中最重要的設施。對於不同的運輸方式，有不同目的的運輸工具，但都應該滿足以下幾個方面的要求：

(1) 設有冷源

運輸工具上應當具有適當的冷源，比如乾冰、冰鹽混合物、碎冰、液氮或機械製冷系統等，能產生並維持一定的低溫環境，保持食品的品溫，利用冷源量來平衡外界傳入的熱量和貨物車身散出的熱量。

(2) 具有良好的隔熱性能

冷藏運輸工具應當具有良好的隔熱性能，這樣能夠有效地減少外界傳入的熱量，同時保持機械製冷所產生的冷源，避免車內溫度的波動和防止設備過早老化。

車輛或集裝箱的隔熱外側應採用反射性材料，並應保持其表面清潔，以降低對輻射熱的吸收。車輛或集裝箱的整個使用期間應避免箱體結構部分的損壞，特別是箱體的邊和角，要保持隔熱層的氣密性，並且應該對冷藏門的密封條、跨式製冷劑組的密封、排水性和其他孔洞等進行檢查。

(3) 具有濕度檢測和控制設備

運輸工具的貨物間必須具有溫度檢測和控制設備，溫度檢測儀必須能準確並連續地記錄貨物間內的溫度。溫度控制器的精度要求高，爲±0.25%，保證滿足易腐食品在運輸過程中的冷藏工藝要求，防止食品溫度過分波動。

(4) 車廂應當衛生並能保證貨物安全

車廂內有可能接觸食品的所有內壁必須採用對食品味道和氣味無影響的安全材料。箱體內壁包括頂板和地板要光滑、防腐蝕，不受清潔劑影響，不滲透、不腐爛，便於清潔和消毒。箱體內壁不應有凸出部分，箱內設備不應有尖角和皺褶，以便於清除髒物和水分；在使用中，車輛和集裝箱內碎渣應及時清掃乾淨，防止產生異味汙染貨物並阻礙空氣循環。

（二）冷鏈配送的管理

冷鏈運輸的組織管理工作是一項複雜細緻而又責任重大的工作，必須對各種冷藏運輸工具的特性、裝車方法、易腐貨物的冷藏條件貨源的組織、調度工作等加強管理。

1. 運輸管理原則

(1) 及時

及時是運輸管理中的基本原則。按時把貨物送到指定地點是最重要的，同時也是最難做到的。而在實際的運輸過程中，經營出現貨物延遲送到的現象，這對於企業的銷售影響很大，甚至因此失去客戶，尤其是對於冷鏈運輸來說，不及時送到對於貨物的品質有很大的影響。沒有機械製冷裝置的運輸工具對貨物品質的影響會更加顯著。

(2) 準確

在運輸的整個過程中，要防止各種差錯的出現。在冷藏運輸開始之前，承運人應該掌握準確的裝卸貨點、核對聯繫人的姓名電話等，防止冷藏貨物長時間存放在運輸工具上。

(3) 經濟

經濟是運輸的成本問題。在運輸方式和路線的選擇、運量和運價的確定等各個環節都要考慮運輸成本。尤其是在高溫季節，冷藏運輸的運價都比較高，所以應該從運輸組織的角度採用正確的包裝、合理地組織貨源、提高裝卸效率、選用正確的運輸方式等。

(4) 安全

安全就是要順利地把貨物送到客戶手中，保證車輛的運行安全和貨物的安全。對於車輛的安全來說，應該保持運輸車輛良好的性能，選用駕駛技術好、經驗多的司機。對於貨物的安全來說，要做好防盜、防損等措施。

2. 承運人的選擇

在冷藏運輸中，有部分企業是採用第三方冷藏物流公司進行運輸的。在採用第三方運輸時，最重要、最核心的工作就是承運人的選擇。

承運人的選擇可以分爲以下四步：

(1) 問題識別：問題識別要考慮的因素包括客戶要求的運輸模式與現有模式的不足之處以及企業的分銷模式的改變，通常最重要的是與服務相關的一些因素。

(2) 承運人分析：承運人分析主要包括過去的經驗、企業的運輸記錄、客戶意見等。

(3) 選擇決策：根據企業的實際要求，選擇一家最好的運輸企業作爲今後的承運人，具體可採用各種方式向多家運輸企業發出合作意願，進行招標。

(4) 選擇後評價：企業做出選擇之後，必須制定評估機制來評價運輸方式及承運人的表現，評估內容有成本研究、審計適時運輸和服務性能的記錄等。

六、冷鏈食品配送

（一）食品低溫儲藏的原理

1. 食品低溫儲藏的目的

有些食品經過冷卻或凍結後，應放在冷藏或冷凍的環境中儲存，並盡可能使食品溫度和儲存環境溫度處於平衡狀態，以抑制食品中的各種變化，確保食品的鮮度和品質。冷凍狀態的食品因 80% 以上的水凍結成冰，故能達到長期儲藏、保鮮的目的。

2. 低溫儲藏、保鮮應遵循的原則

爲了保持食品的品質，在冷庫內儲藏食品時，應遵循以下原則：

(1) 食品入庫前必須經過嚴格檢驗，適合冷凍、冷藏的產品才能入庫。

(2) 嚴格按照食品儲存要求的溫度條件進行儲存。溫、濕度要求不相同的食品，不能存放在一起。

(3) 有揮發性和有異味的食品應分別儲藏，否則會造成味道混雜並影響食品品質。

(4) 食品嚴格按照先進先出的原則進行管理。

（二）冷鏈食品配送的特點

冷鏈食品追求新鮮的消費品，在運輸、二級批發、零售等多個環節會有較大的耗損，要充分學習冷鏈食品的保鮮特點，在了解冷鏈食品配送與一般貨物配送不同的基礎上認識食品冷鏈配送的特點以及配送模式，並了解影響冷鏈食品配送的因素，使食品冷鏈配送更加順暢。

針對不同食品的特性進行合理配送，在食品冷鏈物流供應中有決定性作用。與常溫配送比較，食品冷鏈配送具有以下特徵：

1. 易腐性

冷鏈食品配送的貨物通常是易腐性（Perishable）食品，在運送的過程中由於各種原因會使貨物品質逐漸下降。生鮮食品在運送時保存環境的溫度越低，品質越能保持長久。在隨時間推移而變化的過程中，「溫度」是影響其品質最重要的因素。

2. 時效性

時效性也是即時性，消費者對生鮮食品的第一要求就是食品的新鮮。因此，蔬菜、水果從原產地採摘後應該即時地運送到消費者手中，這對食品冷鏈配送提出了更高要求，應以最快速度送到消費者手中，以免對產品品質有所影響。

3. 配送成本所占比重大

我國生鮮食品的冷鏈物流成本在總成本中占的比重達到58%，隨著燃油價格以及道路收費不斷增長，物流成本比重不斷加大。

（三）影響冷鏈食品配送的因素

由於冷鏈食品配送模式受多方面的影響，因此綜合考慮食品冷鏈的構成因素及生鮮食品的本身特性，提出影響冷鏈食品配送模式選擇的主要因素有：成本、環境、效率、彈性等。

1. 成本

成本是任何企業進行配送時都要考慮的重要因素，企業往往通過追求低物流成本獲得較高收益，由此導致了經營者採用低檔裝備包裝新鮮的生鮮食品，難以保證食品的品質和新鮮。因此，提倡降低物流成本可以從其他方式來獲得，如選擇恰當的配送方案、冷鏈設備的保養使用等。

2. 環境

在食品配送過程中應考慮溫度、濕度、陽光、空間等環境因素，以冷鏈食品中的海鮮貨物爲例，在配送過程中應避免爲減少運輸成本而讓生鮮食品擠在有限的空間裡，導致貨物在配送途中出現較大的產品損耗。因此，應提供適宜的配送環境，以減少在配送過程中的產品流失。

3. 效率

生鮮食品是一種脆弱的產品，從生產地到消費地的時間越少，就越能保證其新鮮程度與品質，這就要求配送系統有較高的配送效率。

4. 彈性

彈性是指當外界環境發生變化時，能夠較快地做出調整以及靈活應對變化的要求。例如小批量、多批次的生鮮配送，可能發生的任何變化都無法預測，因而要求生鮮配送系統有較強的彈性。

17-4 冷鏈物流的相關法規

臺灣對於經營倉儲、理貨、運輸及流通加工之業者，所須遵循之食品衛生法規與標準，主要爲食品安全衛生管理法、食品良好衛生規範準則及食品業者登錄辦法，主要的內容如表 17-2 所示。

一、食品安全衛生管理法

此爲所有食品衛生管理之母法。爲管理食品衛生安全及品質，維護國民健康，衛生福利部特制定食品安全衛生管理法（下稱食安法），所有食品業者皆應遵循此法。於食安法第 1 章第 3 條所稱之食品業者即「指從事食品或食品添加物之製造、加工、調配、包裝、運送、貯存、販賣、輸入、輸出或從事食品器具、食品容器或包裝、食品用洗潔劑之製造、加工、輸入、輸出或販賣之業者」。因此有運送、貯存食品之相關業者，亦爲此定義所規範之對象。

二、食品良好衛生規範準則－食品物流業者

食品良好衛生規範準則（The Regulations on Good Hygiene Practice for Food, GHP）乃依食安法第 8 條第 4 項規定所訂定。凡從事製造、加工、調配、包裝、運送、貯存、販賣食品或食品添加物之食品業者，其作業場所、設施及品保制度皆應符合食品良好衛生規範準則之規範，以確保食品之衛生、安全及品質。因此食品物流業者，亦應符合食品良好衛生規範準則。

三、食品業者登錄辦法

食品業者登錄辦法（下稱本辦法）依食安法第 8 條第 4 項規定訂定之。本辦法之適用對象爲中央主管機關依本法第 8 條第 3 項公告類別及規模之食品業者，故經公告類別及規模之食品業者皆應向中央或直轄市、縣（市）主管機關申請登錄，始得營業。

以上相關食品衛生安全法規詳細資訊，可逕上衛生福利部食品藥物管理署網站查詢。

表 17-2　食品物流業作業內容及其應遵循法規及章節

項目	作業內容	應遵循法規及章節
1	食品配送、貯存、揀取、分類、分裝及流通加工處理	• 食品安全衛生管理法 • 食品良好衛生規範準則： → 第 1 章（一般規定） → 第 4 章（食品物流業者良好衛生規範）
2	除項目 1 外，尚包括以下：廣義流通加工（食品製造、加工）	除 1. 法規外，尚須符合以下： • 食品良好衛生規範準則： → 第 2 章食品製造業
3	除項目 1 外，尚包括以下：販賣	除 1. 法規外，尚須符合以下： • 食品良好衛生規範準則： → 第 5 章食品販賣業
4	除項目 1 外，尚包括以下：廣義流通加工（食品製造、加工）、輸入	除 1.2. 法規外，尚須符合以下： • 食品業者登錄辦法（凡食品業者皆應申請登錄，始得營業）

資料來源：衛福部食品藥物管理署，低溫食品物流業者衛生安全宣導手冊

冷鏈物流的組織管理工作是一項複雜細緻而又責任重大的工作，依衛生福利部食品藥物管理署於中華民國 103 年 11 月 7 日所發布之食品良好衛生規範準則之相關規定，必須對各種冷藏的倉儲作業、運輸作業、溫度及設備等加強管理。

（一）倉儲管制

應符合下列規定：

1. 原材料、半成品及成品倉庫，應分別設置或予以適當區隔，並有足夠之空間，以供搬運。
2. 倉庫內物品應分類貯放於棧板、貨架上或採取其他有效措施，不得直接放置地面，並保持整潔及良好通風。
3. 倉儲作業應遵行先進先出之原則，並確實記錄。
4. 倉儲過程中需管制溫度或濕度者，應建立管制方法及基準，並確實記錄。
5. 倉儲過程中，應定期檢查，並確實記錄；有異狀時，應立即處理，確保原材料、半成品及成品之品質及衛生。
6. 有污染源材料、半成品或成品之虞之物品或包裝材料，應有防止交叉污染之措施；其未能防止交叉污染者，不得與原材料、半成品或成品一起貯存。

（二）運輸管制

應符合下列規定：

1. 運輸車輛應於裝載食品前，檢查裝備，並保持清潔衛生。
2. 產品堆疊時，應保持穩固，並維持空氣流通。
3. 裝載低溫食品前，運輸車輛之廂體應確保食品維持有效保溫狀態。
4. 運輸過程中，食品應避免日光直射、雨淋、劇烈之溫度或濕度之變動、撞擊及車內積水等。
5. 有污染原料、半成品或成品之虞之物品或包裝材料，應有防止交叉污染之措施；其未能防止交叉污染者，不得與原材料、半成品或成品一起運輸。

（三）溫度管制

應符合下列規定：

1. 作業過程中需管制溫度或濕度者，應建立管制方法及基準，並確實記錄。
2. 貯存過程中，應定期檢查，並確實記錄；有異狀時，應立即處理，確保原材料、半成品及成品之品質及衛生。
3. 低溫食品之品溫在裝載及卸貨前，應檢測及記錄。
4. 低溫食品之理貨及裝卸，應於攝氏十五度以下場所迅速進行。
5. 應依食品製造業者設定之產品保存溫度條件進行物流作業。

（四）冷藏設備

應符合下列規定：

1. 冷凍食品之品溫應保持在攝氏負十八度以下；冷藏食品之品溫應保持在攝氏七度以下凍結點以上，避免劇烈之溫度變動。
2. 冷凍（庫）櫃、冷藏（庫）櫃應定期除霜，並保持清潔。
3. 冷凍庫（櫃）、冷藏庫（櫃），均應於明顯處設置溫度指示器，並設置自動記錄器或定時紀錄。

物流 Express

冷凍食品、生鮮到疫苗都需要的最後一哩路

臺灣冷鏈物流產業以大型 3PL 低溫物流 B2B/B2C 儲運與 1PL 集團自建低溫物流為主體，近年在疫情影響下，低溫物流 B2C/C2C 宅配、低溫空運倉儲、低溫醫藥物流領域重要性顯著提升。吸引業者加速布局低溫物流園區 / 低溫倉儲、低溫幹線運輸、低溫城市配送等業務，共同構成臺灣低溫運配產業風貌。

低溫食品市場成長及疫苗運輸需求勁揚帶動下，主運低溫食品及醫藥品的冷鏈物流需求規模大幅成長。2020 年臺灣 8.1 萬輛營業貨車中，約 9,680 輛貨車有載送低溫商品，成長幅度高達 41.9%。佔全臺營業貨車數量比例同步攀升至 12.0%，年增 3.5 個百分點。若與 2017 年相較，有載送低溫商品車輛數更翻漲超過 1 倍，反映出臺灣冷鏈物流市場規模強勁的成長動能。

未來流通研究所爬取彙整臺灣冷鏈物流產業數據情報，繪製 2022 臺灣「食品 & 醫藥冷鏈物流」產業地圖，透過資訊圖象呈現冷鏈物流產業各領域主要業者經營數據與競合脈絡，並進一步歸納出三項觀察重點。

冷鏈物流需求規模急遽擴增，業者大舉拉高資本投入

低溫食品與疫苗針劑運配需求規模在疫情下快速增長，推動臺灣冷鏈物流產業進入新一輪成長週期，與電商物流並列為帶動整體物流業轉型發展的雙箭頭。越來越多物流企業投入具高資本門檻的低溫物流領域，並由冷倉、冷運等單一環節布局朝向綜合冷鏈物流服務發展。

快遞宅配 & 超商業者參戰，全力搶佔最後一哩低溫配送商機

臺灣冷鏈最後一哩服務主要由 3PL 低溫物流宅配業者及跨界投入低溫店配服務的超商業者共同組成。統一集團旗下統一速達（黑貓宅急便）為目前臺灣低溫宅配市場中佔有率最高的物流企業。市佔率位居第 2 的則為東元集團轉投資的臺灣宅配通，2021 年宅配通低溫運量成長約 20%，並規劃持續擴建低溫倉儲及採購冷鏈車輛等軟硬體設備。

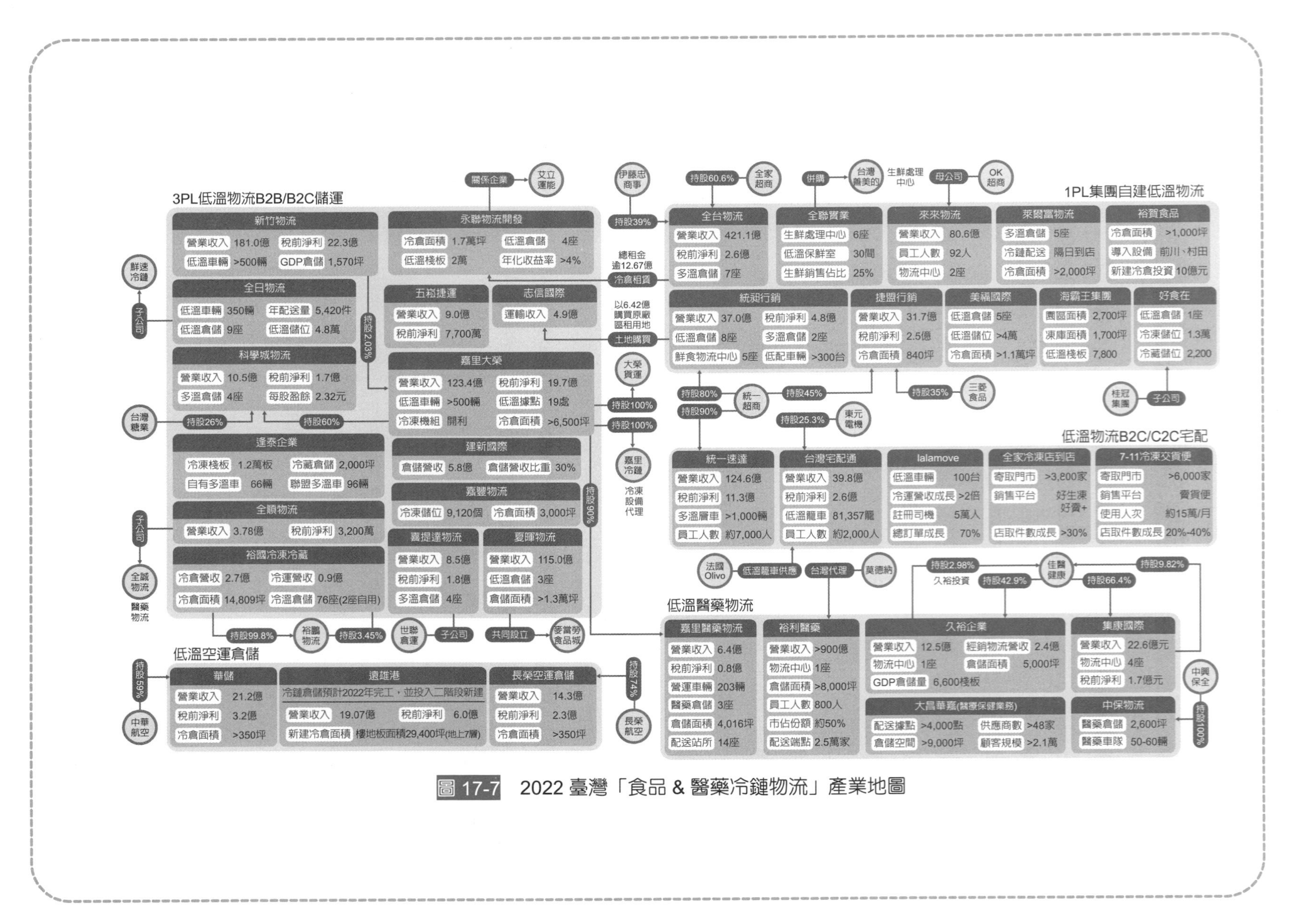

圖 17-7 2022 臺灣「食品 & 醫藥冷鏈物流」產業地圖

除專業宅配業者外，多家即時物流與外送平台業者採取機車搭載專用保溫袋的模式切入低溫快送市場，如 foodpanda、Uber Eats、統一超旗下 foodomo、臺灣大車隊與金庫資本共同投資的全球快遞等。提供低溫商品從門店 / 衛星倉到消費者住宅的運配服務，成為低溫商品最後一哩宅配市場的新興運力。值得注意的是，lalamove 為臺灣少數擁有低溫運配車輛的即時快送業者。lalamove 於 2021 年 9 月著手拓展冷凍冷藏車版圖，至同年底低溫商品運配營收已成長 2 倍。截至 2021 年 12 月，lalamove 平台合作低溫車輛約 100 台，包括 1.75 及 3.49 噸的冷凍及冷藏車。

參考資料：

1. 未來流通研究所，冷凍食品、生鮮到疫苗都需要的最後一哩路！臺灣冷鏈物流玩家版圖一次看，數位時代，2022/01/27。

問題討論：

1. 確保冷鏈物流的品質的因素有哪些？
2. 冷鏈物流需求的原因為何？

1. 何謂冷鏈？冷鏈物流的適用範圍爲何？
2. 說明低溫食品的分類及其保存溫度。
3. 冷鏈物流的特性爲何？
4. 說明冷鏈物流的流程。
5. 冷鏈物流的主要設備有哪些？
6. 冷鏈運輸的條件有哪些？
7. 冷鏈物品的管理有哪些注意事項？
8. 冷庫的衛生管理有哪些注意事項？
9. 冷鏈包裝材料應具備的特點爲何？
10. 冷鏈的配送要求爲何？
11. 冷鏈食品配送的特徵爲何？影響冷鏈食品配送的因素爲何？
12. 我國對於冷鏈物流的相關法規主要有哪些？

第四篇：當代物流

18 物流園區

知識要點

18-1　物流園區概述

18-2　物流園區的功能與分類

18-3　物流園區的設施與選址

18-4　物流園區的建設與營運模式

物流前線

百年郵局　建置郵政物流園區

物流 Express

全臺第一座智慧物流園區　物流共和國

物流前線

百年郵局　建置郵政物流園區

中華郵政在桃園市龜山區鄰近機場捷運 A7 站，要打造土地面積 17.14 公頃的郵政物流園區，引進多項自動化設備，將創造 6 千個就業機會，區內五棟建物包含「物流中心、資訊中心、北臺灣郵件作業中心、訓練中心、工商服務中心」。

圖片來源：中華郵政全球資訊網

郵政物流園區，主要以郵遞業務的運輸配送功能為基礎、配合歷年發展的多元電商服務產品，提供進口電商業者末端物流有關保稅倉儲、快速通關、快速配送的最後一哩服務；為出口電商業者規劃最適物流解決方案，提供有關倉儲、理貨加工及運輸等集貨服務。此外還要引進合適的商店及餐飲業，為進駐園區內之企業及工作人員提供便利商店、購物賣場、大宴小酌美食、健身活動等生活機能便利服務及休閒娛樂相關服務。

其中，「郵政物流園區」期望打造成跨境電商及物流營運中心，並將 4.5 萬坪的倉儲空間切分為 15 個單位對外招租，預計 2021 年第二季完工。2019 年 5 月一度因為 PChome 網路家庭要租下物流中心全部 15 個單元，引發「獨厚一家」風波，幸好隨即落幕，6 月完成簽約，年租金 3.31 億元、租期 15 年。而為保持園區廠商多元性，官員證實，已另闢 1.2 萬坪倉儲空間，最快明年第一季可望釋出。

參考資料：

1. 張珈珈，中華郵政型塑國際物流聚落 帶動產業共榮發展，工商時報，2019/12/26。
2. 郭建志，郵政物流園區 加碼釋出 1.2 萬坪，最快明年首季招租，工商時報，2019/11/25。
3. 鍾甯，百年郵局未來進行式 新時空玄關中華郵政 A7 郵政物流園區，物流技術與戰略雜誌 第 91 期，新物流地產的生態鏈，2018 年 2 月。

問題討論

1. 郵政物流園區，主要的功能為何？與統一速達的物流中心有何不同？
2. 在進行物流園區的規劃時應考慮的因素為何？

18-1 物流園區概述

一、物流園區的內涵

物流園區（Logistics Park）最早出現在 20 世紀 60 年代的日本東京，目前國內外尚無明確和統一的界定。在日本物流園區被稱爲「物流團地」（Distribution Park），在德國被稱爲「貨運中心」、「貨運村（Freight Village）」。一般而言，物流園區（Logistic Park）是爲了實現物流設施集約化和物流作業共同化，或者出於城市物流設施空間布局合理化的目的而在城市周邊等各區域，集中建設的物流設施群與眾多物流業者在地域上的物理集結地。

從物流園區的概念可看出對於物流園區的定義各國不同，其表述也不完全一樣，但是它的內涵都基本包括以下幾點：

（一）物流園區是一個空間概念

它與工業園區、科技園區等概念一樣，是具有產業一致性或相關性、且集中連片的物流用地空間，是一家或多家物流（配送）中心、物流服務經營者在空間上相對集中布局的場所。它是提供一定品類、一定規模、較高水準的綜合物流服務的集結點，但它不是物流活動的管理和經營實體。

（二）物流園區是基礎設施的一種

它在社會屬性上既有別於企業自用型的物流中心，又有別於公路、鐵路、港口等非競爭性基礎設施，是具有經濟開發性質的物流功能區域。它的占地規模較大，一般以倉儲、運輸、加工等用地爲主，同時還包括一定的配套資訊、諮詢、維修、綜合服務等設施用地。

（三）相似概念－物流中心

與物流園區很相近的一個概念是物流（配送）中心，但它們之間有一定區別。物流園區的規劃是一種政府行爲，是城市整體規劃中的一部分；物流（配送）中心的建設則是一種企業行爲，由企業自主經營。物流園區是物流（配送）中心的空間載體，但不是物流管理和經營的實體，而是物流管理和經營企業的集中地，屬於空間範疇的概念；物流（配送）中心則是物流設施範疇的概念。

（四）物流園區同布置在其中的物流企業之間的關係

可以是租賃、資產入股、合作開發與經營等。物流園區爲各入駐企業提供交通、水電、通訊、餐飲、住宿等配套的基礎和服務設施。

二、物流園區的特點

物流園區具備以下五個特點：

（一）集合多模式運輸手段

多模式運輸手段即多式聯運，以海運—鐵路、公路—鐵路、海運—公路等多種方式聯合運輸爲基本手段發展國際國內的中轉物流。物流園區也因此呈現一體化樞紐功能。

（二）綜合多狀態作業方式

物流園區的物流組織和服務功能不同於單一任務的配送中心或具有一定專業性的物流中心，其功能特性體現在多種作業方式的綜合、集約等特點，包括倉儲、配送、貨物集散、集拼箱、包裝、加工以及商品的交易和展示等諸多方面。同時也體現在技術、設備、規模管理等方面的綜合。

（三）協調多種運行系統

運行系統的協調表現在對線路和進出量調節上。物流園區的這一功能體現爲其指揮、管理和資訊中心功能，透過資訊的傳遞、集中和調配，使多種運行系統協調共同爲園區各物流中心服務。

（四）滿足多種城市需求

物流園區與城市發展呈現互動關係，如何協調城市理順功能，滿足城市需求是物流園區又一個功能特徵。物流園區的配置應著眼於其服務區域的輻射方向、中心城市的發展速度，從而保證物流園區的生命週期和城市發展協調統一。

（五）配套多種服務手段

物流園區應具備綜合的服務性功能，如結算功能、需求預測功能、物流系統設計諮詢功能、專業教育與培訓功能、共同配送功能等。多種服務手段的配套是物流組織和物流服務的重要功能特徵。

三、物流園區與物流（配送）中心的差異

物流園區、物流中心和配送中心是物流系統中常用的三個概念，概念相近，它們之間存在著一定的關係和差異。

從其概念和內涵來看，物流中心、配送中心是具有獨立法人地位的物流企業，是物流經營和管理的實體，而物流園區卻不是。物流園區不是一般意義上的物流企業，也不是物流經營和管理的實體，而是若干物流基礎設施和物流組織機構的集中地，是物流中心、配送中心的空間載體。

從其功能和涵蓋範圍來看，物流園區是介於流通區域和物流中心之間的物流節點。一般來說，一個大型的流通區域可以包括一個或者多個物流園區（比如中國東北區域、華東地區），物流園區可以包含多個不同功能和服務範圍的物流中心，物流中心又可以包含或者服務於多個物流配送中心。物流園區除了物流的功能外，還具有商流的功能，是物流節點和商流節點的綜合，物流中心是處於樞紐或者重要地位、具有比較完整的物流環節，並能將物流集散、資訊和控制等功能實現一體化運作的物流節點。

從其在物流網路或供應鏈中的位置來看，在物流網路結構中，物流園區是在物流中心和配送中心之上的高一層次的物流網路節點設施。物流園區的上游往往是工廠等上游供應商，下游是中小型物流（配送）中心；而物流（配送）中心的上游是工廠或物流園區，下游是零售商或最終消費者。城市配送體系的結構如圖 18-1 所示。

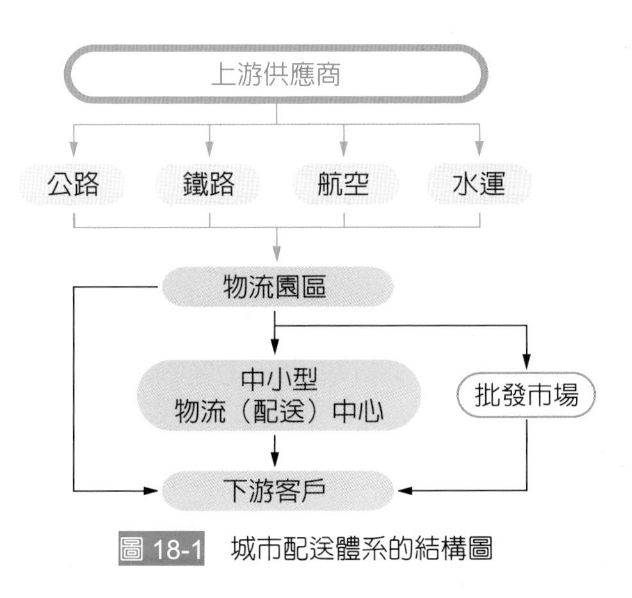

圖 18-1　城市配送體系的結構圖

透過以上的說明可以看出，物流園區、物流中心、配送中心等術語有著不同的概念和內涵，但他們都是物流系統和物流鏈中的節點，是貨物集散或中轉的集中地，是各項

物流活動得以開展的場所，都具有一定的面積和規模，提供相應的物流產品和服務，是物流系統的主要基礎設施。因此以下本章不對物流園區和物流（配送）中心作具體區分，將其統稱為物流園區。

四、物流園區的形成原因

物流園區形成的原因一般有以下幾方面：

（一）貨物運輸量的急劇增加

資源分布的不均衡性，促使原料、材料、產品在世界範圍的大量流動。這在促進運輸業增長的同時，也促進了作為物流結點的倉庫功能的變化，從單一的保管功能發展到收貨、分貨、裝卸、加工、配送等多種功能，並逐漸變為現代的物流園區。

（二）運輸方式的多樣化

貨物在運輸工具之間的轉換使物流業務變得異常複雜。貨物在物流結點裝卸、換載，理貨、配載工作量大大增加，使得物流結點必須擁有足夠的場地、專用線、站台、倉庫才能實現。

（三）城市經濟與道路交通的發展

城市經濟和道路交通的發展對物流園區的形成及功能至關重要。城市經濟規模的擴大，需要較大的物流場所以因應；其次，城市中心倉庫由於地價昂貴、交通不暢、噪音污染等原因導致從城市內部遷往郊區，形成了新型的現代物流園區。

（四）降低物流成本的驅動

競爭的壓力和追求高額利潤的動力，使得廠商、倉庫和運輸業主之間必須密切配合才能降低物流成本，物流園區的建立使三者之間的合作共存成為最佳選擇。從經濟學的角度來看，物流園區的形成除了直接動因外，更主要的是生產方式的變革和組織競爭的變革這兩方面的深層次動因。物流園區特有的需求導向機制、資源整合共享機制和協作競爭機制等形成其機制。

五、智慧物流園區

（一）智慧物流園區的概念

智慧物流產業園區概念為以「智慧化」的創意狀態和「智能化」科學技術策劃、規劃、開發、建設、提升、管理和營運的物流企業集結聚合服務基地。其核心特徵是能夠利用產業及其土地的物業和服務功能與增值服務等資源，以「智慧化」狀態和「智能化」技術，通過策劃實現價值最大化的資源整合體。

智慧物流園區是面向物流產業鏈，應用互聯網、物聯網和大數據技術手段，透過系統集成、平台整合，將園區相應的控制點與政府部門、供應鏈上下游企業、物流企業、金融機構等互聯互通，實現物流數據交換和物流服務整合，具備資訊感知、傳遞和處理能力，智慧分析與智慧決策能力，以及提供全方位服務能力的先進物流園區。

與傳統物流園區的對比，可以加深對智慧物流園區內涵的認識。

1. 傳統物流園區對於園區建設只做到基本的水電氣、交通、建築等基礎設施建設，資訊化、智慧化都由入駐企業自行完成。智慧物流園區是園區開發、經營、管理的一整套系統解決方案，更加注重管理理念與服務體系創新，也更加關注營運流程優化及客戶關係管理，培養和扶持物流企業成長。
2. 傳統物流園區的建設過程中重商業開發，輕產業培育，從而導致園區的規模化建設受到了土地空間的限制和投資成本的制約。智慧物流園區圍繞優化管理流程，全面提高科技園區管理和服務水準，通過科技要素應用爲園區客戶提供安全、高效環境空間。
3. 傳統物流園區經營過程中重硬體設施，輕軟體投入，主要通過車貨交易量收取服務費，致使園區無法形成核心競爭力。智慧物流園區提高園區基礎設施智慧化，帶動高附加值物流產業的培育和發展，將產業融入空間之中，提高單位面積的車貨流轉率，效率和特色成爲園區核心競爭力。

（二）智慧物流園區的特點

智慧物流園區是成熟物流園區轉型升級的典範，智慧化不僅提升園區的吸引力，而且促進園區持續發展，給予物流產業發展的基礎，順應資訊技術創新與應用趨勢，這是傳統物流園區所不具有的。智慧物流園區的基本特色主要爲以下幾點：

1. 智慧技術泛在化

智慧物流園區以「智慧」理念，充分運用大數據、物聯網、雲計算技術，廣泛採用 GPS 監控、GIS 地理服務、ASP 租賃、RFID 射頻掃描、無線視頻傳送、一卡通服務等技術手段，將資訊化管理覆蓋到園區每個角落、每個控制點，使人、車、物從入園到離開都實現數字登記、網絡查詢、數據庫管理，使園區業務人與車、車與貨、貨與路在智慧的網絡中運行，相互互動、資訊撮合、服務集成。

2. 數據服務系統化

智慧物流園區依靠感知節點及網絡設施部署，爲用戶提供數據採集服務。依靠採集而來的海量數據，加大資訊存儲能力，使物資流、資訊流和資金流等數據得到有效收集並儲存，從而爲用戶分析決策提供有效數據支持。構建包含各業務環節、全面覆蓋物流園區的數據管理平台以及資訊公用模型，使園區數據實現無縫流轉，提高數據中心結構化數據、空間數據、非結構化數據、實時數據的計算能力，從而提高數據集成管控能力。運用先進的數據分析挖掘技術實現數據的使用價值。

這樣，智慧物流園區將人工的、延時的、碎片化的數據分析轉化成智慧的、即時的、系統的數據分析，爲園區各業務主體的問題分析、回應能力、營運優化以及設備評估等提供穩定、客觀、迅速的依據，從而實現在大數據基礎上的智慧分析、智慧決策，使得資訊數據服務成爲物流園區重要的產品利潤來源和增值服務內容。

3. 整體營運智慧化

智慧物流園區營運管理的智慧化主要分爲三個層面：一是園區管理智慧化，通過車輛智慧道閘系統、月台等物聯網資訊採集設備，使園區操作與倉庫營運一體化，實現園區導航、自動打單、自動計量等；二是倉庫營運管理智慧化，倉庫內裝卸、分揀、包裝等通過採用自動化設備降低人力輸出，提升運作效率；三是貨物管理智慧化，通過 WMS 系統打通客戶端，實現數據實時共享，建立庫存策略，實施安全庫存與循環補貨等存貨管理方案，有效連接整個物流系統和產銷系統，做到眞正的物流一體化管理，降低庫存，提高服務品質。

4. 資源共享平台化

智慧物流園區作爲有效的集合點，需要建立服務平台和服務窗口，透過協調多方資源的共享智慧服務平台，進行運力整合、設備共享，以有效的平台化運作解決客戶的服務、資訊、金融需求，智慧物流園區可以利用產業及其土地的物業和服務功能與增值服務等資源，以「智慧化」狀態和「智能化」計數，整合資源，並實現價值最大化。

簡而言之，智慧物流園區最大的特徵是利用物聯網、雲計算等先進技術連接整個與本園區相關的物流要素及資訊，從而實現資訊的高度共享，有效解決當下各物流園區存在的資訊孤島、資源浪費等問題，同時幫助園區解決在車源、交易、零擔、商機、倉儲配送、後勤保障、行政服務、物業管理等方面面臨的各種難題，全面提升物流園區的管理品質和核心競爭力。

5. 產業服務全程化

智慧物流園區以「網上交易、業務管理、商務協同」爲核心，面向物流產業鏈，整合上游貨運廠商、下游物流公司客戶，以全程電子商務平台爲載體，融入電子商務交易、大屏幕貨運資訊交易、園區物業管理系統、園區公共服務管理系統、智慧停車場、智慧一卡通等子業務模塊，有效提供物流產業鏈的全程服務，全面提升園區價值及競爭力。智慧物流園區依托全程物流電子商務平台，園區與平台雙向協調，園區與園區資訊共享，建設成爲具有高效物流處理能力的智慧節點。

18-2 物流園區的功能與分類

一、物流園區的功能

（一）物流園區的功能

物流園區的功能可分爲宏觀的經濟功能和微觀的業務功能。其中宏觀的經濟功能主要是指物流園區所具有的對物流過程和系統的優化，以及對經濟發展的推動作用。例如對社會資源的優化配置、對經濟功能的開發和提升、對產業鏈的優化以及對區域經濟的促進等。微觀業務功能主要包括物流園區的傳統物流功能、增值功能和輔助功能（圖 18-2）。

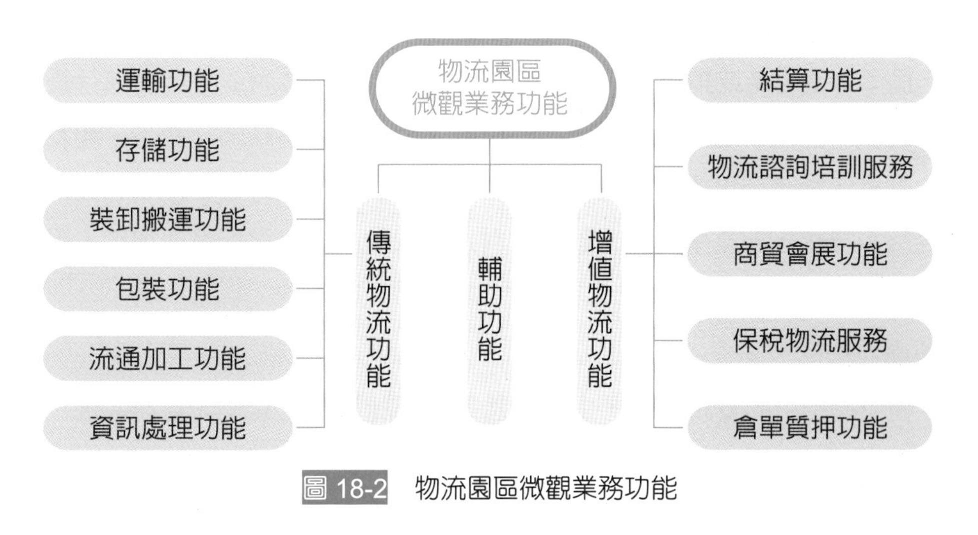

圖 18-2 物流園區微觀業務功能

1. 傳統功能

物流園區的傳統物流功能是指物流活動通常所具有的功能，主要包括：

(1) 運輸功能

有競爭優勢的物流園區是一個覆蓋一定經濟區域的網路，物流園區自身需要擁有或租賃一定的運輸工具，利用有利的運輸方式，按客戶要求組織運輸，用合適的運輸方式在規定的時間內將商品／貨物運送至指定的地點。

(2) 儲存功能

客戶往往需要透過儲存環節保證市場分銷活動的開展並降低庫存占用的資金，園區需要擁有一定的儲存設施以發揮其集中儲存能力。因此物流園區應根據實際物流需求，相應地建設普通倉庫、專用倉庫、標準倉庫甚至自動化立體倉庫，並配備高效率的分揀、傳送、儲存、揀貨設備。

(3) 裝卸搬運功能

爲了加快商品流通速度，提高裝卸搬運效率，減少作業過程中商品配損率，園區一般應配備專業化的裝卸、提升、運送、碼垛等裝卸搬運機械。

(4) 包裝功能

在一般意義上，包裝是指爲運輸、配送和銷售服務而在物品之外添加或更換包裝物的活動。而物流園區的包裝功能主要是對銷售包裝進行組合、拼配、加固、以形成適於物流配送或滿足客戶要求的組合包裝單元。

(5) 流通加工功能

爲了方便生產或銷售，物流園區常常與固定的製造商或分銷商進行長期合作，爲其完成一些基本的加工作業，如貼標籤、製作並黏貼條碼、產品分類及產品組合等。此外，隨著市場需求差異化的不斷增強，該項功能日益延伸並愈發重要，如在生產資料需求相對集中的地方對原材料進行深加工（如鋼板裁剪加工、糧食的精深加工等）。

(6) 資訊處理功能

物流過程中的資訊處理，主要是透過運用計算機及其配套管理系統，對物流資訊進行收集、整理、分析與加工，如訂貨資訊處理、庫存資訊處理等。透過該功能，園區可掌握物流作業的詳細情況，並向客戶提供充分的交易資訊、倉儲資訊、運輸資訊、市場資訊等資訊。

2. 增值功能

從一些發達國家的物流園區具體運作情況來看，物流園區一般還具有下面的物流增值功能：

(1) 結算功能

物流園區的結算不僅僅只是物流費用的結算，在從事代理、配送的情況下，物流園區還要替貨主向收貨人結算貸款等，對於這一功能，商業企業比生產企業要求更高。

(2) 物流諮詢培訓服務

利用物流園區運作的成功經驗及相關的物流發展諮詢優勢，吸引物流諮詢企業進駐發展，利用高校、科研、企業、政府多方合作的優勢，開展物流人才培訓業務。

(3) 商貿會展功能

吸引生產企業或商貿企業來此參加貿易與會展，開展批發、零售等貿易服務。

(4) 保稅物流服務

吸引物流企業和加工製造企業進駐物流作業區，爲進出境貨物提供進出口通關服務、保稅倉儲、進料加工、復運出境和辦理正式進口手續等保稅物流服務。

(5) 倉單質押功能

是物流金融服務的一種，它不僅爲金融機構提供了可信賴的質物監管，還幫助質押貸款主體雙方良好地解決質物價值評估、拍賣等問題。在實際操作中貨主一次或者多次向銀行還貸，銀行根據貨主還貸情況向貨主提供提貨單，融通倉根據銀行的發貨指令向貨主交貨。

3. 輔助功能

(1) 車輛輔助服務：現代停車場、加油、檢修、培訓、配件供應等。

(2) 金融配套服務：銀行、保險、證券等。

(3) 生活配套服務：住宿、餐飲、娛樂、購物、旅遊等。

(4) 工商、稅務、海關等服務：園區應能提供一條龍的相關服務。

作爲物流活動相對集中的區域，物流園區在外在形態上有相似之處，但由於區位條件、區域經濟狀況等的差異，園區的功能也各不相同。一個物流園區不可能同時具備所有的功能，應在綜合考慮各種因素的基礎上，確定其核心功能和輔助功能。

二、物流園區的分類

（一）按物流園區的地位作用分類

根據其地位、作用或者功能完備性，可將物流園區分爲綜合型物流園區和專業型物流園區。前者以現代化、多功能、社會化、大規模爲主要特徵，後者則以專業化、現代化爲主要特徵，如港口集裝箱、保稅、空港、鋼鐵基地、汽車生產基地等專業物流園區。其分類表示如圖 18-3 所示。

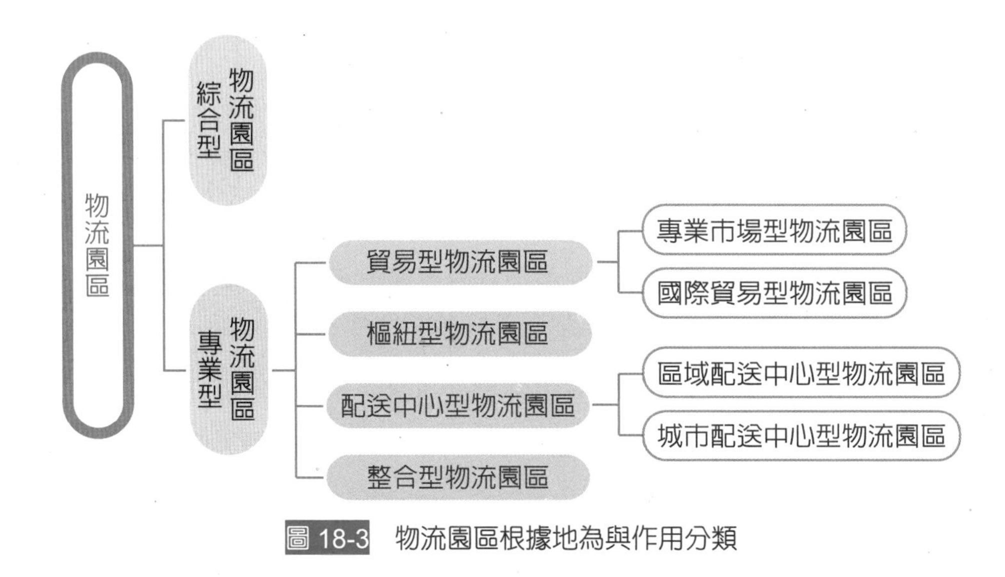

圖 18-3　物流園區根據地為與作用分類

對於專業型物流園區，可以根據其專業性質的不同劃分爲以下幾種：

1. 樞紐型物流園區

此類物流園區處於交通樞紐位置，通常是貨物的集散地，一般以提供貨物的轉運業務爲主，園區相應地具備貨物的倉儲、裝卸、搬運、包裝、配送等功能。

2. 貿易型物流園區

此類物流園區功能定位明確，一般是行業聚集型物流園區，爲其鎖定的行業提供專業或整合物流服務。貿易型物流園區在功能上主要是爲所在區域或特定商品或行業的貿易活動創造集中交易和區域運輸、城市配送服務條件。根據交易的性質，可以將貿易型物流園區劃分爲專業市場型物流園區和國際貿易型物流園區。

3. 配送中心型物流園區

這種物流園區以向各個地區提供商品配送服務爲基礎。根據園區地域輻射大小的不同，它可以分爲兩種，一種是區域配送中心型物流園區，主要指多種運輸方式骨幹網交匯的中轉樞紐，或跨區長途運輸和城市區域配送體系的轉換樞紐；另一種是城市性配送中心型物流園區，由於它的存在與終端消費直接相關，因此也可以把它稱作消費型物流園區。

4. 整合型物流園區

這種物流園區的功能是滿足所在區域的物流組織與管理需要，其目的是整合地區內零散的物流活動，以緩解物流給城市造成的壓力並提高物流效率。

此類物流園區的設立是順應市場發展的需要，將原先已具備物流基本功能的片區賦予明確的功能定位，充分整合片區資源，在原有功能的基礎上按現有定位對片區進行策略調整，變分散的、脫節的、成本較高的物流服務爲系統的、順暢的、成本低廉的全新體系，培育完整的物流園區綜合服務系統。

（二）按滿足區域物流服務需求分類

物流園區的功能大致涉及兩大方面，一是經濟中心城市（包括工業生產、商貿流通、港口等類型）的物流組織與管理基礎功能；二是依托基礎功能的物流服務功能。從滿足區域物流服務需求的角度進行組合，形成以下四種類型的物流園區：

1. 區域物流組織型園區

其功能是滿足所在區域的物流組織與管理需要，這種類型的物流園區也是大多數人能接受的物流園區。如港口物流園區、陸路口岸物流園區、綜合物流園區等，均屬於這種類型。

2. 商貿型物流園區

商貿物流園區在功能上主要是爲所在區域或特定商品的貿易活動創造集中交易和區域運輸、城市配送服務條件。商貿流通物流園區基本位於傳統、優勢商品集散地，對擴大交易規模和交易成本具有重要作用。

3. 運輸樞紐型物流園區

物流園區作爲物流相對集中的區域，從運輸組織與服務的角度，可以實現規模化運輸；反過來說，進行規模化運輸組織爲物流組織與管理活動的集中創造了基礎條件。因此，建設專門的運輸樞紐型物流園區，形成區域運輸組織功能，也是物流園區的重要類型之一。這些物流園區的主要功能是提供港口服務、水運、空運、鐵路運輸和公路運輸的組織與服務。

4. 綜合型物流園區

所謂綜合型物流園區是物流園區兼具區域物流組織、商貿流通、運輸樞紐和爲工業生產企業進行配套等多種功能，但不一定是所有功能的綜合，往往是上述諸多功能的不同組合。

（三）按物流園區的功能分類

根據物流園區的功能，可以把物流園區分爲以下類型：

1. 自用型物流園區

此類物流園區一般指爲滿足自身生產、運輸及供應等環節的需要，僅爲本企業提供倉儲、運輸、轉運、裝卸、搬運、分裝、包裝、配送等服務的物流園區。

2. 定向服務型物流園區

此類物流園區一般爲其所處區域範圍內的工業園區、產業園區、企業相對聚集區或機場、海港等提供定向物流服務，其服務對象相對明確而穩定。

3. 陸路交通樞紐型物流園區

此類物流園區處於陸路交通樞紐位置，通常是貨物的集散地，一般以提供貨物的轉運業務爲主，園區相應地具備貨物的倉儲、裝卸、搬運、包裝、配送等功能。

4. 產業聚集型物流園區

此類物流園區功能定位明確，一般是行業聚集型物流園區，爲其鎖定的行業提供專業物流服務，如汽車物流園區、塑料物流園區等。

5. 綜合服務型物流園區

此類物流園區沒有明確的功能定位，提供基本的物流服務，一般依據交通條件、周邊企業、生活群落的不同而有不同的服務定位，通常提供一些生產和生活用品及散雜貨的中轉、倉儲、運輸、配送、包裝、流通加工、資訊處理等。

上述三種分類方法有許多相通之處。第三種分類所述的產業聚集型物流園區與第二種分類所述的商貿型物流園區（更準確）相同，第三種分類的功能提升型物流園區與第二種分類的區域物流組織型園區相近。

18-3 物流園區的設施與選址

一、物流園區的設施

（一）倉儲中心

1. 倉儲中心的分類

倉儲中心主要有以下幾種類型：

(1) 堆場：堆場主要處理長、大、散的貨物的中轉、存儲業務，重點發展集裝箱堆場。

(2) 特殊產品倉庫：特殊產品倉庫主要處理有特殊要求的貨物的存儲、中轉業務，如防腐保鮮貨物、保價保值物品、化工危險物品、保稅物品等。

(3) 配送倉庫：配送倉庫是在配送過程中，出於分揀、組裝等的物流需要而建立的用於短期存儲的倉庫。

(4) 普通倉庫：普通倉庫主要處理除上述幾類貨物之外的絕大部分普通貨物的存儲、中轉業務，如一般包裝食品、文化辦公用品等。

2. 倉儲中心涉及的作業

倉儲中心主要涉及貨物的出入庫以及倉庫內部管理作業。

(1) 進貨入庫作業

當倉庫接到貨物入庫通知後，進貨入庫管理員即可依據入庫通知上的預定入庫日期做好入庫作業排程和入庫月台排程。貨物入庫時要做好入庫資料核查和入庫品檢驗，核查入庫貨品是否與貨物清單內容一致，當品項或數量不符時要進行適當的修正或處理，並將入庫資料登錄建檔，以備日後查詢。

貨物入庫後，應按照或物分類、包裝類型等將其放入適當的貨位。爲方便管理，可以爲入庫貨物加貼條碼。在入庫作業中，入庫管理員可按一定方式指定合適的裝卸和搬運設施，調派工作人員，並安排工具、人員的工作時間。

(2) 出貨出庫作業

倉庫接到有效的貨物出庫通知後，即可執行貨物的出貨作業。出貨作業主要包括庫存查詢，依據客戶提貨要求制定出貨排程，列印出貨批次報表，由倉庫管理人員或出貨管理人員決定出貨區域的規劃布置及出貨產品的擺放方式。如果委託倉儲部門運輸，則需要安排車輛及運輸路徑。

(3) 庫存管理作業

庫存管理作業包括貨品在倉庫區域內的擺放方式、區域大小、區域的分布等、貨品進出倉庫順序的制定、所採用的裝卸及搬運工具和方式、倉儲區儲位的調整及變動及容器的使用與保管維修。

庫存管理主要爲客戶的生產或銷售決策提供資料，同時也有助於倉庫區的管理。普通倉庫內需設置貨物集散地（包括收貨兼驗收作業區、發貨區）和儲存保管作業區。

（二）加工中心

加工中心內主要包括兩種業務類型，一種是從事產品的生產；另一種僅爲貨物的流通提供加工服務。

1. 生產加工區

生產加工區（Production And Processing Area）從事自原材料採購至產品銷售的全部作業，主要包括訂單處理作業、原材料採購作業、生產加工作業、原材料出入庫作業、半成品出入庫作業、成品出入庫作業、庫存控制作業及產品銷售配送作業等。

2. 流通加工區

加工區內設定專門的流通加工區（Distribution Processing Area），供貨物在配送之前做流通加工處理，各項作業中以流通加工最易提高貨物的附加值。流通加工作業包括貨物的分類、過磅、拆箱、重新包裝、產品組裝、貼標籤和組合包裝等。在流通加工區內，可進行包裝材料及容器的管理、組合包裝規則的制定、流通加工包裝工具的選用、流通加工作業的排程及作業人員的調派等。

加工中心內應有配套的生產加工標準廠房、儲存保管作業區、配送作業區。

（三）轉運中心

轉運中心主要是將分散的、小批量的貨物集中，轉爲大批量運輸，或將大批量到達貨物分散處理，以滿足小批量運輸的需求。因此轉運中心多位於運輸線交叉點上，物品在轉運中心停滯時間較短。

轉運中心的主要業務流程如圖 18-4 所示。

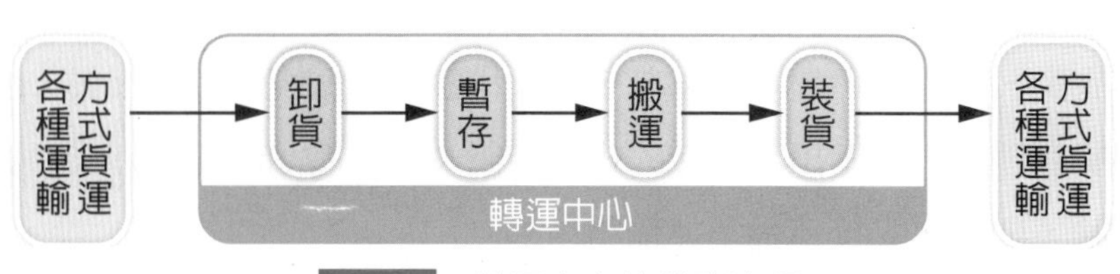

圖 18-4　轉運中心的業務流程

（四）配送中心

配送中心是從供貨商接受多品種大批量的貨物，進行倒裝、分類、保管、流通加工和情報處理等作業，然後按照眾多客戶的訂貨要求備齊貨物，以令人滿意的服務水準進行物流配送的中轉樞紐。

配送中心的主要業務包括以下幾個方面：

1. 接受種類繁多、數量眾多的貨物。
2. 對貨物的種類、品質進行檢驗。
3. 按發貨的先後順序進行整理、加工和保管，保管工作要適合客戶單獨訂貨的要求，並力求存貨水準最低。
4. 接到發貨通知後，經過揀貨，按客戶的要求把各類貨物備齊、包裝，按不同的配送區域安排配送路徑和裝車順序，對貨物進行分類和發送，並對配送途中的產品進行追蹤及控制，還要注意處理配送途中出現的意外狀況。

爲保證上述業務的順利進行，配送中心須有配套的收貨（驗收）作業區、分揀作業區、流通加工作業區、儲存保管作業區、特殊產品存放區、配送理貨作業區、停車場及辦公場所。同時配送中心需要配置相應的裝卸、搬運、存儲、分揀理貨等作業設備，以及相應的資訊處理設備。

二、物流園區的選址

物流園區的選址，是指在一個具有若干供應點及若干需求點的經濟區域內選一個地址設置物流園區的規劃過程。

較佳的物流園區選址方案是能使商品通過物流園區的匯集、中轉、分發、直到輸送到需求點的全過程的效益最好。物流園區擁有眾多的建築物、構築物以及機械設備，一旦建成很難搬遷，如果選址不當，將付出長遠代價。因此物流園區的選址是物流園區規劃中至關重要的環節。

（一）物流園區選址的原則

爲了使物流園區發揮其應有的作用，物流園區規劃選址時應遵循以下幾條原則：

1. 經濟合理性原則

爲物流企業發展提供有利空間，能否吸引物流企業是決定物流園區規劃成敗的關鍵。在物流園區選址時，必須以物流現狀分析和預測爲依據，按照空間範圍的大小，綜合考慮影響物流企業布局的各種因素，選擇最佳地點，確定最佳規模。

2. 環境合理性原則

緩解城市交通壓力、減輕物流對環境的不利影響是物流園區規劃的目的之一，也是「以人爲本」規劃思想的直接體現。使占地規模較大、噪音污染嚴重、對周圍環境具有破壞性的物流園區盡量遠離交通擁擠、人口密集和人類活動比較集中的城市中心區，爲人們創造良好的工作生活環境，既是物流園區產生的直接原因，也是城市令可持續發展的必然要求。

3. 利用現有倉儲設施原則

在諸多物流基礎設施中，倉庫以其龐大的規模和資產比率，成爲了物流企業的空間主體，國外一般經驗是倉庫用地占整個配送中心用地的40%左右；倉庫資金投資大、回收期長且難以拆遷，充分利用現有的倉儲設施，則可基本解決原有設施再利用及優化資本結構的問題。倉庫多分布在交通樞紐和商品主要集散地，交通便利、區位優勢明顯，可滿足物流企業對市場區位和交通區位的要求，充分利用已有倉儲用地，可以減少用地結構調整和資金投入，是物流園區規劃的捷徑。

4. 循序漸進的原則

物流園區的建設具有一定的超前性，但任何盲目、不符合實際的超前都可能造成不必要的資源浪費。因此，必須堅持循序漸進的原則，結合地區實際，在客觀分析物流業發展現狀和未來趨勢的基礎上，合理布局物流園區。

5. 與地區及城市總體規劃相協調

物流園區的選址可對應國家及地方的經濟發展方針和政策、我國物流資源和需求分布，以及國民經濟和社會發展。以城市的總體規劃和布局爲藍本，順應城市產業結構調整空間布局的變化要求，與城市功能定位和遠景發展目標相協調。

6. 結構合理性原則

物流園區的選址將國家的物流網路作爲一個大系統來考慮，使物流園區的設施、設備在地域分布、物流作業生產能力、技術水準等方面相互協調。

（二）物流園區選址的影響因素

物流園區的功能和服務特性決定了物流園區布局在城市邊緣、交通條件較好、用地充足的地方。爲吸引物流企業在此聚集，物流園區在選址時要考慮物流市場需求、地價、交通設施、勞動力成本、環境等經濟、社會、自然因素。

在城市現代物流體系規劃過程中，物流園區的選址主要應考慮以下因素（見表18-1）：

表 18-1 物流園區選址的影響因素

因素	項目
需求因素	運輸費用
	準時運送
	商品的本質特徵
自然環境因素	氣象條件
	地質條件
	水文條件
	地形條件
經營環境因素	經營環境
	商品特徵
	物流費用
	服務水準
基礎設施因素	土地資源利用
	環境保護要求
	周邊環境

1. 需求因素

(1) 運輸費用的大小：新建物流園區要使總物流運輸成本最小化，大多數物流園區接近物流服務需求地，以便縮短運距、降低費用。

(2) 實現準時運送：應保證客戶在任何時候提出的物流需求都能獲得快速滿意的服務。

(3) 能良好適應的本質：新建的物流園區要能很好地適應各種商品的本質特徵。

2. 自然環境因素

(1) 氣象條件：物流園區選址過程中，主要考慮的氣象條件有溫度、風力、降水量、無霜期、凍土深度、年平均蒸發量等指標。如選址時要避開風口，因爲在風口建設會加速露天堆放商品的老化。

(2) 地質條件：物流園區是大量商品的集結點。某些容量很大的建築材料堆碼起來會對地面造成很大壓力。如果物流園區地面以下存在淤泥層、流沙層、鬆土層等不良地質條件，會在受壓地段造成沉陷，翻漿等嚴重後果，因此土壤承載力要高。

(3) 水文條件：物流園區選址需遠離容易氾濫的河川流域與地下水上溢的區域，需考察近年的水文資料，地下水不能過高，洪氾區、內澇區、乾河灘絕對禁止使用。

(4) 地形條件：物流園區應選在地勢高亢、地形平坦、具有適當的面積與外形處。完全平坦的地形是最理想的，其次是稍有坡度或起伏的地方，山區及陡坡地區則應該完全避開；在外形上可選長方形，不宜選擇不規則形狀。

3. 經營環境因素

(1) 經營環境：物流園區所在地區的物流產業政策對物流企業的經濟效益將產生重要影響，數量充足和品質較高的勞動力條件也是物流園區選址的考慮因素之一。

(2) 商品特性：經營不同類型的商品的物流園區最好能分別布局在不同的地域。如生產型物流園區的選址應考慮產品結構、產業結構、工業布局等。

(3) 物流費用：物流費用是物流園區選址的重要考慮因素之一，大多數物流園區選擇接近物流服務需求地。例如接近大型工業、商業區，以便縮短運距、降低運費等物流費用。

(4) 服務水準：服務水準是物流園區選址的考慮因素，由於現代物流過程中能否實現準時運送是服務水準高低的重要指標，因此在物流園區選址時，應保證客戶在任何時候向物流園區提出物流需求，都能獲得迅速滿意的物流服務。

4. 基礎設施因素

(1) 土地資源利用：物流園區的選址應貫徹節約用地、充分利用國土資源的原則。物流園區一般占地面積較大，周圍還需留有足夠的發展空間，爲此地價的高低對布局規劃有重要影響。此外，物流園區的選址還要兼顧區域與城市規劃用地的其它要素。

(2) 環境保護要求：物流園區的選址需要考慮保護自然環境與人文環境等因素，盡可能降低對城市生活的干擾。對於大型的物流園區，應適當設置在遠離市中心的地方，使得大城市交通環境狀況能夠得到改善，城市的生態建設得以維持和增進。

(3) 周邊環境：由於物流園區是火災重點防護單位，不宜設在易散發火種的工業設施（如木材加工、冶金企業）附近，也不宜選擇居民住宅區附近。

18-4 物流園區建設與營運模式

一、物流園區布局

物流園區布局是指各個物流園區及其有關設施、設備在空間的位置安排，是物流園區形成發展過程中一個重要的方面，它既將地域空間作爲自己活動的舞台，也對地域空間的特性提出專門的要求。

物流園區的發展對空間有選擇性，不是任何地方都可以發展某種物流園區，特定地域空間的各種軟硬體環境往往成爲物流園區能否發展的外部條件。只有當物流園區對空間的特殊要求與特定空間所提供的軟硬體環境相對應時，物流園區布局才是理想的狀態，能促進物流系統和地區經濟的健康發展。

（一）物流園區布局的基本原則

隨著國民經濟的發展，社會物流量不斷增長，要求物流園區及分布地點與之對應。進行物流園區的建設，必須有一個總體規劃，即從空間和時間對物流園區的建設、改建和擴建進行全面系統的規劃。規劃合理與否對物流園區的設計、施工與應用、作業品質、安全、作業效率和保證供應及節省投資和營運費用等，都會產生直接且深遠的影響。

1. 與城市總體規劃相對應

物流園區的選址必須與城市的總體規劃相對應，因爲在城市總體規劃中已經確定了城市範圍內的用地的總體規劃。

2. 城市邊緣地帶，靠近貨物轉運樞紐

物流園區的用地規模通常很大，考慮地價因素，以及對於環境和城市交通的負面影響，故通常布局在城市邊緣地帶。例如上海市的幾大物流園區都布局在郊區外環附近。此外，在選址時應當盡量緊鄰港口、機場、鐵路編組站，周圍有高速公路，園區內最好有兩種以上運輸方式相連。這樣既保證有充足的物流需求，又能解決在這些樞紐內的貨物轉運問題。

3. 靠近交通主幹道出入口，對外交通便捷

物流園區內必然有大量貨物集散，靠近交通便捷的幹線進出口便成爲支配物流園區布局的主要考慮因素之一。

4. 利用現有的基礎設施，周圍有足夠的發展空間

爲了減少成本，避免重複建設，應優先考慮將現有倉儲區、貨場改建爲適應現代物流業發展的物流園區。物流業的發展與當地的產業結構、工業布局密切相關。物流園區的選址要爲相關的工業企業發展留有空間。

二、物流園區的開發模式

根據國內外與物流園區功能相同或相當的物流基礎設施開發建設的經驗，各國物流園區的開發建設一般離不開政府和物流企業這兩大主體，它們在物流園區的開發和建設中各盡所職，各取所需。物流園區在開發建設模式上主要可分爲以下五種：

（一）政府規劃、工業地產商主導模式

政府對物流園區的選址、規模、標準等進行設計規劃，然後以競標的方式引入工業地產商負責建設。物流園區建設完成後，物流企業透過租用或者購買的方式入駐，並由工業地產商對整個物流園區進行物業管理。

這種模式需要投入大量的資源，而由政府部門統一對園區進行規劃設計能夠有效提升園區整體的服務水準。一般來說，採用這種開發模式的物流園區通常具備海港、空港等戰略性物流資源。

（二）政府規劃、企業主導模式

政府對物流園區的區域進行規劃，吸引企業入駐園區，並自行購買土地進行建設。但這種開發模式往往由於各家企業爲了追求自身利益最大化而不顧全大局，使得整個物流園區的管理相對混亂，和上一種模式存在明顯差距。

（三）政府政策支持、主體企業引導模式

這種模式一般由幾家具備較強實力的大型物流企業合作，根據消費需求開發物流園區，由於物流園區對區域經濟發展的巨大推動作用，地方政府通常會在稅收、土地等方面給予扶持。在後續發展過程中，許多中小物流商也會被不斷吸引進來，形成完善的大型綜合物流基地。

（四）綜合運作模式

由於物流園區項目一般具有較大的建設規模和涉及經營範圍較廣的特點，既要求在土地、稅收等政策上的有力支持，也需要在投資方面能跟上開發建設的步伐，還要求具備園區經營運作能力的保證。因此單純採用一種開發模式，往往很難達到使園區建設能順利推進的目的，必須綜合運用經濟開發區模式、工業地產商模式及主體企業引導模式等。

（五）BOT 模式

BOT 全文爲 Build（建造）、Operate（經營）、Transfer（轉讓），結合現階段的物流發展實際情況，從減少政府投資和促進物流企業自主經營的角度出發，可以考慮 BOT 模式，將物流園區所有權和經營權徹底分離。即政府授權給與園區開發者適宜的優惠政策（比如優惠的土地和財政稅收政策），再給與一定的營運年限基礎，吸引投資者進行物流園區的道路、倉庫和其他物流基礎設施設備的建設和投資。隨後由投資者尋找並授權物流專業營運商作爲園區經營者，由營運商負責整個園區的招商、融資、營運服務及日常管理工作，營運期滿後由開發者收回。物流園區 BOT 營運管理模式運作流程如圖 18-5 所示。

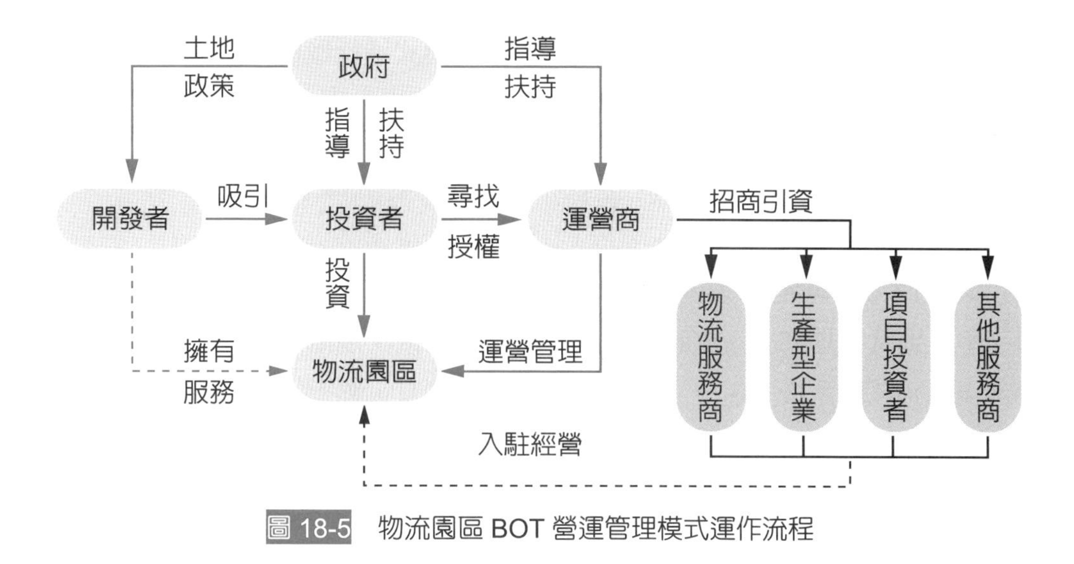

圖 18-5　物流園區 BOT 營運管理模式運作流程

三、物流園區營運模式

物流園區是一項大型的基礎設施建設，一般投資較大，涉及範圍較廣，且具有公益性特徵，因此建設與營運的成功與否直接影響到城市（或地區）物流系統的形成與發展。

物流園區成功的標誌是透過園區運作，使園區經濟總量得到較大的提升，並提高園區開發商和園區內企業經濟效益，園區的建設改善了當地的投資環境並因此吸引更多的外地投資者來本地發展，產生較大的社會效益。

因此，物流園區規劃必須處理好三個層面的利益：政府收益（社會效益）、園區開發商的收益和園區內企業的收益，研究好物流園區的盈利模式。盈利模式主要指收入來源及利潤形成途徑，物流園區的盈利模式包括三個方面：

1. 政府的盈利模式，即通過經濟總量增加、稅收增加、就業擴大等來取得經濟與社會效益。
2. 開發商的盈利模式，即通過園區土地增值、物業增值、土地與物業轉讓或出租收入、配套服務等來取得經濟效益。
3. 入駐企業的盈利模式，即通過交易收入、倉儲收入、配送收入、資訊中介收入、加工收入等來取得經濟效益。一個成功的物流園區規劃就是要使三方面都有盈利，從而達到共贏。

一般而言，其投資回報期大約爲 15 年。造成回報期長的主要原因是物流園區項目投資大，投資回報緩慢。結合物流園區開發建設模式，由於投資主體的不同，有的物流園區以政府爲主，有的物流園區以企業爲主，以及物流園區功能定位方面上的不同，各園區投資者有著不同的盈利能力，回報率也不一樣。

本節僅從開發商的盈利模式對物流園區的盈利模式進行概括性分析。綜合來說，物流園區的盈利主要來自 5 個方面，即土地增值回報、設施設備出租收入、服務費用收入、項目投資收益及其他收益。

（一）土地增值回報

物流園區投資者與營運商均將從土地增值中獲得巨大收益。投資者從政府手中以低價獲得土地，進行初期基礎設施和市政配套設施建設後，地價將會有一定幅度的升值，而在物流園區正式營運後，還能隨著物流企業的入駐有大幅上漲。對於營運商來說，隨著物流園區土地的增值將能帶動提高其土地、倉庫、房屋等的出租收入。

（二）設施設備出租收入

根據物流園區投資者對基礎設施設備投資開發的情況，園區投資者與營運商可按一定的比例對出租收入進行分配。

1. 倉庫租賃費用：營運商將園區內所修建的大型現代化倉儲設施租給一些第三方物流企業、生產型企業等，從中收取租金。這是出租收入的主要來源之一。
2. 設備租賃費用：將園區內一些主要的交通設施，如鐵路專用線；物流設備，如裝卸、運輸設備等租給園區內的企業使用，收取租金。
3. 房屋租賃費用：包括園區辦公大樓及用作各種其他用途的房屋租金。
4. 停車場收費：物流園區憑藉強大的資訊功能，吸引眾多運輸企業入駐，利用園區內修建的現代化停車場，可以收取一定的停車費用。
5. 其他管理費用，包括物業管理費等其他費用。

（三）服務費用收入

1. 資訊服務費用

物流園區可以搭建資訊平台，從提供資訊服務中盈利，比較典型的方式有兩種，一是提供車輛配載資訊，幫助用戶提高車輛的滿載率和降低成本，並從節約的成本中按比例收取一定的服務費；二是提供商品供需資訊，可以爲園區內的商戶服務，從本地和周邊配送用戶所需要的各種商品，以降低經營成本，同時可以專門爲社會上大的商場、批發市場和廣大客戶服務，從全國各地集中配送他們所需要的各種商品。在收費方式上可以採取按成交額提取一定比例的中介費的方式。

2. 培訓服務費用

利用物流園區運作的成功經驗及相關的物流發展資訊優勢，開展物流人才培訓業務，從中收取培訓費用。

3. 融資中介費用

園區營運商通過介紹投資進駐園區項目，從中收取中介費用。

4. 其他服務費用

包括技術服務、系統設計、專家諮詢等向入駐企業提供的公共設施和服務所收取的費用。

（四）項目投資收益

對於園區投資者來說，還可以對看好的物流項目，如加工項目、配送業務等進行投資，從中獲取收益。

（五）其他收益

園區營運商還可以通過增資擴股、優質項目上市等方式獲取收益。

物流 Express

全臺第一座智慧物流園區　物流共和國

創立於 2013 年的永聯物流開發，以「物流共和國」為品牌名稱出發，打造全臺第一座智慧物流園區，並以規模經濟為策略，為客戶提供高效能的智慧物流解決方案。

圖片來源：物流共和國官網

2019 年五月，一件由 PChome 得標的中華郵政智慧物流中心招租案，疑似因公權力介入而引發爭議，不僅導致中華郵政接連兩位高層遭撤換，PChome 董事長詹宏志也招開記者會怒嗆政府用政治力影響合法標案。

這場事件讓全臺民眾把視線移向了近年來各家零售及品牌業者的兵家必爭之地：智慧物流中心。

智慧物流中心之所以成為焦點，和近年來電商產業的興起脫離不了關係。根據經濟部資料統計，臺灣電子購物業（含網際網路、電視、廣播、電話等電子媒介）在去年創造了共 1,894 億元的產值，創下歷史新高，並在過去八年來，平均每年成長了 8.1%。

穩定的成長使得物流需求大幅提升，也導致傳統物流倉儲越來越不敷使用。為尋找更大的倉庫面積並提供更有效率的物流配送需求，越來越多廠商如 Momo、全家等，便依據自身需求，建設自己的智慧物流中心。

然而，國內企業或許願意投資物流中心，但對國外品牌商來說，在外國投資房地產並建設物流中心的成本太龐大，如果能有專門提供物流資源及服務的平台業者，對他們來說會是更好的選擇。這時，由國泰金控投資、永聯物流開發建設的物流共和國，便是他們進入臺灣市場時的合作首選之一。

物流共和國是臺灣少數專門經營智慧物流中心，並提供廠商承租的物流地產企業。他們在新北、桃園、臺中三地共有四座園區，加起來一共有約 15 萬坪倉儲用地，其中最大的瑞芳園區，更是全臺第一座整合了倉儲建設、金流與智慧化系統的智慧物流園區。

物流共和國有 90% 的客戶都是國際企業，其中不乏知名品牌如 DHL、迪卡儂、雅詩蘭黛、H&M 及 LG 等。永聯物流開發總經理張建泰表示，先進的智慧物流設備以及符合客戶多元需求的多角化服務，是物流共和國之所以能夠吸引國際企業進駐的主要優勢。

PChome 愛用，電商物流配送新解方「AGV」

所謂「先進的智慧物流設備」，指的就是在他們的電商專倉裡面，如掃地機器人般在地面上打轉的無人搬運車 AGV。物流共和國是全臺第一個引進 AGV 的智慧物流中心，而這個靈活的小圓盤，正是目前亞馬遜、阿里巴巴及京東愛用的秘密武器。

與物流共和國合作的特捷物流總經理龎君禮表示，不同於較為單純的 B2B 物流，B2C 電商市場每張訂單的需求都不同，呈現出少量多樣的物流痛點。隨著電商發展成熟、商品種類越來越多元，物流人員的挑戰也變得更加艱鉅─他們得要從成千上萬個品項中，精準地揀貨出所需的商品。

「早年處理的方式，是利用多個輕型架，再讓揀貨人員走去揀取。然而隨著品項增加、揀取範圍擴大，員工每天要浪費大量的時間，在架中徘徊尋找商品。AGV 導入後，則能夠扛起整個架子，讓貨物自己靠過來，因而省下貨物停留在倉庫的時間」龎君禮說。

這樣的高效能，也引來了 PChome 的注意。目前物流共和國的臺中園區內，就有一個屬於 PChome 的專倉，透過 AGV 達成他們快速送貨的承諾。

AGV 透過縝密的 AI 運算出各自的最佳路徑，相互合作完成訂單。它們不僅讓整個電商專倉省下了 30% 的人力，還協助加快了整個揀貨流程。「在導入 AGV 前，恐怕都得要工作到八、九點，但現在有時候四點就發現說，怎麼事情已經都做完了？」龎君禮笑說。

打造全臺第一紅酒專倉，配送準確率近百分之百

作為一個有些叛逆的創業者，張建泰對物流共和國的期許，就是要挑戰過往的習慣和運作機制。因此，他除了引進 AGV 以外，他還在去年設置了全臺第一間紅酒專倉，導入自動化倉儲系統 AS/RS，用新的方式來提升紅酒的配送流程。

紅酒的配送有一個先天的難題：由於各國法規沒有嚴格規定，許多進口紅酒的瓶身上面是沒有條碼的。這使得紅酒的揀貨一定程度得仰賴於揀貨人員的外語識別能力，也無可避免地使得紅酒的配送準確率打了折扣。

物流共和國想到的解決方案，就是 AS/RS 系統。因為該系統的專長就在於它擅於處理種類多、複雜性高的貨品，它主要透過貨品棧板上的電子標籤紀錄每種貨品的存放位置，過程中無需人力介入。事實上，AS/RS 並非特別新穎的技術，工業領域有許多廠商已經在使用這款系統了，但以前沒人特別用它來經營紅酒的物流。

結果證明，這是一個成功的嘗試。系統建置了一年以來，物流共和國的紅酒配送正確率將近百分之百。「過去依靠人力時，正確率有 9 成就已經算很難得了」龐君禮說。

改變傳統物流地產業，扮演多角化物流服務平台

除了透過智慧化物流設備提高效率，物流共和國也為國際客戶解決了許多他們在進駐臺灣時會遇到的問題：找不到合適的物流倉儲用地。

臺灣專門經營大型倉儲園區的業者相當稀少，倉儲用地多為零售業者、中小企業等個體戶持有，用地大多顯得零碎、分散。許多倉庫，其實是工廠為圖方便而就近增設，並開放給外部業者租賃用的。它們不僅非法，規模也受限於資本及土地大小，多在 3 萬平方公尺下。

「人們沒有把物流地產當作一個產業來看。他們在蓋倉庫時，是以如何節省成本的方式思考，而不是如何營利」張建泰表示。時至今日，臺灣仍舊有超過七成的違法倉儲空間，這導致國際廠商來臺時難以找到符合國際物流標準的智慧倉儲。「誰敢在非法倉儲投入自動化、智慧化的設備？」他說。

而除了讓業者租用倉庫外，物流共和國也扮演起多角化服務平台的角色，為顧客的不同需求提供解決方案。法商迪卡儂的臺灣倉儲業務負責人吉米科西亞（Jimmy Correia）就表示，當他們希望提升倉儲的物流效率時，物流共和國就提供了他們額外服務，協助迪卡儂在三個月內快速建置起 AGV 系統，並透過媒合迅速在臺灣找到第三方物流配送合作業者，讓他們可以更輕鬆、方便地拓展業務。

「臺灣物流業務已成為迪卡儂在全球範圍內的優良範例，就連俄國、羅馬尼亞的分公司都要特地來臺灣參觀我們的倉庫」柯西亞說。

與國際客戶間的合作，也加速了物流共和國出海南進的計畫。張建泰表示，他們所服務的團隊裡，很多都有佈局東南亞，但當地卻鮮少有像物流共和國一樣提供專業化智慧物流服務的業者。

目前團隊已經在當地勘查，首站預計落腳於馬來西亞或者泰國。雖然時程上還不一定，但張建泰希望能在今年底、明年初順利出海。「畢竟客戶都跟我說，希望我們快點過去東南亞設點。」張建泰笑說。

參考資料：蔣曜宇，直擊全臺第一座智慧物流園區，為何 PChome、迪卡儂都搶著要進駐？，數位時代，2019/08/21。

問題討論

1. 智慧物流園區與傳統的物流園區有何不同？
2. 物流園區應該如何經營，才會成功？

1. 何謂物流園區？其特點有哪些？
2. 何謂智慧物流園區？與傳統物流園區有何差異？其特點有哪些？
3. 物流園區的功能有哪些？
4. 物流園區的分類方式有哪些？
5. 物流園區的設施有哪些？
6. 物流園區的選址的原則有哪些？
7. 影響物流園區的選址因素包含哪些？
8. 物流園區的開發模式有哪些？
9. 物流園區的營運模式有哪些？

NOTE

國家圖書館出版品預行編目資料

物流管理 / 葉清江編著. -- 初版. -- 新北市 :
全華圖書, 2020.10
面 ; 公分
ISBN 978-986-503-472-6(平裝)

1.CST: 物流業 2.CST: 物流管理

496.8 109012511

現代物流管理：開啓智慧物流新時代

作者 / 葉清江
發行人 / 陳本源
執行編輯 / 陳品蓁
封面設計 / 盧怡瑄
出版者 / 全華圖書股份有限公司
郵政帳號 / 0100836-1 號
印刷者 / 宏懋打字印刷股份有限公司
圖書編號 / 08279
初版一刷 / 2022 年 6 月
定價 / 新台幣 660 元
ISBN / 978-986-503-472-6
全華圖書 / www.chwa.com.tw
全華網路書店 Open Tech / www.opentech.com.tw
若您對本書有任何問題，歡迎來信指導 book@chwa.com.tw

臺北總公司(北區營業處)
地址：23671 新北市土城區忠義路 21 號
電話：(02) 2262-5666
傳真：(02) 6637-3695、6637-3696

南區營業處
地址：80769 高雄市三民區應安街 12 號
電話：(07) 381-1377
傳真：(07) 862-5562

中區營業處
地址：40256 臺中市南區樹義一巷 26 號
電話：(04) 2261-8485
傳真：(04) 3600-9806(高中職)
(04) 3601-8600(大專)